농업과학과 교육

방기혁 · 곽혜란 · 손장호

교육과학사

머리말

인류에 의하여 시작된 산업 중에서 가장 오랜 기원을 갖는 농업은 우리 삶의 터전에서 사회적, 경제적, 문화적 가치를 가지고 식량의 안정적인 공급, 생활환경의 보전 등과 같은 매우 중요한 역할을 수행한다. 동・식물을 통한 단순채취의 경종농업에서 시작된 우리나라의 농업도 인류의 생존을 책임지는 가장 중요한 역할을 수행하며 인구의 증가와 산업경제의 발달 등에 부응하는 첨단화, 과학화, 기업화 형태로 점점 변화하면서 발달하고 있다.

이러한 농업은 교육적 가치도 갖는다. 농업에 대한 가장 기본적인 지식, 기술, 그리고 태도를 가지고 농업교양인으로 살아갈 수 있도록 형식적 또는 비형식적 교육을 통하여 교육이 이루어지고 있다. 학교교육기관을 통한 형식적 교육에서는 교육과정 제정 이전의 시기, 교수요목기, 그리고 교육과정기를 거치면서 교양과 직업 수준에서 운영되고 있으며, 사회교육기관 등을 통한 비형식적 교육에서도 다양한 프로그램을 통하여 농업교육이 이루어지고 있다. 특히 초등학교 수준에서 이루어지는 교양농업교육은 농업에 대한 긍정적인 인식을 바탕으로 농직업 세계에 대한 탐색과 결정을 할 수 있는 토대를 마련해준다는 측면에서 매우 중요한 의의를 갖는다. 교과, 재량활동, 특별활동 등과 같은 정규교육과정을 통하여 운영되는 교양농업교육의 목표와 내용 전개가 이에 해당된다.

이 책은 교양농업교육에 도움이 될 수 있도록 집필하였다. 교양농업에 대한 내용학과 교육학을 접목시켜 내용을 전개한 것이 가장 큰 특징이라고 할 수 있다. 즉 농업의 영역을 구분하는 데 가장 근간이 되는 식물과 동물 관련 내용을 교양 수준에서 다루고, 이러한 내용을 어떻게 조직하여 학생들을 농업에 대한 교양인으로 육성해낼 수 있도록 할 것인가에 초점을 맞추고 있다.

전반적으로 제1부에서는 농업, 환경, 그리고 교육에 대한 내용을 다루었다. 제1장의 '농업에 대한 일반적인 이해'를 위하여 농업의 개념, 영역, 범위, 그리고 다원적 기능을 포함시키고, 제2장의 '농업과 환경'에서는 환경 문제의 출현과 주요 환경 문제들, 그리고 생활환경의 보전을 주요 내용으로 다루었다. 제3장의 '농업과 교육'에서는 교양농업교육 및 환경교육의 이해와 실제를 다루어 식물과 동물 관련 내용이 학교 현장에서 체계적으로 지도될 수 있도록 구성하였다. 제2부는 생활원예와 동물에 대한 내용학 측면을 다루었다. 이에 포함되는 제4장의 '생활원예식물의 재배'에서는 생활과 원예, 생활원예식물의 분류, 생육환경, 재배기술, 그리고 생활원예식물의 활용 등에 대한 내용을 폭넓게 다루었으며, 제5장의 '동물과 함께하는 생활'에서도 동물, 애완동물, 경제동물에 대한 일반적인 이해를 바탕으로 교육현장에서 가능한 동물 관련 활동을 주요 내용으로 구성하였다.

집필하면서 책의 구성은 각 장별로 '개요'와 '교육목표'를 본문 내용 앞에 두고 본문 내용 뒤에는 '논의'할 수 있는 주제와 '참고문헌 및 인터넷사이트'를 제시하였다. 특히 본문 내용에는 '좀 더 알아보기'를 추가하여 내용의 보충이 될 수 있도록 하였으며, 실험 · 실습에 대한 내용은 'Activity'로 구분하여 제시하였다.

바람직한 방향으로 농업이 변화하고 농직업이 발달하기 위해서는 농업에 대한 긍정적인 인식이 전제되어야 한다. 긍정적인 인식 제고를 위한 가장 좋은 방법은 교육이다. 특히 어려서부터 농업에 대한 교육이 교양 수준에서 이루어질 수 있도록 하여 농업에 대한 관심과 흥미를 갖도록 하는 것이 중요하다. 이는 교육을 통한 농업의 긍정적인 인식이 농직업 세계에 대한 탐색과 준비 시기를 거쳐 농직업을 선택할 수 있는 바탕이 되고 농산업을 발달시킬 수 있는 인적자원으로 거듭날 수 있기 때문이다.

이 책을 집필하면서 유난히 많은 생각을 했다. 대학교에서 교양농업교육을 강의하면서 준비한 강의 노트와 연구 결과물들을 정리하고 집필하면서 많이 부족하다는 생각도 했다. 움츠려드는 마음을 돌려놓느라고 고생도 많이 했다. 부족하지만 더 발전된 모습으로 거듭날 수 있는 자극이 될 수 있을 것 같아 겸손한 마음으로 출판을 감히 결심했다.

이 책의 출판을 기점으로 양질의 집필이 이루어질 수 있도록 더욱 노력할 것을 약속하면서, 그 동안 출판이 원만하게 진행될 수 있도록 도와주신 교육과학사 관계자 여러분께 감사의 마음을 전한다.

2008년 7월
저자 일동

차 · 례

머리말 — 3

제1부 농업, 환경, 그리고 교육 11

I. 농업의 일반적 이해 — 13

1. 농업의 개념 ······ 13
   가. 전통적인 농업이란? 13
   나. 현대적인 농업이란? 15
2. 농업의 영역과 범위 ······ 16
3. 농업의 다원적 기능 ······ 18
   가. 식량의 안정적인 공급 18
   나. 환경 보전 기능 19
   다. 전통문화의 계승 및 발전 24
   라. 첨단 과학의 발전에 기여 24
   마. 국민경제에 대한 보완적 기능 수행 24
   바. 한국 농업의 잠재적 가능성 실현 25

II. 농업과 환경 — 29

1. 환경 문제의 대두 ······ 30
2. 심각한 주요 환경 문제들 ······ 31
   가. 지구 온난화 31
   나. 오존층 파괴 35
   다. 산성비 38
   라. 황사 40
   마. 삼림의 감소 43
   바. 유전자 재조합 43
   사. 환경호르몬 45
3. 생활환경의 보전 ······ 48
   가. 생활환경 보호의 중요성 48
   나. 농업 생활환경의 보전 49

Ⅲ. 농업과 교육 ———— 69

1. 교양농업교육 ······ 70
   - 가. 농업교육의 이해 70
   - 나. 초등학교 수준의 교양농업교육 72
   - 다. 교양농업교육의 실제 100
2. 환경교육 ······ 132
   - 가. 초등학교에서의 환경교육 138
   - 나. 초등학교 환경교육의 문제점 및 개선 방향 160

제2부 생활원예와 동물 165

Ⅳ. 생활원예식물의 재배 ———— 167

1. 생활과 원예 ······ 168
   - 가. 생활원예의 정의 168
   - 나. 생활원예의 의의 169
   - 다. 심체적 영역 176
2. 생활원예식물의 분류 ······ 177
   - 가. 식물분류의 기준 177
   - 나. 꽃식물의 분류 179
   - 다. 채소류의 분류 188
   - 라. 과수류의 분류 194
3. 생활원예식물의 생육 환경 ······ 196
   - 가. 광 196
   - 나. 온도 202
   - 다. 수분 207
   - 라. 토양 213
   - 마. 비료 219
4. 생활원예식물의 재배 기술 ······ 223
   - 가. 종자번식 223
   - 나. 영양번식 235
5. 생활원예식물의 활용 ······ 240
   - 가. 꽃식물의 활용 240
   - 나. 채소식물의 활용 246
   - 다. 허브식물의 활용 255
   - 라. 실내식물의 활용 267

Ⅴ. 동물과 함께하는 생활 ———— 293

1. 동물의 이해 ······ 294
   - 가. 인간과 동물의 관계 294
   - 나. 유용동물 302
   - 다. 인간과 동물의 공통점과 차이점 311

2. 애완동물에 대한 이해 ······ 323

가. 애완동물이란? 323
나. 강아지 기르기 330
다. 고양이 기르기 336
라. 새(관상조) 기르기 341
마. 금붕어 기르기 344
바. 토끼 기르기 350
사. 햄스터 기르기 363

3. 경제동물에 대한 이해 ······ 367

가. 경제동물의 개념 367
나. 닭 기르기 369
다. 돼지 기르기 379
라. 한우 기르기 384
마. 젖소 기르기 390

4. 교육현장에서의 동물관련 활동 ······ 395

가. 금붕어를 이용한 관찰 및 표현 395
나. 동물행동학을 동물관련 교육에 적용 406
다. 동물 키메라 수업의 활용 413
라. 동물매개치료 419
마. 동물 복지와 권리 430
바. 안전한 먹을거리와 동물산업 438
사. 인수공동전염병 444

찾아보기 ―― **455**

제1부

농업, 환경, 그리고 교육

I 농업의 일반적 이해

개요

농업의 개념 및 영역과 범위를 알아보고, 농업이 왜 중요하고 보호되어야 하는지를 알아보기 위하여 농업의 다원적 기능을 다양한 측면에서 알아본다.

교육목표

- 농업의 개념을 알 수 있다.
- 농업의 영역과 범위를 알고 분류할 수 있다.
- 농업의 다원적 기능을 알고 설명할 수 있다.

1 농업의 개념

가. 전통적인 농업이란?

농업은 인류에 의하여 시작된 가장 원시적인 산업이라고 할 수 있다. 원시시대에는 천연산물의 단순 채취를 통하여 삶을 영위하였으나 인구의 증가에 의하여 동·식물을 보호 채취하는 단계로 발전하여 농업의 형태가 이루어졌다.

농업의 시작은 변화하는 자연적, 문화적 환경에 적응하기 위하여 인류가 수행한 장기적 문화 발달 과정으로 이해할 수 있다. 이는 구석기 시대에 해당하는 고대 이집트의 피라미드를 통하여 확인된 보리 재배 흔적과 신석기 시대인 기원전 5,000~4,000년경에 밀, 보리, 조, 아마 등의 작물 재배 흔적 등을 통하여 알 수 있다.

동양에서는 동·식물의 단순 채취에서 경종농업의 형태로 발달하였다. 초기에는 화전을 일구어 작물을 재배하다가 지력이 소모되면 다른 지역으로 옮겨 다시 화전을 일궈 농사를 짓는 유랑화전농업이 이루어졌으며, 인구가 증가하여 정착생활의 필요성이 생기면서 정착농업으로 발달하였다.

서양에서의 농업도 동양과 비슷하였다. 인구가 적었던 초기에는 가축을 먹이기 위하여 좋은 목초를 찾아다니면서 유목을 하는 유랑농업이 발달하였다. 이는 유랑민들이 조건 좋은 토지를 선택하여 종자를 파종한 후 유랑의 길을 떠났다가 파종했던 농작물이 성숙할 무렵에 다시 돌아와 그 작물을 수확하고 지력이 소모되면 경작 장소를 옮겨 다시 파종하고 유랑하는 형태를 취했던 것이다.

이러한 농업의 기원으로 볼 때, 농(農)이란 원래 농사 농(耕種開土植穀)이었다. 즉 땅을 가는 것, 씨 뿌리는 것, 토지를 개간하는 것, 농지에 관한 것, 나무를 심는 것, 수확된 곡식에 관한 것 등에 관련된 일로서 주로 작물 생산에 관련된 것이었다. 농업이란 이러한 농사를 영위하는 직업을 뜻하였다. 그러던 것이 가축을 기르는 것까지 포함하게 되어 경작이나 목축 등을 포함하는 개념으로 확대되었다. 여기에서 농과 관련된 일을 농사라 하고, 농사를 영위하는 직업을 농업이라고 한다.

농업에 대한 서양의 어원을 살펴보더라도 이를 알 수 있다. 농업을 뜻하는 그리스어로는 Geoponica이고 라틴어로는 Agricultura이다. Geoponica는 토지를 의미하는 geo와 노동을 의미하는 ponica가 합하여 이루어진 단어이며, 라틴어의 Agricultura도 경지를 의미하는 agri와 경작하다 또는 갈다 등의 뜻을 가진 cultura가 합하여진 단어이다. 즉 농(農)이란 토지에 씨를 뿌리고, 기르고, 거두는 일련의 활동이라는 것을 알 수 있다.

농업에 대해서는 여러 학자들에 의하여 다양하게 정의되었다. 근대 농학의 비조라고 불리는 알브레드 데어(Albrecht Thaer, 1752~1828)는 "농업은 식물성 및 동물성의 물질을 생산하며, 때로는 그 생산물을 다시 가공하여 이익을 얻거나 금전을 얻기 위한 목적으로 하는 일종의 생업이다"라고 하고, 골쯔(T. F. von Goltz, 1902)는

"농업은 토지에 포함되거나 토지 위에 작용하는 자연력을 이용하여 경제적 상품, 특히 식료, 기호품, 그리고 방직공업을 위주로 하는 각종 공업 원료를 생산하는 상업이다"라고 정의하여 생산과 경제성을 강조하였다. 또한 베일리(Baily, L. H)는 자연주의 입장에서 농업을 작물과 가축의 관계에서 정의하고 있다. 즉 "농업은 토지에서 생산하는 생업이다. 그 농산물에는 두 종류가 있는데 하나는 작물, 즉 식물과 그 생산물이며, 또 다른 하나는 축산, 즉 동물과 그 생산물이다. 작물은 토지로부터의 직접 생산이고, 가축은 토지로부터의 간접 생산이다"라고 하고 있다.

농업에 관한 이러한 정의들은 농업이 분화되기 이전의 고전적인 접근으로서 농업의 핵심을 식물이나 동물을 이용하여 우리에게 유용한 산물을 생산하는 것으로 종합할 수 있다.

나. 현대적인 농업이란?

산업이 근대화되면서 농업에 대한 개념이 변화되었다. 경제가 발달하고 산업 사회가 분화됨에 따라 농업 기술이 발달하고 농업 전문 분야가 분화되는 등 농업도 생산 중심에서 농업관련 중심으로 전환되어 식업적인 측면을 강조하게 되었다. 또한 안전 양질의 식료를 안정적으로 공급하기 위하여 자기 영양적인 작물(목초, 채소, 과수 등을 포함하여) 및 가축의 생물적 기능을 이용하여 태양 에너지를 인간이 이용 가능한 형태로 변환시키는 행위, 자연의 법칙과 힘을 이용하는 생산의 한 분야 등으로 농업을 해석하여 과학적인 방향으로 점점 전환되고 있음을 보여주고 있다.

이와 같이, 농업에 대한 개념도 사회의 변화에 따라 변화되어 왔고, 농업의 분야도 다양하게 되었다. 식물의 재배에서 인간이 필요로 하는 각종 생산물을 얻는 것에서 시작하여 가축의 사육까지 포함하게 되었으며, 나아가 임업, 양잠, 원예, 낙농 등으로 확대되었고 이와 관련이 있는 농업기계, 농업토목, 비료, 농약, 농업 유통 및 정보 등의 분야까지도 농업의 한 분야로 인식하게 되었다.

현대 사회에서는 농업도 하나의 직업 분야라는 점을 강조하기 위하여 작물이나 가축뿐만 아니라 생물에 관련된 모든 분야, 그리고 생물 생산을 보다 더 효율적으로 하기 위하여 관련되는 모든 분야도 농업분야로 포괄할 필요가 있다. 이러한 움직임

속에서 농업이란 용어도 영어의 경우에는 farming, agriculture 등에서 agricultural industry, agri-business 등과 같은 용어가 등장하고, 그 뜻도 농사를 하는 것에서 영역이 자연히 확대되어 농업 상품을 생산하는 산업으로 되고 있다. 작물 및 가축 생산, 이와 관계있는 농기계, 농업토목, 비료, 농약, 이들 상품의 가공, 저장, 유통과 판매, 농업관련 정보, 행정, 금융, 무역, 연구, 농업인력 양성 등의 분야까지도 농업의 한 분야로 인식하게 되는 이유가 여기에 있다.

따라서 현대사회에서 농업은 지상에서 동·식물을 이용하여 사람의 생활에 직·간접적으로 필요한 물질을 생산하고, 이를 가공하여 유통시키는 일련의 산업이라고 할 수 있다.

2 농업의 영역과 범위

농업은 생산 농업과 농업 관련 산업으로 크게 구분할 수 있다. 생산 농업은 전통적인 협의의 개념에 의한 것으로 생산 유형에 따라 재배에 의한 식물 생산과 사육에 의한 동물 생산의 두 가지로 나눌 수 있다. 농업 관련 산업은 생산 농업과 밀접한 관련을 가지고 있는 영역으로서 규모가 점점 확대되고 있다. 즉 농산물 가공 산업, 농업 자재 산업, 농업 기반 조성 산업, 농산물 저장, 유통, 금융 산업, 농업관련 행정, 연구, 교육, 정보 사업 등이 이에 속한다.

- 농업
  - 농업생산
    - 식물생산
      - 작물
        - 식용작물(보통작물)
        - 공예작물(특용작물)
        - 사료작물
        - 녹비작물
      - 원예
        - 채소원예
        - 과수원예
        - 화훼원예
      - 임업
        - 임목육성
        - 버섯, 기타 부산물
        - 야생동물자원관리
    - 동물생산
      - 축산
        - 대가축
        - 중소가축
        - 가금
      - 양잠
      - 양봉
  - 농업관련산업
    - 농산물가공산업
      - 유가공
      - 육가공
      - 동 · 식물성 유지 등
      - 밀가루가공(제분,제빵,제면)
      - 장류, 조미료가공
      - 주류가공
      - 담배제조
      - 인삼제조
      - 사료제조
      - 차제조
      - 임산물가공
    - 농업자재산업
      - 조경
      - 농기계기구제조
      - 농약, 비료제조
      - 생산시설 및 자재제조
    - 농업기반조성산업
      - 농업용 댐, 수리시설, 농용건설
    - 농산물저장, 유통, 금융산업
    - 농업관련행정, 연구, 교육, 정보사업

그림 Ⅰ-1 농업의 영역

3 농업의 다원적 기능[1)]

인류의 생활에 지대한 영향을 미친 농업은 인류 문화의 발달을 가능하게 하였으며, 식량 생산이라는 본질적인 역할 이외에도, 유용 자원의 생산, 국민 경제와 환경 보전 등 여러 가지 측면에서 가치 있는 역할을 가지고 있다.

가. 식량의 안정적인 공급

농업은 사회 문화의 근간이 되며, 사회에 유익한 여러 가지 기능을 제공한다. 그 중에서 식량은 인간의 생존에 가장 필수적이며 기본적인 요소이므로 식량을 생산하여 안정적 · 지속적으로 공급하는 것은 농업이 가지고 있는 가장 기본적인 기능이다. 따라서 농업의 다양성과 공존 상황은 적절히 보존되어야 한다. 이러한 이유로 인하여 대부분의 선진국들은 농촌을 일정 규모 유지하기 위하여 강력한 농업보호정책을 펼치고 있다. 영국의 경우 자유무역정책에 의하여 제1차 세계대전 무렵에는 농업이 크게 쇠퇴하여 식량 자급률이 급격하게 저하되었으나, 현재에는 식량 자급뿐만 아니라 식량 수출국으로 전환된 사실에서도 이를 알 수 있다.

그러나 우리나라는 선진국들과는 다르게 식량 자급률이 저하되어 식량의 안정적 공급 측면에서 많은 문제에 직면하고 있다.

우리나라에서 소비하고 있는 자포니카 타입의 쌀은 세계의 쌀 총생산량 중에서 약 8%에 불과하다. 특히 8%를 차지하는 생산량 중에서 실질적으로 교역되는 양은 불과 15%정도밖에 되지 않는다. 이러한 수치는 세계 다국적기업의 농간에 의해서

1) 국제적으로 농산물이라는 상품을 생산하는 기능 이외에 식량안보나 지역사회 유지, 전통문화 계승 및 발전, 자연환경 보존 등 농업이 갖는 비상품적 가치를 농업의 다원적 기능(multifunctionality)이라고 한다. 이러한 농업의 다원적 기능이 농산물 수입국들의 주장에 따라 농업 협상에 도입되면서 농업의 비교역적 기능(NTC: non-trade concerns)이라는 말로 표현이 바뀌었다. 세계무역기구(WTO) 농업 협상에서는 비교역적 기능으로, 국제연합(UN) · 유엔식량농업기구(FAO) · 경제협력개발기구(OECD)는 농업의 다원적 기능으로 표현하고 있다.

교역되는 쌀의 가격이 정해질 수 있으며, 실질적으로 이러한 것을 우리는 경험한 바가 있다. 또한 식량은 소련이 아프가니스탄을 침공했을 때 미국이 조치한 곡물수출 금지 조치, 이라크의 쿠웨이트 침공에 대한 먹거리 수송로 차단 등의 예를 통하여 무기화가 가능하다는 것을 알 수 있다.

이러한 이유 이외에도, 1990년대에 세계 식량 생산량이 불과 2.3% 늘어난 반면, 세계 인구는 10% 이상이나 증가하여 1999년에 60억 명을 넘어 2070년에 100억 명의 인구가 될 것이라는 전망에서도 알 수 있듯이 세계는 미래에 식량 위기에 직면할 수 있다. 즉 전쟁으로 식량의 수입경로가 단절되는 우발적 위기, 기후의 순환적 변동(가뭄과 홍수)으로 세계적인 흉작을 일으켜 식량부족으로 가격이 앙등하는 윤회적 위기, 세계의 식량 생산 증가율이 인구증가에 미치지 못하기 때문에 일어나는 멜더스적 위기, 수출국의 정치적 전략으로 식량 수출금지 내지는 제한되는 정치적 위기, 중화학 공업의 발전과 방사능폐기물에 의한 사고와 핵전쟁으로 생태계가 파괴되어 생산 불능이 되는 방사능 오염위기 등이 식량의 위기를 가져올 수 있는 위험 요인으로 작용하고 있다.

또한 수입 농산물의 소비가 과연 국민의 건강에 안전한가에 대한 의구심이다. 수입 농산물은 대부분 다비 다농약 재배를 하는 대규모 기업농의 생산품들이다. 더구나 4~7주의 수송기간을 거치므로 곡물의 변질을 방지하기 위하여 추가적인 생장 억제제, 방부제, 방충제 등 농약 처리가 되어 있는 상태로 수입된다. 이러한 수입 농산물을 무방비상태에서 소비하는 것은 국민의 건강과 직접적인 상관이 있기 때문에 매우 위험하다고 할 수 있다.

신토불이(身土不二)란 무엇인가? '몸과 흙은 둘이 아니라 하나'라는 뜻이다. 즉 우리의 생명과 건강을 지키기 위해서는 우리나라 풍토에서 생산된 농산물을 소비하는 것이 가장 중요하다는 인식을 가질 필요가 있다.

나. 환경 보전 기능

농업은 태양광선 에너지에 의한 광합성을 통하여 인류에게 필요한 에너지를 창조하는 유일한 산업이기 때문에 포기해서는 안 된다는 논리도 있다. 지력 유지, 토사

유출 방지, 홍수 조절, 수자원 함양, 대기 정화 등의 국토 환경 보전과 경관 유지를 통한 보건 · 휴양 공간 제공 등이 이에 속한다.

이러한 주장은 농산물 수입국가인 일본, 스위스, 오스트리아 등의 나라들이 UR 협상과정에서 농업의 비교역적 기능(Non-Trade Concerns)을 강조함으로써 대두되기 시작하였다. 즉 농업을 포기하였을 때 사회가 부담해야 할 사회적 기회비용(Social Opportunity Costs)을 추산함으로써 농업의 기능을 강조할 수 있다는 것이다.

우리나라의 경우 논과 밭의 공공재 생산에 의하여 년간 129조 2,000억~199조 2,000억원, 농림업 전반에서는 년간 405조~475조원의 경제적 가치를 가지고 있는 것으로 잠정 집계되고 있다.

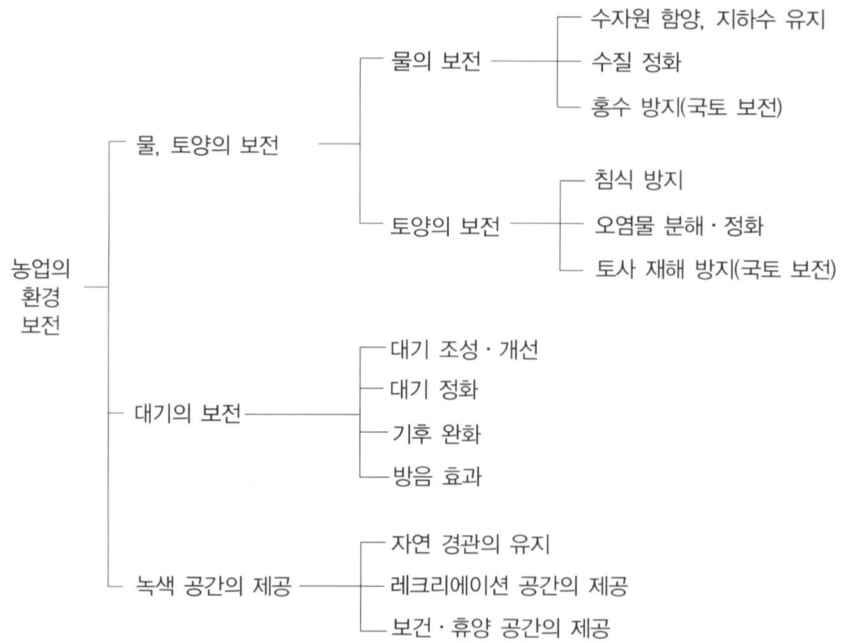

그림 Ⅰ-2 농업의 공익적 기능

1) 홍수 조절

우리나라의 연간 강수량은 약 1,300mm 정도가 되며, 7~8월에 집중적으로 내리고 있다. 여름 장마철에 홍수 피해를 자주 입는 이유도 여기에 있다. 1998년에 엘리

뇨 현상에 의해 집중적으로 게릴라성 폭우가 내림으로써 우리는 막대한 피해 경험을 가지고 있다. 만약 전국의 논에서 담수해 주지 않았다면 더욱 큰 피해를 입었을 것이다.

2007년 총 논면적 106만 9,000여 ha의 논둑이 평균 20cm이고, 이중 3cm는 평상시에도 농사를 위해 저수되고 있기 때문에, 이를 뺀 나머지 17cm를 유사시에 홍수조절을 하는 유효저수량이라고 가정한다면, 총 논면적의 홍수조절용 저수량은 약 20억톤에 이른다. 이 유효저수량은 국내의 홍수조절용 6개댐의 총 홍수조절 수량 15.3억톤(충주호 6억톤, 소양강 5억톤, 대청호 2.5억톤, 안동 1.1억톤, 남강 0.43억톤, 섬진강 0.27억톤 등)의 약 1.3배에 이르는 양이다. 집중호우가 내리고 있을 때 물이 논에 고이지 않고 흘러내린다면 그 피해는 우리가 거의 상상할 수 없을 것이다. 논농사를 포기하고 이에 해당하는 저수량을 확보하기 위하여 댐을 건설한다 하더라도 소양강댐(5억톤)에 해당하는 규모로 4개를 건설해야 할 것이다. 이에 투입되어야 할 건설비용은 이자와 관리비를 포함해 년간 수조원에 이를 것이다. 따라서 농업이 홍수조절 기능을 수행함으로써 가져다주는 경제적 가치는 8조 9,000억~15조 8,000억원에 이른다. 이는 국민경제에 세금의 형태로 부과될 비용을 쌀농사는 무보수로 수행하고 있는 것이다.

2) 수자원의 함양

산림과 경작지는 모두 계절적으로 집중되는 빗물을 받아 토양을 적신 후 이를 천천히 유출시키거나 지하수로 흡수하는 기능을 하고 있다. 지상과 지하에서 저수탱크 역할을 하고 있다. 저장된 물은 도시의 생활용수와 공업용수로 재사용되며, 농업용수로 이용되고 있다. 또한 논에 담수된 물은 여름철 고온기에 증발산 되면서 대기를 식혀 주기 때문에 대기의 냉각효과를 제공하기도 한다. 이 외에 지하수의 오염을 경감시키고 수질을 정화시키기도 한다. 그러나 오늘날 공업용수와 도시용수의 급격한 수요 증대, 물의 과소비, 생수의 과격한 채취 등으로 인하여 2010년경부터는 심각한 물 부족에 직면할 것으로 전망하고 있다.

이러한 상황에서 우리나라의 경지면적 약 178만 1,579ha(농업통계연보, 2007, 논, 밭의 합계)에서 연간 지하수 침투량 121억톤 가운데 45%에 해당하는 54억

5,000만톤의 물을 지하수로 저장하는 역할을 하고 있으며, 이를 경제적 가치로 환산하면 약 5조 8,000억~9조 9,000억원에 해당된다. 또한 수질 정화 기능에 대한 평가액도 12조 3,000억~59조 6,000억원인 것으로 추정되어 경제적 기여는 막대하다고 할 수 있다. 이러한 수치는 지금의 시대적 상황에서 매우 큰 의의를 갖는다고 할 수 있다.

3) 토양 침식 방지

흙은 식물이 자라는 데 필요한 양분의 저장과 공급, 식물 지지, 생물의 사체 및 부산물 분해 등의 여러 가지 기능을 가지고 있다. 이러한 기능을 갖는 흙을 표토(表土)라고 하는데, 실제로 암석이 풍화되어 1cm의 표토를 형성하는 데는 약 200년의 기간이 소요된다.

그러나 표토는 대단히 얇은 층에 해당되며, 바람과 빗물 등에 쉽게 씻겨 내려가 유실되기 쉽다. 표토가 유실된 흙은 흙으로서의 기능을 수행할 수 없으므로 무의미한 흙이라고 할 수 있다. 즉 표토가 없으면 식물이 자랄 수 없고 동물의 사체가 분해되지 않아 정상적인 물질 순환이 어려워진다. 그러므로 표토가 식물을 자라게 하는 귀중한 자원이므로 침식이 되지 않도록 잘 보호할 필요가 있다.

흙 중에서 표토를 가장 잘 보호하고 있는 곳이 산림이며, 담수를 하는 논도 토양 침식을 막는 데 큰 역할을 하고 있다. 즉 농업에 의하여 연간 약 1,705만톤의 토양 침식이 방지되고 있으며, 이는 1조~2조 1,000억원의 경제적 가치를 갖는다.

4) 대기 보전

산업혁명 이후 급속한 공업화에 의하여 대기 중의 탄산가스는 매년 1.5ppm에 가까운 속도로 계속 증가하여 지구의 온실효과를 가속화하고 있으며, 현대인들이 사용하는 에어컨, 냉장고, 스프레이류 등에 의한 가스들에 의하여 오존층이 파괴되고 있다. 그러나 녹색식물은 광합성 작용에 의하여 대기 중의 이산화탄소를 흡수하고 산소를 방출하여 대기를 정화시킨다. 어느 연구에 의하면, 나무는 마른나무 1kg을 생산하기 위하여 1.6kg의 탄산가스를 빨아들이고 1.2kg의 산소를 내뿜는다고 한다.

농작물 가운데서는 벼가 탄산가스를 가장 많이 흡수하고 산소를 가장 많이 생산하는 능력을 가졌는데, 1년에 이모작을 할 경우 단위 면적당 산소생산량은 나무를 웃돈다고 한다. 즉 논의 경우는 연간 1,419톤의 탄산가스를 흡입하고 1,058톤의 산소를 방출하는 대기 정화 기능은 46조 2,000억~56조 9,000억원의 경제적 가치를 가지며, 밭의 경우는 연간 365만톤의 산소를 방출하고 472만톤의 탄산가스를 흡입하여 약 8조원의 공익적 기능을 수행하고 있다.

따라서 농업을 통한 푸르름의 유지는 대기 중의 탄산가스를 줄여 대기를 정화하고 산소의 공급을 늘리는 대단히 유익한 공공재 생산의 기능을 수행하고 있으므로, 농업은 농산물을 생산하는 기능에만 머물지 않고 환경을 보호하는 산업도 된다고 할 수 있다.

5) 자연 경관과 휴식 공간 제공

현대의 환경오염은 자연보호에 대한 중요성을 부각시키고 있다. 경제생활이 윤택해짐에 따라 생활의 질과 안전이 중요시되고, 그에 따라 깨끗한 물과 공기, 아름다운 산하와 그 속에서의 휴식과 오락에 대한 수요가 점점 증가하고 있다.

우리나라의 산림 자원은 3억 4,100만m^3이며, 산림 자원의 가치는 약 34조원에 해당한다(동아일보, 1999. 4. 5). 이는 스위스의 약 1/6 수준이지만 산림자원이 가져다주는 혜택은 연간 국민 1인당 약 78만원에 해당할 만큼 기여를 하고 있다. 또한 산림의 정수 기능에 의하여 약 4조 1,230억원, 산림 휴양에 의하여 약 4조 4,880억원(농민신문, 1999. 4. 2)의 경제적 가치를 가져다준다.

인간은 이러한 훼손되지 않은 자연을 동경하게 되고, 여유가 있을 때 휴식 공간으로서 아름다운 경관을 찾아 나서고 있다. 농업과 농촌은 증가하는 이러한 수요를 충족시킬 수 있는 가장 좋은 대안이 될 것이다. 산과 농업생태가 한데 어우러져 제공하는 깨끗한 시냇물과 울창한 숲, 아름다운 농촌 경치는 도시생활에 찌든 사람들을 위한 휴식 공간으로서 대단히 귀중한 역할을 한다.

다. 전통문화의 계승 및 발전

우리나라에서 전해 내려오는 전통문화는 농경사회 속에서 대부분 형성되어 지금까지 이어져 오고 있다. 농촌은 공동생활 구조 속에서 충효, 공경, 협동, 순박, 그리고 인정 등과 같은 가치관과 다양한 생활문화를 형성시켜 국가와 사회가 존속할 수 있도록 하는 중요한 역할을 하고 있다. 그러나 전통문화의 기반이 약해지고 전통 의식이 결여되면 여러 가지 문제가 발생하여 사회적 안정을 위협할 수도 있다.

농촌은 사회 근대화 과정에서 잃어가고 있는 전통문화와 바람직한 가치관을 보존하고 발전시킬 수 있는 가장 중요한 공간이다.

라. 첨단 과학의 발전에 기여

1990년대에 들어와서 가장 각광을 받고 있는 유전공학(genetic engineering)과 생물공학(biotechnology)은 농업, 의약, 식품, 에너지, 환경 등 다양한 분야와 관련이 있으나 가장 밀접한 분야는 농업이다. 전통적으로 농업은 새로운 품종의 개발을 위하여 육종 기술이 발달하였는데 이는 유전공학이나 생물공학과 밀접하게 연관되어 있기 때문이다.

마. 국민경제에 대한 보완적 기능 수행

우리는 1960년대 후반부터 시작된 이농은 대도시의 인구 집중화를 가져왔으며, 이러한 영향으로 사회 역기능이 많이 발생하였다. 도시에서는 인구과밀에 의한 주택난 문제, 범죄 문제, 스트레스로 인한 의료비 문제, 교통 문제 등이 이에 해당된다. 지금도 향도이촌의 행렬은 계속되어 21세기에 농업 인구는 약 3%로 귀착될 것이라고 예측하고 있다.

그러나 국민경제에 대한 역기능을 방지하고, 농업의 발전을 도모하기 위해서는 농촌 지역을 살기 좋은 곳으로 개발하고 농촌의 인력을 농업부문에 고용할 수 있도록 하는 여러 가지 보완책을 강구할 필요가 있다.

바. 한국 농업의 잠재적 가능성 실현

한국 농업은 '경쟁력이 도무지 없기 때문에 과감히 축소될 수밖에 없다'라는 농업한계론 입장을 전개하는 측면이 있다. 그러나 농업한계론은 공업화 성장론자에 의해서 왜곡되어진 인식일 뿐이고, 농업 자체를 정당하게 인식하는 것은 아니다.

아르헨티나는 1930년대 초까지 옥수수 교역량의 50%를 차지할 정도로 비교 우위가 높은 나라였으나, 1940년대 말부터 미국이 아르헨티나를 압도하고 세계 교역량의 50% 이상을 수출하는 비교 우위성을 확보하자 아르헨티나의 수출 비중이 10%이하로 떨어져 비교 우위성을 상실하였다. 또한 영국도 1940년대까지 밀, 보리, 옥수수를 세계 교역량의 약 30%정도를 수입할 정도로 세계 최대의 곡물 수입국이었으나 농업에 대한 기술 개발과 구조 조정으로 지금을 곡물 수출국으로 변모하였으며, 프랑스, 독일 등의 국가에서도 같은 예를 볼 수 있다. 러시아도 1900년대 세계 보리 수출량의 60%, 밀 30%를 차지하는 식량 수출국이었으나, 1960년대 이후 세계 최대의 식량 수입국으로 전락하여 비교 우위를 상실한 예도 볼 수 있다.

이러한 예에서 알 수 있듯이, 농산물 생산의 비교 우위성은 상당히 유동적이며, 기후 · 토지조건 등이 자연조건에 의해서 결정되는 고착적인 성격이 아니라 기술 혁신, 구조 개선 등과 같은 경제적 요인에 의해서 생산성이 얼마나 빨리 향상되는가 하는 데 달려 있다는 것을 알 수 있다.

따라서 농업을 산업으로 발전할 수 있도록 자본, 기술 집약적 농업으로 변화시켜야 하며, 패배주의적 인식에서 비교 우위의 가능성에 대한 신뢰감을 가질 수 있도록 행 · 재정적 지원을 아끼지 않아야 한다. 또한 농업 인력을 전문적으로 육성하여 세계화시대에 즈음한 농업의 형태로 변화되어야 할 것이다.

좀 더 알아보기

식량 문제와 미래 농업

농업의 가장 중요한 역할은 인류의 생존에 절대적으로 필요한 식량을 생산 공급하는 일이다. 인류는 예로부터 지금까지 그리고 앞으로도 식량을 농업에 의존해야만 한다. 식량 문제의 발단은 수요와 공급의 불균형에서 오는 것이다. 식량의 수요량은 인구와 인구 1인당 평균 소비량에 의하여 결정되고 공급량, 즉 생산량은 농작물의 경작면적과 단위면적당 생산량에 의하여 결정되며 경작면적은 경지면적과 경지이용률에 의존할 수밖에 없다.

세계적으로 볼 때 지난 4반세기 동안에 식량 생산은 비약적으로 증가하여 최근에는 정곡으로 약 18~19억 t 내외가 생산되고 있으며, 인구는 55억으로서 전 식량이 전 인류에게 고르게 배분된다면 별로 부족이 없는 실정이지만 지역적·국가적인 여러 사정으로 인하여 지구상의 많은 인구가 영양 결핍 또는 기아 상태에 있다. 세계의 인구는 지역에 따라 큰 차이는 있으나 연평균 1.7%(1991~1993년 평균)씩 증가되어 2000년에는 61억이 되었으며 2030년경에는 약 90억에 이를 것으로 추정되고 있다. 한편, 1인당 평균 연간 식량소비량도 계속 증가되어 왔으며, 특히 선진국에서는 보다 높은 소비 증가로 매우 높은 소비수준에 있으며 개발도상국에 있어서도 국민경제의 향상과 더불어 1인당 식량 수요가 크게 증가할 것으로 예상되지만 높은 인구 증가 때문에 선진국과의 격차는 더욱 증대할 것으로 예상된다.

따라서 세계적인 식량 수요는 앞으로도 계속 증대할 것으로 전망되며, 2030년경에는 현재 세계 식량 생산량의 약 2배 정도가 소요될 것으로 추정되고 있다. 미래의 농업은 계속 증대되는 수요에 대응하여 식량을 안정적으로 증산 공급하는 동시에 지구환경의 생태계를 안정적으로 조화롭고 쾌적하게 관리하는 역할에 초점이 맞추어질 것이다. 식량 증산을 위한 경지면적의 확대에는 많은 투자가 필요할 뿐만 아니라 한계가 있고 경지이용률도 국민경제의 발전과 더불어 감소하는 추세이므로 인구 1인당 경작면적은 계속 감소할 것으로 예상된다.

단위면적당의 생산량 증대를 위해서는 생산 환경의 개선 정비, 생산 자재의 투자 증대, 작물의 획기적인 개량, 합리적이고 효율적인 생산기술의 투입 등이 요청되는데, 이에는 많은 자본의 투자가 요청되는 한편, 생산비의 절감이나 생활환경의 보전과 같은 요인들도 밀접하게 관련되기 때문에 단위면적당의 생산량 증대도 지역에 따라서는 별로 크지 못할 것이다. 특히 개발도상국에서 식량 문제가 존속하게 될 것이고 농업 양상에 있어서도 선진국과 개발도상국 간에는 큰 차이가 있으며 앞으로의 농업에서도 차이가 클 것이 예상된다.

앞으로 인구는 전 세계의 1/4에 불과하나 농경지 면적은 약 절반 정도를 차지하고 있으면서 자연환경이나 투자 재원 면에서 보다 유리하고 높은 기술 수준을 갖고 있으며 생산비도 낮은 선진국의 식량 생산에 크게 의존하리라 보고 있다. 선진국은 현재 많은 식량을 국제시장에 공급하고 있으며 개발도상국들이 얼마간은 그들의 식량 문제를 스스로 해결하기 어려운 것으로 전망되기 때문에 선진국에서의 수출용 식량 생산은 그 중요성이 더욱 높아질 것이다.

그러므로 선진국에서는, 농경지, 관개수, 농업용 에너지 및 비료 등의 공급을 안정적으로 확보하고, 농업자원과 자재의 효율적 이용을 통하여 식량 생산 효과의 극대화를 도모하며, 새로운 식량자원을 적극 개발 이용하고, 공해물질과 같은 농업 외적 요인들의 농업생산에 미치는 영향에 대한 대응방안 등이 중요한 과제가 될 것이다.

(자료 : NAVER 백과사전)

논의

- 사회 및 경제적 변화에 따른 농업의 변화를 개념 중심으로 이해하고 미래의 농업이 어떠한 방향으로 가야 하는지 논의해 보자
- 농업의 영역에서 농업 관련 산업에 해당되는 내용을 교양농업교육에 포함시킬 수 있는 가능성과 한계를 논의해 보자
- 농업의 다원적 기능은 농업 및 환경의 보호 측면에서 매우 중요하다. 이와 관련된 내용을 적극적으로 홍보하여 농업의 가치를 제고할 수 있는 방안에 대하여 논의해 보자

참고문헌 및 인터넷 사이트

권영근 외(2006). 농업 농촌의 이해. 박영률출판사.
류장발 외(1997). 농업의 이해. 대구대학교출판부.
류청산 외(2002). 농업과학. 부민문화사.
박세길(2007). 우리 농업, 희망의 대안. 시대의 창.
오세익 외(2004). 농업의 다원적 기능에 대한 국민 의식 조사. 한국농촌경제연구원.
유병규(2007). 디지털 농업시대. 삼성경제연구소.
이용환(1999). 농업과학개론. 교육과학사.
이용환 외(2007). 농업교육학 개론. 서울대학교출판부.
이정환(2007). 한국 농업이 가야 할 제3의 길. 해남.
이종훈 외(2003). 농학원론. 한국방송통신대학교출판부.
정성봉(2001). 농업과학과 기술. (주)교학사.
정영일(2006). 전환기 한국 농업의 선택. 박영률출판사.
천계 송해균 교수 정년퇴임기념사업추진위원회(1999). 농업교육 100년의 발자취. 교육과학사.
한국 농업경제연구원(2007a). 농업전망 2007(Ⅰ). 한국농촌경제연구원.
________________(2007b). 농업전망 2007(Ⅱ). 한국농촌경제연구원.
http://www.maf.go.kr(농림수산식품부)
http://www.naqs.go.kr(국립농산물품질관리원)
http://www.rda.go.kr(농촌진흥청)

II 농업과 환경

개 요

국내외적으로 환경 문제가 대두되게 된 배경을 알아보고, 농업과 관련된 지구 온난화, 오존층 파괴, 산성비, 황사, 삼림의 감소, 유전자 재조합 문제, 환경호르몬 등의 심각한 환경 문제들을 구체적으로 알아본다. 그리고 생활환경 보호의 중요성과 농업생활환경을 보전하기 위한 방법을 구체적으로 습득하여 생활에 직접 적용할 수 있는 능력을 갖출 수 있도록 한다.

교육목표

- 환경 문제가 대두되게 된 배경을 알 수 있다.
- 농업과 관련된 환경 문제의 원인을 알고, 우리들이 생활 속에서 할 수 있는 일들을 구체적으로 설명할 수 있다.
- 생활환경 보호의 중요성을 알 수 있다.
- 농업생활환경을 보호하기 위한 방법을 구체적으로 알 수 있다.
- 생활환경을 보전하기 위한 실험 · 실습을 실시할 수 있다.

1 환경 문제의 대두

환경은 지구상에 존재하는 생물과 직접 또는 간접적으로 관계를 맺고 있는 자연적 · 인위적인 모든 것을 의미하며, '자연환경'과 '생활환경'으로 넓게 구분할 수 있다. '자연환경'은 우리 주위의 산, 바다, 공기, 흙, 그리고 물 등이며, '생활환경'은 인간에 의하여 인위적으로 형성된 환경, 즉 주택, 도로, 교통수단 등을 의미한다.

인간은 이 두 가지 환경과 유기적으로 서로 밀접한 관계를 유지하면서 살아가고 있다. 문명이 발달하기 이전에는 약 400만 명 정도의 인구를 유지하면서 수렵, 채취 등 원시적인 형태의 '자연환경'을 이용하면서 생활하였다. 그러나 문명이 발달하면서 인간 사회가 거대화되고 '생활환경'과 직접적인 삶의 관계를 유지하게 되면서부터 환경 문제가 서서히 고개를 들기 시작하였다. 즉 자연과 인간 사이의 상호 작용의 결과로 생겨난 것이라고 할 수 있다.

물론, 농경 생활을 시작한 이래 자연 파괴는 계속하여 있어 왔다. 숲의 파괴에 의한 나무 부족, 표토의 침식으로 인한 토양의 황폐화, 관개 농업에 의한 토양의 척박화 등이 가장 대표적인 예라고 할 수 있다. 그러나 19세기 초까지의 환경 문제가 대부분 숲의 파괴의 결과로 인하여 국지적으로 나타난 것이라면, 산업 혁명이 일어난 19세기말부터는 대부분 전 지구적이고 비가역적인 특징을 보이고 있다. 즉 공간적, 시간적으로 이전보다 훨씬 더 넓고 오래 지속되는 특성을 보이고 있는데, 20세기 중반에 런던과 LA에서 발생한 대형 대기오염 사고에서 보듯이 인간을 포함한 살아 있는 모든 생명체에 영향을 미치고 있다는 데서 더욱 심각성을 느낄 수 있다.

이러한 심각성으로 인하여 1972년에 스톡홀름에서 환경 분야 최초의 국제회의인 유엔인간환경회의가 개최되었다. 1982년에는 유엔인간환경회의 10주년을 기념하여 케냐의 나이로비에서 국제환경협약이 이루어지고, 1992년 브라질의 리오데자네이로에서 개최된 지구정상회의로 불리는 유엔환경개발회의(UNCED : The United Nations Conference on Environment and Development)를 통하여 환경 분야의 중심목표를 단순한 환경보호에서 지속가능한 개발(sustainable development)로 사고의 전환을 가져오는 계기를 마련하였다.

우리나라도 범지구적인 환경 문제 해결에 동참하고 있다. 이러한 역사는 경제개발 5개년 계획을 수립하여 공업화를 추진하기 시작한 1960년대에 들어와서 시작되었다고 할 수 있다. 1963년에는 경제개발로 인하여 발생하는 환경오염에 대처하기 위하여 우리나라 최초의 환경법인 「공해방지법」이 제정되어 1960년대 후반부터 환경 문제에 대한 관심이 언론 매체를 중심으로 국민적인 관심을 불러일으키기 시작하였다. 1970년대에 들어서면서부터는 정책 우선순위를 고도성장과 경제 개발에 둠으로써 급속한 산업화와 도시화로 환경 문제를 심각하게 인식하고, 1973년 3월에 보건사회부에 공해과를 설치하였으며, 1978년 1월에는 「환경보전법」을 제정하여 시행하기 시작하였다. 또한 1980년대의 지속적 경제 성장에 의해 환경 문제가 심각화, 다양화되어 1980년 1월에는 환경청이 발족되기에 이르렀으며, 1990년대에는 환경청이 1990년 1월에 환경처로 승격하고, 이전의 「환경보전법」을 「환경정책기본법」, 「대기환경보전법」, 「수질환경보전법」, 「소음 · 진동규제법」, 「유해화학물질관리법」, 「환경분쟁조정법」 등 6개법으로 분법화하였다. 1994년 12월에는 환경부로 기구가 확대되어 지금에 이르고 있다. 이처럼 관련 행정 기구를 계속적으로 확대하면서 전국적으로, 전 세계적으로 공통 · 심화되고 있는 범지구 환경 문제를 억제하고 해결하기 위하여 노력하고 있다.

2 심각한 주요 환경 문제들

가. 지구 온난화

지구 온난화(global warming) 현상이란 대기 중에 축적된 이산화탄소, 메탄, 이산화질소, 염화불화탄소(CFCs) 등의 온실가스가 비닐하우스의 비닐막과 같은 작용을 하여 지구의 표면 온도를 상승시키는 것으로써 온실효과(greenhouse effect)라고도 한다.

세계기상기구(WMO)와 유엔환경계획(UNEP)이 공동 추진하고 있는 '기후변화

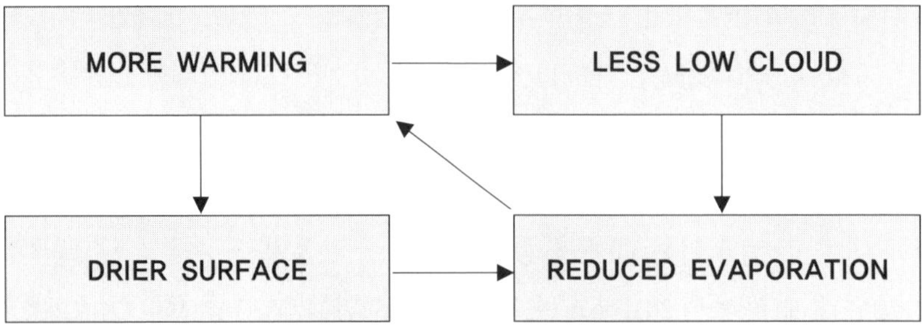

그림 Ⅱ-1 지구 온난화의 체계

에 관한 정부간 협의체(IPCC)'의 제4차 과학보고서(2007)에 의하면, 지구의 평균기온은 1970～1990년의 평균 기온 대비 2020년대에 1℃, 2050년대에는 2, 3℃, 2080년대에는 3℃ 이상 높아질 것으로 내다봤다.

수자원은 2020년에 세계 인구 4억～17억 명이 필요한 만큼의 물을 사용할 수 없게 되며, 2050년에는 10억～20억 명이, 2080년에는 최고 32억 명이 갈증에 시달릴 가능성이 높은 것으로 나타났다. 또한 대기 중 이산화탄소 농도의 증가로 2020년에는 바닷물 속 탄산칼슘이 산호에 달라붙어 산호가 온통 흰색으로 변하는 등 해양 생태계가 파괴되고 변온동물인 개구리, 도롱뇽 등이 멸종한다. 2050년에는 생물의 20～30%가, 2080년에는 인류를 제외한 생물의 대부분이 지구상에서 사라진다는 것이다.

기온 상승으로 고위도 지역의 농토는 일시적으로 늘어나는 반면 저위도의 건조지역에서는 경작이 불가능해진다. 이에 따라 2050년까지는 전반적으로 농산물 수확량이 늘어나지만 2080년대에 들어서면 수확량이 줄어들어 1억 2,000만 명이 굶주리게 될 것으로 전망되었다.

만년설과 빙하가 녹아 내려 해수면이 상승함에 따라 2050년대에는 세계 인구 300만 명이 홍수의 위협을 받게 되고, 2080년대에는 해안선의 30% 이상이 바다로 변하면서 지도상 육지의 크기가 작아지고 1,500만 명 이상이 수해를 당할 가능성 속에서 생활할 것으로 보인다.

기온 상승으로 모기와 진드기 등의 서식 범위가 늘어나면서 말라리아, 콜레라 등의 질병이 확산되고 대기 중 오존의 증가로 심장 관련 질환도 늘어날 것으로 예상된다.

지역별로는 북유럽, 러시아, 북미 등 고위도에 위치한 국가는 온난화로 곡물 생산이 늘어나고 땅이 녹으면서 지하자원 채굴이 쉬워지며, 매력적인 관광지로 변모하

표 II-1 지구 온난화의 부문별 영향 (동아일보, 2007. 4. 7)

구분	2020년(1℃상승)	2050년(2~3℃상승)	2080년(3℃이상 상승)
수자원	· 4억~17억 명 물 부족	· 10억~20억 명 물 부족	· 11억~32억 명 물 부족 · 세계인구 1/5이상 홍수 영향
생태계	· 양서류 멸종 · 산호 백화현상 · 생물 종다양성 변화	· 생물 20~30% 멸종 위기	· 지구 생물 대부분 멸종 · 이산화탄소 배출로 생물권 분포 변화
식 량	· 농작물 수확량 일시적 증가 · 1,000만~3,000만 명 기근 위협		
해 안	· 홍수 · 폭우 증가	· 300만 명 홍수 위협	· 해안가 30% 이상 유실 · 1,500만 명 이상 홍수 위협
건 강	· 알레르기 및 전염성 질병 확산	· 영양부족, 과다출혈, 심장관련 질병 증가 · 더위 홍수 가뭄으로 사망 증가	

는 등 일시적으로 혜택을 볼 것으로 예측된다. 그러나 빈곤층이 많은 적도 부근의 개발도상국들은 큰 피해를 보는 것으로 나타났다. 아프리카의 경우 2020년 전후로 최고 2억 5,000만 명이, 2080년을 전후해서는 6억 명이 물 부족에 시달릴 것으로 보인다.

지구 온난화의 가장 주된 요인은 이산화탄소이다. 우리나라의 경우를 보면 1990년대 들어 이산화탄소 방출량 증가율이 세계에서 가장 높은 것으로 나타났다. 1990년부터 1996년 사이에 전세계 평균 이산화탄소 방출량 증가는 7%에 불과한 반면 한국은 75%의 증가율을 보여 세계 최고를 기록하였기 때문이다. 한국 다음으로 높은 증가율을 보인 나라는 인도(44%). 중국(33%). 터키(22%) 등의 순이었다. 같은 기간 중 미국의 이산화탄소 방출량은 9% 늘어났으며, 유럽연합(EU)은 2.5% 증가에 그쳤다.

그러나 전체 이산화탄소 배출량의 약 1/3이상을 차지하는 화력발전소의 발전량과 연간 이산화탄소 배출량을 비교한 크리스천사이언스모니터(2007)에 자료에 의하면, 2002~2006년간 신규 발전량이 가장 많은 나라는 중국으로서 112,613GW이고, 그 다음이 12,138GW의 인도, 2,660GW의 미국 순으로 나타났다. 그러나 2007~2011년 전망치에서는 중국이 55,490GW로 발전량을 감축한 반면, 미국은 약 14배 이상의 증가에 해당하는 37,723GW로 증가하고 유럽연합도 약 5배 증가하는

12,856GW, 인도는 약 3배 증가에 해당하는 36,477GW로 증가하는 추이를 보이고 있다. 이와 병행하여 연간 이산화탄소 배출량도 세계 각국들이 같은 비율로 증가 또는 감소하는 추세를 보이고 있다.

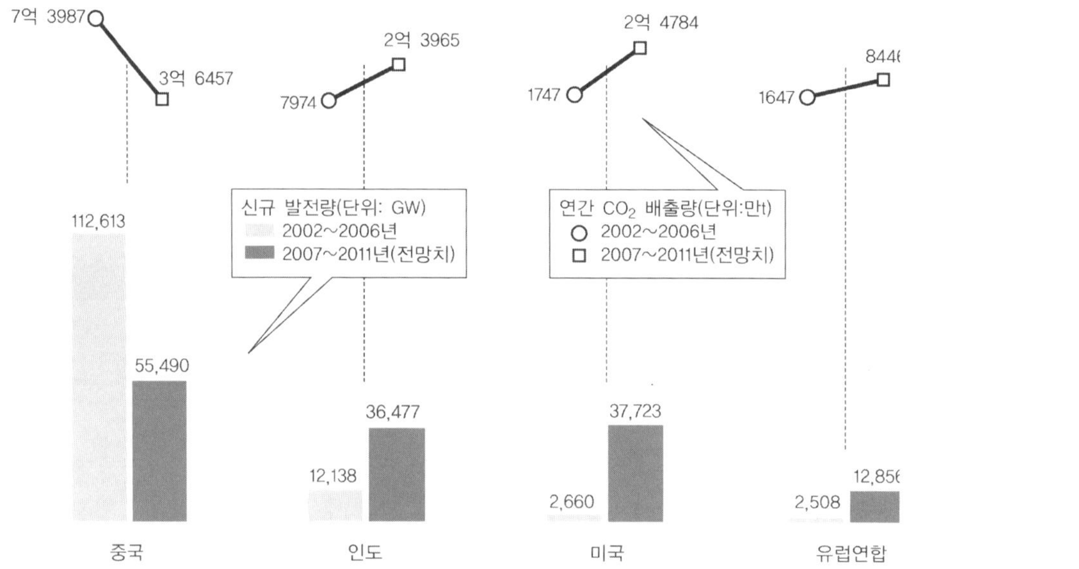

그림 Ⅱ-2 주요국의 화력발전소(석탄 연료) 건설에 따른 이산화탄소 배출량 비교

출처: 크리스천사이언스 모니터(2007)

지구의 점차적인 기온 상승으로 가장 우려되는 것은 해수면의 상승이다. 2030년경에 약 20cm, 그리고 2100년경에는 약 65cm 상승될 것으로 예측되는 해수면의 상승은 해발이 낮은 지역이 수몰되는 결과를 가져와 대규모 토지 손실과 습지대를 감소시키고, 해안 지역에 해수 범람과 폭풍 피해 증가가 예상된다. 이 외에도 극심하게 더운 날과 추운 날의 발생 빈도가 증가하고, 물의 순환을 촉진시켜 어느 특정지역에서 극심한 가뭄과 홍수를 발생시킨다. 열대와 적도지역에서는 기온 상승에 증발량 증가로 곡물 생산량이 감소하고, 반면에 기후대가 500km에서 600km로 이동함에 따라 현재의 곡물생산지역이 북상하여 북유럽, 소련, 북미지역은 곡물 생산량이 증가하는 현상을 보인다. 또한 기온 상승에 의하여 한대 지역의 숲은 병충해의 분포가 확장되고, 건조 및 준건조 지역에서 수분 공급이 약화되어 산불에 의한 자연피해가 예상되기도 한다.

이러한 여러 가지 피해를 막기 위한 최선의 방안은 이산화탄소의 배출량을 줄이는 것이다. 이를 위하여 우리가 할 수 있는 것은 첫째, 전자 제품을 사용할 때 가능한 한 에너지 효율이 가장 높은 제품을 사용하는 것이 좋다. 이를 위해서 전자 제품을 구입할 때는 반드시 에너지 등급 표시를 확인할 필요가 있다. 둘째, 자동차를 운전할 때 능률적으로 운전을 하는 것이 좋다. 가능한 한 여행을 함께 하거나 카풀을 운영하는 것도 좋은 방법이 될 수 있다. 또한 대중 교통이나 자전거를 이용하고 가급적 걸어다니는 것이 좋다. 셋째, 연료 소모가 많은 자동차를 운전하지 말고, 자신의 필요에 맞는 가장 효율적인 것을 선택하여 운전하는 것이 좋다. 넷째, 형광 물질이 가득 들은 전구를 사용하여 전력 낭비를 예방하는 것이 좋다. 다섯째, 나무를 심고 숲을 보호하여야 한다. 이는 나무가 대기 중의 이산화탄소를 흡수해 온실 효과를 상쇄시킬 수 있기 때문이다.

나. 오존층 파괴

오존층(ozone layer)은 15～50km에 해당하는 성층권에서 오존 농도가 가장 높은 약 15～35km까지를 의미한다. 약 10ppm정도로 나타나는 오존은 태양으로부터 해가 되는 자외선을 흡수하여 생태계를 그 해로부터 보호하고, 동시에 태양에너지를 흡수하여 성층권을 따뜻하게 함으로써 생물이 살아갈 수 있도록 현재의 기후 상태를 유지하는 데 중요한 역할을 한다.

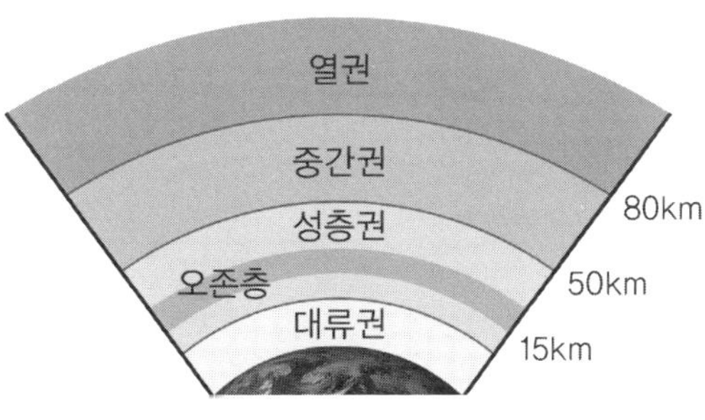

그림 Ⅱ-3 오존층

만약 오존층에 존재하는 오존의 농도가 현재보다 적거나 많다면 인류에게 미치는 영향은 매우 크다. 만약 오존의 농도가 너무 높으면 지상에 도달하는 자외선이 약해져서 세균이 잘 죽지 않고 인간은 결핵이나 구루병에 잘 걸리게 된다. 또한 오존의 농도가 낮아지면 자외선이 너무 강해서 인간은 물론 지구상에 존재하는 생명체가 존재할 수 없는 상황으로까지 이를 수 있다. 오존의 농도가 10% 감소하면 피부암의 발생이 26% 증가한다는 유엔환경협약(UNEP)의 연구 결과에서도 이를 알 수 있다. 현재 인간을 비롯한 생명체가 생명을 유지할 수 있는 것은 이러한 지구 대기의 오존층 덕택인 것이다.

그러나 대기 오염으로 인하여 오존층의 오존 농도가 감소하고 있다. 염화불화탄소(CFCs), 할론 가스 등에서 나오는 화학물질이 오존의 산소 결합 고리를 끊어 성층권의 오존층을 파괴함으로써 오존의 농도가 감소하는 것이다. 이러한 오존층 파괴 현상은 1985년 영국의 남극조사팀에 의해 처음 발견되었는데 1995년 미국 항공우주국(NASA)에 의하면 지난 10년간 남극 대륙 상공의 오존층은 우리 남한 면적의 323배에 달하는 절반 이상이 파괴 되었다고 보고하고 있다. 이에 가장 많은 기여를 하고 있는 특정 물질은 염화불화탄소(CFCs)이다. 염화불화탄소는 탄소원자를 염소와 불소원자가 둘러싸고 있는 형태인데 자외선을 받으면 분해가 되면서 반응성이 큰 염소원자(Cl)를 방출하고, 이 방출한 염소 원자가 결합력이 약한 오존 분자를 파괴하는 것이다.

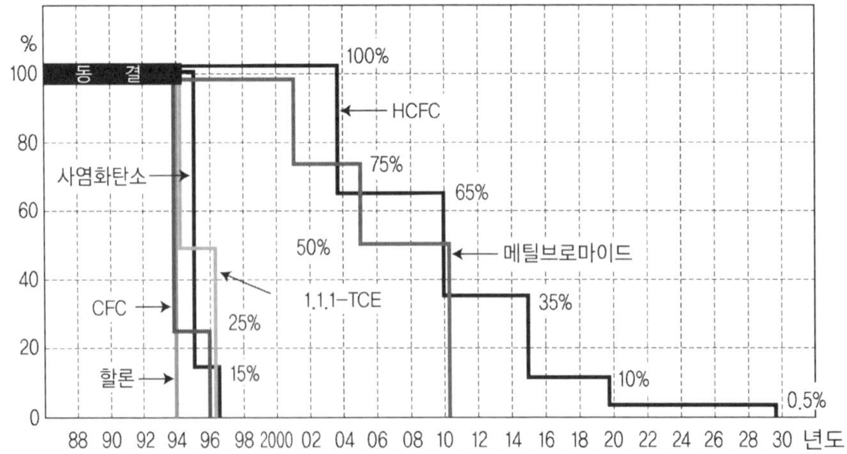

그림 Ⅱ-4 몬트리올 의정서에 따른 오존층 파괴물질 규제 일정

지금까지의 연구결과에 의하면 염소 원자 하나가 무려 10만 개의 오존 분자를 파괴한다고 한다. 더욱 중요한 것은 대기 중에서 이러한 특정 물질들의 수명이 매우 길다는 것이다.

오존층의 파괴는 인간을 포함한 생태계에 심각한 영향을 미친다. 농작물의 경우를 보면 자외선의 증가로 인하여 엽록소의 양이 감소하게 되고, 이로 인하여 광합성이 억제되며, 이는 식물의 성장 부진, 농작물의 수확량 감소로 이어진다. 쌀의 경우 오존층이 10% 정도 감소되었을 때 비추어지는 자외선을 벼가 쬐었을 때 수확량이 최대 1/3까지 감소된다는 연구 결과가 있다.

표 Ⅱ-2 대기 중에서의 특정 물질 수명 (단위 : 년)

명칭	CFC-11	CFC-12	CFC-113	CFC-114	CFC-115	HCFC-22	HCFC-123	HCFC-124	1,1,1-TCE
수명	60~65	95~150	96~117	200~320	390~680	15~16	2~3	6~8	6~8
명칭	HCFC-141b	HFC-125	HFC-134a	HFC-143a	HFC-152a	HALON-1211	HALON-1301	사염화탄소	
수명	9~11	20~24	8~15	65~110	2~3	2~5	110	51~73	

자료 : 환경부(1996). 환경백서. 환경부.

또한 오존층의 파괴로 인하여 자외선이 증가하면 이산화탄소의 흡수를 감소시켜 임목의 성장과 호흡을 저해시키므로 소경목화, 왜림화 및 발육부신 현상이 나타날 것이다. 결국 오존층 파괴에 의해서 임목은 토양 미생물의 활동 저하와 소멸을 초래할 수도 있으며, 광합성을 방해하여 제대로 성장하지 못하고, 이산화탄소를 제대로 흡수하지 못하여 대기 환경의 오염을 한층 가중시킬 것이다. 해양 생물계에서는 해양 플랑크톤의 체질을 변화시켜 해양 생태계의 먹이사슬이 파괴되고, 또한 육상식물의 경우 개화 감소, 잎 크기의 감소 등 돌연변이가 크게 늘어나 농수산물의 생산이 크게 줄어들며, 소, 돼지 등의 경우는 암 발생률, 일사병 발생률이 높아질 것으로 추측되고 있다.

표 Ⅱ-3 인간 복지에 대한 환경 문제의 상대적 위험도

상대적으로 위험성이 높은 문제	상대적으로 위험성이 중간인 문제	상대적으로 위험성이 낮은 문제
오존층 고갈	제초제와 살충제	기름 누출
서식지 변동과 파괴	지표수의 유독오염물질	지하수 오염
종의 전멸과 생물다양성의 손실	산성비	방사성 물질
지구기후 변화	대기오염물질	열(熱) 오염

이 외에도 피부암, 안질환(백내장, 자외선 각막염, 결막염, 망막장해 등) 등 질병을 야기시키며, 인체의 면역 기능을 손상시키는 등 심각한 환경 문제를 일으킨다.

따라서 전 세계는 오존층의 파괴를 더 이상 확대하지 않기 위하여 적극적으로 대처하고 있다. 국제적 수준에서 1985년 3월 오존층 보호를 위한 비엔나 협약(Vienna Convention)이 채택되었고, 1987년 9월에는 이에 대한 후속 협약으로 오존층 파괴물질의 생산과 소비의 감축을 주요 내용으로 하는 몬트리올의정서(Montreal Protocol)를 채택하였다. 이에 의하면 우리나라가 포함되어 있는 개발도상국들은 염화불화탄소(CFCs)의 소비량을 점차적으로 감소하여 2010년에는 완전히 사용할 수 없도록 하고 있다. 이러한 조치에 우리나라도 능동적으로 대처하기 위하여 규제 물질의 합리적인 수급 및 사용 조정, 소비량 감축을 가속화하기 위한 정책의 지속적 추진, 그리고 대체물질의 개발 등 다각도로 노력하고 있다.

다. 산성비

일반적으로 깨끗한 대기 중에 존재하는 이산화탄소(약 350ppm)가 물방울과 반응하여 탄산이 되는데 이때의 pH는 약 5.65정도가 된다. 대기 중의 비는 자동차에서 배출되는 질소산화물과 석탄, 석유 등의 화석 연료가 연소할 때 대기 중으로 배출되는 황산화물 등의 화학물질이 대기 중에서 수소와 결합되는 등 복잡한 화학 반응을 일으킨 후, 최종적으로 황산이온, 질산이온 등으로 변화하여 pH가 5.6 이하인 강한 산성을 나타내는 산성비(acid rain)로 바뀌게 된다. 이렇게 비의 산성도를 증가시키는 여러 가지 화학물질들은 발전소, 공장 및 차량의 증가로 인한 화석 연료 사용량의 증가, 공장 규모의 비대화에 따른 공장 굴뚝 높이의 증가, 그리고 지역에 따른 계절적인 화력 발전량과 차량 운행의 증가 등에 의하여 발생한다.

이러한 산성비는 우리나라에 내리는 강우 가운데 약 40% 정도를 차지하고 있으며, 계절별로는 대기오염이 심하고 강설에 의해 오염물질이 씻겨 내리는 세정 효과가 큰 겨울철에 산성도가 높은 것으로 나타났다. 서울의 경우를 보면, 가을 및 겨울에 pH가 4.8 부근으로 비교적 높았고, 여름 pH 5.5, 봄 pH 6.2 정도로 상대적으로 낮았다.

산성비에 의한 피해는 삼림, 농작물, 호수, 건축물 등 그 피해가 광범위하다. 광범위한 영역에서 눈에 띄지 않을 정도로 서서히 손실이 진행된다.

대기 중의 오염물질을 포함하고 있는 산성비는 식물체의 잎에 흡수되어 산이 가지고 있는 탈수성과 반응성, 양분의 용탈 등에 의하여 대사를 방해한다. 토양에 산성물질이 떨어져 염기성 양이온과 결합함으로써 토양의 완충능이 감소되는 등 토양의 산성화를 가속화시켜 수목의 생장을 억제하고 말라죽게 하기도 한다. 그리고 산성비는 호수의 pH를 저하시켜 호수의 밑에 있는 유해한 금속을 용출시키고 물고기를 죽게 하는 등 호수의 생태계를 파괴하여 죽음의 호수로 바뀌게 한다.

그림 Ⅱ-5 산성비의 발생

현재 유럽이나 북미에서는 산성비에 의해 호수의 산성화가 급격하게 진행되고 있다. 스웨덴에 있는 약 21,500개의 호수가 산성비의 영향을 받고 있는데, 그 중 약 15,000개 호수는 이미 산성화되었고, 그 가운데 약 4,500개 호수에서 물고기가 죽어 가고 있다. 노르웨이에서는 약 2,650개의 호수에서 물고기가 죽어가고 있고, 캐나다에서는 약 4,000개 호수가 죽음의 호수로 변하고 있다. 미국에서도 뉴욕주, 캘리포니아주 등에서 산성비에 의한 피해가 보고되고 있다.

또한 산성비는 인체의 눈이나 피부에 통증을 느끼게 하기도 하고, 산에 의하여 부식되는 대리석으로 된 조각품이나 금속 구조물로 만들어진 건물, 주택, 다리 등의 건축물에 미치는 영향도 적지 않다. 특히, 역사적인 유적이나 유물 등이 부식으로 인하여 파괴되기도 한다. 이러한 예는 아테네에 있는 파르테논 신전과 아크로폴리스, 독일의 쾰른 성당 등과 같은 유적들의 부식에서 찾아 볼 수 있다.

이러한 산성비의 피해는 발생원으로부터 500~1,000km까지의 이동이 관측되고 있어 다국간의 광역적 현상으로 나타나고 있다. 때문에 산성비에 의한 피해를 방지하기 위한 노력은 미국과 캐나다 간의 환경협력, 유럽의 EU를 중심으로 한 지역환경협력 등의 형태로 이루어지고 있으며, 우리나라를 포함한 동아시아 지역 10개국은 동아시아 산성비 모니터링 네트워크(EANET : Acid Deposition Monitoring Network in East Asia) 설치를 위한 정부 간 회의를 진행하는 등 국제 협력 기반을 조성해 나가고 있다.

라. 황사

황사(yellow sand) 현상은 아시아 대륙의 중심부에 위치한 중국 동부 지역의 타클라마칸사막과 고비사막, 그리고 황하 지역의 작은 모래나 황토가 1,000~3,000m 상공에 부유하여 상층의 편서풍을 타고 한국, 일본, 태평양 등 멀리 수송되어 다시 지면 가까이 하강하는 것을 의미한다. 발원지에서 배출되는 황사량을 100%라고 할 때, 약 50% 정도가 우리나라를 비롯한 주변 지역에 영향을 주는데, 지난 20년간의 통계자료에 따르면 주로 3~5월 3개월간 약 80%가 발생한다. 주로 건조기인 봄철, 특히 4월에 가장 많이 발생하는데 이 시기에 약 2~3차례 유입돼 약 6~8일간 떠다니면서 우리의 건강과 생태계에 영향을 주고 있다.

그림 Ⅱ-6 황사의 영향

자료 : http://visibleearth.nasa.gov

우리나라에 떨어지는 황사는 약 1~5일 전에 황사 발원지에서 떠오른 것이다. 보통 대기 중에는 m^3당 50~100㎍의 먼지를 포함하고 있는데 이러한 황사 현상이 발생하면 먼지량이 m^3당 200~1,000㎍으로 크게 증가하여 시야거리가 1~4km로 감소하고 햇빛을 가려 하늘이 누렇게 된다. 특히 에너지의 90% 이상을 아직도 석탄, 석유 등 화석 연료에 의존하고 있어 대기 오염물질인 아황산가스 배출량이 우리나라의 10배에 달하며, 동북아시아의 아황산가스 배출량의 80% 이상을 차지하고 있는 중국으로부터 중금속의 오염 피해까지도 받고 있다.

누런색의 고운 먼지는 인체와 물체에 쌓여 호흡기 및 안질환 등을 유발하고 농작물의 잎에 침적되면 기공을 막아 생육에 여러 가지 장애를 일으킨다. 항공기 엔진 손상 및 이착륙시 시정악화로 인한 사고 발생 가능성이 증가하고, 반도체 등과 같은 정밀 기계에 손상을 주기도 하며, 빨래나 음식물 등에 침강하여 부착됨으로써 여러

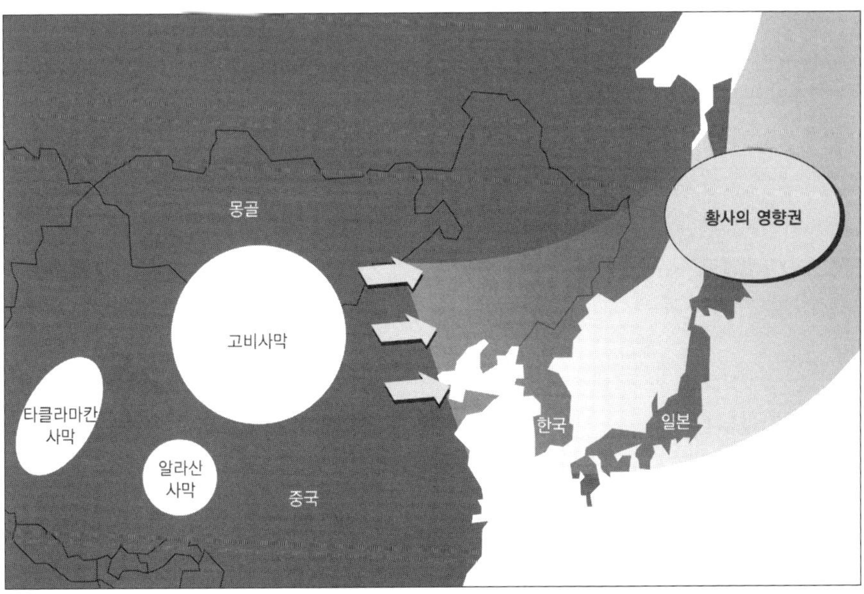

그림 Ⅱ-7 황사의 발생 및 영향

자료 : http://somyong-gh.ed.kyonggi.kr/~kimyk/geo/황사.htm

가지 해를 입히기도 한다.

따라서 황사가 많이 발생하는 계절에는 황사 발생에 대한 예보가 있으면 실외 활동을 삼가는 것이 좋으며, 실내에서는 집진기를 이용하여 미세 먼지를 제거하는 것이 호흡기 질환 예방에 효과가 있다.

우리나라에 많은 피해를 주는 황사는 발원지를 원천봉쇄하지 않는 한 없앨 수가 없다. 1999년 이후 매년 한 번씩 개최되는 2007년도의 「제8회 한 · 중 · 일 환경장관 회의」에서도 3국이 공동으로 높은 관심을 가지고 있는 동북아 황사 대응, 자원 순환형 사회 구축, 기후 변화 대응 방안 등 동북아 지역 및 지구 환경 공동 관심사항을 주요 의제로 논의하고 해결방안을 모색키로 합의하는 등 노력을 하고 있듯이, 황사문제는 결국 몽골과 중국 북서지방의 녹지화를 위하여 식목 사업을 지원하는 등 국제적인 협력을 통해서만 어느 정도 가능해 질 수 있다. 그러나 몽골과 중국 등의 발원지는 기후 온난화, 사막화 현상으로 오히려 황사 발원지는 확장되는 추세에 있으므로 보다 실질적이고 실효성이 있는 대처방안이 모색되어야 할 필요성이 있다.

표 Ⅱ-4 황사특보 발령기준 및 행동요령 (서울시청 환경국, 2007)

구 분	발령기준	행 동 요 령
정 보	먼지농도가 300㎍/㎥ 이상, 2시간 이상 지속예상	① 노약자, 어린이, 호흡기 질환자의 실외활동 자제 권고 ② 유치원과 초등학교의 실외활동(운동, 실외학습 등) 자제 권고 ③ 일반인(중고생 포함)의 과격한 실외운동 자제 권고
주의보	먼지농도가 400㎍/㎥ 이상, 2시간 이상 지속예상	① 노약자, 어린이, 호흡기 질환자의 실외활동 금지 권고 ② 유치원과 초등학교의 실외활동(운동, 실외학습 등) 금지 권고 ③ 일반인(중고생 포함)의 과격한 실외운동 금지 및 실외 활동 자제 권고
경 보	먼지농도가 800㎍/㎥ 이상, 2시간 이상 지속예상	① 노약자, 어린이, 호흡기 질환자의 외출금지 권고 ② 유치원과 초등학교의 실외활동(운동, 실외학습 등) 금지 및 수업단축, 휴업 등의 학생 보호조치 강구 권고 ③ 일반인(중고생 포함)의 실외활동 금지/외출자제 권고 ④ 실외운동경기 중지 및 연기 권고

마. 삼림의 감소

삼림은 광합성 작용에 의하여 이산화탄소를 흡수하고 산소를 배출함으로써 지구 온난화에 대한 지구 자정 능력에 매우 중요한 역할을 한다. 또한 많은 야생동물들의 서식처를 제공해주고 우리 생활 공간에 활용될 수 있는 목재를 생산해 주는 등 생활환경과 매우 밀접한 관계를 가지고 있다.

그러나 농경지의 확대 및 목재 생산 등으로 인하여 지구의 삼림은 황폐화되어 가고 있다. 2050년 이전에 아마존 삼림의 50% 이상이 사라질 가능성이 있다고 예측하는가 하면, 이미 아프리카에서는 삼림의 50%가 축소되었다는 보고도 있다. 특히 에디오피아는 매년 10만~20만ha의 삼림을 벌채하고 있으며, 아시아는 매년 220만ha, 남미와 카브리지역은 매년 190만ha의 삼림이 피해를 받아 지구 전체적으로는 매년 460만ha의 삼림이 사라져가고 있다.

이러한 삼림의 파괴는 지구 자정 능력의 상실, 삼림 자원의 감소, 생태계의 파괴로 인한 동・식물의 서식지 감소 및 생물 종다양성의 감소, 강한 일사로 인한 토양의 각화 현상 촉진 등 심각한 지구 환경 문제가 유발시킨다.

따라서 삼림은 황폐화되기 이전에 관리를 잘 하여야 한다. 삼림은 문명에의 활용을 전제로 한 벌채에 의하여 훼손되기도 하지만, 산불, 병・해충 등 관리의 소홀로 인하여 피해를 많이 받기 때문에 다용도 관리(multiple use management) 체제를 도입하여 운영하여야 한다. 이는 삼림 자원과 관계가 있는 다양한 그룹들이 관리 책임을 서로 분담하고 협조하는 관리 방식으로서 삼림의 보존에 크게 기여할 수 있을 것이다.

바. 유전자 재조합

유전자 재조합 기술은 여러 부문에서 적극적으로 활용되고 있다. 최근 선진국에서 생태적 환경정화 대책의 하나로 현사시나무에 올챙이 유전자를 주입하여 개발한 환경정화나무가 그 대표적인 예이며, 도라지로부터 파란색 유전자를 확보하여 파란 장미를 개발한 예도 마찬가지이다. 그리고 최근 몇 년 사이에 우리 농산물 및 식품 속에서 중요하게 부각되고 있는 유전자 재조합은 원하는 특성을 지닌 유전자를 다른 생물체에 직접 삽입함으로써 목적하는 품종만을 바로 얻을 수 있도록 하는 방법이다.

이 기술을 농작물에 도입하여 개량된 농작물을 만들어 내었는데 이를 유전자 재조합 농산물(GMO : genetically modified organism)이라고 하고, 안전성이 확인된 농산물을 이용하여 식품 또는 식품 첨가물로 만든 것을 유전자 재조합 식품(GMF : genetically modified food)이라고 한다.

유전자 재조합 농산물은 심각해져가고 있는 식량 위기를 극복하기 위하여 끊임없이 연구・개발 및 활용되고 있다. 아그로박테리움(agrobacterium)법, 원형질 세포법, 입자총(particle-gun)법 등을 이용하여 개발된 유전자 재조합 농산물은 1996년 170만ha에서 2006년 1억 200만ha로 60배 이상 증가하여 재배되고 있다. 재배국가도 미국을 포함한 6개국에서 22개국으로 늘었다. 특히 세계 농산물 시장의 대부분을 차지하고 있는 옥수수, 대두 등의 면적이 계속 확대되고 있는 실정이다.

그러나 이를 이용하여 만들어지는 유전자 재조합 식품에 대해서는 식량 문제의 해결, 저농약 사용에 의한 환경에의 기여 등 긍정적인 면도 있으나 사람이 마음 놓고 먹을 수 있을 정도로 안전한가? 유전자 재조합 농산물을 재배할 때 다른 생물에 예기치 않은 변화를 일으켜 환경 문제를 유발하지는 않는가? 자연의 현상 또는 질서에 위배되는 것은 아닌가? 등 많은 문제점을 유발할 수 있는 것도 사실이다.

따라서 유전자 재조합 식품의 이용은 일차적으로 안전성에 대한 평가가 이루어져야 한다. OECD 등 국제기구에서 제안한 '실질적 동등성'의 개념을 도입하여 재조합된 DNA자체의 안전 여부, 재조합된 DNA가 생산하는 생산물의 안전성 여부, 유전자 재조합시 사용되는 항생물질 내성 마커 유전자의 안전성 여부, 앨러지 유발 여부, 그리고 구성성분이나 영양성분의 변화 여부 등을 세심하게 검토하고 평가하여 이용하여야 한다.

유전자 재조합 식품에 대한 표시제의 도입도 소비자들에게 알 권리를 주어 소비자의 선택권을 보장해주어야 한다는 입장이다. 미국은 이에 반대를 하고 있으나 유럽연합, 일본, 식량 수출국인 캐나다. 호주, 뉴질랜드 등은 법제화하여 유전자 재조합 식품에 대한 표시제를 도입하고 있다.

아직까지 논란의 여지가 남아 있는 유전자 재조합 농산물은 1800년 전후의 생산성 대약진을 제1차 농업혁명, 그리고 1900년대 초 멘델의 법칙을 이용한 교잡육종 기술의 발달을 제2차 농업혁명이라고 할 때 제3차 농업혁명을 이루어낼 것이다. 국제곡물시장의 양극화를 초래하여 식량을 수입에 의존하는 국가들의 경쟁력이 더욱 악화될 것이라는 부정적인 예측도 할 수 있으나, 안전성 평가, 표시제의 도입 등 유전자 재조합 농산물 시장에 적극적으로 대처하지 않으면 국제 농업에서 도태되게 될 것이다. 따라서 유전자 재조합 농산물을 개발하기 위한 적극적인 투자를 유도함은 물론 안전성 평가에 대한 전문위원회를 구성하여 정책 방향을 결정해야 할 것이다. 그리고 소비자 수용 태세 제고를 위한 대국민교육 및 홍보 강화, 관련 데이터베이스 구축 등 적극적인 대처 방안이 모색되어야 할 것이다.

사. 환경호르몬

환경호르몬이란 생명체의 정상적인 호르몬 기능에 영향을 주는 합성, 혹은 자연상태의 화학물질을 말하는 것으로써 내분비교란물질(endocrine disruptors)이라고도 한다. 어떠한 물질이 환경호르몬인가 하는 것은 아직 정확한 연구 결과가 나오지 않았지만 세계야생동물기금(WWF)은 다이옥신을 포함한 67종을 추정물질로 규정하고 있다. 즉 DDT를 포함한 대부분의 살충제, 비스페놀 A 등 플라스틱 성분, 프탈레이트 등 플라스틱 가소제, 염소화합물을 연소시킬 때 주로 발생하는 다이옥신, 강력한 발암제, 전기기기의 절연유로 사용되는 PCB, 납, 수은, 카드뮴 등의 중금속 등이 이에 속한다.

환경호르몬에 대한 노출은 생명체에 많은 영향을 미친다. 야생동물의 생식과 발달에 심각한 장애가 나타나고 인체에도 상당한 영향을 미치는 것으로 밝혀지고 있다.

야생동물에서는 동성 짝짓기를 하고 알을 포기하는 청어갈매기, 둥우리로 귀소하지 않고 새끼를 버리는 독수리, 수달의 급격한 감소, 암탉처럼 행동하는 수탉, 밍크 새끼의 높은 사망률, 사산되는 알, 큰 백곰 집단의 감소, 대서양 해안에서 죽은 수백 마리의 병모양코 돌고래, 시베리아 바이칼호수의 죽은 물개떼, 지중해에서 죽은 천 마리의 얼룩 돌고래, 그리고 바이러스나 세균 감염으로 죽었지만 PCB와 DDT의 조직

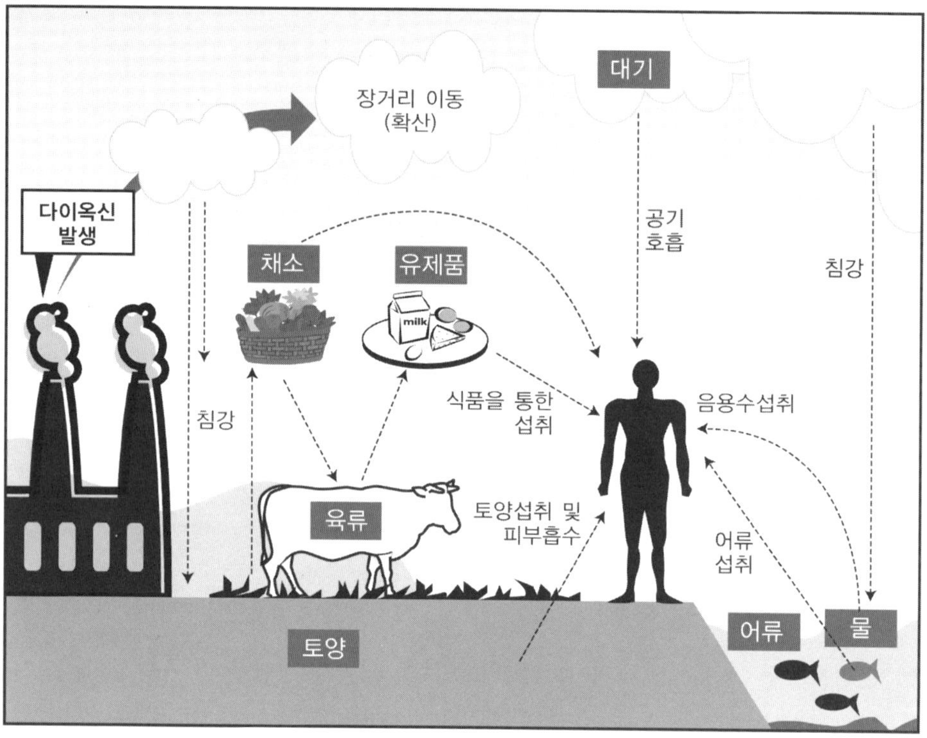

그림 Ⅱ-8 다이옥신의 발생과 이동

자료 : http://cbingoimage.naver.com

내 농도가 높았던 항구 물개 등을 통하여 영향 정도를 알 수 있으며, 인체에서 나타나는 정황적 근거는 정자 수 감소, 성기 기형의 증가, 호르몬 관련성 암의 증가 등이 있다.

환경호르몬이 생명체에 미치는 이러한 현상들은 생물다양성에 위협을 줄 수 있어 결국 생명체의 멸종을 가져올 수도 있다. 따라서 환경호르몬의 영향으로부터 벗어나기 위해서는 살충제 사용을 가급적 금하고, 동물이나 사람의 피부에 닿지 않도록 해야 하며, 음식을 섭취할 때는 먹이사슬의 낮은 단계에서 취하도록 해야 한다. 그리고 손은 자주 씻고 먼지가 내려앉기 쉬운 곳을 자주 청소해야 하며, 강력한 세정제는 사용하지 않도록 한다. 또한 건전지는 반드시 수거함에 넣어 납 등에 대한 피해가 없도록 하고 수은에 노출이 되지 않도록 해야 한다.

좀 더 알아보기

환경호르몬으로부터 건강을 보호하는 법

1. **유기농산물을 먹는다** – 일반 농산물 대신 농약을 사용하지 않은 유기농산물을 먹는 것이 환경호르몬으로부터 우리 모두를 보호하는 최선의 길이다. 유기농산물을 많이 이용하면 가족의 건강은 물론이고 생태계를 보호하는 일거양득이 될 것이다. 더욱 바람직한 것은 가정에서 직접 채소나 곡식을 길러 먹는 것이다. 도시에서는 '주말농장'이나 텃밭을 가꾸도록 노력하는 것도 바람직하다.

2. **인스턴트 음식을 삼가한다** – 일회용 용기에 들어 있는 라면, 깡통에 들어 있는 음료수나 통조림, 플라스틱 용기에 들어 있는 음료수나 음식에는 환경호르몬이 녹아 있을 가능성이 있고, 특히 뜨겁게 가열되거나 기름기 있는 음식의 경우에는 그 가능성은 더 높아진다. 환경호르몬은 아동들의 주의력을 떨어뜨리고, 공격적인 성격을 갖게 한다.

3. **어린이 장난감 선택에 주의한다** – 염화비닐제품(PVC)과 치아발육기나 아기용 장난감으로부터 환경호르몬 작용이나 발암성이 있는 프탈산에스테르가 용출되고 있다. 옛날에는 말린 오징어나 단무지 등 단단한 음식물을 사용했다.

4. **플라스틱 용기의 사용을 줄인다** – 플라스틱 용기에 뜨겁고 기름기가 있는 음식을 담으면 환경호르몬 물질이 나올 수 있다. 따라서 컵라면을 비롯하여 찬 음식을 가급적 전자렌지에 데워 먹기보다는 그릇에 담아 가스 불로 직접 데워 먹는 것이 좋다(음료수 캔의 내부코팅에서도 비스페놀A가 나온다. 음료수 캔을 뜨겁게 데워먹는 것은 피해야 한다). 일례로 플라스틱 아이들 젖병은 뜨거운 물이나 기름을 넣으면 비스페놀A가 용출되어 나온다. 대신 유리제품을 사용하자. 오랫동안 사용한 용기일수록 용출량이 증가한다. 내열유리나 도자기류 등 안전한 식기로 대체하는 것이 좋을 듯하다.

5. **살충제 사용을 줄인다** – 농촌에서 살충제나 제초제 사용을 줄여야 하는 것은 물론이요 일반 가정에서도 모기나 벌레를 죽이기 위한 살충제를 사용하지 않도록 해야 한다. 가정에서 살충제를 뿌리면 그 독성물질은 여러 경로를 통하여 결과적으로 인체에 들어오게 된다. 뿌려진 살충제는 지구 어딘가에 남아서 계속해서 생태계를 파괴하는 환경호르몬으로 작용하게 된다.

6. **쓰레기를 최소화하고 분리 배출한다** – 쓰레기 특히 플라스틱 쓰레기를 태우면 환경호르몬 물질인 다이옥신이 나온다. 가능한 한 적게 배출하는 것이 중요하다. 아나바다의 실천과 쓰레기 분리수거가 쓰레기를 최소화하는 가장 좋은 방법이라 할 수 있다.

3 생활환경의 보전

가. 생활환경 보호의 중요성

전 세계는 산업혁명 이후에 눈부신 과학 기술의 진보와 급진적인 경제 성장으로 인하여 유래 없는 물질적 풍요를 누리며 현대 과학의 문명을 누리면서 살고 있다. 그러나 이러한 과정에서 지구 온난화 문제, 오존층 파괴, 생물 다양성의 감소, 그리고 유전자 재조합 문제 등 심각한 지구 환경의 파괴와 오염이 생겨나게 되어 삶의 질을 악화시키는 결과를 가져오고 있다.

1972년 로마클럽의『성장의 한계(Limits of Growth)』라는 저서에서 '현재 추세대로 인구 증가, 자원 고갈, 자연 훼손이 지속될 경우 2100년경에는 성장이 멈출 것'이라고 경고했듯이, 우리 인간들은 이러한 환경 문제의 원인과 심각성을 충분히 인식하고 있고 이를 해결하고자 끊임없는 노력하고 있다. 이러한 노력의 결과로 어느 정도 극복되었음에도 불구하고 환경 문제는 다국가적인 성격으로 발전하여 지속적으로 악화되어가고 있는 것이 현실이다. 인구 증가와 자원 고갈, 인구 집중과 도시화, 환경 파괴적인 기술의 개발, 지속적인 경제 성장, 소득 증가와 소비 행태의 변화, 그리고 빈곤으로 인한 환경 훼손 등으로 인간을 포함한 생태계가 파괴되어 자정 능력(assimilative capacity)을 상실하게 되고, 이러한 결과로 인간 자신을 포함한 생태계는 생존의 위협을 받게 된 것이다.

이는 인간이 우리를 둘러싸고 있는 환경을 별개로 인식하고 환경에 대한 지배와 통제를 확대하는 것이 문명의 진보이며 생산력의 발전이라는 사고방식에서 비롯되었다고 할 수 있다. 환경은 인간을 둘러싸고 있는 모든 것으로써 조화가 전제되어야 한다. 인간적 · 사회적 구조 속에서 발생하고 인간과 사회의 의사 결정 결과로서 환경 문제가 발생하기 때문에 인간과 동등한 가치로서의 환경으로 인식할 때에 환경 문제의 해결 실마리를 풀 수 있다.

환경 문제는 현재 살아가는 세대들만의 문제가 아니다. 인간 문명의 개발을 위하여 상대적으로 오염되고 파괴된 환경은 회복의 가능성이 적어 자라나는 다음 세대

표 Ⅱ-5 전통적인 환경보호와 지역사회기반의 환경보호의 비교

구분	전통적인 환경보호	지역사회기반의 환경보호
성격	사후규제중심	사전예방 중심
오염원	개별적인 점오염원	상호 연관되고 분산된 비점오염원
지역	행정구역중심	지리적인 영역중심
참여자	단속기관, 규제대상자	중앙의 환경관료, 지역의 환경관료, 지역계획입안자, 지역 환경단체를 비롯한 NGOs, 규제대상자, 지역학계를 비롯한 전문가들, 관심 있는 지역주민들
참여형태	수직적인 구조	수평적인 구조
인간과 환경과의 관계	인간과 환경을 별개로 인식	생태계의 한 부분으로 인간을 인식
주요관심사	대기, 수질, 폐기물 등의 매개체와 이슈중심의 환경 문제	지역에 기초한 생태계와 인간의 통합적인 발전

자료 : 김상종 외(2000). 새천년의 환경과 국토-공생과 균형의 패러다임. 나남출판. p.253.

들에게 악화된 환경이 그대로 전달될 수밖에 없는 것이다.

따라서 환경 문제에 대한 해결은 미래 지향적인 사고를 가지고 환경에 대한 올바른 인식, 가치관과 대도 등의 바람직한 환경관을 갖도록 하여 예방차원에서 접근하여야 한다. 더 이상 경제 가치, 물질 가치가 절대적 가치가 아니라 생태 가치가 중심 가치로 존중될 수 있는 환경 보호의 의식을 고취시켜 미래의 쾌적한 환경을 가질 수 있도록 해야 한다.

나. 농업 생활환경의 보전

농업은 자연과의 조화에서 비롯되었다. 자연 생태계의 흐름을 이용하여 홍수 조절, 수자원 함양, 토양 보전 등 환경을 보전하는 역할을 수행하여 왔으나 농업생산성 증대에 너무 치중하여 자연환경을 파괴하는 결과를 가져왔다. 농업이 환경오염의 가해자라는 인식이 일어날 만큼 환경 문제는 심각하게 되어 있으며, 현대뿐만 아니라 미래에 가장 큰 관심사가 아닐 수 없다.

따라서 미래의 농업은 식량 확보를 위한 기술 발전보다는 환경과 조화된 농업 발전을 위한 기술 개발을 추구하여 환경 보전은 물론 인류의 생존을 위한 지속가능한 농업(sustainable agriculture)으로 발전해야 할 것이다.

1) 대기 보전

지구의 대기는 속성상 국가의 경계에 따라 분할되거나 개별 국가의 주권에 종속될 수 없는 인류가 공유하는 자원이다. 약 80%의 수증기와 12%의 이산화탄소, 7%의 이산화황, 그리고 1%의 질소산화물과 다른 가스들로 구성되어 균형을 이루고 있다.

그러나 대기 중의 황 화합물(sulfur compounds), 탄화수소(hydrocarbons), 산화질소화합물(nitrous oxides), 납(lead), 일산화탄소(carbon monooxide), 라돈가스(radon gas), 방사성 먼지(radioactive dust), 염화불화탄소(CFCs : chlorofluoro carbons), 농약 분무물질(pesticide spray materials) 등에 의하여 대기 구성성분의 균형이 파괴되고 있다. 특히 염화불화탄소에 의한 성층권의 오존 농도 감소, 연료 연소의 부산물인 이산화탄소와 토양미생물이 유기물을 분해하는 과정에서 발생하는 메탄 등에 의한 지구 온난화, 유황 화합물이 공기 중의 습기와 결합하여 형성되는 산성비, 그리고 대기 중에 오염되어 있는 중금속을 포함한 황사 등 동·식물을 포함하는 생태계에 직접적으로 영향을 미치는 대기 문제들이 많이 발생하고 있다.

대기의 오염은 어떠한 공간보다도 넓고 많은 물질을 포용할 수 있기 때문에 더욱 많은 환경 문제를 유발시키고 있다. 이러한 대기 오염을 감소시키기 위해서는 정책적, 기술적 측면에서 모색되어져야 한다.

먼저 대기오염 발생이 적은 천연가스, 저유황 연료를 사용하도록 함으로써 대기 중의 이산화황 농도를 낮출 수 있도록 하고, 대규모 발전 시설에 대해서는 배연탈황시설(FGD) 설치를 유도하거나 의무화할 필요가 있으며, 쓰레기 소각장 같은 곳에는 배연탈질시설을 설치하여 질소산화물의 배출을 억제할 필요가 있다. 그리고 대기환경기준(air quality standard)과 배출허용기준(emission standard)을 강화하고 에너지 절약형 난방시설을 보급하여 에너지 절약에 따른 대기 오염물질의 배출량을 줄일 필요가 있다. 또한 농업 생산 공정을 환경 친화적으로 전환함으로써 오염가스 및 분진 등으로부터 발생하는 대기오염에 대처할 수 있도록 해야 할 것이다.

좀 더 알아보기

공회전을 줄입시다

▣ 자동차 공회전을 하루 5분 줄이면(연간기준)

- 31만 9,008㎘ 절약(휘발유+경유, 2007년 태안 기름 유출 사고 때 허베이 스피리트호에 실려 있던 원유 30만 2,241㎘와 맞먹는 양)
- 5,050억원 에너지 비용 절약
- 101만t 이산화탄소 감소 효과

◇ 휘발유

3,866억원 = 23만 6,640㎘ × 1,634원(2007년 평균 휘발유 가격)

[산출근거]

휘발유 23만 6,640㎘ = 980만대(휘발유 차량, 전체 차량 1,643만대의 60%) × 240일(연간 운행일 수) × 0.1ℓ(5분간 공회전시 낭비되는 연료량, 1,500cc 차량기준)

◇ 경유

1,184억원 = 8만 2,368㎘ × 1,438원(2007년 평균 경유 가격)

[산출근거]

경유 8만 2,368㎘ = 660만대(경유차량, 전체 차량의 40%) × 240일(연간 운행일 수) × 0.052ℓ(5분간 공회전시 낭비되는 연료량, 전체 경유차 평균치)

▣ 자동차 줄이고, 조금만 덜 타면 1년에 3조 2164억원 절약

◇ 승용차 이용 10% 줄이기 – 3조 641억원

승용차 1,267만대 이용 10% 줄이면 휘발유 118만㎘, 경유 79만㎘ 절약

[산출근거]

휘발유 118만㎘ = 760만대(휘발유 차량) × 1만 6,754km(승용차 연간 평균 주행거리) × 0.093ℓ(km당 승용차 평균 연료소비) × 0.1(절약률 10%)

- 경유 79만㎘ = 507만대(경유차) × 1만 6,754km × 0.093ℓ × 0.1
- 휘발유 118만㎘ × 1,634원(ℓ당 2007년 평균 휘발유 단가) + 경유 79만㎘ × 1,438원(L당 경유 단가) = 3조 641억원

◇ 경차를 이용합시다 – 1,523억원

경차비율 10%(현재 6.5%)로 높이면 휘발유 9만 3,200㎘ 절약

[산출근거]

70만 6,000대(경차비율 10%로 늘릴 때 늘어나는 경차대 수) × 132ℓ(소형차 대비 경차의 연간 연료 절약) × 1,634원(휘발유 가격) = 1,523억원

자료 : 중앙일보(2008. 2. 11/ 2. 18)

표 Ⅱ-6 우리나라의 대기환경 기준

구분	1시간	8시간	24시간	연평균	단위
SO_2	0.15이하	-	0.05이하	0.02이하	ppm
CO	25이하	9이하	-	-	ppm
NO_2	0.1이하	-	0.06이하	0.03이하	ppm
PM10	-	-	100이하	50이하	㎍/㎥
O_3	0.1이하	0.06이하	-	-	ppm
Pb	0.5㎍/㎥(연평균)				

자료 : 환경부(2007)

2) 수자원 보전

지구상의 수자원은 지표수, 지하수, 해수, 빙하 등으로 약 1.4×1018㎥ 정도 존재하지만 우리가 생활환경에서 이용할 수 있는 담수는 이 중에서 약 0.0006%밖에 되지 않는다. 또한 우리나라의 수자원 이용 총량은 약 272억㎥인데 용도별로 보았을 때 농업용수가 약 56%에 해당하는 150억㎥가 된다.

그러나 이러한 수자원은 계절적, 지역적 강우의 편중, 갈수현상의 지속, 그리고 하천의 유지용수 부족 등으로 오염되기도 하지만, 중소도시의 미처리 하수, 산업 공단 등으로부터의 폐수 유입, 축산 활동의 증가, 위락 시설의 증대, 농공 단지의 확산 등으로 오염되고 있다.

특히 화학비료, 농약 등의 과다 사용으로 인하여 지표수와 지하수가 오염되고 농산물에 잔류하여 국민의 건강을 위협하기도 한다. 그 결과 농업 지역의 소하천 수질은 급격히 악화되고 있으며 농업용수원으로 주요한 저수지와 호수가 급속히 부영양화 되고 있어 농작물이 받는 피해는 매우 심각한 실정이다.

피해가 심각한 수자원을 보전하기 위해서는 생활하수, 산업 폐수, 그리고 축산 분야에서의 폐수에 의한 배출량을 줄일 수 있도록 노력하여야 한다. 특히 농업에 유용한 지표수와 지하수를 보전하기 위해서는 삼림이나 작물 포장에 사용하는 화학 물질의 종류와 양을 통제할 필요가 있다. 화학 물질의 사용 설명서를 주의 깊게 읽고 사용하여야 하며, 잔여 화학 물질은 적절한 처리방법에 따라 처리하여야 한다.

좀 더 알아보기

한국인 1인 1년간 물소비량은?

우리나라 사람 각자가 1년 동안 직·간접적으로 소비하는 물의 양을 모두 합치면 국제규격 수영장의 절반을 채울 분량이라고 한다. 또한 우리나라는 곡물 등의 형태로 수입하는 물의 양은 세계에서 다섯 번째로 많은 것으로 나타났다.

종류	기준	생산에 필요한 물 소비량(ℓ)	종류	기준	생산에 필요한 물 소비량(ℓ)
쌀	1kg	3,400	사과	1개	70
빵	한 조각	40	커피	1잔	140
소고기	1kg	15,497	맥주	500mℓ	150
돼지고기	1kg	4,856	우유	200mℓ	200
닭고기	1kg	3,918	햄버거	1개	2,400
달걀	1개	200	면티	1벌	2,000

※ 자료 : 유네스코 물교육연구소, 네덜란드 트웬테대학

유네스코 물교육연구소(UNESCO-IHE)와 네덜란드 트웬테대학 연구팀은 최근 발표한 '2007 국가별 물 발자국 조사 결과'에서 이렇게 밝혔다.

'물 발자국'이란 유네스코 물교육 연구소 아르옌 획스트라가 2002년 물 사용 지표로 제시한 개념으로, 한 인구 집단이나 개인이 소비하는 재화와 서비스를 생산하는데 드는 물의 총량을 가리킨다. 소비를 충당하는데 필요한 땅의 넓이를 나타내는 '생태 발자국' 개념에서 따온 것이다. 물 소비는 직접 물을 쓰는 양보다 소비를 통한 간접 소비량이 많다. 특히 육류와 곡물을 생산하는 데 물이 많이 들고 공업제품을 만드는 데도 물이 필요하다. 전체 물 소비량의 80%는 식품과 농산물에 들어간다.

재배할 때 증발량이 많은 벼는 물을 많이 써 전세계 농작물 물 소비량의 21%를 차지한다. 또한 소고기 1kg을 얻으려면 곡물 6.5kg, 건초 36kg, 먹이고 씻기는 물 155ℓ 등 모두 1만 5,497ℓ의 물이 필요하다. 이 밖에 커피 1잔을 생산하는데 140ℓ의 물이 드는 것을 비롯해, 맥주 500mℓ에 150ℓ, 우유 200mℓ에 200ℓ, 햄버거 1개에 2,400ℓ, 면티 한 벌에 2,000ℓ, 사과 1개에 70ℓ, 달걀 한 알에 135ℓ의 물이 든다.

이렇게 직·간접 물 사용량을 모두 합친 1인당 물 발자국은 1997~2001년 사이의 통계를 바탕으로 계산했을 때, 한국이 연간 1,179m³로 세계 평균 1,243m³보다 약간 낮았다.

미국은 2,480m³으로 세계에서 가장 많았다. 이는 육류 소비와 공산품 소비가 많기 때문이다. 미국의 연간 육류소비량은 1인당 120kg으로 세계 평균의 2배이다. 우리나라의 소비량은 32kg 수준이다. 중국의 1인당 물 발자국은 696m³로 낮았지만 국가 전체로는 인도에 이어 두 번째로 큰 물 발자국을 기록했다. 물 발자국에서 수입이 차지하는 비중은 우리나라가 일본, 이탈리아, 영국, 독일에 이어 세계에서 5번째로 높았다. 우리나라에서 수입의 비중은 65%였다. 우리나라가 많이 수입하는 소고기, 콩, 밀, 코코아, 옥수수 등은 모두 생산과정에 물이 많이 쓰이는 농산물이다.

자료 : 한겨레신문(2008. 3. 26)

Activity 숯의 여과를 이용한 깨끗한 물 제조

▣ 준비도구 및 재료

깔대기대 1개, 깔대기 1개, 비커 2개, 유리막대 1개, 흑설탕, 활성탄(또는 숯가루), 거름종이, 따뜻한 물

▣ 실험 · 실습 순서

1. 실험 장치 꾸미기
   가. 깔대기대에 거름장치를 꾸민다.
   나. 깔대기의 끝이 비커의 벽면에 닿게 한다.
   다. 거름종이가 깔대기에 밀착되도록 장치한다.
   라. 유리 막대를 기울여 용액이 유리 막대를 따라 흘러내리도록 한다.
2. 100㎖ 비커에 따뜻한 물을 반쯤 붓고 설탕 10g 정도를 녹인다. 흑설탕 용액의 색깔은 어떠한가?
3. 흑설탕 용액의 절반을 거름장치로 여과한다. 거름종이를 통과한 용액의 색깔은 어떠한가?
4. '3'의 남은 용액에 10g 정도의 숯가루(활성탄)를 넣어 혼합시키고 거름종이를 이용하여 여과시킨다. 거름종이를 통과한 용액의 색깔은 어떠한가?

▣ 관련 지식 및 유의 사항

1. 결과 해석 : 흑설탕을 물에 녹인 용액은 연한 갈색이다. 이 용액을 거름종이로 여과시키면 색소가 분리되지 않고 그대로 통과되어 나온다. 이 용액에 숯가루를 혼합시켜 여과시키면 흑설탕의 색소인 갈색은 숯가루에 의해 흡착되어 맑은 설탕물만 여과지를 통과하게 된다.
2. 우리는 소금물에 메주를 넣고 간장을 만든다. 이 때 숯을 넣은 것을 보았을 것이다. 이 숯은 다공성으로 먼지나 다른 물질이 들어오면 흡착시키게 된다. 이러한 흡착 성질을 크게 하기 위해 활성탄을 만들어 사용한다.
3. 활성탄은 목재, 갈탄, 이탄 등을 건류하여 만든 탄소가루이다. 활성탄은 여러 가지 물질을 흡착하는 힘이 대단히 강하다. 특히 염산과 함께 쪄 낸 다음, 물로 염산을 잘 씻어 내고 적당한 온도로 가열하면 흡착하는 현상이 대단히 강해진다. 따라서 활성탄은 불순물을 제거하거나 흑설탕에 포함된 색소를 흡착 제거하여 순백의 설탕을 만드는 데 쓰인다.
4. 이처럼 색이 있는 것을 무색 또는 엷게 만드는 데 쓰이는 물질을 탈색제라고 한다. 이러한 탈색제를 일반적으로 다공질의 분말 상태이다. 그 까닭은 가루가 고울수록 표면적이 넓어 흡착이 잘 되게 하기 위해서이다. 또한 활성탄은 독가스를 흡착하는 성질이 있으므로 방독면(가스마스크)에도 쓰이고 있다.

Activity 오염된 물에서의 씨앗의 발아율 측정

▣ 준비도구 및 재료

저울, 250㎖ 비커 5개, 유리 막대, 샤알레 5개, 휴지 약간, 무씨 약간, 맑은 물, 가루비누 약간

▣ 실험 · 실습 순서

1. 맑은 물에 가루비누를 알맞게 넣어 1%, 5%, 10%, 20%의 오염된 물을 각각 100㎖ 정도 만든다.

※ 비눗물의 농도 계산

$$\text{농도(\%)} = \frac{\text{비누의 무게}}{\text{물의 무게} + \text{비누의 무게}} \times 100$$

1%의 비눗물 : 물 99g, 비누 1g, 5%의 비눗물 : 물 95g, 비누 5g
10%의 비눗물 : 물 90g, 비누 10g, 20%의 비눗물 : 물 80g, 비누 20g

2. 샤알레 5개를 깨끗이 닦고 휴지를 3~4겹 만들어 샤알레 바닥에 깐다.
3. 샤알레의 뚜껑과 옆에 맑은 물, 1% 합성세제 용액, 5% 합성세제 용액, 10% 합성세제 용액, 20% 합성세제 용액이라고 표시해 놓는다.
4. 각각의 샤알레에 맑은 물, 1% 합성세제 용액, 5% 합성세제 용액, 10% 합성세제 용액, 20% 합성세제 용액을 10㎖씩 붓는다.
5. 종이 위에 무씨 20씩 놓고 뚜껑을 덮은 후 싹트는 모양을 7일정도 관찰한다.
6. 합성세제 농도에 따른 발아율을 측정하여 기록한다.

▣ 관련 지식 및 유의 사항

1. 무씨는 발아가 좋은 품종을 골라야 한다. 특히 오래된 무씨는 실험 결과를 다르게 하므로 되도록 최근의 씨앗을 구해서 사용한다.
2. 합성 세세의 농도 이외의 조건은 모두 똑같게 한다. 관찰하는 동안 5개의 샤알레를 온도, 빛의 양, 습도 등이 같도록 통제해 준다.
3. 사용하고 남은 합성 세제를 함부로 버리는 일은 물을 오염시키는 일이므로 걸레를 빨거나 세탁에 사용한다.
4. 합성 세제의 농도에 따른 발아율(%)은 다음과 같이 구하여 정리한다.

※ $\text{발아율(\%)} = \frac{\text{발아된 씨앗수}}{\text{처음 놓은 씨앗수}} \times 100$

오염 정도	깨끗한 물	1% 합성 세제용액	5% 합성 세제용액	10% 합성 세제용액	20% 합성 세제용액
발아율	%	%	%	%	%

5. 물의 오염을 줄이기 위해서는 다음과 같은 실천이 이루어져야 한다.
   가. 머리는 되도록 비누로 감는다. 샴푸는 비누보다 물을 많이 오염시킨다.
   나. 화장실 변기에 파란색 물이 나오는 청정 세제는 쓰지 않는다.
   다. 산이나 강, 바다로 놀러가서 계곡 물이나 강물에 머리를 감지 않는다.
   라. 양말, 손수건 등 작은 빨래는 세탁기를 사용하지 않고 스스로 한다.

Activity 세제를 사용한 생활하수의 자연정화

▣ 준비 도구 및 재료

시험관대, 시험관 4개(작은 금붕어를 세워서 넣을 수 있는 굵기), 금붕어 1마리, 비커(500 ㎖) 4개, 시계, 비누로 머리 감은 물, 샴푸로 머리 감은 물, 합성세제로 빨래한 물, 깨끗한 물, 맑은 물이 담긴 수조나 어항, 뜰그물

▣ 실험 · 실습 순서

1. 1차 측정
   가. 머리를 감고 난 뒤의 비눗물과 샴푸물, 빨래를 한 뒤의 합성세제물, 깨끗한 물을 비커에 2/3쯤 담는다.

   나. 네 가지 물에 금붕어가 충분히 잠길 만큼 같은 양으로 각각 시험관에 담는다.

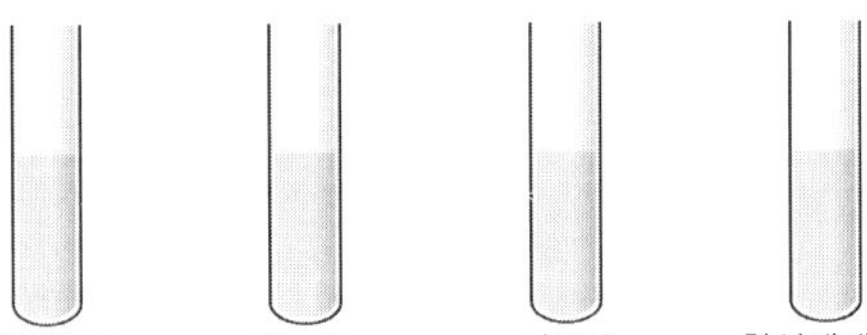

   다. 금붕어 한 마리를 오른쪽 그림과 같이 깨끗한 물이 담긴 시험관에 거꾸로 넣고 10초 후쯤부터 1분간의 호흡수를 잰다.
   라. 같은 방법으로 금붕어를 비누로 머리 감은 물에 넣고 호흡수를 잰다.
   마. 금붕어를 깨끗한 물에 한동안 넣어 두어 회복시킨 후 '다'와 같은 방법으로 샴푸로 머리 감은 물에서의 호흡수를 잰다.
   바. '마'와 같은 방법으로 합성세제로 빨래한 물에서의 호흡수를 잰다.
2. 물을 자연 정화시키기
   가. 1차 측정에서 사용하고 남은 물을 10일 정도 그늘진 밖에 둔다.
   나. 하루에 한 번 이상 물을 저어 공기와의 접촉이 많이 되도록 해준다.
   다. 사용한 금붕어는 2차 측정에서도 사용하여야 하므로 금붕어가 살기 좋은 환경에서 잘 돌본다.

3. 2차 측정

가. 밖에 두었던 물로 1차 측정 때와 같은 방법으로 '가'에서 '바'까지의 실험을 다시 하여 1차 측정에서의 호흡수들과 비교한다.

실험 시기 \ 물의 종류	깨끗한 물	비눗물	샴푸물	합성세제물
처음				
10일 후				

나. 물이 많이 증발한 경우에는 맑은 물로 원래만큼 보충한 후 실험한다.

다. 만약 2차 측정에서 뚜렷한 차이가 생기지 않는다면 물을 좀 더 오랫동안 두었다가 다시 해본다.

▣ 관련 지식 및 유의 사항

1. 합성 세제의 피해

가. 합성세제란 석유계 탄화수소와 같은 화학물질을 원료로 합성된 세제를 통틀어 말하는 것이다. 따라서 빨래용, 식기세척용의 분말 또는 액체 세제, 머리 감는 샴푸와 린스, 목욕용 샴푸 등이 모두 포함되며, 공해물질의 대표로 손꼽히고 있다.

나. 합성세제가 생태계와 인간에게 피해를 주는 경우는 다음과 같다.

1) 때를 제거하는 주성분인 계면활성제가 주는 피해가 있다. 계면활성제의 분자는 하천으로 흘러든 뒤 미생물에 의해 분해되어야 하는데, 계면활성제의 분자는 안정성이 커서 쉽게 분해되지 않는다. 반면에 비누는 동·식물성 유지를 사용해서 만들기 때문에 인체에 대한 피해가 없고 효소나 박테리아에 의해 잘 분해되어 쉽게 정화된다. 계면활성제는 물속에 녹아 있는 유해 중금속의 독성을 촉진시켜 이들이 생물의 혈액 속에 흡수되었을 때 혈구를 파괴하고 발암물질을 생성하기도 한다.

2) 인 성분에 의한 물의 부영양화로 인한 피해가 있다. 인 성분은 세척력을 높이기 위해 첨가되는 물질인데 플랑크톤이나 녹색말의 영양소가 된다. 물에 인 성분이 많이 포함되면 그런 것들이 급속히 불어나 녹조 현상을 일으키고 물고기를 떼죽음 시키게 된다.

3) 합성세제가 물에 풀어질 때 나오는 거품으로 인한 피해가 있다. 거품은 수면을 덮음으로써 햇빛의 침투를 방해하고 산소가 물속으로 녹아드는 것을 방해하여 물속 생물에게 해를 끼치며 강이나 바다의 자정 능력을 떨어뜨린다. 정수 처리 과정에서 여과지를 막아 정수를 방해하기도 한다.

2. 유의사항

가. 금붕어의 호흡 수 비교를 정확히 하기 위해서는 금붕어의 건강 상태가 유지되어야 한다. 한 가지 실험이 끝나면 금붕어를 맑은 물에 충분한 시간 넣어 정상 호흡을 회복시킨 후 계속한다.

나. 물의 오염 정도가 심하지 않고 금붕어를 담가 두는 시간이 2분 정도일 것이므로 금붕어가 죽을 가능성은 적지만, 장구벌레의 생존시간 조사나 생존 개체 수의 조사 등으로 대신하여도 된다.

다. 조사용 물을 준비할 때 세제의 사용량은 일상생활에서 보통 쓰는 정도로 한다.

라. 물 종류간의 직접 비교가 아니고 시간이 경과한 후의 변화를 비교한다.

Activity 폐식용유를 이용한 무공해 비누 만들기

▣ 준비 도구 및 재료

폐식용유, 물, 가성소다(98%이상), 빈 우유팩 또는 두부 용기, 플라스틱 함지, 나무막대기 긴 것, 마스크, 앞치마, 고무장갑, 체

▣ 실험 · 실습 순서

1. 체를 이용해 이물질을 거른 깨끗한 폐식용유 18ℓ를 준비한다.
2. 작은 대야에 물 5ℓ 정도를 준비한다.
3. 가성소다 3kg을 물이 담긴 작은 대야에 천천히 붓고, 가성소다를 완전히 녹여 가성소다수를 만든다(열과 유독 가스가 발생하므로 조심한다).
4. 폐식용유가 담긴 큰 대야에 가성소다수를 천천히 붓는다(물이 튀지 않도록 조심스럽게 붓는다).
5. 겨우 저을 수 있을 정도로 빡빡해 질 때까지 천천히 젓는다(약 40분소요, 한쪽 방향으로 저어야 한다).
6. 흑갈색으로 변한 재생 비누액을 우유팩이나 두부용기에 붓는다.
7. 7～10일 정도 말린다.

▣ 관련 지식 및 유의 사항

1. 관련 지식
   가. 가성소다는 여러 종류가 있는데 순도 98% 이상을 사용해야 한다.
   나. 가성소다는 화공약품상회에서 판매하며 독극물이기 때문에 아무에게나 판매하지 않으므로 학교에서 일괄 구입해야 한다.
   다. 음식물 찌꺼기는 물과 흙을 오염시킨다. 물속에 들어간 음식물 찌꺼기를 정화시켜서 물고기가 살 수 있을 정도로 맑게 하려면 많은 양의 물이 필요하다.

오염원	필요한 물의 양	오염원	필요한 물의 양
마요네즈	240,000배	꼬치국물	15,000배
폐식용유	198,000배	된장국	7,200배
간장	30,000배	쌀뜨물	600배
우유	15,000배		

   라. 하천으로 흘러 들어간 식용유나 기름 찌꺼기는 물위에 기름 막을 형성하여 물속에 산소 유입을 막아 물고기가 숨 쉴 수 없게 하며, 물의 자정작용을 막아 하천을 썩게 한다.
   마. 화학물질을 사용하여 유류를 제거하기도 하지만 2차 오염문제가 심각하여 요즈음은 2차 오염의 문제가 적은 유류 분해균을 배양하여 사용하고 있다.
   바. 해양 유류 유출에 대한 협약으로는 UN 협약, 생물학적 다양성 협약 등이 있다.
2. 유의 사항
   가. 기름 막을 다양한 방법으로 제거하여 보도록 하고, 기름 막 제거가 어려움을 실감하게 한다.
   나. 기름을 너무 많이 떨어뜨리지 않도록 하며, 실험 후 뒷처리 방법을 바르게 지도하여 환경오염을 막도록 한다.

Activity 수질 오염원인 기름 막 제거

▣ 준비 도구 및 재료

물, 석유, 스포이트, 물풀, 물고기, 분별 깔대기, 탈지면, 스펀지, 거름종이 등

▣ 실험 · 실습 순서

1. 수조에 물을 1/3 정도 넣는다.
2. 스포이트를 사용해 석유를 한두 방울 떨어뜨린다.
3. 기름 막을 제거할 수 있는 방법을 토의한다.
4. 다양한 방법으로 기름 막을 제거해 본다.

▣ 관련 지식 및 유의 사항

1. 관련 지식
   가. 해양은 지구 표면의 물 순환과 기후를 조절하여 생물의 서식에 적합한 환경을 유지하는 중심적인 역할을 하고 있으며 육지에서 흘러 들어온 모든 물질들의 최종 집결지로 자정작용에 의해 오염물질을 처리하여 지구 생태계 내로 재순환시키는 역할을 담당한다.
   나. 해양은 각종 산업폐수와 쓰레기뿐만 아니라 핵발전소에서 나온 방사성 폐기물, 배에서 나온 폐유 등으로 심각하게 오염되고 있다.
   다. 해양은 일단 오염되고 나면 어떤 방법으로도 단시간에 완벽하게 회복되기가 어렵다. 따라서 사전에 해양 보존 대책을 체계적으로 세워 시행하며 선박 등에서 기름이 유출되지 않도록 예방하는 것이 최선책이라 할 수 있다.
   라. 최근 한국연안에서 발생하는 각종 유출사고는 급상승하여 년 평균 300건을 상회하고 있다.
   마. 화학물질을 사용하여 유류를 제거하기도 하지만 2차 오염문제가 심각하여 요즈음은 2차 오염의 문제가 적은 유류 분해균을 배양하여 사용하고 있다.
   바. 해양유류유출에 대한 협약으로는 UN협약, 생물학적 다양성협약 등이 있다.
2. 유의 사항
   가. 기름 막을 다양한 방법으로 제거하여 보도록 하고, 기름 막 제거가 어려움을 실감하게 한다.
   나. 기름을 너무 많이 떨어뜨리지 않도록 하며, 실험 후 뒤처리 방법을 바르게 지도하여 환경오염을 막도록 한다.

3) 토양 보전

토양은 인류의 생존뿐만 아니라 식물의 생육에 매우 중요한 자원이다. 즉 토양은 식물체의 지지, 영양분의 저장 및 공급, 그리고 토양 미생물이 생육할 수 있도록 환경을 제공하며, 특히 토양에 존재하는 표토(表土)는 식물이 광합성 작용을 하도록 수분과 영양분을 공급해 주고 동물의 시체를 분해하여 대지를 정화해 주는 매우 중요한 역할을 한다.

그러나 이러한 토양은 토양의 침식, 화학적 · 물리적 변화 등이 일어나 토양의 질이나 상태가 저하되고 있다. 잘못된 경작 방법, 삼림 벌채 등에 의한 물리적 변화와 과다한 화학비료의 사용, 산업 폐기물, 살충제 사용, 산성 물질의 축적, 화학물질과 기름의 유출 등 화학적 오염 등으로 토양의 질이 저하되어 식물이 성장하기에 부적합한 토양이 된다. 이렇게 오염된 토양은 반영구적으로 토양 중에 존재하면서 농 · 축산물을 통하여 인축에 각종 만성적인 질병까지도 유발시킬 수 있다.

이러한 토양의 침식을 방지하고 토질을 유지 · 보전하는 것은 토양 관리 기술이다. 오염이 한번 발생하면 자연정화가 어려우므로 사후 처리보다 예방적 차원에서 보전 방안이 모색되어져야 한다. 유독성 농약 및 살충제에 대한 안전 사용 기준을 설정하여 사용 시기 및 범위를 계몽하도록 하고, 토양을 오염시키는 축적성의 중금속이나 유해 화학물질이 배출되는 지역의 폐수나 폐기물을 적극적으로 관리하여 토양오염의 피해가 발생하지 않도록 하여야 한다. 또한 토양오염 방지 대책의 기초 자료를 확보하기 위해 각 지역에 토양오염 측정망을 설치하여 정기적으로 토양 오염도를 측정하여야 하며, 국민 홍보를 통하여 토양오염의 위해성을 인식시킴은 물론 방지에 대한 적극적인 자세를 갖도록 할 필요가 있다.

Activity 토양 오염과 식물 생장

▣ 준비 도구 및 재료

PET병(1.5 ℓ) 5개, 모래, 그림물감(염료), 식용유, 석유, 중성세제, 무씨

▣ 실험 · 실습 순서

1. 1.5 ℓ PET병 5개를 아래 그림과 같이 잘라 실험 장치를 꾸민다.

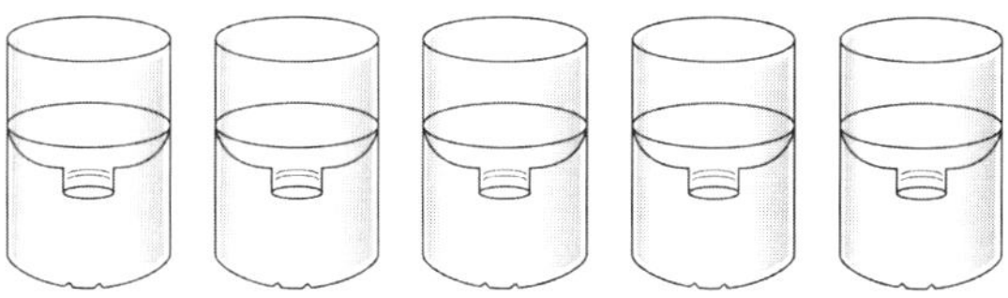

모래	모래 석유	모래 샴푸	모래 물감	모래 식용유
(1)	(2)	(3)	(4)	(5)

2. PET병에 깨끗한 모래를 2/3 정도 넣는다.
3. 실험 (1), (2), (3), (4), (5)에 무씨를 뿌린다.
4. 싹이 튼 후 실험 (1)은 아무 것도 넣지 않고, 실험 (2), (3), (4), (5)에는 각각 석유, 샴푸, 물감, 식용유를 약 2～10g 정도 넣는다.
5. 모래 속으로 위(오염원)의 물질이 흘러 들어가는 모습을 관찰한다.
6. 실험 (2), (3), (4), (5)를 실험 (1)과 비교 관찰하고 모래와 물의 색깔과 냄새를 아래 표에 기록한다.

구분	실험 (1) (모래)	실험 (2) (모래, 석유)	실험 (3) (모래, 샴푸)	신험 (4) (모래, 물감)	실험 (5) (모래, 식용유)
색깔					
냄새					

7. 무씨 자람을 관찰(잎, 줄기)하고 아래 표에 기록한다.

구 분	싹 틀 때	2일 후	6일 후	10일 후	14일 후
실험 (1) (모래)					
실험 (2) (모래, 석유)					
실험 (3) (모래, 샴푸)					
실험 (4) (모래, 물감)					
실험 (5) (모래, 식용유)					

▣ 관련 지식 및 유의 사항

1. 관련 지식
   가. 토양오염 물질 : 농약, 세제, 플라스틱이나 비닐 등 분해되지 않는 물질, 비료, 기름, 쓰레기, 중금속, 방사성 물질 등
   나. 산성비에 의한 토양오염이 식물에 미치는 영향 : 산성비가 토양에 스며들면 뿌리 주위에 있는 인(P)이나 칼슘(Ca)과 같은 주요 영양분을 녹여 없애고 대신 알루미늄(Al)과 같은 금속 성분만 남겨 놓았기 때문에 나무는 영양 부족으로 인하여 생장이 더디게 된다.
2. 유의사항
   가. 병뚜껑의 구멍은 너무 크지 않게 뚫는다(송곳으로 3～4개정도).
   나. 무씨를 심을 때는 각 PET병마다 같은 수의 무씨를 심도록 한다.
   다. 용기는 물 빠짐이 잘 보일 수 있도록 투명한 것을 사용한다.
   라. 오염원이 되는 물질을 너무 많이 사용하여 실험 자체가 환경오염을 유발시키지 않도록 한다.
   마. 염료, 식용유, 샴푸는 단 시간 내에 실험결과가 나오지 않으므로 오랜 시간동안 관찰해야 한다.

Activity 오염된 흙과 물의 오염 관계

▣ 준비 도구 및 재료

거름종이 4장, 굵은 모래, 잔자갈, 스포이트, 밑바닥에 구멍이 뚫린 투명플라스틱원통 4개(지름 약 10cm, 길이 약 25cm), 둥근 수조 4개(지름 약 20cm 깊이 약 12cm), 오염원(농약-K 오벤, 실험폐수, 양조식초), 금붕어 4마리, 리트머스 용지, 물 약 4ℓ, 모종삽

▣ 실험 · 실습 순서

1. 4개의 투명플라스틱원통을 준비하고 거름종이를 투명플라스틱원통 지름에 맞게 오려서, 투명플라스틱원통 바닥에 깐다.
2. 각 투명플라스틱원통에 잔자갈(아래)과 모래(위)를 순서대로 7~8cm깊이로 넣는다.
3. 한쪽에는(오염된 토양을 만들 투명플라스틱원통 2개) 산성비, 공장폐수, 농약의 과다사용으로 토양이 오염되는 과정을 설명하면서, 스포이드를 이용하여 오염원을[투명플라스틱원통 1개당](농약 0.4㎖, 실험폐수 3㎖, 식초 3㎖) 토양에 침투시켜 오염된 토양을 만든다.
4. 각각의 투명플라스틱원통 아래에 수조를 놓는다.
5. 각각의 투명플라스틱원통(4개)에 물을 약 1ℓ씩 넣어 흘러나오는 물이 수조로 모이게 한다(지표의 물이 토양 속을 지나 지하수가 되는 과정을 보여주는 실험).
6. 각 수조에 모여진 물을 오염된 토양에서 나온 물과 일반 토양에서 나온 물로 구분하여 각각 한 수조에 모은다.
7. 각 수조에 모아진 물의 색깔, 냄새, 리트머스 종이의 변화 정도를 비교 관찰 기록한다.
8. 오염된 토양에서 나온 물을 모은 수조와 일반 토양에서 나온 물을 모은 수조에 각각 금붕어 2마리씩 넣고 금붕어의 활동을 관찰 기록한다.
9. 실험 결과를 가지고 각자의 의견을 토론한다.

▣ 관련 지식 및 유의 사항

1. 관련 지식
   가. 토양오염의 원인 물질로는 농약, 중금속, 비료과다 사용, 쓰레기, 방사능 물질, 산성비 등이 있다.
   나. 1992년 처음으로 발암성 유기용제인 트리크로로에틸렌(TCE)이 인천에서 음용수 수질 기준을 초과하는 상당량이 검출되었다.
2. 유의 사항
   가. 실험 전에 우리의 배움과 다른 많은 생명들을 위해 금붕어가 희생당하는 것임을 강조하고 생명의 소중함을 일깨운다.
   나. 토양에 오염원을 조금 넣거나, 너무 많이 넣어 실험하면, 원하는 실험 결과를 얻는데 어려움이 따르거나, 금붕어가 너무 빨리 죽어서 원하는 실험이 될 수 없다.
   다. 농약, 식초가 직접 신체에 묻지 않도록 주의를 요하고, 실험 후 바로 손을 깨끗이 씻도록 지도하여야 한다.
   라. 흙을 넣지 않고 깨끗한 모래와 자갈을 넣은 것은 물 빠짐을 쉽게 하려 함이고, 거름종이는 모래가 흘러나오는 것을 막기 위함이다.
   마. 모래와 자갈을 깨끗하게 씻어 실험해야 맑은 물을 보을 수 있나.
   바. 거름종이 양면 중(고운 면과 거친 면) 거친 면이 위쪽이 되게 깔고 물을 투과시키면 빠르게 물을 모을 수 있다.

Activity 식물이 잘 자라는 흙 제조

▣ 준비 도구 및 재료

밀폐뚜껑이 있는 플라스틱 통 2개(양동이 크기), 모종삽, 음식물 찌꺼기, 씨앗, 긴 화분 2개

▣ 실험 · 실습 순서

1. 밀폐뚜껑이 있는 플라스틱 통에 흙을 1/3가량 넣는다.

2. 음식물 찌꺼기를 흙 속에 묻고 모종삽으로 덮는다.

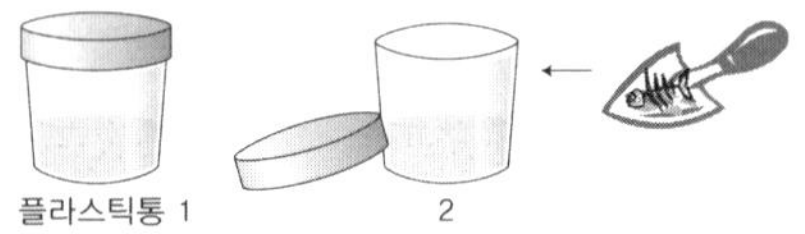

3. 며칠 후(음식물찌꺼기가 분해되는 시기에) 긴 화분에 흙을 담아 꽃씨나 강낭콩을 심는다.

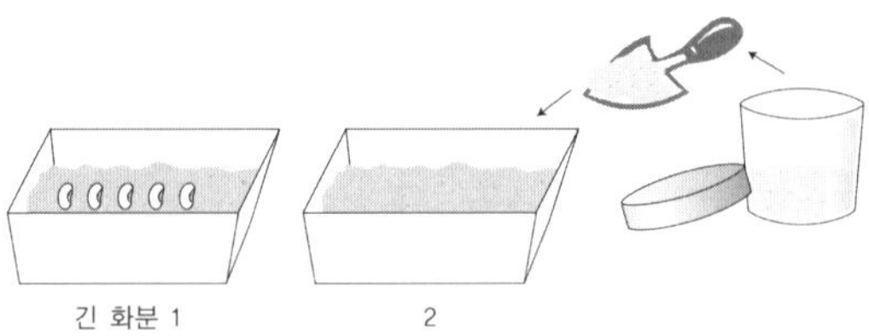

4. 심은 후 자람을 관찰하는 동안에도 분해시킨 물질을 긴 화분의 가장자리에 넣어준다.

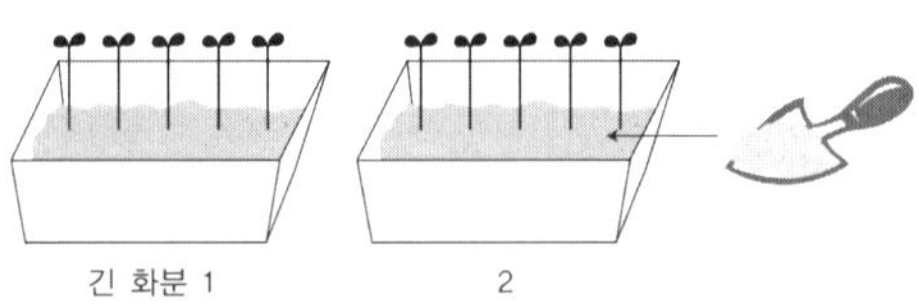

5. 보통 흙과 비교 관찰하여 식물의 자람을 누가 기록하고 토양의 종류에 따라 어느 쪽의 식물이 잘 자라는지 확인한다.

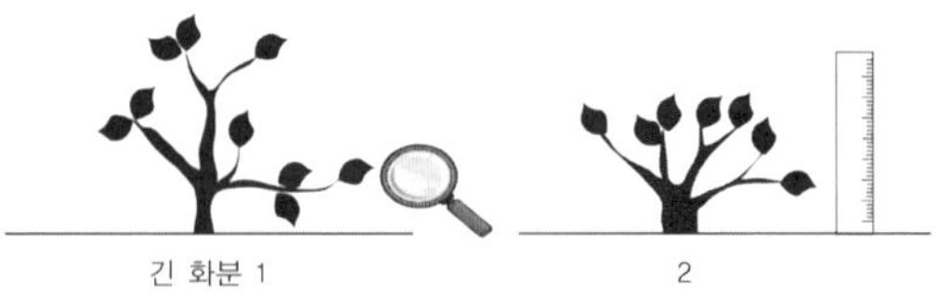

▣ 유의 사항

1. 음식물찌꺼기를 분해시키는 동안 온도와 습기를 유지시킨다.
2. 플라스틱 통 속에서 충분히 분해시켜 불쾌한 냄새가 나지 않게 한다.

Activity 토양 검사

▣ 준비 도구 및 재료

여러 종류의 흙(논흙, 밭흙, 산흙, 운동장 모래흙, 쓰레기 매립장흙), 리트머스종이, 모종삽, 비닐봉지, 메스실린더 1개, 비커 5개, 돋보기, 샬레 5개, 흰종이 5장, 필기도구

▣ 실험 · 실습 순서

1. 여러 지역의 흙을 메스실린더를 이용 일정량씩 비닐봉지에 모아본다. 논, 밭, 산, 운동장, 쓰레기 매립장의 흙을 메스실린더를 이용하여 같은 양씩 채집해서 비닐봉지에 담고 채집 장소를 기록한다.
2. 흙을 관찰해 본다. 각각의 흙을 흰 종이 위에 펼쳐놓고 돋보기로 자세히 관찰해 본다. 흙의 색깔, 알갱이 크기, 촉감 등을 비교 관찰한다.
3. 각각의 흙 속에 포함된 부식물 및 여러 가지 물질을 비교 관찰해 본다. 각각의 비커에 흙을 넣고 물을 부어 물에 뜨는 물질의 양과 종류를 알아본다.
4. 리트머스 종이로 흙의 성질을 조사한다. 각각의 흙을 샬레에 넣고 물을 부은 다음 잘 저은 후 흙탕물이 가라앉으면 리트머스 시험지를 적셔서 색깔 변화(색의 변화에 따른 산성, 알칼리성)를 관찰 기록한다.

▣ 유의 사항

1. 흙을 채집할 때는 같은 장소에서 2번 채집이 되지 않도록 한다.
2. 각각의 흙의 성질을 표로 만들어 알기 쉽게 정리한다.
3. 흙을 채집한 지역을 그림지도나 사진으로 남겨 놓는다.

논의

- 환지구상의 환경 문제를 예방하고 환경을 보전하기 위하여 인간이 가장 우선적으로 해야 할 것이 무엇인지에 대하여 논의해 보자.
- Al Gore의 다큐멘터리 환경 영화 '불편한 진실'을 보고 지구 온난화의 심각성과 해결방안을 논의해 보자.
- 유전자 재조합 농산물의 개발 및 보급이 미치는 영향을 긍정적인 부분과 부정적인 부분으로 구분하여 논의해 보자.

참고문헌 및 인터넷 사이트

교육미디어(1997). 지구를 아름답게 가꾸는 일. (주)교육미디어.
김상종 외(2000). 새 천년의 환경과 국토-공생과 균형의 패러다임. 나남출판.
김희강 외(2000). 인간과 환경. 도서출판 동화기술.
동아일보(2000. 5. 22). A9면.
박석환(1997). 환경 생태학. 신광문화사.
박종규(1997). 자율탐구 베스트 55. 지경사.
신현국(1998). 환경학 개론. 신광문화사.
오호성 외(1993). 농업과 환경. 농민신문사.
윤오섭(1998). 실제 환경정보. 도서출판 동화기술.
이용환(1999). 농업과학개론. 교육과학사.
이정전(1995). 지속가능한 사회와 환경. 박영사.
이필렬 외(1997). 교양환경론. 도서출판 따님.
전국귀농운동본부(2000). 생태농업을 위한 길잡이. 들녘.
조선일보사 환경팀(1997). 푸른 교실 푸른 지구. 조선일보사.
존 지브나(1998). 어린이가 지구를 살리는 50가지 방법. 현암사.
최형선(1997). 실험과 함께 읽는 어린이 생태학. 현암사.
한국 농업경제학회(1995). 농업의 재발견. 도서출판 이진.
환경부(1995). 환경비전 21. 환경부.
______(2000a). 국민생활과 환경보전. 환경부.
______(2000b). 환경백서. 환경부.
http://aginfo.snu.ac.kr/agfood/sympo_2.htm

http://dns.mofat.go.kr/korean/eco_co/environ/env3/02-2.htm
http://iesys.skku.ac.kr/~peterkim/ozonconvention.htm
http://myhome.netsgo.com/greeners/environ/ozone.htm
http://somyong-gh.ed.kyonggi.kr/~kimyk/geo/황사.htm
http://srilang.ksdn.or.kr/resource/treaty/treaty03/t0301001.htm
http://user.chollian.net/~gastong7/acidrain.htm
http://user.chollian.net/~iremo
http://www.costore.co.kr/
http://www.epa.gov/docs/ozone/title6/609/cons2.html
http://www.green.co.kr
http://www.greenpeace.org
http://www.me.go.kr
http://www.mofat.go.kr/korean/eco_co/environ/env4/04.htm
http://www.nas.nasa.gov/Services/Education/Resources/TeacherWork/Ozone/Ozone.homepage.html
http://www.unep.org/ozone
http://www.worknet21.co.kr
http://www.yesanti.com/nh/basic.html
http://ynucc.yeungnam.ac.kr/~jgyou/enveco/envlec1011.html
http://yp21.net/fm2/fm-2-7-1.htm

III 농업과 교육

개 요

농업교육을 교양농업교육과 농업환경교육으로 분류하고, 교양농업교육에서는 농업교육의 개념 및 체제, 초등학교 교양농업교육의 개념, 교육과정의 변천에 따른 교양농업교육 내용의 변화, 교양농업교육의 운영, 문제점 및 새로운 방안, 그리고 실제 교수-학습 과정안은 예를 들어 알아본다. 또한 농업환경교육에서는 환경교육의 의의, 현황, 추진체제, 문제점 및 개선 방향 등을 알아보고, 초등학교 수준에서 실제적으로 적용할 수 있는 일반적인 농업환경교육 프로그램과 클럽활동을 통한 농업환경교육 프로그램을 알아본다.

교육목표

- 농업교육, 교양농업교육, 농업환경교육의 개념과 범위를 알 수 있다.
- 초등학교 교양농업교육의 변천을 알고 설명할 수 있다.
- 초등학교 교양농업교육 및 농업환경교육의 문제점을 알고 새로운 방안을 제시할 수 있다.
- 초등학교 교양농업교육과 농업환경교육을 위한 프로그램을 창의적으로 개발할 수 있다.

1 교양농업교육

가. 농업교육의 이해

1) 농업교육의 개념

계획적인 인간의 바람직한 변화를 유도함으로써 급변하는 산업사회에서 필요로 하는 자질과 능력을 키우는 데 교육의 목적이 있으므로, 농업교육은 농업이라는 교과를 통하여 학생들에게 올바른 가치관과 문제 해결력, 창의성, 자주성, 협동심 등을 길러내어 바람직한 행동 특성을 갖도록 하는 데 목적이 있다.

농업교육은 농업교과의 내용수준에 따라서는 초등학교 수준에서 배울 수 있는 아주 간단한 내용부터 대학 수준의 전문적인 내용까지도 포함시킬 수 있다. 즉 농업에 포함되는 내용을 작물, 원예, 임업, 축산, 양잠, 식품가공, 농업토목, 농업기계, 농업경제 및 경영으로 한다면 농업교육은 이러한 영역을 모두 포함한다. 따라서 농업교육은 '모든 사람이 민주시민으로서 일상생활을 하는 데 필요한 농업에 관한 기본적인 지식과 기술을 갖게 하고, 또 개인이 농업직에 종사할 수 있도록 농업 및 농업관계직에 관련된 일의 세계를 탐색하고, 자기의 적성, 흥미, 능력에 알맞은 농업직을 택하고 그 직에 필요한 지식, 기능, 태도, 이해, 판단력, 일에 대한 습관 등을 개발하여 초임직에 종사할 수 있도록 하고, 또한 이미 농업직에 종사하고 있는 사림이 자신의 일을 개선 · 유지할 수 있도록 학교와 사회교육기관을 통하여 능력을 개발하는 전체 교육의 일부이다'라고 정의할 수 있다(이무근, 1987).

2) 농업교육의 체제

교육은 교육대상에 따라 분류할 때 교양교육, 직업교육, 전문교육으로 분류하기도 하고 학교교육, 사회교육으로 분류하기도 한다.

농업교육에서도 교양농업교육, 직업농업교육, 전문농업교육 그리고 사회농업교육으로 이루어지는 체제를 가지고 있다. 미국에서도 농업교육을 농업에 관한 교육(agricultural education about agriculture)과 농업 속에서의 교육(agricultural education in agriculture)으로 분류하여, 농업에 관한 교육 영역에서는 교양농업교육으로서 초등학교나 중등학교 단계에서 농업에 대한 기본적인 소양을 갖추게 하고 있으며, 농업 속에서의 교육 영역에서는 앞으로 농업분야에 진출하려는 학생들에게 농업에 대한 준비를 할 수 있도록 하고 있다.

이러한 체제 속에서의 초등학교 교양농업교육은 학생들로 하여금 농업이란 무엇이며, 그 속에는 어떤 직업들이 있는가를 소개하고 알게 하는 교육이라고 할 수 있다. 중학교에서는 초등학교에 이어서 좀 더 농업분야에 대하여 탐색해 보도록 도와주는 교육이 필요하다. 고등학교에서는 농업분야에 진출하려는 사람들에게 취업에 필요한 기술교육을 실시하는 직업농업교육을 운영하며, 고등학교 또는 대학을 졸업하고 농업 및 농업 관련직에 취업을 하고 난 후 계속 공부하여 지식과 기술을 습득하고자 하는 사람들에게 교육을 시키는 데 이러한 교육을 사회농업교육이라 한다.

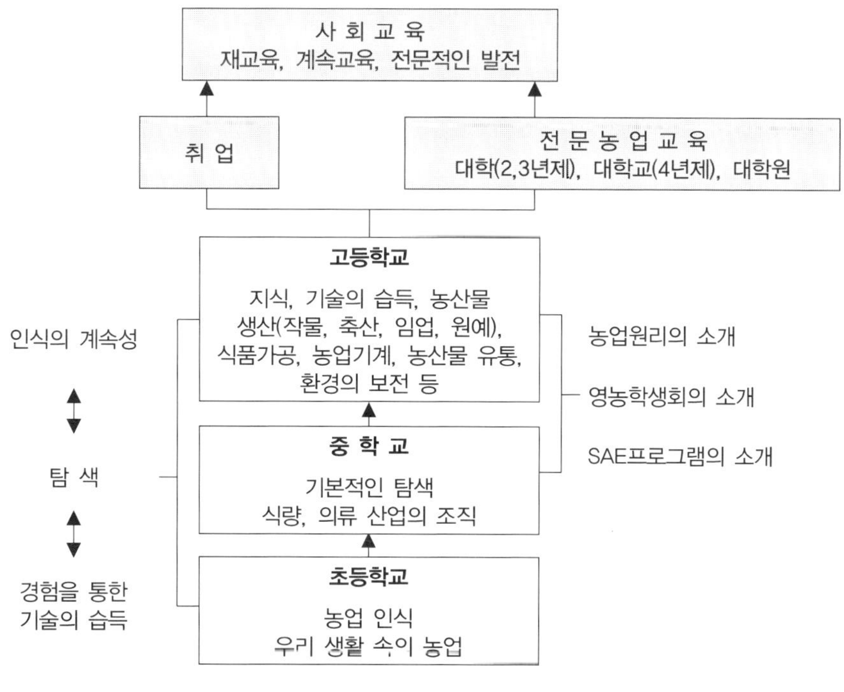

그림 Ⅲ-1 농업교육의 모형

또한 우리나라에서 이루어지고 있는 농업교육은 학교교육과 사회교육을 통하여 이루어지고 있는 것을 볼 수 있다.

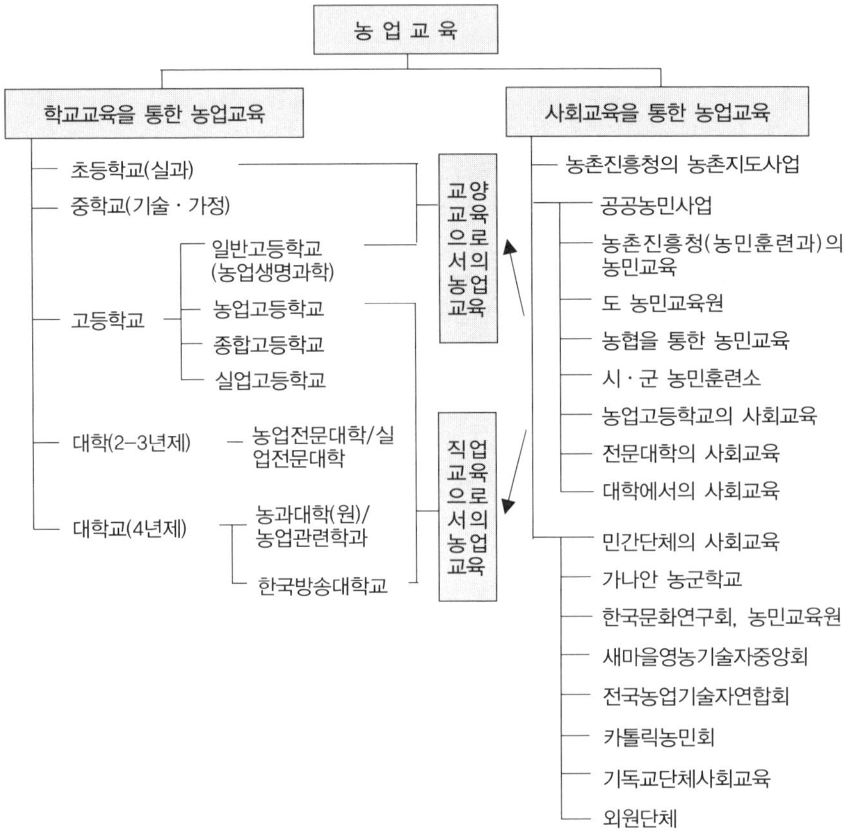

그림 Ⅲ-2 농업교육의 유형

나. 초등학교 수준의 교양농업교육

1) 교양농업교육의 개념

교양(literacy)은 사전적 정의에 의하면, 사회생활이나 학식을 바탕으로 이루어지는 품행과 지식, 또는 인간의 정신능력을 일정한 문화이상(文化理想)에 입각, 개발하여 원만한 인격을 배양해 나가는 노력과 그 성과라고 개념을 정의하고 있다. 이에 교양은 일반적으로 일상적인 생활을 향상시키기 위한 지(知), 정(情), 의(意)를 갖추기 위한 노력으로 해석할 수 있다. 즉 전문가적 직업생활 또는 학식의 추구와는 대비되는 개념이다.

교양교육(general education)은 이러한 교양을 갖추도록 하기 위한 교육적 접근으로서, 인간의 정신을 자유롭게 하여 여러 가지 가치를 실현시킬 수 있도록 교양적인 기술을 신장시키는 데 목적을 가지고 있다.

따라서 농업에 관한 교양교육은 모든 사람이 민주 시민으로서 일상생활을 하는 데 필요한 농업에 관한 기본적인 지식, 기술 그리고 태도를 갖게 하는 것으로 교양농업교육(general agricultural education)이라고 한다.

송해균 등(1987)은 교양농업교육을 "모든 사람이 민주 시민으로서 일상생활을 하는 데 필요한 농업에 관한 기본적인 지식과 기술을 갖게 하는 것"으로 보았다. 한편 강대구(1990)는 교양농업교육을 "농업에 관한 교양을 높이고 시민으로서의 자질을 함양하여 부업의 기회 제공, 건전한 정신과 신체의 단련, 일상생활에서 농업에 관한 현명한 소비자가 되도록 농업에 관하여 학습하는 것"이라고 정의하였다. 나승일(1996)은 교양농업교육이란 "일상생활에서 민주 시민으로서 지녀야 할 식품 및 섬유에 관한 지식, 기능 및 태도의 함양을 위해 제공되는 교양교육 차원으로 이루어지는 모든 유형의 농업교육"으로 정의하였다.

외국의 경우를 보면, 미국 National Research Council(1988)에서는 '농업이해 : 교육의 새로운 방향' 보고서에서 '모든 사람은 식량 및 섬유에 대한 기본 지식, 기능, 태도를 함양해야 한다'고 제안하였는데, 이는 농업 문해 혹은 농업에 관한 수업 등의 개념으로서 교양농업교육과 같은 의미의 용어라고 할 수 있다. 여기에서 농업문해란 민주 시민으로서 농산업에 대한 기초적인 이해를 지녀야 한다는 전제하에 세워진 개념으로 미국에서는 교양교육으로서의 학교 농업교육에 대한 관심이 더욱더 모아지기 시작하였다. 한편 Frick, Kahler, 그리고 Miller(1991)는 농업문해(agricultural literacy)를 '농업에 관한 기초 정보를 종합, 분석 및 커뮤니케이션에 필요한 이해와 지식'으로 정의하였으며, Cox, McCormick 및 Miller(1989)는 농업문해 대신에 농업과학(agricultural science)을 같은 개념으로 사용하였다.

이러한 개념을 종합해 보면, 교양농업교육은 '민주 시민으로서 갖추어야 할 농업에 관한 기본적인 지식과 기술 및 태도를 갖게 하기 위한 초등학교, 중학교 및 인문계 고등학교 수준에서 이루어지는 농업교육'을 의미하는 것으로 정의할 수 있다.

2) 교양농업교육의 체계 및 모형

농업교육은 농업에 관한 교육(agricultural education about agriculture)과 농업 속에서의 교육(agricultural education in agriculture)으로 분류할 수 있다. 농업에 관한 교육 영역에서는 초등학교나 중학교, 일반계 고등학교 단계에서 농업에 대한 기본적인 소양을 갖추게 하고 있으며, 농업 속에서의 교육 영역에서는 앞으로 농업분야에 진출하려는 학생들에게 농업에 대한 준비를 할 수 있도록 하고 있다.

이러한 체계 속에서 교양농업교육은 농업에 관한 교육에 해당된다. 초등학교 수준에서의 교양농업교육은 학생들로 하여금 농업이란 무엇이며, 우리 생활 주변에서 차지하는 위상과 가치는 무엇인가? 그 속에는 농업과 관련된 직업들이 무엇이 있는

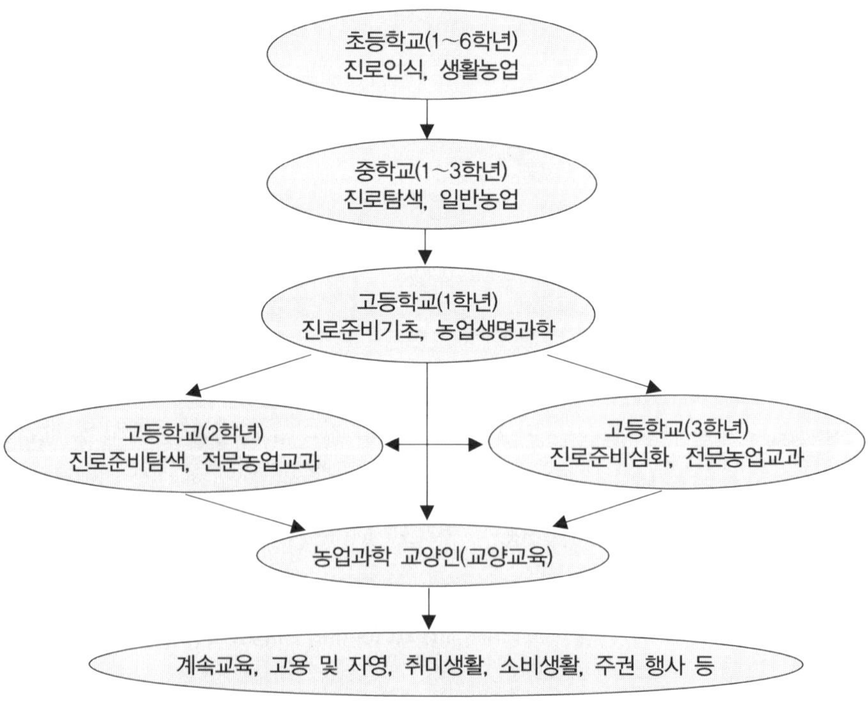

그림 Ⅲ-3 교양농업교육의 모형(나승일, 1996)

가? 등을 알게 함으로써 농업에 대한 긍정적인 인식을 갖도록 한다. 그리고 중학교 수준에서는 초등학교에 이어서 좀 더 농업분야에 대한 탐색의 기회를 제공하며, 고등학교 수준에서는 초등학교, 중학교 수준과 연계하여 농업에 관한 지식과 기술을 습득하게 하여 실생활에 적응할 수 있는 능력과 태도를 기르고 진로선택을 도모할 수 있도록 한다.

3) 교양농업교육의 내용

교양농업교육의 내용은 개념에서 의미하는 바와 같이 민주시민으로서 농업에 관한 기본 정보를 종합, 분석 및 의사소통할 수 있도록 하기 위해 모든 국민에게 교양 차원으로 제공되는 농업에 관한 기본적인 지식, 기능 및 태도를 기르기 위하여 제공되는 것으로써, 농업의 이해, 우리 생활과 농업, 자연 자원과 환경, 동물생산, 식물 생산, 농업의 과학화, 농산물 가공, 농산물 유통, 농업 정책, 농업과 진로 등의 영역이 이에 포함된다.

가) 교육과정 제정 이전의 시기

교육과정이 제정되기 이전에도 1895년(고종 32년) 소학교령이 공포된 이후 '아동의 신체적 발달을 도모하여 국민 교육의 기초와 생활상에 필요한 보통 지식 및 기능을 익히는 것을 목적으로 하여 농업에 해당하는 실과교육을 실시하였다. 즉 우리나라는 공업에 관한 보통 지식을 얻게 하고, 농업에 취미를 붙이며 근로를 애호하는 습관을 기르기 위하여 농업교육을 실시하면서 지방 사정에 따라 농업, 수산을 따로 하거나 또는 아울러 가르치도록 하였다.

나) 교수요목기

광복 이후 실과 교과 및 교수 시수표는 내용에 따라 남자와 여자가 다르게 운영되었으며, 근로 · 노작교육을 중요시하여 운영되었다. 1945년에 공포되었던 국민학교의 실과교과는 1946년에 교육심의회를 통하여 구성된 교과목 및 교수 시수표에서 직업이 포함되어 있는 '사회생활'과 신설된 '가사'를 통하여 실시되었다. 또한 1951

년에 제정·공포된 교육특별조치 요강에서는 아동에게 작업의 목적이 일반 사회생활과 유기적인 관계를 가지고 있는 것을 인식하게 하여, 그 목적 달성의 의도를 왕성하게 하고 자발적인 활동을 자아내게 할 것과 근로의 의지를 단련하게 하며, 인고 인내의 정신을 양성함으로써 창조 생산의 기쁨을 느낄 수 있도록 할 것을 목표로 하여 5, 6학년에서 매주 2시간 이상의 근로 작업을 하도록 하였다.

이때에 실시된 교수요목의 내용을 보면, 다섯째 학년에서는 농업교육과 관련하여 흙, 정지(整地), 농구, 좋은 씨앗, 보리, 볏짚의 가공, 닭, 뽕나무, 봄누에와 여름누에와 가을누에, 누에의 병과 예방법, 묘포, 꽃밭, 채소(무, 배추, 감자, 마늘, 고추), 거름, 집에서 만든 거름, 조, 콩이 포함되어 있으며, 여섯째 학년에서는 씨앗 따기, 목화, 채소(채소와 온상, 고구마, 가지, 참외, 수박, 양배추, 파, 양파), 채소의 저장과 가공, 채소의 병충해, 과목(果木), 벼의 수확, 농업 비료, 화학 비료, 돼지 기르는 법, 달걀과 병아리, 소, 조림과 삼림 보호법, 못자리와 모심기, 벼 가꾸기와 병충해, 보리의 수확으로 구성되어 있었다.

다) 제1차 교육과정기

1954년 4월에 문교부령 제35호로 공포된 국민학교 교육과정 시간 배당 기준령에서 지금까지의 도화·공작, 조리·재봉, 가사 등을 '실과'로 통합하여 현재와 같은 교과로 통합하였으며 이를 통하여 농업교육을 실시하였다.

표 Ⅲ-1 제1차 실과교육과정에서의 농업교육 내용

영역 \ 학년	4	5	6
재배	• 꽃밭 설계와 심어 가꾸기 • 감자 심기 • 간단한 농사 조력 • 나무 심기 • 해초 따기	• 채소 재배(잎줄기) • 채소 저장 • 수풀 가꾸기와 나무심기 • 농사 조력	• 채소 재배 • 벼, 보리 • 퇴비 • 묘목
사육	• 닭치기 • 토끼 기르기	• 양돈 • 양어 • 학교동물원	• 누에치기

1955년 8월 문교부령 제44호로 공포된 국민학교 교육과정에 의하여 교육 내용을 구성하고 4학년에 주당 80～110분, 5학년에 80～110분, 6학년에서 90～130분을 실시하도록 하였다.

라) 제2차 교육과정기

1963년 2월 문교부령 제119호에 의한 교육과정에서는 주당 4학년이 2～2.5시간, 5학년은 2.5～3시간, 6학년은 2.5～3.5시간을 운영하도록 하였다.

표 Ⅲ-2 제2차 실과교육과정에서의 농업교육 내용

영역＼학년	4	5	6
재배	• 꽃 가꾸기 • 채소 가꾸기 (옥수수, 감자, 호박 등)	• 땅의 보호와 나무가꾸기	• 곡식 가꾸기 (벼농사, 보리농사) • 채소 가꾸기와 꽃 가꾸기
사육	• 작은 집짐승 기르기 (토끼, 닭, 거위, 오리 등)	• 누에치기와 물고기 기르기	• 큰 집짐승 기르기 (돼지, 염소, 소 등)

마) 제3차 교육과정기

1973년 2월 문교부령 제310호로 국민학교 교육과정이 제정 · 공포되었다. 이 시기에 운영되었던 실과교과는 4, 5학년에서 주당 2시간, 6학년에서 주당 3시간을 운영하도록 하였으며, 교육 내용은 단순한 노작에 그치지 않고, 창의와 능률, 실질을 고려하여 성실하게 협동하는 태도를 기르는 데 역점을 두었다.

표 Ⅲ-3 제3차 실과교육과정에서의 농업교육 내용

영역＼학년	4	5	6
재배	• 꽃밭 만들기와 가꾸기, 쉬운 꽃 가꾸기	• 농사일 알아보기와 곡식 및 채소 가꾸기 • 땅의 보호와 나무가꾸기	• 오이, 토마토 등 채소 가꾸기
사육	• 고장에서 기르는 작은 집짐승의 종류를 알아보기, 토끼, 닭 등 작은 집 짐승 기르기	• 잉어, 금붕어 등 담수 물고기 기르기 • 조개류, 바닷말 등 알아보기와 기르기	• 돼지, 염소 등 집짐승 기르기 • 낚시 다루기와 물고기 잡기

바) 제4차 교육과정기

제4차 교육과정은 1981년 12월 문교부 고시 442호로 고시한 것으로써, 실과교육은 4, 5, 6학년에서 주당 2시간씩 운영되어 실생활에 필요한 기초적인 일의 경험을 통하여 개인의 소양을 계발하고, 건전한 생활 태도를 확립하게 하여 현실과 미래의 변화에 대처하게 하며, 나아가 사회발전에 기여할 수 있는 기본적인 자질을 기르는 데 목표를 가지고 있었다.

표 Ⅲ-4 제4차 실과교육과정에서의 농업교육 내용

영역 \ 학년	4	5	6
생활기능	• 재배와 사육	• 채소 가꾸기	• 나무가꾸기와 이용 • 곡물의 생산 • 수산물의 생산

사) 제5차 교육과정기

제5차 실과교육과정은 기초적 생활 기능의 정착, 근로의 존중, 근검 절약의 실천 등의 개정 중점을 가지고 성격이 정립되었으며, 제4차 실과교육과정에서의 농업교육의 내용과는 차이가 거의 없었다.

표 Ⅲ-5 제5차 실과교육과정에서의 농업교육 내용

영역 \ 학년	4	5	6
생활기능	• 재배와 사육	• 채소 가꾸기	• 나무가꾸기와 이용 • 곡물의 생산 • 수산물의 생산

아) 제6차 교육과정기

제6차 실과교육과정에서는 3, 4, 5, 6학년에서 주당 1시간씩 운영하도록 하였다. 그리고 일의 계획에서부터 실행에 이르는 모든 과정을 통해서, 스스로 일을 선택하고 마무리하게 하며, 또 이를 위해서는 꾸준한 노력과 협동이 필요하다는 것을 알게 하고, 인내심을 가지고 문제를 해결하게 하여, 성취감을 맛볼 수 있는 기회를 부여하도록 중점을 두었다.

표 Ⅲ-6 제6차 실과교육과정에서의 농업교육 내용

학년 영역	3	4	5	6
다루기	• 물가꾸기에 필요한 용기다루기	• 농구다루기	• 농구다루기	• 나무 손질하는 가위다루기
가꾸기 및 기르기	• 물로 채소 및 화초 가꾸기	• 상자나 화단에 꽃 가꾸기 • 금붕어 기르기	• 상자나 밭에 채소 가꾸기 • 토끼, 닭 기르기	• 실내외 환경 가꾸기 • 애완동물기르기

자) 제7차 교육과정기

제7차 실과교육과정은 실천적 활동, 일의 경험, 체험 학습을 강조하고 있으며 생활기술 영역, 생활자원과 환경의 관리 영역을 통하여 5, 6학년에서 주당 2시간씩 운영하도록 하고 있다.

표 Ⅲ-7 제7차 실과교육과정에서의 농업교육 내용

학년 영역	5	6
생활기술	• 꽃과 채소 가꾸기 – 꽃 가꾸기 – 채소 가꾸기	• 동물 기르기 – 애완동물, 금붕어 기르기 – 경제동물 기르기
생활자원과 환경의 관리		• 집안환경 가꾸기 – 실내 환경 가꾸기 – 나무심기와 손질하기

차) 개정 교육과정기

2007년도 2월에 고시된 개정 실과교육과정은 가정생활과 기술의 세계로 영역을 이원화하여 농업교육 내용을 기술의 세계 영역에 포함시키고 있다. 그리고 제7차 교육과정기와 같이 5, 6학년에서 주당 2시간씩 운영하도록 하고 있다.

표 Ⅲ-8 개정 실과교육과정에서의 농업교육 내용

영역 \ 학년	5	6
기술의 세계	• 식물과 함께하는 생활 – 생활 속의 식물 – 꽃이나 채소 가꾸기	• 동물과 함께하는 생활 – 생활 속의 동물 – 애완동물이나 경제동물 기르기

4) 교양농업교육의 운영

초등학교에서 교양농업교육은 교과지도를 통한 농업교육, 통합교과를 통한 농업교육, 특별활동 및 재량시간을 통한 농업교육, 가정실습 및 홈 프로젝트(home project)를 통한 농업교육 등을 통하여 이루어지고 있다.

가) 교과지도를 통한 교양농업교육

초등학교의 각 교과를 통하여 1학년에서는 농촌 생활의 모습을 이해하여 농업의 중요성을 느끼고 동 · 식물의 일반적 특징을 알며, 대표적인 농업 직종(농부)에 대하여 아는 것 정도의 수준으로 지도되고 있다.

2학년에서는 1학년보다 좀더 심화되어 농업과 환경과의 관계도 간단하게 살펴보고 농산물의 유통과정을 초보적인 수준에서 이해하는 정도로 교양농업교육이 이루어지고 있다.

3학년에서는 농업의 정서적 가치를 이해하고 농업과 환경보존과의 관계를 알아보며, 재배시설을 이용한 식물의 생산에 대하여 기초적인 수준에서 다루고 있다. 또한 채소의 종류를 이해하고, 물로 채소 가꾸기, 식용작물의 재배(강낭콩 가꾸기), 식물의 일반적인 특징(성장)에 대한 내용이 포함되어 있다.

4학년에서는 환경보존을 위한 농업의 역할 이해, 농업과 환경오염과의 관계, 산림의 혜택과 수목원의 역할, 농산 가공품의 종류와 선택 및 보관법에 대한 초보적인 수준의 내용과 화훼의 종류 이해와 화훼 가꾸기, 애완동물(금붕어) 기르기에 대한 내용이 포함되어 있다.

5학년에서는 농촌생활뿐만 아니라 농경문화의 이해(농악, 민요 등), 농업의 정서적 가치에 대한 내용, 농산물의 주요 유통기관(농업협동조합 등)과 판매과정(농산

물 시장 등)에 대한 내용, 농민 후계자 육성 정책과 농지 관리 정책의 이해 등에 관한 내용들이 포함되어 있어 저학년보다 많은 교양농업교육의 내용이 지도되고 있다. 또한 환경오염(수질과 토양오염) 및 환경과 농업과의 관계, 채소의 종류와 가꾸기에 대한 이해 및 실습, 애완동물 기르기, 가축(닭, 토끼)의 종류와 기르기, 가축 생산물(닭, 토끼)의 이용에 대한 내용이 다루어지고 있다.

6학년에서는 농촌발전의 중요성 이해, 농업 근대화 정책(새마을 운동 등) 이해, 농업개발사업과 환경보존과의 관계에 대한 내용이 보다 자세히 제시되어 있었다. 그리고 애완동물(새) 기르기, 식물로 실내 환경 꾸미기(꽃꽂이 등)에 대한 내용들이 실습을 통하여 지도되도록 구성되어 있고, 농산 가공품의 올바른 선택과 보관에 대한 내용도 포함되어 있다.

특히, 실과교과를 이용한 농업교육은 현재 5, 6학년에서 주당 2시간씩 운영하고 있으며, 식물과 동물로 구분하여 농업 생산 중심의 내용을 구성하여 지도하고 있다.

나) 통합교과를 통한 교양농업교육

초등학교에서는 제4차 교육과정기부터 교육과정의 통합적 운영을 도입하였다. 교과의 통합적 운영은 주로 사회, 과학과를 중심으로 이루어졌으며, 실과교과의 교양농업교육 내용은 교육과정 개정 시기마다 통합교과의 관련 교과에서 제외되었다. 제7차 통합교육과정에서는 통합교과 개념을 재정립하고 그 동안의 교과 간 통합개념에서 탈피하여 통합적인 학습 활동 주제 중심의 열린교육이 이루어질 수 있도록 하였으며, 교양농업교육은 통합교과인 '슬기로운 생활'과 연계하여 학습지도를 할 수 있도록 변화되었다.

통합교과를 통한 교양농업교육의 이러한 운영은 첫째, 산업사회 및 과학문명의 발달로 인한 지식의 증가에 의해 교양농업교육내용을 선정하는 일이 매우 어려운 실정이다. 따라서 농업과 관련된 교육내용을 다른 교과의 학습 내용과 통합하는 것은 교육내용을 선정하는데 도움을 준다. 둘째, 통합교과의 운영은 교양농업교육내용을 다른 실과교과와 타 교과들간의 관련성을 파악하는 데 도움을 주고, 교과 학습과 생활과의 연관성을 높여 특히 실과 교과 학습의 의미를 삶과 관련지어 인식할 수 있게 해 준다. 셋째, 여러 교과들 간의 중복되는 내용 및 기능을 줄임으로써, 학생들이 배워야 할 필수적 교육 내용을 배울 시간을 확보해 준다. 넷째, 현대 사회 및 자연환경에서 발생하는 많은 문제들을 파악하고 해결하는 능력을 키워 준다. 다섯째, 학생들의 적성과 흥미가 반영된 자기 주도 학습, 창의적인 학습을 지향함으로써 학생들의 학습 선택권을 확대할 수 있다. 여섯째, 인간의 뇌가 정보들을 유형화하거나 관련지을 때 학습이 효과적으로 일어난다는 인지심리학의 연구 결과 관점에서 볼 때 통합교과의 운영은 매우 가치가 있다. 또한 통합교과를 통해 학습 내용이 학습 내용 제시 상황과 일치하며, 학습 내용의 적용 기회가 제공되고 다양한 방식으로 표현되며, 학생 자신의 삶과 관련시켜 학습을 촉진할 수 있는 효과가 있다. 일곱째, 실과의 교양농업교육 관련 학습 활동 주제 중심의 통합교과 운영은 학생 활동 중심으로 운영되어 학생의 적극적인 참여가 유도되며, 학습 동기가 높고 자신의 학습에 대한 책임감을 갖게 한다. 여덟째, 교양농업교육을 위한 통합교과의 운영은 비판적 반성과 깊은 이해 능력을 길러주기 쉬우며, 교과의 경계를 벗어나서 독립적으로 사고하고 문제를 해결 · 판단하는 능력의 신장과 관련된 메타 교육과정을 가능하게 해 준다. 이와 같이 통합교과에서의 실과관련 학습 활동 주제 중심으로 목표를 설정하고 통합 수업을 운영하면 단일교과 수업에서 얻을 수 없는 효과를 얻을 수 있다.

그러나 변화를 거듭해 온 통합교육과정의 운영은 제7차 이후의 통합교육과정으로 개정하기까지 많은 문제점들이 있었다(김대현, 1998 ; 문관용, 1994 ; 유광찬, 1997). 즉 교육내용 구성상에 한계와 제약이 있었으며 지도 방법상에도 어려움이 있었다. 기초 · 기본 학력의 정착과 직결된 도구교과의 계통적, 계속적 지도 상에도 문제가 있었으며, 교육과정과 교과서 내용의 상호 관련성 부족의 문제점도 내포하고 있었다. 또한 교과 간의 기득권 유지, 수호, 확대의 집착 등으로 인하여 효율적인 통합교과의 운영이 이루어지지 못하였다.

이러한 문제점들을 극복하고 통합교과를 통한 교양농업교육을 계열성 있게 운영하기 위해서는 개정 교육과정에서 추구하는 통합교과의 본질에서 벗어나지 않도록 해야 하고, 통합교과에서의 교양농업교육 관련 학습 활동 주제 중심으로 통합적 계획을 세워 자기 주도적인 창의적 학습 활동이 이루어질 수 있도록 해야 한다. 또한 통합적 능력을 개발하기 위한 초등학교 학생들의 학습 경험을 조직하기 위해서는 학습자의 동기와 흥미가 반영된 학습 내용이 선정되어야 한다.

다) 특별활동 및 재량시간을 통한 교양농업교육

특별활동(extra curricular activities, co-curricular activities)은 교육 목적 및 교육 목표를 달성하기 위하여 필요한 교과 이외의 기타 교육활동을 의미하는 것으로써, 제1차 교육과정기부터 교육과정에 편제되어 운영되기 시작하였다. 제7차 이후의 개정 교육과정에서는 1, 2, 3학년에 주당 1시간, 4, 5, 6학년에 주당 2시간 운영할 수 있도록 개정되었다. 이러한 특별활동은 집단 활동의 성격을 가지고 있으며, 집단 내 개인의 개성, 자율성, 창의성 등을 고양시키기 위한 것으로써, 다양하고 건전한 집단 활동에 자발적으로 참여하여 개성과 소질을 계발, 신장하고, 공동체 의식과 자율적인 태도를 기름으로써 민주 시민으로서의 기본적인 자질 함양을 기본 목표로 하고 있다. 이를 위하여 자치 활동, 적응 활동, 계발 활동, 봉사 활동, 행사 활동 등 5개영역으로 구분하고 있다.

교양농업교육은 계발 활동 영역 속의 실습 노작 활동과 봉사활동 영역에서의 환경・시설 보전 활동을 통하여 가능하다. 여기에서 이루어질 수 있는 내용은 주로 사육, 재배, 조경(실습노작활동), 깨끗한 환경 만들기, 자연보호(환경・시설 보전 활동) 등이 포함되며, 특별활동 연간계획서를 체계적으로 구성하여 효율적으로 실시할 수 있을 것이다.

이와 더불어 재량활동도 학생들의 다양한 요구・적성・흥미 등의 수용, 학교교육에 대한 사회적 요구 수용, 학교의 독특한 문화풍토에 따른 특색 있는 학교의 형성, 교육과정에 대한 교사의 전문성 발휘, 교육내용에 대한 학생의 선택권 확대, 학생의 직접적인 체험활동 유도, 학생의 자기 주도적인 학습 능력 신장, 교과서 중심의 교육 체제에서 탈피 등의 교육적 의의를 실현할 수 있다.

제6차 교육과정기부터 학교 재량시간을 도입하여 3, 4, 5, 6학년에서 주당 1시간씩 운영할 수 있도록 하였으며, 제7차를 토대로 한 개정 교육과정에서는 초등학교 전 학년에서 주당 2시간씩 운영할 수 있도록 하여 학교 재량활동 시간을 더욱 확대시키고 있는 실정이다. 시간 운영은 주제 탐구, 소집단 공동 연구, 학습하는 방법의 학습, 통합적인 범교과 학습 등 다양한 교육 프로그램을 학교, 교사, 학생의 요구를 수용하여 선택적으로 운영할 수 있도록 하고, 노작 체험 활동, 환경 보전 활동 등이 이에 포함될 수 있도록 하였다.

특히 재량시간을 통한 교양농업교육의 필요성은 개정 교육과정에서 3, 4학년에 시간편제가 되어있지 않기 때문에 교육과정의 계열성 측면에서 반드시 적극적인 재량시간 활용이 이루어져야 할 것이다.

라) 가정실습 및 홈 프로젝트(home project)를 통한 교양농업교육

농업교육의 방법 중에서 가장 두드러진 것이 행함으로써 학습(learning by doing)하는 것이며, 구안법(project method) 등을 통해서도 교육의 효과를 거둘 수 있다.

구안법은 미국의 농업교육에서 도입된 홈 프로젝트를 모체로 하고 있다. 이러한 홈 프로젝트는 가정실습을 통하여 학생들에게 직접 체험할 수 있는 기회를 제공하고 학교와 가정이 연계된 학습을 효과적으로 유도할 수 있다.

5) 교양농업교육의 실태 및 문제

가) 교양농업교육과정 측면

(1) 교양농업교육의 성격

교양농업교육은 궁극적으로 민주 시민으로서 일상생활을 하는 데 필요한 기초 지식과 기술을 습득하게 하여 생활에 불편함이 없도록 하고, 현명한 농산품의 소비 및 농업 분야의 취미생활을 할 수 있도록 하는 것이 요구된다. 이를 위해서는 교양농업교육의 성격 구명을 명확히 할 필요가 있다.

실과교과를 통하여 초등학교에서 이루어지고 있는 교양농업교육은 교육과정을 거듭하면서 지속적인 성격의 변화를 가져왔다. 제1차 교육과정부터 제3차 교육과정까지는 생산성 향상 등을 강조하는 직업교육 성격이 강하였으며, 제4차와 제5차 교육과정에서는 교양교육으로 전환하기 위한 노력을 하였다. 그리고 제6차 교육과정부터 현재까지는 교양농업교육을 실시해오고 있다. 특히 제7차 교육과정부터는 국민공통기본교육과정 10년 동안의 연계성 있는 교육을 교양교육으로 하여 특히 강조하고 있는 추세이다. 그러나 교양 차원의 농업교육으로 성격이 전환되었음에도 불구하고 교양농업교육은 직업교육 성격이 강했던 과거의 운영 방식과 크게 다르지 않다. 즉 숙련된 기능과 기술을 강조하는 직업교육에서 실질적인 생활에의 활용 지식, 기술, 그리고 태도 등을 종합적으로 습득할 수 있도록 완전한 성격의 전환을 하지 못하고 있는 실정이다.

(2) 교양농업교육의 목표

초등학교 교양농업교육의 목표는 제3차 교육과정까지 '농직업에 대한 선택 능력 습득', '생산성 향상', '직업선택 능력 배양' 등을 강조하면서 생산자와 소비자교육을 강조하였다. 제4, 5차 교육과정부터는 '생활에 필요한 기본적 기능 신장' 등을 목표로 하여 이전의 직업교육적 목표와는 다르게 교양교육으로 전환하기 위한 노력을 보여주고 있다. 또한 제6차 교육과정부터는 '실생활에 대처할 수 있는 기본적인 능력 배양' 등을 목표로 하여 교양교육을 강조하였다. 이러한 목표의 변화는 농업교양인으로 살아가는 데 필요한 농업에 대한 기초적인 지식, 기술 등을 함양시키는 방향으로 목표가 변화되어가고 있는 것을 알 수 있다.

그러나 초등학교 현장에서는 교과서 및 교사용 지도서에 의존하면서 교육과정에 명시되어 있는 단원별 목표를 명확하게 인지하지 못하고 교수-학습 과정의 방향을 제대로 설정하지 못하는 경우가 있다.

표 Ⅲ-8 교육과정기별 교양농업교육의 목표 변화

교육과정기 / 목표	1	2	3	4	5	6	7	개정
목표	자립생활 영위, 직업에 대한 기초적인 이해 및 직업 선택		⇒	생활에 필요한 기본적인 기능 신장		⇒	실생활에 대처할 수 있는 기본적인 능력, 태도 개발	

(3) 교양농업교육의 내용

실과교과를 통한 교양농업교육의 내용은 교육과정기를 거듭하면서 학년별로 조정이 이루어졌으며, 부분적으로는 시대적 변화를 반영한 내용의 삽입, 삭제 등이 이루어졌음을 알 수 있다.

제1차 교육과정에서 다루었던 4학년의 '간단한 농사 조력', '해초 따기', 5학년의 '농사 조력', '학교 동물원', 6학년의 '퇴비' 등은 제2차 교육과정에서 삭제되고, 사육부문을 '작은 집짐승 기르기', '큰 집짐승 기르기'로 구분하여 소, 돼지, 토끼 등의 제1차 교육과정 내용을 학년별로 조정하였다. 제3차 교육과정에서는 '조개류, 바닷말 등 알아보기와 기르기', '낚시 다루기' 등이 추가되고, '누에치기'가 삭제되었다. 제4, 5차 교육과정에서는 이전의 교육과정과 다르게 재배와 사육 관련 내용을 대폭 축소하였으며, 제6차 교육과정에서는 '물 가꾸기', '금붕어 기르기', '집안 가꾸기', '새 기르기' 등이 추가되고, 제5차 교육과정에서 다루었던 '곡물의 생산', '수산물의 생산' 등은 삭제되었다. 제7차 교육과정에서는 제6차 교육과정의 '금붕어 기르기'와 '새 기르기'를 '애완동물 기르기' 단원으로 하고, '집짐승 기르기'도 '경제동물 기르기' 단원으로 하여 관련 동물을 포함시켰다. 또한 개정 교육과정에서는 '생활 속의 식물'과 '생활 속의 동물' 등의 단원들이 추가되고, '꽃이나 채소 가꾸기'와 '애완동물이나 경제동물 기르기' 단원은 학교 여건을 고려하여 선택 지도 할 수 있도록 하였다.

이러한 교양농업교육의 내용 변화를 종합해 보면, 교육과정기를 거듭할수록 내용이 계속적으로 축소되고, 학년간의 연계성이 거의 이루어지지 않았음을 알 수 있다.

특히 국민공통기본교육과정 10년 동안 학년 간에 교육내용이 연계될 수 있도록 하였으나 개정된 교육과정에서 교양농업교육 내용은 학년 간에 연계성이 고려되지 않은 상태에서 부분적으로 이루어지고 있는 것을 알 수 있다. 이러한 결과를 통하여 교양농업교육 내용의 현실성 결여, 학습 내용으로서의 부적절성(나승일, 1996), 학년별 교양농업교육 내용의 단절에 의한 학년 간 비연계성, 학년 간에 나타나는 학생들의 수준 미고려(방기혁, 2000) 등의 문제점을 지적할 수 있다.

표 III-10 실과 교과에서의 교양농업교육 내용 비교

학년 / 교육과정기	초등학교			
	3	4	5	6
제1차		• 꽃밭 설계와 심어 가꾸기 • 감자심기 • 간단한 농사조력 • 나무심기 • 해초 따기 • 닭치기 • 토끼 기르기	• 채소재배 • 채소저장 • 수풀 가꾸기와 나무심기 • 농사조력 • 양돈 • 양어 • 학교동물원	• 채소 재배 • 벼 · 보리 • 퇴비 • 묘목 • 누에치기
제2차		• 꽃 가꾸기 • 채소 가꾸기 • 작은 집짐승 기르기	• 땅의 보호와 나무가꾸기 • 누에치기와 물고기 기르기	• 곡식 가꾸기 • 채소 가꾸기와 올 가꾸기 • 큰 집짐승 기르기
제3차		• 꽃밭 만들기와 가꾸기 • 고장에서 기르는 작은 집짐승의 종류 알아보기 • 작은 집짐승 기르기	• 농사일 알아보기 • 곡식 및 채소 가꾸기 • 땅의 보호와 나무가꾸기 • 담수어 기르기 • 조개류, 바닷말 등 알아보기와 기르기	• 채소의 올가꾸기 • 집짐승 기르기 • 낚시 다루기와 물고기 잡기
제4차		• 재배와 사육	• 채소 가꾸기	• 나무가꾸기와 이용 • 곡물의 생산 • 수산물의 생산
제5차		• 재배와 사육	• 채소 가꾸기	• 나무가꾸기와 이용 • 곡물의 생산 • 수산물의 생산
제6차	· 물가꾸기	• 꽃 가꾸기 • 금붕어 기르기	• 채소 가꾸기 • 집짐승 기르기	• 집안 가꾸기 • 새 기르기
제7차			• 꽃 가꾸기 • 채소 가꾸기	• 애완동물 기르기, 금붕어 기르기 • 경제동물 기르기
개정			• 생활 속의 식물 • 꽃이나 채소 가꾸기	• 생활 속의 동물 • 애완동물이나 경제동물 기르기

(4) 교양농업교육의 방법

실과 교과를 통한 교양농업교육에서 교수-학습 방법은 제7차 교육과정이 적용되기 이전까지 구체적으로 제시해 주지 못하였다.

제1차 교육과정에는 실제 활동 중심의 교수-학습 방법을 권장하면서 '견학'을 강조하였으며, 제2차 교육과정에는 대부분의 학습 시간을 '현장 실습'에 할애하도록 하면서 '견학'을 통한 직업 선택의 기회를 제공할 수 있도록 하였다. 이는 제1, 2차 교육과정에 제시된 교수-학습 방법이 구체적이지 않으면서 크게 다르지 않다는 것을 알 수 있다. 제3차 교육과정에도 '실습'을 비롯한 '현장 실습'과 '견학'을 강조하고 있으나 이전의 교수-학습 방법과 큰 차이를 보이고 있지 않다. 제4차 교육과정에는 간단하게 교수-학습 방법을 제시하고 있으나 '실습' 이 외의 '실험' 방법을 도입하였으며, 이러한 '실험 · 실습' 방법의 적극적 도입은 제5차 교육과정에도 계속적으로 이어졌다. 제6차 교육과정에는 특히 '실습'을 가장 강조하였으나 제5차 교육

표 Ⅲ-11 교양농업교육을 위한 교육과정기별 교수-학습 방법 비교

교수학습방법 \ 교육과정기	1	2	3	4	5	6	7	개정
견학	○	○	○		○	○	○	○
현장 실습(학습)		○	○		○	○	○	○
실습			○	○	○	○	○	○
실험				○	○		○	○
관찰						○	○	○
체험 학습							○	○
홈 프로젝트							○	○
컴퓨터 보조 수업							○	○
조사(사례조사)							○	○
토의							○	○
지역자원인사의 활용							○	○
전시회 관람							○	○
협동학습								○
역할 놀이								○

과정과 크게 다르지 않은 것을 알 수 있으며, 제7차 교육과정에는 교양농업교육을 위한 교수-학습 방법이 이전의 교육과정과 비교하여 조금 더 구체적으로 명시되고 있다. 즉 이전의 교육과정에서 제시되었던 '견학', '현장 실습', '실험 · 실습', '관찰', '체험 학습' 이 외에도 '홈 프로젝트', '컴퓨터 보조 수업', '조사', '토의' 등의 다양한 교수-학습 방법들을 제시하고 있다. 또한 개정 교육과정에서도 마찬가지로 다양한 교수-학습 방법을 제시하여 교양농업교육 내용에 따라 효과적으로 지도할 수 있도록 하고 있다.

그러나 교양농업교육에 대한 부정적인 인식, 실험 · 실습 여건 미흡 등 여러 가지 요인으로 인하여 교양농업교육은 정상적으로 운영되지 않고 있으며, 이로 인하여 교양농업교육을 위한 교수-학습 방법의 선택 및 운영은 매우 저조하다고 할 수 있다. 그리고 정상적인 수업이 운영된다고 하더라도 실험 · 실습 중심으로 운영되는 교양농업교육은 실험 · 실습 이전 및 이후 단계에 다양한 교수-학습 방법의 적용이 요구됨에도 불구하고 실험 · 실습 단계에만 역점을 두어 수업을 운영하고 있는 실정이다.

(5) 교양농업교육의 평가

실과 교과를 통한 교양농업교육의 평가는 제3차 교육과정까지 구체적인 평가 방법을 명시하고 있지 않았으나 제4차 교육과정 때부터 평가 방법을 구체적으로 명시하고 있다. 특히 제7차 교육과정부터는 관련 지식의 이해 정도, 의사 결정 능력 및 문제 해결 능력, 실습 능력 및 태도 등을 평가할 수 있도록 안내하고 있다.

그러나 정상적인 수업 진행이 올바르게 이루어지지 못하는 상황에서 평가에 많은 문제점을 유발하고 있는 실정이다. 즉 교양농업교육을 담당하는 교사들은 지금까지 교양농업교육을 위한 여건 및 절차상의 어려움 때문에 주로 객관식 지필 평가 중심으로 수행(김혜자 외, 1996)해 오고 있으며, 주요 평가 대상의 학습결과에만 한정되어 학습과정 및 정의적 영역 등 학교생활 전반에 대한 총체적 평가가 간과(부산광역시교육청, 1996)되고 있다.

이러한 평가는 1980년대 말부터 선다형 평가에 대한 반성에 의하여 새로운 평가 방식이 도입되었으나 교양농업교육에 대한 도입에는 매우 미흡하였다. 이는 단편적인 지식의 주입과 암기에 주력한 평가를 실시하게 되어 창의력과 문제 해결력 등의 고등 정신 능력 개발을 저해하는 결과를 초래하였다.

나) 교양농업교육에 대한 인식 측면

교양농업교육에 대한 인식은 학생, 교사, 그리고 학교 행정가 등의 교육 구성원에 따라 많은 인식의 차이를 가지고 있다. 초등학교 학생들은 교양농업교육을 위한 실습 활동, 협동 활동, 실생활에 유익한 학습 내용, 그리고 실습 참여 등에 대하여 긍정적인 인식을 가지고 있으나, 초등학교 교사들은 교양농업교육의 중요성, 또는 교과에 대한 흥미 등에 있어 보통 수준의 인식을 하고 있다(최유현, 2000). 이는 초등학교 교사들이 교양농업교육에 대한 준비와 지도 등에 있어서 바람직한 수업 활동을 전개하지 못하고 있다는 것을 알 수 있다. 또한 교양농업교육에 대한 초등학교 학생의 인식은 보통이며, 학생의 이러한 인식은 학습 환경을 구성하는 물리적 환경, 교사 환경, 사회 심리적 환경, 교육과정 구조 환경 차원에 대하여 영향을 받고 있다. 특히 교육과정 구조 환경이 가장 높은 영향을 미치고 있으며, '교육 내용', '교육 목표', '교육 방법' 등이 교양농업교육에 대한 학생의 인식에 가장 큰 영향을 미치고 있다(방기혁, 2002).

교양농업교육에 대한 이러한 인식은 관련 교과의 비정상적인 운영, 관련 교과의 비선택 등에서도 원인이 있는 것으로 파악된다. 즉 실험·실습 여건의 미흡, 교사의 실습 기피 등으로 인한 교양농업교육의 비정상적 운영, 그리고 고등학교의 실업·가정교과의 저조한 선택비율 등이 이를 반영한다.

다) 교양농업교육의 환경 측면

(1) 교양농업교육 이수 학년 및 시간 수

노작 중심의 실험·실습을 강조하는 교양농업교육은 제7차 교육과정부터 3, 4학년의 시간이 삭제되고, 5, 6학년에 주당 2시간씩 운영할 수 있도록 시간이 배당되었다. 이것은 국민공통기본교과인 10개의 교과가 국민공통교육기간인 10년간 이루어지게 한다는 원칙에 비추어(분화된 교과를 3학년부터 보았을 때 8년) 교양농업교육은 5학년부터 이루어진다는 문제가 있다. 이러한 교양농업교육을 위한 실과교과의 시간 배당은 국민공통기본교육과정 10년에서 3, 4학년에 공백기가 발생하여 실질적으로 5학년부터 10학년까지 6년 동안만 교양농업교육이 가능하도록 되어 있다.

표 Ⅲ-12 교육과정기별 교양농업교육 관련 교과의 주당 시간 비교

학년 교육과정기	초등학교			
	3	4	5	6
제1차		2~2.75	2~2.75	2.25~3.25
제2차		2~2.5	2.5~3	2.5~3
제3차		2	2	3
제4차		2	2	2
제5차		2	2	2
제6차	1	1	1	1
제7차			2	2
개정			2	2

따라서 1, 2학년에서 운영되는 통합 교과교육과 연계하여 계열성 있는 교양농업교육을 실시하기가 거의 불가능하다고 할 수 있다.

또한 이러한 시수 및 이수 학년의 편제는 학교 현장에 교양농업교육을 담당하는 실과전담교사가 많지 않은 현실 속에서 1~4학년 학급의 담임을 맡는 교사들은 교양농업교육의 접촉 기회를 상실하게 된다. 제6차 교육과정에서 이루어진 교양농업교육과 비교한다면 제7차 교육과정부터는 교양농업교육을 담당하는 교사가 절반으로 감소하는 현상을 초래하게 되는 것이다. 교양농업교육을 담당하는 교사의 절대적 감소는 교양농업교육에 대한 교사들의 인식을 저하시킬 것이며, 교양농업교육에 대한 학생, 학부모들의 인식에도 심각한 영향을 미칠 것이다. 따라서 3, 4학년의 시간 삭제, 교양농업교육 담당 교사 수의 절대적 감소 등의 문제는 재량・특별활동을 적절히 활용할 수 있도록 대안을 모색할 필요가 있다.

(2) 교양농업교육을 위한 운영 여건

교양농업교육을 효율적으로 운영하기 위해서는 실험・실습실을 비롯한 교재원, 생산원, 온실, 조류동물학습장 등의 시설・설비 등이 필요하다(방기혁 외, 2000). 그러나 학교 시설・설비 기준령(1992년 10월 1일 : 대통령령 제13753호) 제5조 4항에 의하면 교육에 필요한 특별교실과 그 준비실을 두도록 되어 있다. 특별교실은 학교마다 1개 교실을 둘 수 있으며, 36학급 이하인 경우에는 보통교실을 겸용할 수 있도록 하고 있다. 이러한 학교 시설 · 설비 기준령은 교양농업교육을 위한 시설 · 설비 확보에 매우 불리하며 효율적인 실험 · 실습 운영을 저해하고 있다. 실험 · 실습실의 확보가 매우 열악하기 때문에 이러한 환경에서 학생의 지식 구성을 돕기 위한 구성주의적 교육이 이루어질 것을 기대하는 것은 무리가 있다고 할 수 있다. 또한 교양농업교육 목표에 도달하기 어려운 것은 학습 보조 자료의 부족, 실습 시설 미비, 실습 기구의 부족 등에 원인이 있으며, 실습이 효과적으로 이루어지기 위해서는 교양농업교육을 위한 교구 · 설비 기준보다 더 많은 교구 · 설비를 갖추어야 할 필요성(나승일, 김주이, 1998)이 있다.

이러한 교육 여건의 미흡으로 인하여 교양농업교육은 실험 · 실습 중심의 운영이 요구됨에도 불구하고 학교 현장 교사들은 실기 기능 부족을 이유로 실험 · 실습을 기피(이광하, 1993, 박순자, 정덕희, 1997)하고 있는 실정이다. 또한 재배 및 사육에 대한 교사들의 실기 능력이 매우 부족하며, 이러한 경향은 실제로 여교사들에게 더욱 강한 것으로 나타내고 있다.

6) 교양농업교육의 새로운 방향

가) 교양농업교육과정 측면

(1) 교양농업교육의 성격

교양농업교육은 단순한 기능의 습득보다는 원리에 입각한 기술의 습득으로 전환되어야 하며, 이를 통하여 문제 해결 능력 및 창의성 등의 신장이 이루어지도록 해야 할 것이다. 그리고 민주 시민으로서 일상생활을 하는데 요구되는 농업관련 기초지식, 기술 및 태도 등을 갖출 수 있도록 교양교육적 성격을 명확히 할 필요가 있다. 즉 심동적 영역, 정의적 영역, 인지적 영역 순으로 강조되고 있는 교양농업교육의 성격을 세 가지 영역이 조화를 이루면서 운영될 수 있도록 하는 것이 필요하다. 원리나 이론도 없는 기능 신장의 강조보다는 교양농업교육에 대한 긍정적인 인식을 바탕으로 지식과 기술이 습득될 수 있도록 교양농업교육의 방향을 설정해야 할 것이다.

(2) 교양농업교육의 목표

초등학교 교양농업교육의 목표는 생산성 향상을 강조한 제3차 교육과정기 이전에서 실생활에 대처할 수 있는 기본적인 능력 배양으로 전환하였으므로 학생들이 우리 생활 속에서 농업의 역할과 중요성을 느낄 수 있도록 하고, 이를 바탕으로 농업에 대한 기초 기능과 소양을 넓혀 갈 수 있도록 하기 위하여 우선적으로 농업에 대한 인식의 전환이 일어날 수 있도록 하는 것이 요구된다. 즉 일상생활 속에서 필요한 농업 관련 기초 기능의 습득은 물론, 교양인으로서 요구되는 농업 관련 지식 및 기술을 습득하도록 하고, 농업 및 농촌 발전에 대한 긍정적인 태도의 함양, 농촌과 도시와의 유기적인 관계의 이해 등이 이루어질 수 있도록 목표 설정을 하는 것이 매우 필요하다. 또한 교육과정에 제시된 교양농업교육의 목표를 명확하게 인식하고 학생들을 위한 교수-학습 준비 및 운영이 이루어질 수 있도록 해야 한다.

(3) 교양농업교육의 내용

초등학교 교양농업교육 내용은 학년 간 또는 학년별로 계속성, 계열성, 통합성이 고려되어 선정·조직될 수 있도록 해야 할 것이다. 농업에 관한 기초적인 이해가 가능하도록 하고, 일상생활 활용 가능성이 높은 내용의 선택, 원리와 가치 및 실효성이 빈영된 실습 운영, 학생들의 내재적 가능성 유인 등이 가능하도록 하는 것이 필요하다. 또한 농업에 대한 시대적 변화를 반영하고 교육 구성원의 요구를 분석하여 적절한 교육 내용을 선정·조직할 필요가 있다. 즉 농업 생산 중심으로 구성되어 있는 교양농업교육 내용에 농업 관련 분야의 변화된 내용이 반영될 수 있도록 하는 것이 필요하다. 여기에는 농산물 유통, 농산물 가공, 농업 정보, 생명공학, 농업환경 문제 및 보전 등의 내용이 해당될 것이다. 그리고 이러한 내용은 실험·실습 시간 수와 해당 학년을 고려한 적절한 내용의 분량 선정, 수준 등도 신중하게 검토하여야 할 것이다.

(4) 교양농업교육의 방법

교양농업교육을 위한 방법은 우선적으로 교양농업교육의 성격, 목표, 학습 내용에 따라 위계적인 연계가 되어야 한다. 즉 교양농업교육 내용에 대해서는 단원별로 구체적인 교수-학습 방법을 제시해야 하며, 목표에 대해서는 교과목표, 학년별, 단원별 목표가 교양농업교육 내용에서 제시된 교수–학습 방법을 포괄할 수 있도록 제시되어야 한다. 그리고 교양농업교육은 실천성, 탐구력, 문제해결력, 창의력 등을 길러주는 교양교과이므로 이를 위한 교수–학습 방법이 제시되어야 하고, 이는 실과의 목표 및 교육 내용과 연계하여 제시될 수 있도록 해야 한다. 또한 인지적, 정의적, 그리고 심동적 영역에 대한 조화로운 발달이 가능하도록 교수–학습 방법이 접근되어야 한다. 교양농업교육은 기능 습득에 해당하는 심동적 영역의 발달을 위한 '실험 · 실습' 방법의 운영을 적극적으로 안내하고 있다. 그러나 교양교육으로서 농업의 궁극적인 목적을 달성하기 위해서는 심동적 영역의 발달뿐만 아니라 인지적 영역과 정의적 영역이 조화롭게 발달할 수 있도록 해야 한다. 즉 교수–학습의 전개 과정에서 '실험 · 실습' 이 가능한 학습 내용을 다루더라도 교수–학습의 지도 과정 도입과 정리 부분에서 인지적 영역과 정의적 영역의 발달이 전개 부분의 심동적 영역 발달과 조화를 이룰 수 있도록 하는 적절한 교수–학습 방법이 도입되고 운영될 수 있도록 해야 한다.

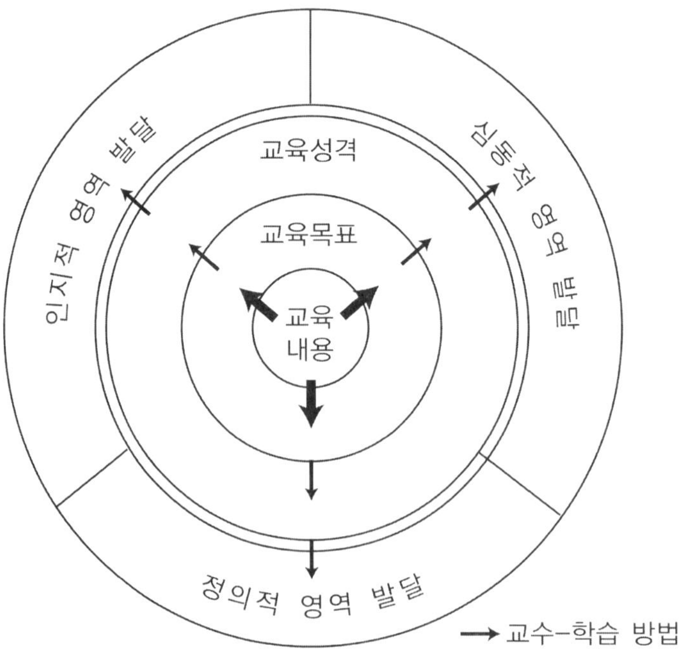

그림 Ⅲ–4 교수–학습 방법의 위계적 접근

둘째로 교양농업교육은 교수-학습 과정에서 다양한 교수-학습 방법의 적용을 요구한다. 그 동안 지나치게 강조되었던 심동적 영역의 '실험 · 실습' 방법보다는 교수-학습 지도과정에서 인지적 영역과 정의적 영역도 심동적 영역과 더불어 조화롭게 발달할 수 있도록 교수-학습 방법을 도입하는 것이 필요하다. 일반적인 교수-학습 과정에서 지도 단계는 도입, 전개, 정리 단계로 분류할 수 있으며, 실기 지도를 위해서는 준비, 제시, 응용, 평가의 4단계를 거치면서 효과적으로 지도할 수 있다. 이러한 각 단계에서 학습 효과를 극대화하기 위해서는 적절한 교수-학습 방법을 선택하고, 적용하여야 한다. 준비, 제시 단계에서는 학생들의 인지적 영역을 발달시킬 수 있도록 '조사', '발표', '시범' 등의 교수-학습 방법을 적용할 수 있도록 하고, 응용 단계에서는 심동적 영역의 발달을 촉진할 수 있는 '실험 · 실습' 방법이 적절하다. 그리고 평가 및 정리 단계에서는 학생들이 학습한 실험 · 실습 내용에 대한 실생활 활용 가치 및 긍정적 태도 함양 등의 정의적 영역을 발달시킬 수 있는 '집단 토의', '사례 연구' 등의 교수-학습 방법을 적용할 수 있어야 한다.

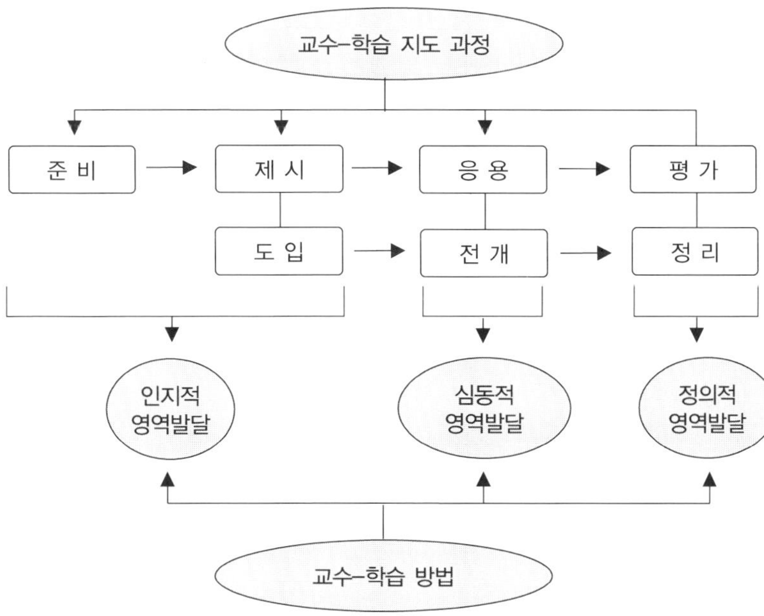

그림 Ⅲ-5 교수-학습 지도 과정에 따른 교수-학습 방법의 체제적 접근

(5) 교양농업교육의 평가

교양농업교육의 평가는 다양한 일의 경험을 통하여 문제 해결력이나 창의력 등 고등정신 기능을 함양하는 데 궁극적인 목적을 가지고 있다. 이를 위하여 주로 실험·실습 중심의 수행평가를 해오고 있다.

교육 평가는 인지적, 정의적, 심동적 영역이 고르게 평가될 수 있도록 평가 도구를 개발하고 교수-학습 과정에서 적절하여 실시하여야 한다. 이를 위해서는 기본적으로 수업 활동이 통합적으로 고려되는 과정 지향적 평가(process-oriented assessment)가 보다 바람직한 전략이 될 것이다. 교양농업교육을 위한 학습 활동이 실천적이고 체험적인 수행 과제(performance tasks)가 많으므로 수행 중심의 다양한 평가 전략이 도움이 되므로 평가를 위한 증거 자료가 실제적(authentic)이고 지속적으로 자료를 수집하는 전략들이 바람직할 것이다. 또한 평가의 주체가 교사 중심의 평가에서 벗어나 학습자 자신의 자기 반성적 자료 수집과 평가(reflective self-assessment & evaluation)가 고려되고, 아울러 동료 평가(peer evaluation)를 도입하여 다양하게 실시하는 것도 바람직할 것이다.

나) 교양농업교육에 대한 인식 측면

초등학교 교사들이 기대하는 대로 교양농업교육을 위한 학습 환경이 개선되고, 교사들의 교수-학습 과정의 설계 수준을 높이며, 실제 교수-학습 지도에 있어서 보다 혁신적인 노력이 뒷받침될 때 교양농업교육은 매우 의미 있는 수업으로 자리 잡을 가능성이 커질 것이라고 생각된다. 교육의 질적 개선은 어느 한 구성원의 노력으로 성취하기 어려운 일이다. 따라서 교양농업교육에 대한 학술적인 연구 활동, 학교 현장에서의 시범적인 성공 사례, 교육행정차원의 행·재정적 지원이 함께 힘을 모아야 할 것이다.

교양농업교육의 방법적 지향점은 노작적 체험, 입체적 체험, 생활 문제해결, 협동적 일의 수행에 바탕을 두어야 한다. 즉 교양농업교육은 학생의 현재 생활 및 미래의 삶에서 발생되는 다양한 가정적·기술적 생활 문제 해결 능력을 길러줄 수 있는 실천적 접근의 의미를 가지며, 그것이 함께 추구되는 공동체의 장이라면 더욱 좋을 것이다. 교양농업교육에 대한 학교 관리자들의 높은 인식을 현장에 투입할 수 있는 제도적 장치가 마련되어야 하며, 교양농업교육의 중요성에 대한 젊고 유능하면서 경력이 적은 교사들의 자각을 통하여 학교 현장의 교양농업교육이 활성화되어야 할 것이다. 그러기 위해서는 초등학교 교사들의 끊임없는 연수기회 확대와 실과 교재 교구의 준비, 사전 실습, 실습실의 완비 등의 조건을 갖추고 교양농업교육이 이루어져야 할 것이다.

다) 교양농업교육의 환경 측면

(1) 교양농업교육 이수 시간 수 및 이수 학년

실과교육과정을 통하여 운영되는 교양농업교육은 제7차 교육과정에서 지향하는 통합교과의 운영 목적에 맞도록 3, 4학년에 시간을 편제해야 할 것이다. 교육과학기술부에 의하면 통합교과는 생활의 기초를 마련해주는 교과로서 3학년의 수학, 사회, 실과, 과학 등의 교과 학습 활동과 연계가 이루어지도록 지도하여야 한다고 명시하고 있다. 그러나 초등학교의 10개 교과 중에서 유일하게 실과교육만이 3, 4학년이 공백기로 되어 있어 통합교과와 연계가 되지 않는 것은 이러한 목적에 위배된다고 할 수 있다.

그러나 재량활동시간의 확대로 인하여 초등학교 각 교과에 대한 이수 시간 수가 감소된 것을 감안하면, 3, 4학년에 시간을 편제한다는 것은 어려운 상황이 될 것이다. 따라서 이러한 3, 4학년의 공백기를 극복하면서 교양농업교육이 연계성을 가지고 운영될 수 있도록 하기 위해서는 1, 2학년의 '통합교과', 3, 4학년의 '재량활동시간' 및 '특별활동', 그리고 5, 6학년의 '실과'교과와 연계가 될 수 있도록 하는 방안을 모색할 필요가 있다.

즉 1, 2학년에서는 통합교과를 교양농업교육과 관련된 주제 중심으로 운영하고, 3, 4학년에서는 재량활동 및 특별활동을 활용하여 5, 6학년의 교양농업교육과 연계함으로써 교양농업교육의 계열성, 계속성, 통합성 등을 기할 수 있다.

제7차 교육과정에서 제시하고 있는 1, 2학년의 통합교과 '슬기로운 생활'에서 제시하고 있는 교양농업교육 관련 학습 활동 주제는 '주위의 동・식물 찾아 살펴보기', '열매나 씨앗모으기', '동물이나 식물이 자라는 모습 관찰하기' 등이 있는데, 이러한 주제 중심으로 교양농업교육을 실시할 수 있다.

표 Ⅲ-13 '슬기로운 생활'교과의 활동 주제별 교양농업교육 관련 내용

학년	통합교과의 교양농업교육 관련 활동 주제	교양농업교육과의 연계	
		5	6
1	주위의 동 · 식물 찾아 살펴보기	• 꽃과 채소 가꾸기	• 동물 기르기
2	열매나 씨앗 모으기 동물이나 식물이 자라는 모습 관찰하기	• 꽃과 채소 가꾸기 • 꽃과 채소 가꾸기	- • 동물 기르기

3, 4학년에서는 창의적 재량활동과 특별활동을 활용할 수 있다. 재량활동 중에서 창의적 재량활동을 이용하여 교양농업교육과 관련이 있는 내용을 선정하여 자기 주도적 학습 능력을 신장시킬 수 있으며, 특별활동에서는 주당 1시간 정도를 이용하여 교양농업교육의 공백기를 보충할 수 있다. 즉 5개 영역으로 구분된 특별활동 중에서 계발 활동에 해당하는 실습 노작 활동의 사육, 재배, 조경, 여가 문화 활동의 꽃꽂이, 원예 등을 통하여 이루어질 수 있다.

표 Ⅲ-14 재량활동 및 특별활동 유형에 따른 교양농업교육 내용의 연계

유형		교육 내용	교양농업교육과의 연계	
			5학년	6학년
교과 재량활동		실과교과의 심화 · 보충학습 (5, 6학년)		
창의적 재량활동		환경교육		• 자원 활용하기 • 집안 환경 가꾸기
계발 활동	실습 노작 활동	사육, 재배, 조경, 목공, 제도, 설계, 조리, 수예, 재봉 등	• 아동의 영양과 식사 • 간단한 생활용품 만들기 • 전기기구 다루기와 전자키트 만들기 • 꽃과 채소 가꾸기	• 간단한 음식 만들기 • 재봉틀 다루기 • 목제품 만들기 • 동물 기르기
	여가 문화 활동	꽃꽂이, 원예 등	• 간단한 생활용품 만들기	• 집안 환경 가꾸기
봉사 활동	환경 · 시설 보전 활동	깨끗한 환경 만들기, 자연 보호 등	• 생활환경 정돈하기	• 자원 활용하기 • 집안환경 가꾸기

(2) 교양농업교육을 위한 여건

초등학교 교양농업교육의 효율적인 운영은 여건의 확보가 우선되어야 한다. 교양농업교육을 위한 여건의 문제가 되었던 실험·실습실의 미확보, 설비 및 기자재의 부족, 실험·실습 시간 수의 부족 등에 대한 개선이 이루어져야 한다.

이를 위해서는 교양농업교육과정 분석을 통하여 요구되는 시설 및 기자재 등의 결정이 이루어져야 하고, 이를 기초로 하여 행·재정적인 지원을 적극적으로 유도하여야 한다. 특히 학교 시설·설비 기준령(1992년 10월 1일 : 대통령령 제13753호)제5조 4항을 개정하여 36학급 이하인 학교에서도 특별교실과 일반교실을 구분할 수 있도록 하고, 교양농업교육을 위한 실험·실습이 실과 공통실습실을 통하여 이루어질 수 있도록 하는 것이 바람직하다. 또한 학교의 부지 중에서 일정 면적을 확보하여 교재원, 생산원, 온실 등을 갖출 수 있도록 해야 할 것이다.

(3) 교원양성교육 및 교원연수

교사들은 교양농업교육을 정상적으로 운영하지 못하는 이유를 전문적인 실기 지도능력이 부족하기 때문인 것으로 인식하고 있다. 그러나 현실적인 문제는 교양농업교육의 여건 미흡, 학교 행정가의 철학 부족 등을 이유로 교사들은 교양농업교육을 기피하고 있다는 것이나.

이는 교육대학교에서의 교양농업교육 목표가 잘못되었기 때문이다. 실기 지도 능력은 교양농업교육에 대한 긍정적인 인식이 전제되었을 때 발휘될 수 있다. 실기 지도 능력이 아무리 뛰어나나 할지라도 교양농업교육에 대한 인식이 부족하면 현재의 교양농업교육 여건 속에서는 정상적으로 이루어질 수 없는 것이 사실이다. 따라서 초등 교원 양성 대학에서는 교양농업교육에 대한 인식이 부족한 학생들에게 긍정적인 인식을 부여할 수 있는 교육과정을 운영하여야 한다. 이를 토대로 하여 초등학교 현장과 연계된 지도 능력을 향상시킬 수 있도록 해야 할 것이다.

또한 초등학교 교양농업교육 담당 교사들의 실기 능력을 향상시키기 위해서는 교육 내용의 변화에 따라 주기적으로 재교육이 이루어져야 한다. 교양농업교육 연수 프로그램을 개발하여 교육과정의 변천에 따른 실험·실습 능력을 신장할 수 있도록 하고, 초등학교 학생들에게 직접적으로 적용될 수 있도록 하는 것이 필요하다. 이를 위해서는 자율 연수 프로그램이 활성화될 수 있도록 하고, 교사들이 이러한 연수 프로그램에 적극적으로 참여할 수 있도록 자율권을 보장해 주어야 할 것이다. 초등학교, 해당 시 · 도 교육청, 그리고 교육대학교가 상호 연계 체제를 구축하여 운영하면 매우 효과적일 것이다.

다. 교양농업교육의 실제

1) 교수-학습 과정안의 일반적 체제

Ⅰ. 단원명
  1. 단원의 개관
  2. 발전 계통(학습계열)
  3. 과제 분석
  4. 단원의 목표
  5. 지도상의 유의점

Ⅱ. 학생의 실태

Ⅲ. 교재 연구
  1. 본 단원 학습을 위한 교재 연구
  2. 본 차시 학습 지도를 위한 교재연구

Ⅳ. 전개 계획(전체 지도계획)

Ⅴ. 평가 계획
  1. 평가의 기본 계획
  2. 영역별 평가 관점
  3. 자기 평가표

Ⅴ. 본시 학습 지도안
  1. 단원명
  2. 학습 주제
  3. 학습 목표
  4. 예습적 과제
  5. 교수 학습 활동

과정(분)	중심 내용	예상되는 발문과 응답	자료 및 유의점
문제 파악 (5')	학습동기 유발	T1, (시범 역할놀이 후) 어떤 장면인지 이야기해 볼까요? S1, 영희가 꽃씨를 뿌리는 장면입니다. S2, ———————————— 같습니다. S3, ———————————————— 입니다.	▫꽃씨, 화분 ▫실물 화상기

  6. 형성 평가 계획
  7. 판서 계획

2) 통합을 지향한 교수-학습 과정안의 체제

Ⅰ. 본시 학습 주제의 설정 배경

1. 교양농업 및 환경교육의 실태 분석
   초등학교 현장교사와의 면담을 통하여 초등학교 현장의 문제를 정확히 진단하고, 면담 및 진단된 내용을 구체적으로 기술하는 것이 요구됨.
2. 본시 학습 주제의 설정 이유
   가급적 초등학교 현장에서 잘 운영되지 않는 주제를 선정하고, 선정 이유를 구체적으로 밝히는 것이 필요함.

Ⅱ. 본시 학습 지도안의 특징

본시 학습 주제를 전개하기 위한 창의적인 교수-학습 방법이 구체적으로 드러나도록 기술하고, 가급적 주제 중심의 통합(교과 내 영역 간 통합, 교과 간 통합)이 될 수 있도록 하여 통합된 내용의 계열성이 나타날 수 있도록 기술하는 것이 필요함(80분 분량).

Ⅲ. 본시 학습 지도안

1. 단원명
2. 학습 주제
3. 학습 목표
4. 예습적 과제
5. 교수 학습 활동
   <작성 예>의 양식을 참고하여 작성하고, 본인이 전개하고자 하는 교수-학습 방법이 교수-학습 활동 과정에 체계적으로 드러날 수 있도록 구성하는 것이 필요함.

〈작성 예〉

과정(분)	중심내용	예상되는 발문과 응답(교수-학습 활동)	자료 및 유의점
문제 파악 (5')	학습동기 유발	T1, (시범 역할놀이 후) 어떤 장면인지 이야기해 볼까요? S1, 영희가 꽃씨를 뿌리는 장면입니다. S2, ―――――――――――――― 같습니다. S3, ――――――――――――――――입니다.	ㅁ꽃씨, 화분 ㅁ실물 화상기

6. 형성 평가 계획
7. 판서 계획

3) 교양농업교육을 위한 교수-학습 과정안의 실제

□ 홈 프로젝트를 이용한 알뿌리 꽃 가꾸기 □

1. 학습 주제

알뿌리 꽃 가꾸기

2. 주제 선정 이유

실과 학습에서 홈프로젝트의 활용은 학교 시설 부족의 결함을 보완하고 학습자가 자기 주도적인 학습을 진행할 수 있는 장점이 있다. 특히 재배 영역 중 꽃 가꾸기는 채소의 재배와 달리 학교에서 꽃을 피우기가 매우 어려운 환경이고, 또한 몇몇 학생만이 제한적으로 참여할 수밖에 없는 현실이다. 따라서 가정으로 학습 환경을 돌림으로써 보다 나은 환경에서 꽃을 피울 수 있는 가능성을 높이고 가족과 함께 학습하면서 학습동기가 높아지고 주도적인 참여를 이끌 수 있다는 기대로 본 차시를 홈프로젝트 주제로 정하게 되었다.

3. 교수 · 학습 과정안

학년	5학년	단원	3. 꽃과 채소 가꾸기	소단원	① 꽃 가꾸기
차시	4 / 10차시	교수 · 학습 방법	홈프로젝트 학습		
학습 목표	• 알뿌리 꽃의 종류를 말할 수 있다. • 심는 순서와 절차에 따라 알뿌리 꽃을 심어서 가꿀 수 있다. • 꽃이 진 후 뿌리를 캐내어 저장할 수 있다.				

학습활동지　M 멀티미디어자료　W 웹 사용　CD-ROM 사용

전자우편 사용　온라인대화　A 응용프로그램　實 실물

지도의 관점

- 홈프로젝트법에 대한 학생들의 이해, 학습의 주체로서의 역할을 충분히 알고 실천할 수 있도록 지원해야 한다. 특히 재배학습은 장기간에 걸쳐 이뤄지는 프로젝트이기 때문에 재배 과정이 중요하다. 그러나 과정은 없고 결과만 그럴듯하게 만들어 오는 기존의 홈프로젝트 수업의 단점을 보완하기 위해, 학급 홈페이지 등의 사이버 환경을 이용하여 프로젝트 진행 상황을 학급 전체가 공유할 수 있는 방안을 고려하는 것이 바람직하다. 이를 통해 학습자는 상호작용의 기회를 많이 갖을 수 있고, 학습에 대한 책임감과 학습 동기를 지속할 수 있는 환경을 갖게 된다. 이를 위해 교사는 홈페이지와 장기적인 학습 계획 등을 사전에 준비해야 한다.

학습 준비

- 프리젠테이션 자료, 알뿌리 꽃 사진, 학급 홈페이지 게시판, 실습안내서, 실습계획서, 자기평가지, 홈프로젝트 안내문

교수-학습 활동

- 도입

▷ 문제 제기 (5분)

• 관련 경험 상기

T - TV화면에 나오는 그림들의 공통점을 알아봅시다.(M 알뿌리 꽃 사진)

S - 알뿌리를 심어 가꾸는 공통점이 있습니다.

• 실습 과제 파악

T - 이번 시간에는 각 가정에서 가족과 함께 알뿌리 꽃을 심고 가꾸기 위해서 알뿌리 꽃에 대해 알아보고 계획을 세워보겠습니다.

• 학습 문제 제시

알뿌리 꽃에 대해 알아보고 심고 가꾸는 계획을 세워 봅시다.

전개 (학교)

▷ 학습 흐름 및 실습 안내 (Ⓐ 프리젠테이션 자료) (15분)

- 학습 흐름
  - 실습 계획서 작성하기
  - 알뿌리 꽃 심고 가꾸기
  - 관찰 일지 기록하기(홈페이지 게시판에 올리기)
- 실습 방법 안내 및 유의점 제시
  - 알뿌리 눈 붙여 절단하기,
  - 밭흙 준비하기
  - 흙을 10cm 정도 덮고 물주기
  - 서리가 오기 전에 꽃을 베고 알뿌리 캐어 보관하기

▷ 실습 계획 수립(15분)

- 계획 수립하기 (실습계획서)

T - 가정에서 알뿌리 꽃을 재배하려고 합니다. 어떤 계획을 세워야 할까요?

S1 - 어떤 알뿌리 꽃을, 어디에 심을지 생각해야 합니다.

S2 - 알뿌리 꽃의 종류와 특성, 심고 가꾸는 법에 대해서 알아봐야 합니다.

T - 알뿌리 꽃은 봄에 심는 것과 가을에 심는 종류가 있습니다. 재배할 알뿌리 꽃의 종류에 대해 알아보고 가을에 심는 알뿌리 꽃을 선택해야 합니다. 나누어준 실습계획서에 꽃의 종류, 함께 할 사람 등의 실습계획을 적고 가정에서 홈페이지 등을 활용하여 수정 보완합니다.

S1 - 실습계획서의 실습기간, 도우미, 재배장소, 준비물 등 학교에서 계획할 수 있는 것들을 작성한다.

▷ H.P. 과제 제시(5분)

- 홈프로젝트 과제 제시 (실습안내서, 자기평가지, 학부모 안내문)
  - 알뿌리 꽃의 종류 조사하기, 알뿌리 꽃을 심고 가꾸는 방법 조사하기, 알뿌리 꽃을 가꾸고 관찰일지 쓰기, 알뿌리 보관하기
- 홈프로젝트 활동 요령 익히기
  - 재배관찰 일지는 인터넷 이용이 가능한 학생은 홈페이지 알뿌리 꽃 게시판

에 정해진 항목에 따라 관찰 일지를 쓰고, 인터넷 이용을 하지 않을 학생은 나누어준 재배관찰 일지에 기록한다. 재배 중에 특이 사항은 사진 활용하여 일지에 첨부한다.(W 학급홈페이지)

- 전개 (가정)
  - ▷ 실습 준비
    - 학교에서 작성한 재배 관찰 계획서 확인
    - 재배 방법 및 알뿌리 관리 방법 조사 후 재배 관찰 계획서 완성
    - 재료 용구 준비
    - 실습 순서 확인
    - 재배 관찰 계획서 제출(학급 홈페이지 게시판 혹은 직접 제출)
  - ▷ 실습
    - 선생님과의 피드백이 끝난 '재배 관찰 계획서'에 따라 실습하기
    - 실습 도중 문제점은 가족이나 학급 홈페이지 게시판을 통해 도움을 받는다.
    - 학급 홈페이지 게시판에 주 1회 관찰 기록 작성(관찰일지를 작성하는 학생은 주 1회 교실게시판에 게시한다.)(W 학급홈페이지)

- 정리
  - ▷ 정보 공유 및 수정 보완 (학교)
    - 개인별 결과 발표 - 각 학생들이 올린 관찰 일지를 바탕으로 프리젠테이션 자료를 만들어 발표한다. (재배관찰 기록지, W 학급홈페이지)
    - 상호 내용 점검 및 수정 보완 - 각각의 프로젝트를 비교하며 잘된 점을 찾아내어 발표한다.

평가 관점

- 학생평가 - 실습계획서, 자기 평가지

  교사평가 - 재배관찰 일지 혹은 학급 홈페이지 게시판

[상(3개 이상) 중(2개) 하(1개)]

- 실습계획을 준비물, 실습방법, 협조자 등 자세하게 세웠다.
- 주 1회 이상 꾸준하게 재배 관찰 일지를 기록했다.
- 새로운 내용을 찾아보고 반성 기록란을 꾸준히 썼다.
- 꽃을 피웠다.

※ 활용상의 유의점

▷ 가정을 중심으로 한 홈프로젝트로 본 차시를 준비했지만, 지역에 따라서 마을별 실습이 가능하다. 칸나 가꾸기는 가족실습에서는 대개 화분형태의 가꾸기로 이뤄지는데 반해 마을별 실습은 자투리 땅을 이용할 수 있는 학생을 중심으로 수업을 이끌어 갈 수 있다. 가족 실습과 마을별 실습을 혼합해서 과정안을 재구성할 수도 있다.

▷ 교과서에 제시된 칸나 이외에 다양한 알뿌리 꽃을 선택할 수 있도록 했다. 인터넷이나 기타 자료를 활용하여 계절에 맞는 꽃을 선택하고 가정에서 재배 관찰 계획서를 스스로 완성하고 그 꽃에 적합한 재배 방법을 스스로 학습하도록 했다. 따라서 학교 수업에서 기존 지도안에서처럼 칸나에 대한 내용적인 면을 다룰 필요가 없게 된다. 이 부분은 학습자가 스스로 학습하고 계획서에 반영하도록 하였다. 이를 통해 학습자의 주도성이 더욱 확보되고 학습결과의 공유 시 좀 더 다양한 자료를 확보할 수 있다.

▌실습 안내서▐

실 습 명	알뿌리 꽃 가꾸기
실습목적	알뿌리 꽃의 종류를 말할 수 있다. 심는 순서와 절차에 따라 알뿌리 꽃을 심어서 가꿀 수 있다. 꽃이 진 후 뿌리를 캐내어 저장할 수 있다.
준 비 물	알뿌리화초, 화분, 밭흙, 거름, 모래, 잔 자갈, 칼, 모종삽, 물뿌리개
실습방법	1. 인터넷이나 화원을 이용하여 알뿌리 꽃의 종류를 조사하기 2. 재배할 알뿌리 꽃을 선정 3. 선정한 알뿌리 꽃의 재배 방법 및 알뿌리 관리 방법 알아 보기 4. 재배 계획서를 기록하기 - 학교에서 작성한 내용 보완 - 재배 방법 기록 - 알뿌리 관리 방법 기록 5. 상자나 화분 밭흙 준비(혹은 심을 터 잡기) 6. 알뿌리 눈 붙여 자르고 심기 7. 알뿌리 꽃 및 알뿌리 관리하는 요령 알아보기 8. 관찰일지 작성하기 - 학급 홈페이지 게시판 활용(권장) - 사진이나 그림 포함 - 주 1회 이상 작성

❙ 재배 관찰 계획서 ❙

_____반, 이름 : __________

실습 주제	알뿌리 꽃 가꾸기	실습 기간	
재배할 알뿌리꽃			
도 우 미		재배 장소	
준 비 물			
과 정	실 습 계 획		
실습 순서			
재배 방법			
알뿌리 관리 방법			

❚ 가정 재배 관찰 기록장 ❚

<table>
<tr><td>관찰 일시</td><td colspan="3"></td></tr>
<tr><td>재배 작물</td><td colspan="3"></td></tr>
<tr><td>변화관찰 그림이나 사진</td><td colspan="3"></td></tr>
<tr><td>관찰
및
검사한 일</td><td colspan="3"></td></tr>
<tr><td rowspan="2">관찰 재배 소감 및 반성</td><td rowspan="2"></td><td>학부모 확인</td><td></td></tr>
<tr><td>담임 확인</td><td></td></tr>
</table>

| 자기평가표(학생용) |

<table>
<tr><th rowspan="2">구분</th><th rowspan="2">영역</th><th rowspan="2">평가
관점</th><th rowspan="2">평가 내용</th><th colspan="3">평가 결과</th></tr>
<tr><th>잘했음</th><th>보통임</th><th>잘못했음</th></tr>
<tr><td rowspan="2">자기
평가</td><td>실기
기능</td><td></td><td></td><td></td><td></td><td></td></tr>
<tr><td>태도</td><td></td><td></td><td></td><td></td><td></td></tr>
<tr><td>느낀
점</td><td colspan="6"></td></tr>
</table>

▌홈프로젝트 안내장▐

안녕하십니까?

만물이 소생하는 봄을 맞이하여 학교에서는 실과교육과정의 '꽃 가꾸기' 단원을 지도하고 있습니다. 꽃 가꾸기에 필요한 이론 학습은 학교에서 이미 지도가 되었습니다. 이러한 내용과 연계하여 각 가정에서 학생들이 알뿌리 꽃을 심고 가꾸면서 학급 홈페이지를 통해서 알뿌리 꽃이 자라는 과정을 학생들이 서로 공유할 수 있도록 할 예정입니다.

홈프로젝트 학습은 가족들의 작은 협조에 의하여 큰 효과를 얻을 수 있습니다. 자녀가 꽃을 가꾸는 데 능동적이고 주도적으로 참여할 수 있도록 안내해 주시고, 도움이 필요할 때 적극적으로 도와주시기 바랍니다.

홈프로젝트 학습에 필요한 제반 양식은 붙임 자료로 보내드리오니 적극적으로 활용하시어 학습 효과를 극대화할 수 있도록 협조해주시기 바랍니다.

귀댁에 항상 좋은 일들로 가득하시기를 기원드립니다.

안녕히 계십시오.

200 . . .

담임 홍 길 동

□ 통합적 접근을 통한 식물의 재배 □

Ⅰ. 본시 학습 주제의 설정 배경

1. 교양농업 및 환경교육의 실태 분석

초등학교 교육과정에는 여러 가지 식물이 학습 활동과 직 · 간접적으로 관련되어 제시되고 있다. 아동들은 이러한 식물을 관찰하고 가꾸며, 자연을 배우고 자연과 더불어 살아가는 전인적 인간으로 성장해 간다. 이에 따라 학교에서는 식물과 관련된 교육과정을 통하여 꽃과 나무를 심고 가꾸면서 어렸을 때부터 생명을 존중하고 자연을 사랑하며 보전하려는 심성을 길러주어야 한다.

좀 더 적극적인 측면에서 본다면 식물과 관련된 학습을 전개하면서 직접 살펴보고, 듣고, 만지고, 느낄 수 있는 체험 중심의 교육이 되어야 한다. 나무나 꽃을 가꾸면서 이들이 우리에게 주는 혜택도 알아보고 자연 및 환경의 중요성도 인식하게 해 주어야 한다.

이에 대한 의문으로 만나본 윤경미 선생님의 말씀은 거의 회의적이었다.

> "학교는 자연과 공존하면서 살아가는 인간 삶의 질 향상을 위해 보다 나은 교내 학습 환경, 보다 좋은 학습 여건을 마련하여 교육과정 운영에 필요한 교재를 손쉽게 구할 수 있는 환경 친화적인 학습의 장을 조성해 주는 것이 중요한 일이라 생각합니다. 그러나 그 필요성은 절실하게 알지만 현실적으로는 교재원을 가꾼다는 것은 아주 힘든 일입니다. 교대 학생도 알듯이 교사의 업무가 워낙 많고 여자 선생님들이 많은 교직사회에 교재원에 대해 관심이 있는 분은 거의 없다고 보아야 하겠죠. 그래서 거의 황폐화되었거나 나무 몇 그루, 꽃 몇 송이 심어 놓는 것이 전부입니다. 학습에서 필요한 꽃이나 나무에 대한 부분은 인터넷을 이용하거나 식목도감 또는 그때그때 필요할 때 사서 이용하는 정도입니다. 여러 가지 여건의 부족이라고 할 수 있겠죠."

학교 현장에 대한 이야기를 듣고 나서는 힘이 빠지는 듯 했다. 현장의 실태가 생각보다 너무 열악한 것 같았다. 교육과정을 살펴보고 간 후라 더더욱 교재원의 필요성을 느끼던 때였기 때문이다.

현장에서 여러 가지 식물 가꾸기 활동과 직 · 간접적으로 관련되는 교육과정이 정상적으로 운영되기 위해서는 교육과정에 나오는 식물들을 체계적으로 가꾸면서 어린이들이 학습에 필요한 식물 자료를 교재원에서 손쉽게 구할 수 있어야 한다. 어린이들이 교재원의 식물들을 학습에 활용할 수 있도록 해야 함에도 불구하고 식물 가꾸기 활동과 관련된 여러 가지 여건의 부족으로 교수-학습이 소홀히 진행되는 일은 개선되어야 할 일이다. 또한 자연 관찰원, 자연 학습원, 교재원 등의 이름으로 운영되고 있는 일부 학교의 교재원도 담당교사의 전문 지식 부족, 체계적인 교육과정 내용 분석이 되지 않아 교수-학습에 관련된 자료를 제공하는 시기를 놓치는 일이 많은 실정이다.

이러한 제반 문제와 관련하여 학교 현장의 실태를 파악하고, 초등학교 교육과정에서 여러 가지 식물 가꾸기 활동이 직 · 간접적으로 관련된 교과서 내용을 바탕으로 학교 여건에 맞는 식물 교재원을 조성할 수 있도록 식물과 관련된 교육과정을 정상적으로 운영할 수 있는 방안을 탐색할 필요가 있다.

2. 본시 학습 주제의 설정 이유

교재원은 학교교지라는 공간 속의 학교 건물과 조화롭게 배치되는 바탕으로서 자연 요소와 인공 요소 도입을 통하여 교육활동을 원활히 유지하게 하는 하나의 환경이며 내용적인 면에서 볼 때 교육환경의 일부이다. 그리고 학교조경 내부에서 교사와 학생들의 교육활동과 쉴 수 있는 실질적인 장소라고 할 수 있다.

의도적으로 잘 조성된 교재원은 그 자체로의 아름다운 경관으로 정서 순화의 기능을 다할 뿐 아니라, 환경적 기능과 교육적 기능을 훌륭하게 수행할 수 있다. 대도시에 있는 학교들은 대체로 교재원의 면적이 좁을 뿐 아니라 있더라도 상록수 몇 그루 나무를 심어놓은 정도의 형식적인 곳이 대부분인 실정이다.

미래의 인적자원을 길러내는 학교에서는 현실적 실정만을 탓할게 아니라 교재원의 중요성을 염두에 두고 최선의 방법을 모색해야 한다.

3. '식물 가꾸기' 관련 내용 분석

가. 실과

5학년에서 가꾸기의 관련 내용은 생활 기술 영역에 '꽃과 채소 가꾸기', 6학년에서는 생활 자원과 환경의 관리 영역에 '아름다운 환경 꾸미기'가 있다.

학년	영역	단원	소단원	주요개념
5	생활 기술	3. 꽃과 채소 가꾸기	1.꽃 가꾸기	• 우리 주변에 있는 꽃 이름과 모습 알기 • 꽃을 분류하기 • 꽃의 재배 환경 알기 • 화분이나 상자에 꽃 가꾸기 • 꽃밭에 꽃 가꾸기
			2.채소 가꾸기	• 채소의 종류 분류하기 • 채소 재배 환경 알기 • 꽃 상자나 밭에 채소 가꾸기
6	생활 자원과 환경의 관리	2. 아름다운 환경 가꾸기	3.나무가꾸기	• 나무의 종류 분류하기 • 나무 손질하는 방법 알기 • 화단에 나무 심고 가꾸기
			4.실내꾸미기	• 작물에게 적합한 실내 환경 조건 알기 • 실내에서 기를 수 있는 꽃과 작물의 종류 알기 • 작물을 이용하여 실내 꾸미기

'꽃 가꾸기'는 상자나 화분 또는 화단에 꽃모종을 심어 가꿀 수 있도록 화분흙의 마련과 흙넣기, 모종 심기, 물주기와 거름주기 등을 지도하고, 꽃 상자 배치하기, 꽃밭 꾸미기 등을 포함시켜 지도할 수 있으며, '채소 가꾸기'는 꽃 상자나 밭에 거름흙을 넣어 씨뿌리기, 김매기, 거름주기, 해충 퇴치하기, 물주기 등의 과정을 통하여 채소 가꾸는 방법을 익히고, 채소 가꾸기에 사용하는 농구의 안전한 사용법을 지도한다.

또한 6학년에서 다루어질 '아름다운 환경 가꾸기'는 5학년의 '꽃과 채소 가꾸기' 단원에서 익힌 재배의 기초를 바탕으로 꽃이나 나무로 실내 · 외 환경을 꾸밀 수 있도록 하며, 특히 가꾸고 다루는 과정을 통해 생명과 자원을 존중하고 아낄 수 있고, 주거의 특성에 따라 실내 · 외 환경을 창의적으로 꾸미는 방법을 탐색하도록 되어 있다.

실내 꾸미기는 꽃이나 식물, 생활 용품 등을 활용하여 창의적으로 실내 환경을 꾸미는 방법을 통하여 실내 꾸미기의 다양한 방법을 모색해 보도록 하며, 나무 심기와 손질하기는 흙넣기, 모종 심기, 물주기, 거름주기 등 나무 심는 방법을 익히기, 전정 가위 등을 사용하여 나무를 간단히 손질하는 방법을 익혀 주변 환경과 조화를 이루는 화단이나 정원을 가꾸게 한다.

나. 통합교과(슬기로운 생활)

제7차 슬기로운 생활에서 식물 가꾸기 활동과 관련되는 활동 주제는 1학년에 '주위의 동 · 식물 찾아 살펴보기'로 '학교 뜰 살펴보기', '꽃밭 살펴보기', '봄 동산 관찰' 등이 있다. 또한 2학년에는 '주위 살펴보기', '열매나 씨앗 모으기', '동물이나 식물의 자라는 모습 관찰하기'가 있다.

'주위 살펴보기'에는 풀, 나무, 꽃 등 자연 모습 살펴보기가 포함되며, 열매나 씨앗 모으기에는 (1)열매나 씨 모으기, (2)열매나 씨 살펴보기, (3)열매나 씨의 특징 찾아내기, (4)열매나 씨를 비슷한 것끼리 무리 짓기, (5)열매나 씨를 맺는 식물 이름 발표하기, (6)열매나 씨 보관 방법 알아보기, (7)열매나 씨앗이 생기기까지 애써 주시는 분 알아보고 고마운 마음 가지기 등과 같은 7가지 활동이 식물 가꾸기 활동과 관련된다.

이 활동들은 분류 능력을 기르기 위한 것이나 그 대상이 열매와 씨앗이다. 열매와 씨앗은 학생들의 관심의 대상이다. 모양이나 크기가 다양할 뿐만 아니라 어떤 것은 고소하고, 또 어떤 것은 매우 작지만 땅에 심어 놓으면 크게 자라 다시 열매를 맺기 때문이다. 이 활동에서 쓰이는 열매와 씨앗을 학교 식물 교재원에 가꾸고 있는 식물에서 직접 채취하여 관찰이 이루어진다면 호기심을 가지고 학습에 적극 참여하게 될 것이다. 한편 열매나 씨앗은 생명을 가지고 있는 것이므로 생명체를 다루고 있다는 마음을 심어 주어 함부로 다루는 일이 없도록 지도한다.

'동물이나 식물의 자라는 모습 관찰하기'에는 동물이나 식물을 살펴보고, 동물과 식물을 사랑하고 아끼며, 끈기 있게 보살펴 주려는 마음을 가지게 하기 위해 (1)동물이나 식물 이름 발표하기, (2)동물이나 식물의 자라는 모습 관찰하기, (3)풀, 나무, 꽃 등의 모습 살펴보기, (4)하루 동안 식물이 달라지는 점 말하기 등과 같은 4가지 활동이 식물 가꾸기 활동과 관련된다.

이 활동은 조사・토의 능력을 기르기 위해 설정할 것으로, 그 대상은 보다 가까이에서 변화 모습을 관찰할 수 있는 동물과 식물의 성장 모습이다.

다. 과학과

과학과 생명 영역의 3학년에서는 어항에 생물 기르기에서 금붕어, 곤충, 식물을 기를 수 있는 어항 꾸미기가 있고, 여러 가지 잎 조사하기에서 나뭇잎이 달린 위치와 나뭇잎 그리기가 신설되었으며, 식물의 줄기 관찰하기에서 봉숭아 줄기 관찰하기, 줄기 물들이기가 있다. 4학년에서는 강낭콩 기르기에서 강낭콩의 관찰과 기르기, 식물의 뿌리에서 뿌리 관찰과 하는 일이 있다. 5학년에서는 꽃과 열매에서 꽃의 생김새와 열매의 관찰하기가 신설되었으며, 식물의 잎이 하는 일에서 증산작용과 광합성이, 작은 생물 관찰하기에는 해캄, 장구벌레, 개구리밥 관찰, 이끼, 곰팡이, 플라나리아 관찰이, 환경과 생물에는 환경과 동・식물의 적응, 생물의 상호작용이 있다. 6학년에는 주변의 생물에서 꽃식물(속씨식물의 쌍떡잎, 외떡잎식물)과 민꽃식물(이끼식물과 고사리)이, 쾌적한 환경에서 생태계와 환경 보존이 관련되어 있다.

학생들은 화단, 교재원의 식물이나 집에서 기르는 동물에 대해서 많은 관심과 호기심을 가지고 있다. 따라서 이러한 생물을 대상으로 그 변화 모습을 관찰을 통해 알아내게 하는 것은 흥미를 가지고 학습에 참여하게 할 수 있는 좋은 방법이다. 학교에서 조성한 식물 교재원, 실습지 등에서 얼마 동안 직접 식물을 가꾸면서 그 변화 모습을 조사해 보게 하는 것도 한 가지 방안이 될 수 있다.

가꾸기 활동은 실생활에의 유용성 및 실천성, 노작의 기쁨과 성취감을 느끼며 문제 해결력, 합리적 사고력, 창의성, 협동성을 증진시킬 수 있는 중요한 영역으로 꽃과 채소 가꾸기, 집안 환경 가꾸기, 학교 뜰 살펴보기, 꽃밭 살펴보기, 봄 동산 관찰, 자연 모습 살펴보기, 열매나 씨앗 모으기, 식물의 자라는 모습 관찰하기 등의 직접 관련된 내용이나 간접 관련된 내용의 학습에 매우 유용하다 할 것이다. 식물 가꾸기 활동을 통하여 효율적인 교수-학습 전개는 물론 노작의 기쁨, 정서 함양, 생명을 존중하고 자원을 아끼는 태도를 기를 수 있다고 할 수 있다.

학생들은 학교의 화단이나 교재원에서 자라는 식물에 대해 많은 관심과 호기심을 가지고 있으며, 교재원에 자신이 씨앗을 뿌린 식물을 계속 관찰하며 수업에 활용한다면 적극적인 학습 참여가 이루어질 것이다. 그러므로 학교 외부 환경은 교육과정과 관련된 교재원으로 조성하고 학생들이 직접 식물을 가꿀 수 있는 일정한 장소를 제공하여 식물을 직접 가꾸며 식물 이름도 알아보고 성장 과정, 식물의 변화 모습 조사, 실험 관찰하기, 씨앗이나 열매 채취하기 등의 체험활동을 통하여 학습과 관련되도록 해야 한다.

II. 본시 학습 지도안의 특징(교수-학습 방법 측면)

대주제	소주제	내 용
 식물과 환경	1.식물의 재배	• 여러 가지 채소의 종류와 이용하는 방법 • 채소를 가꾸는 시설의 종류와 특징 • 채소 가꾸기 • 채소 분류하기(열매, 뿌리, 잎줄기 채소)
	2.식물의 구조	• 식물의 뿌리, 줄기, 잎 관찰 • 현미경 사용하여 양파껍질 관찰
	3.식물의 기능	• 뿌리가 하는 일, 뿌리에 흡수된 물이 이동하는 경로 • 줄기와 잎에서 물이 지나가는 길 • 식물의 잎에서 만들어지는 것 관찰 • 여러 가지 열매와 씨 관찰
	4.생활과의 관계	• 식물과 우리 생활과의 관계 • 식물이 이용되는 예 • 식물을 보호하는 방법 • 환경 보전의 필요성

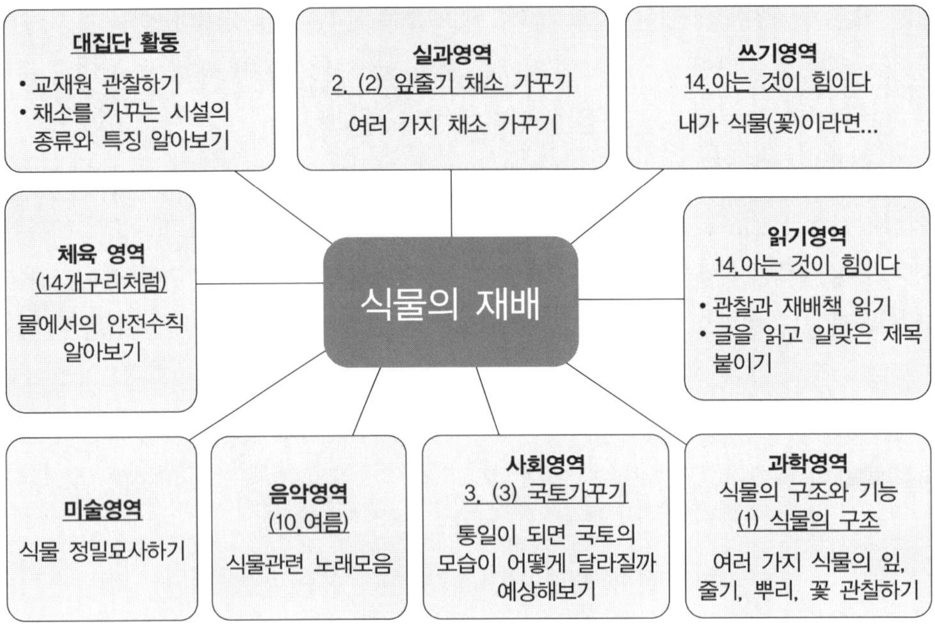

실과는 교과, 재량활동, 특별활동과의 통합이 가능한 교과이다. 따라서 이런 통합부분을 중점으로 해서 재구성하였다.

'식물과 환경'이라는 대주제를 새로 구성한 후 실과 교과를 기반으로 해서 국어, 사회, 과학, 미술, 음악, 체육을 통합하여 주제중심으로 교육내용을 전개하고, 다양한 학습형태, 학습자료, 학습활동으로 아동들이 흥미 있고 즐겁게 학습하는 가운데 사고력과 창의력, 종합분석 능력, 상상력을 키울 수 있는 학습활동을 이루고자 한다. 아동들의 지·정·의가 모두 발달할 수 있는 교육, 즉 전인교육을 실천하고자 한다.

전체 학습 활동

1. 교재원 관찰하기
   – 우리가 심고 가꾼 식물들을 둘러보고 관찰한다.
2. 잎줄기채소 재배하기
   – 상추, 쑥갓 등을 재배하여 걷어 들인다.
3. 식물의 각 부분이 되어 역할놀이

- 각자 잎, 줄기, 뿌리, 꽃, 열매, 씨가 되어 식물을 구성하면서 자신들의 역할을 강조한다.

4. 찬반 토론하기
   - 교실의 환경미화를 위하여 화분을 가져다 놓는 것과 생화를 꽂는 것 중 어느 것이 더 좋은지에 대해 토론을 벌인다.

기본 학습 활동

1. 여러 가지 식물의 잎 분류하기
   - 나란히맥과 그물맥을 찾아 분류한다.
2. 여러 가지 식물의 줄기 관찰
   - 여러 식물의 줄기를 잘라 서로 다른 점과 비슷한 점을 찾는다.
3. 내가 식물이라면?
   - 내가 만약 식물로 태어난다면 어떤 식물로 태어나고 싶은 지 식물의 모습을 그리고 이유도 쓴다.
4. 가상 인터뷰 준비
   - 여러 가지 식물과 인터뷰를 하려고 할 때 어떤 질문을 할 것인지를 생각해 본다.
5. 국토종합개발계획 세우기
   - 통일을 대비한 국토개발계획을 세워 발표한다.
6. 식물의 정밀묘사
   - 자기가 심고 가꾼 식물을 정밀묘사 한다.
7. 제목 붙이고 이야기 꾸미기
   - 그림을 보고 알맞은 제목을 붙인 뒤 이야기를 꾸며 쓴다.

선택 학습 활동

1. 연구조사
   - 여러 식물 중 한 가지를 정해 자세히 연구조사 한다.

2. 꽃말 조사하기
  – 여러 가지 꽃에 얽힌 이야기를 조사하고 꽃말을 알아본다.

Ⅲ. 본시 학습 지도안

1. 단원명: 5-3. 꽃과 채소 가꾸기

2. 단원의 학습 목표

(1) 교재원 내에서 재배하는 여러 가지 채소의 종류와 이용하는 방법을 안다.
(2) 채소를 가꾸는 시설의 종류와 특징을 안다.
(3) 교재원에서 씨앗 가꾸기, 모종 가꾸기, 알뿌리 가꾸기, 수경 재배로 구분하고, 가꾸는 방법을 알 수 있다.
(4) 교재원 내의 채소를 열매, 뿌리, 잎줄기채소로 분류할 수 있다.
(5) 채소 가꾸는 방법을 알고 화분이나 밭에 가꿀 수 있다.
(6) 교재원을 가꾸며 생명의 신비와 노작의 가치를 느낄 수 있다.

3. 본시 수업안

단원명	3. 꽃과 채소 가꾸기(식물과 환경)	
학습주제	• 교재원에서 기른 꽃과 채소를 여러 가지 방향에서 살펴보기 (채소 재배에 대한 전과정과 식물의 잎 · 줄기 · 뿌리의 특징을 알 수 있다.)	
학습 목표	• 교재원에서 기른 꽃과 채소를 걷어 들여 잎 · 줄기를 관찰하고 그에 대한 결과와 느낌을 다양한 방향에서 발표할 수 있다. • 생명의 신비와 소중함을 느낄 수 있다.	
예습적 과제	"내가 만약 식물로 태어난다면?"에 대한 유인물에 태어나고 싶은 식물의 모습을 그리고 이유 써오기.	
교수 · 학습 자료	교사	식물도감, 우리나라 전도, 백과사전(인터넷 검색창 이용가능), 유인물
	학생	교재원 식물(상추, 쑥갓 등), 여러 가지 식물의 잎 · 줄기 · 뿌리, 도화지, 4B연필, 식물의 각 부분 가면(잎, 줄기, 뿌리, 꽃)

과정 (분)	중심 내용	예상되는 발문과 응답(교수-학습 활동)	자료 및 유의점
탐색 및 문제 파악 (5')	동기 유발	T1. 여러분, 오늘 이 시간에 우리는 어떤 활동을 한다고 했었죠? Sn. 네, 그동안 교재원에서 길러온 꽃과 채소 가꾸기의 결과를 여러 가지 방향으로 살펴본다고 하였습니다.	
	선수 학습 내용 확인	T2. 그래요. 그럼, 발표를 하기 전에 그동안 우리 친구들이 교재원에서 꽃과 채소를 가꾸면서 꽃과 채소에 대한 척척박사가 되었는지 퀴즈를 풀면서 알아볼까 해요. 그럼 지금부터 선생님이 불러주는 것을 듣고, 무엇을 말하는지 맞춰 봅시다. **【 나는 누구일까요? 】** ◈ 꽃과 채소가 숨쉬기 힘들 때 필요합니다. ◈ 꽃과 채소가 자라기에 공간이 너무 넓을 때 필요합니다. ◈ 꽃과 채소가 자라는 데 필요한 양분을 제공합니다.	◈꽃과 채소 가꾸기에 필요한 요소들 관련 퀴즈 문항 ※교사가 말한 것 외에도 필요한 것을 학생들이 이야기 할 수 있도록 유도한다.
	과제 발표	T3. 지난 시간의 과제가 무엇이었죠? Sn. "내가 식물이라면?" 어떤 식물로 태어나고 싶은지 식물의 모습을 그리고 이유를 써오는 것이었습니다. T4. 자, 그럼 앞에 나와서 실물화상기에 자신의 그림을 놓고 발표해보도록 합시다. Sn. 원하는 학생들이 앞으로 나와서 발표한다. T5. 여러분, 지금까지 재배원에서 꽃과 채소를 길러보았죠? 교재원에는 어떤 식물들이 있었나요? Sn. 상추, 쑥갓, 열무, 봉신화, 옥잠화, 백일홍, 닌, 킨니, 민들레요.(하나씩 생각나는 대로 이야기한다.)	※식물도감 등을 참조할 수 있도록 실물 화상기 옆에 두고 학생들이 이용할 수 있게 한다. ◈교재원 식물

과정 (분)	중심 내용	예상되는 발문과 응답(교수-학습 활동)	자료 및 유의점
자료 제시 및 관찰 (10')	여러 가지 식물의 잎 분류 하기	T6. 교재원에서 우리가 심고 가꾼 식물들을 둘러보고 관찰할 수 있었어요. 여기에 교재원에서 가져온 여러 가지 식물의 잎이 있어요. 이것을 어떻게 구분하면 좋을까요? Sn. 특징으로 분류해봐요. Sn. 나란히맥과 그물맥으로 분류해봐요. T7. 그래요, 여러 가지 방법이 있지만 나란히맥과 그물맥으로 분류해보면 좋을 것 같아요. 모둠원들과 함께 여러 가지 식물의 잎을 살펴본 후 실험관찰기록장에 정리해 보기로 해요. Sn. (모둠별로 앞에 놓인 식물의 잎을 살펴본 후 서로의 의견을 교환하며 분류해 본 후 기록한다.)	※식물에 대한 친근감을 가지고 활동을 할 수 있도록 유도한다. ◈여러 가지 식물의 잎
	여러 가지 식물의 줄기 관찰 하기	T8. 다음으로 교재원에서 가져온 여러 식물의 줄기를 잘라 서로 다른 점과 비슷한 점이 무엇인지 찾아보기로 해요. 모양도 그려보세요. Sn. (모둠별로 칼로 줄기를 자르고 관찰한다. 줄기의 단면을 보고 그림으로 그린다. 거의 4가지 모양을 그린다.)	◈여러 가지 식물의 줄기
	식물의 잎 또는 뿌리, 꽃에 대한 정밀 묘사	T9. 여러분, 교재원에 자신이 심고 가꾼 "나만의 식물"이 하나씩 있죠? 그 식물의 애칭을 만들어 주었죠? 그러면 나만의 식물의 모습을 그려보기로 해요. 되도록 아주 자세하게 그려보세요. 식물의 잎이나 뿌리, 또는 꽃의 구조를 정밀 묘사해 보세요. Sn. 네 T10. 모두 다 했나요? 완성한 사람은 모둠원에게 자신의 식물의 특징을 상세하게 설명해 주기로 해요. Sn. (각자의 식물의 그림을 통해서 모둠원에게 식물의 특징을 설명해 준다.)	◈식물, 도화지, 4B연필 ※식물의 특징을 살려 정밀묘사하고 교실에 전시한다.

과정(분)	중심 내용	예상되는 발문과 응답(교수-학습 활동)	자료 및 유의점
자료의 추가 제시 및 관찰 탐색 (10')	찬반토론하기 - 교실의 환경미화를 위해 화분과 생화 어느 것이 더 좋은지에 대한 토론	T11. 여러분, 우리는 이렇게 여러 가지 식물에 대해 알아보았어요. 한 학기 동안 교재원을 통해서 많은 것을 경험하고 살펴보았어요. 여기서 우리는 한가지 생각을 해보기로 해요. "교실의 환경미화를 위하여 화분을 가져다 놓는 것이 좋을까, 아니면 생화를 꽂는 것이 좋을까?" 여기에 대해서 어느 것이 더 좋을지에 대해서 토론해보기로 해요. 실제 생활과 연관시켜서 발표해보면 더 좋을 것 같아요. 각자의 생각을 자유롭게 이야기 해보기로 해요.	
		Sn. 생화가 더 좋을 것 같아요. 어머니가 꽃꽂이를 하시는데 생화를 꽂으니 더 아름다웠어요. Sn. 저는 화분이 좋은 것 같습니다. 그 생명력이 오래가잖아요.	※다른 사람이 발표할 때는 경청하는 습관을 갖도록 지도한다.
		Sn. 화분이 좋아요. 물만 주면 오랫동안 꽃을 볼 수 있습니다. 꽃이 지고나면 씨앗도 얻을 수 있구요.	◈식물의 각 부분 가면
적용 및 발전 (10')		Sn. 환경미화에서는 생화가 좋을 것 같아요. 아름다움을 위해서 교실을 꾸미고자 하는 것임으로 생화가 목적에 더 낫을 것 같아요.	※조별로 발표할 극본을 간단히 짜고 필요한 가면이 있다면 만든다.
		T12. 각자의 생각을 잘 표현했어요, 여러분의 모든 생각이 답이라고는 할 수 있어요. 상황에 따라 우리는 항상 이런 갈림길에 놓이게 되죠. 환경과 그 사용목적에 맞는 방법을 잘 선택하는 것이 중요하다고 할 수 있겠어요. Sn. 네	
	식물의 각 부분이 되어 역할놀이	T13. 이제는 식물의 각 부분이 되어 역할놀이를 해보기로 해요. 각자 잎, 줄기, 뿌리, 꽃, 열매, 씨가 되어 식물을 구성하면서 하나의 이야기를 준비해보세요. 자신들의 특징적인 역할을 강조한다면 더 좋겠죠.	

과정(분)	중심 내용	예상되는 발문과 응답(교수-학습 활동)	자료 및 유의점
		Sn. (모둠별로 준비한 식물의 각 부분의 가면으로 극을 준비한다. 이야기를 만드는 작업을 모둠원들과 함께 한다.)	
		T14. 다 준비되었나요? 그러면 각 모둠에서 나와서 역할놀이를 해보기로 해요. 다른 모둠원의 역할놀이가 우리 모둠의 내용과 어떻게 다르고 특징이 어떻게 잘 표현되었는지 보도록 하구요, 또 어느 모둠이 가장 잘 표현했는지도 생각하면서 보도록 합시다.	
		Sn.(각 모둠별로 발표한다.)	
		T15. 모두 모두 정말 잘했어요. 그럼 지금부터는 여러분 모두가 심사위원이 되어서, 어느 모둠이 가장 잘 표현한 것 같은지 모둠원들과 함께 의논해서 결정하도록 하세요. 그리고, 어떤 점이 잘 표현되었는지 학습지에 기록 하구요, 우리 모둠과는 어떤 내용이 다른지도 학습지에 기록하도록 하세요.	※교실 내에서 활용 할 수 있는 것을 모두 활용하도록 한다.
적용 및 발전 (20')		Sn. (각 모둠별로 의견을 교환한다.)	◈유인물
		T16. 자, 그럼 어느 모둠이 가장 잘 했는지 이유와 함께 발표해 볼까요?	※선정된 모둠에게는 보상을 한다.
		Sn. 발표	
	가상 인터뷰 준비	T17. 모두 준비를 너무 잘한 것 같아요. 최고 '탁월한 선택'을 받은 팀에게는 보상점수를 줄께요. 여러분, 앞의 유인물 있죠. 지금부터 우리는 한가지 상상을 해보기로 해요. "식물과 대화를 할 수 있다"는 거죠, 가상 인터뷰를 준비하는 거예요. 여러 가지 식물과 인터뷰를 할 때 어떤 질문을 할지를 생각해보고 앞의 유인물에 적어보기로 해요.	
		Sn. (가상 인터뷰 준비를 한다.)	

과정(분)	중심 내용	예상되는 발문과 응답(교수-학습 활동)	자료 및 유의점
적용 및 발전 (5')	가상 인터뷰 내용 발표	T18. 준비되었나요? 리포터가 되어서 실감나게 해보기로 해요. 누가 리포터가 되어 볼까요? Sn. 저는 장미꽃을 인터뷰했습니다. 장미꽃에 대한 인터뷰 질문내용을 4가지로 준비했어요. ① 자신의 외모에 대하여 어떻게 생각하고 계십니까? ② 언제 가장 활짝 피시죠? 몇 월경입니까? ③ 자신의 인기는 어느 정도라고 생각하세요? ④ 라이벌이 있습니까? 있다면 누구죠? 인터뷰 한 이후에 ①문항에 대해 장미의 답을 생각해봤어요. 아마도 "오호호홋, 완벽 그 자체지요. 다만 가시가 없었으면 좋겠어요. 호호호호"라고 답할 것 같습니다. Sn. 전 백합을 인터뷰했습니다. Sn. 우리나라의 국화 무궁화를 인터뷰했습니다. Sn. 교화인 동백꽃을 만나보았습니다.	※다양한 반응의 답이 나오도록 열린 분위기를 조성한다.
적용 및 발전 (10')	국토 종합 개발 계획 세우기	(각자 발표한다. 여러 가지 다양한 인터뷰 내용이 나오고 아이들은 자신이 직접 리포터가 되어서 묻고 답하는 시간을 갖는다.) T19. 교재원을 통해서 식물을 가꾸기 위해 우리는 여러 가지 일을 해왔어요. 흙을 고르기도 하고 여러 가지 어지럽게 난 식물들을 뽑기도 했어요. 환경과 관련해서 우리의 통일과 연관시켜 생각해보기로 해요. 21세기가 되면 통일의 그날이 꼭 오겠죠, 통일을 대비한 국토종합개발계획을 세워 발표해보기로 해요. 어떠한 국토종합개발계획으로 통일의 발판을 마련할 수 있을지 계획서에 써봅시다. 교통수단이라든지 관광지 개발 그 어느 것을 해도 무방합니다. 다 적은 사람은 반 친구들 앞에서 설명하기로 해요. Sn. 관광지를 개발하고자 합니다. 개성을 중심으로 해서 관광지구를 설정해서 그 지역의 특성을 살려 외국인들을 유치합니다. 경제 이익을 얻을 수 있어 국가의 발전에 도움이 되리라 생각합니다.	◈유인물, 우리나라 전도

<table>
<tr><th>과정
(분)</th><th>중심
내용</th><th>예상되는 발문과 응답(교수-학습 활동)</th><th>자료 및
유의점</th></tr>
<tr><td>적용
및
발전
(5')</td><td></td><td>Sn. 이번에 KTX가 개통된 것을 보니 그 속도와 물자이동 시간이 얼마나 줄어드는지 알 수 있었습니다. 그래서 북한에도 철로를 놓아서 일본과 소련과 중국을 하나의 무역권으로 묶어 경제이익을 누리고자 합니다.

Sn. 북한의 아름다운 금강산을 널리 알렸으면 합니다. 남한의 기술과 북한의 인력을 이용하여 여러 가지 여행 상품을 개발하면 좋을 것 같습니다.

Sn. 지금 건축업계가 불황이니까 우리의 건축기술을 아직 발전이 덜된 북한에 투입하여 세계적인 건축물을 만들었으면 합니다.

Sn. 북한에 대규모 레저타운을 만들어서 모든 연령의 가족이 함께 즐길 수 있는 곳이 되도록 만들었으면 합니다.

T20. 다들 너무나 멋진 계획이었어요. 통일이 된다면 우리나라가 정말 멋진 모습으로 발전하고 개발될 것 같았어요. 하루 빨리 통일이 되어서 여러분이 생각한 것들이 현실이 되었으면 합니다. 정말 선생님도 간절히 바랄께요.</td><td>※다양한 의견이 나오도록 학생들을 격려한다.</td></tr>
<tr><td>심화
선택
학습
및
실천
생활화
(5')</td><td>(수준별
학습)
연구조사
및 꽃말
조사하기

학습
내용
정리</td><td>T21. 선택학습 활동은 여러 식물 중 한 가지를 정해 자세히 연구조사 하거나, 여러 가지 꽃에 얽힌 이야기를 조사하고 꽃말을 알아보는 것으로 둘 중의 하나를 선택하여 자기 주도적으로 진행해나가면 됩니다.

Sn. (각자 선택한 내용을 진행해 나간다.)

T22. 모든 활동을 정리합시다. 오늘 우리는 꽃과 채소 가꾸는 전 과정에 대한 느낌을 여러 가지 방법으로 표현해 보았어요. 선생님은 여러분의 느낌들을 아주 소중히 생각하고, 그 느낌을 일상생활에서 계속 활용했으면 좋겠어요. 다음시간에는 "식물의 구조에 대해서 공부하기로 해요. 자, 오늘 모두 정말 잘했어요. 모두 모두 잘 했다는 의미에서 박수를 치면서 수업 끝내기로 해요."</td><td>◈백과사전

◈백과사전, 이야기 듣기

※연구 조사한 것을 모아 책으로 만든다.</td></tr>
</table>

4. 판서 계획

<table>
<tr><td colspan="2">3. 꽃과 채소 가꾸기</td></tr>
<tr><td>〈공부할 문제〉
• 꽃과 채소를 가꾸면서 느낀 점을 발표할 수 있다.
• 생명의 신비와 소중함에 대해 느낄 수 있다.</td><td>◐여러 가지 표현 방법◑
• 여러 가지 식물의 잎 분류하기
• 여러 가지 식물의 줄기 관찰하기
• 식물의 잎 또는 뿌리, 꽃에 대한 정밀 묘사
• 찬반토론하기
"교실의 환경미화를 위해 화분과 생화 어느 것이 더 좋을까?"
• 식물의 각 부분이 되어 역할놀이
• 가상 인터뷰-"식물과 인터뷰하기"
• 국토종합개발계획 세우기</td></tr>
</table>

5. 평가 계획(자기 평가)

영 역	평 가 내 용	◎	○	△
지 식	• 여러 가지 식물의 잎을 구분할 수 있는가?			
	• 꽃과 채소가 자라는 데 필요한 요소들과 그 기능들을 알고 있는가?			
기 능	• 꽃과 채소 가꾸기 표현 활동에 적극적으로 참여하였는가?			
태 도	• 꽃과 채소를 가꾸며 생명의 소중함을 느꼈는가?			
	• 모둠 학습시 친구들의 의견을 존중하였는가?			

【첨부 1】

인터뷰대상:

질문내용 장미

(1) ______________________

(2) ______________________

(3) ______________________

(4) ______________________

◐ 위의 질문 네 가지 중에서 가장 궁금한 것에 대한 대답을 생각해 보세요.

1번의 대답

____

____

____

____

【첨부 2】

국토종합개발계획 세우기

◐ 21세기가 되면 통일의 그 날이 꼭 오리라고 믿습니다. 통일에 대비한 국토종합개발계획을 세워 발표해 보세요. (교통수단, 관광지 개발…)

계 획 서

제목붙이고 이야기 꾸미기

◐ 아래에 나온 그림의 제목을 정해 주세요. 그리고 제목에 알맞은 이야기를 꾸며 보세요.

제목 : ____________________

내가 만약 식물이라면

◐ 내가 만약 식물로 태어난다면 어떤 식물로 태어나고 싶나요? 그 이유는 무엇인가요? 그 식물의 특징에 대해서도 자세히 써 보세요.

태어나고 싶은 식물 이름

이유 : ______________________

____

____

____

____

특징 : ______________________

____

____

____

____

2 환경교육

가. 환경교육의 이해

우리나라뿐만 아니라 세계적으로 가장 시급한 현안 중의 하나는 환경오염과 환경보전에 대한 문제이다. 인간 삶의 질을 향상시키기 위한 목적으로 이루어진 경제개발, 아무런 대가없이 얻을 수 있고 사용할 수 있으며 변화시킬 수 있다는 잘못된 인식으로 환경을 취급한 결과, 오늘날의 지구는 돌이킬 수 없는 피폐해진 모습으로 우리를 위협하고 있다.

우리 인간들은 이러한 환경 문제의 원인과 심각성을 충분히 인식하고, 이를 해결하고자 하는 과학이나 기술적 접근이 어느 정도 이루어졌음에도 불구하고 환경은 지속적으로 악화되어가고 있다. 그러나 1990년대에 들어서는 환경과 개발과의 대립관계를 환경적으로 건전하면서 지속가능한 발전(ESSD : Environmentally Sound and Sustainable Development) 이라는 개념으로 전환하여 상호 의존적인 관계로 개념화하고 있다.

환경 문제는 현상적으로 자연과학적 연구 대상이지만 본질에 있어서는 인간적, 사회적 구조 속에서 발생하며, 개인과 사회의 의사 결정 결과로서 나타나는 것이기 때문에 진정한 원인과 해결의 방법은 인간의 내면을 다루는 교육이 가장 효과적이다. 이러한 의미에서 환경교육이 도입되었으며, 1970년대부터 그 중요성이 인식되어 체계적이고 효과적인 환경교육의 실행에 대하여 연구해 오고 있다.

우리나라에서는 1980년대에 들어와 교육과정을 통하여 환경을 인식시키는 방법에 관심을 두기 시작하여 1994년부터 취학 전 아동에 대한 환경교육 프로그램 및 교육교재 개발을 추진하였으며, 1995년부터는 초등학교의 관련 교과 및 재량 시간, 그리고 중학교와 고등학교의 '환경'과 '환경과학'이라는 독립교과를 통하여 환경교육을 실시해 오고 있다. 2001년부터 시작된 제7차 교육과정부터는 고등학교의 '환경과학'이 '생태와 환경'이라는 교과로 변경되었다.

1) 환경교육의 의의

많은 사람들이 환경 파괴 문제에 대하여 우려를 하고 있다. 환경보전에 대한 필요성을 충분히 인식하고 있으나 그에 대한 실제적인 대처방안은 마련되어 있지 않아 현실적으로 환경의 질이 개선되고 있지 않은 것이 현실이다.

따라서 교육을 통하여 자라나는 세대에게 환경에 대한 올바른 인식, 가치관과 태도 등의 바람직한 환경관을 갖게 함으로써 현재의 환경 문제뿐만 아니라 미래의 환경 문제를 예방할 수 있도록 하는데 일차적인 관심을 기울일 필요가 있다.

미국의 환경교육법에서는 환경교육을 "인간에 있어서 자연환경 및 인간환경과의 관계를 다루는 과정으로서 인구, 오염, 자원의 분배와 고갈, 자연 보호, 교통, 기술, 도시나 지방의 개발계획 등 인간 환경에 대한 모든 관계를 포함한다"라고 기술하여 환경교육의 의의를 나타내고 있다. 또한 베오그라드 헌장에서는 "환경과 그에 관련되는 문제점을 인식하고, 당면한 문제점의 해결이나 새로운 문제 발생을 미연에 방지하기 위하여 개인과 집단으로 행동하기 위한 지식, 기능, 태도, 의욕, 수행력을 갖춘 사람들을 양성하는 것이다"라고 하여 환경교육의 목표를 명시하고 있다.

우리나라는 1995년부터 초등학교에서는 관련 교과 및 재량활동을 통하여 환경교육을 실시하고 있으며, 선택교과로 신설된 중학교는 '환경' 교과를 통하여 환경교육을 실시하고 있다. 1996년부터는 '환경과학' 선택교과를 고등학교에 신설하여 학교교육을 통한 환경교육이 이루어질 수 있도록 하다가 2001년부터는 '생태와 환경' 선택교과로 변경하여 운영하고 있다.

이에 의하면 환경교육의 목표를 "환경 문제에 대한 지식과 정보를 배우기보다는 우리 주변과 국가, 그리고 세계의 환경 문제와 관련하여 환경의 개념과 환경 문제를 바르게 인식함으로써 환경 문제의 원인에 대해 올바로 판단하고 해결방법을 실천에 옮길 수 있는가에 중점을 두도록 해야 한다"고 제시하고 있으며, 지식, 정보에 관련된 부분을 되도록 줄이고 환경 문제의 심각성과 그 해결을 위한 노력이 절실함을 가슴으로 느낄 수 있도록 재미있는 삽화, 이야기, 놀이 등을 포함하는 읽고, 보고, 생각할 거리를 많이 담도록 그 실천 방안을 발표하고 있다.

따라서 환경교육을 위해서는 첫째, 최신의 과학적 지식을 인지함으로써 과학적인 타당성을 갖도록 해야 한다. 둘째, 자연과학적인 정보를 바탕으로 하는 환경적 요인을 고려하면서 동시에 사회적 · 경제적 · 미학적 · 윤리적 요인들에 대한 관심을 가져야 한다. 셋째, 교육의 질은 학습자의 정신적 · 육체적 배경에 적합해야 한다. 넷째, 비판적 사고를 가지고 있어야 한다. 즉 환경교육은 과오에 대한 인간의 내적 반성인 동시에 외적 실천을 추구하는 것이다. 다섯째, 최소비용으로 최대의 효과가 나타날 수 있도록 해야 한다.

2) 환경교육의 발전 과정

우리나라의 환경교육은 시기를 네 단계로 구분하여 변천되어 왔음을 알 수 있다. 첫째는 환경 운동과 환경교육이 선구적으로 행해지던 태동기(1980년 이전)이고, 둘째는 분산적 접근을 통해 환경교육이 이루어진 성립기(1981~1991년)이며, 셋째는 독립된 환경과를 설치함으로써 환경교육이 제도적으로 정착된 정착기(1992~1999년)이다. 그리고 넷째는 환경교육의 위상이 확립된 확립기(2000년 이후)이다.

가) 태동기(1980년 이전)

환경교육은 1972년 6월 스웨덴의 스톡홀름에서 발표된 '인간환경선언'에서 환경교육에 대한 원칙을 제시함으로써 시작되었다고 할 수 있다. 이 후 1975년 10월 유고슬라비아의 베오그라드에서 개최된 국제환경교육 워크숍에서 베오그라드 헌장이 만들어짐으로써 세계의 환경교육지침 역할을 하였다.

같은 해에 유네스코와 UNEP가 협력하여 1975년 국제환경교육 프로그램(IEEP)이 개최되었으며, 1976년 9월, 1977년 1월 세계 5개 지역에서 환경교육 지역전문가 회의가 열려 베오그라드회의 결의안을 각 지역의 입장에서 검토하고 그에 알맞은 교육프로그램 개발의 필요성을 인식, 환경교육은 하나의 독립된 교과목보다는 기존의 전교과목에 걸친 학제 간 교육이어야 한다는 결론을 내렸다. 1977년 10월에는 그루지아의 트빌리시-환경교육 정부 간 회의에서 환경교육의 의의와 내용, 방법 등을 명시하기도 하였다.

이러한 세계적 흐름에 따라 우리나라에서도 1970년대 초부터 시작된 제3차 경제개발 5개년 계획의 진행에 의하여 부작용으로 발생한 환경 문제를 해결하기 위하여 환경교육에 관한 논의와 교육적 방안을 모색하기 시작하였다. 그러나 국민들은 환경교육을 자연 보호 운동 수준으로 인식하고, 교육적으로는 체계적 접근이 아주 미흡한 시기라고 할 수 있다.

표 Ⅲ-15 태동기의 환경교육 관련 주요 내용

연 도	주 요 내 용
1963	• 공해방지법 제정
1973	• 서울대학교 환경대학원 설립 • 이화여자대학교 환경교육연구회 「환경교육」(제8호) 발간
1977	• 한국교육개발원 「환경교육에 관한 세미나」 개최 • 최초의 환경교육 단행본 「환경교육」(신세호 편, (주)삼화서적) 발간
1980	• 최초의 환경교육 번역본 「환경교육의 세계적 동향」(유네스코 편, 김귀곤 옮김, 배영사) 발간

나) 성립기(1981~1991년)

이 시기는 경제 개발에 의한 도시의 급속한 팽창과 이에 따른 환경의 악화 등으로 환경 문제의 심각성과 환경 문제 해결에 대한 필요성이 대두되게 되었으며, 환경교육에 대한 국가 사회의 요구가 처음으로 교육과정에 반영되었다.

표 Ⅲ-16 성립기의 환경교육 관련 주요 내용

연 도	주 요 내 용
1982	• 총론에 환경교육을 강조한 「제4차 초, 중, 고 교육과정」 고시
1983	• 환경청 「환경교육에 대한 심포지엄」 개최 • 유네스코 한국위원회 「에너지 및 환경교육 국내 워크숍」 개최
1985	• 환경청 「환경보전시범학교」 지정 및 운영
1987	• 환경교육을 8대 중점 지도 사항으로 명시한 「제5차 초, 중, 고 교육과정」 고시 • 환경청 「학교 환경교육의 강화 방안에 관한 연구」(환경교육개발원) 위탁 연구
1988	• 환경청 환경보전시범학교 초등학교용 환경교육교재 「사람과 환경」(한국교육개발원) 위탁 개발
1989	• 한국환경교육학회 창립 • 환경청 환경보전시범학교 중학교용 환경교육교재 「인간과 환경」(한국교육개발원) 위탁 개발
1990	• 환경처 환경보전시범학교 고등학교용 환경교육교재 「생존과 환경」(한국교육개발원) 위탁 개발
1991	• 한국환경교육학회 및 한국교육개발원 제6차 교육과정에서 환경교육을 강화하고 환경과를 독립 설치 할 것을 교육부에 건의

1981년에 고시(문교부고시 제442호)된 제4차 교육과정 총론편의 운영지침에서 "자연보전, 환경오염 및 인구문제에 대한 교육이 효율적으로 이루어지도록 한다"라고 구체적 환경교육 내용을 규정하였으며, 각론에서는 관련 교과의 목표와 내용에 환경교육 관련 내용들을 제시하였다. 1985년부터는 환경보전시범학교를 2년 주기로 4개 초등학교, 4개 중학교를 지정하여 예산과 교육재료를 지원하였다.

1987년에 고시된 제5차 교육과정에서는 환경교육이 더욱 강조되었으나 상당히 단편적이어서 체계적인 교육을 하는데 미흡한 것으로 지적되었다. 즉 1987년 고시(문교부 고시 제87-7호)된 제5차 교육과정에서 "환경교육은 교육활동 전반에 걸쳐 이루어지도록 하되, 특히 관련교과서에서 강조하도록 한다"라고 운영지침에서 규정하여 초·중등학교에 분산적 접근방법의 학교환경교육이 환경보전 차원에서 실질적으로 다루어지는 기틀을 마련하였으나 체계적이지 못하였다.

또한 1989년에는 환경교육 연구의 발전을 기하고 환경 문제 해결에 기여하는 것을 목적으로 한국환경교육학회가 창립되어 국가 수준에서 환경교육을 체계적으로 연구 및 지원하는 체제가 갖추어졌으며, 1991년에는 제6차 교육과정에 대비한 학교환경교육 강화방안을 토대로 환경과목을 독립과목으로 진행될 수 있도록 하였다.

다) 정착기(1992~1999년)

이 시기에는 학교교육 속에서 환경교육이 제도화되어 우리나라 환경교육에 획기적인 전환기를 마련하였다. 1992년에 고시된 제6차 교육과정에서 초등학교는 학교 재량 시간(3~6학년, 주당 1시간, 연간 34시간)을 활용하여 환경교육을 할 수 있도록 하였고, 중학교에서는 선택교과(연간 34~68시간)로서 '환경'을 선택할 수 있도록 하였으며, 고등학교에서는 '환경과학'(4단위)을 교양 선택 교과 7개 과목 중 하나로 정하여 가르칠 수 있게 하였다.

표 Ⅲ-17 성립기의 환경교육 관련 주요 내용

연 도	주 요 내 용
1992	• 환경 독립교과 위상을 명시한 「제6차 초, 중, 고 교육과정」 고시 • 한국교육개발원 국민학교 환경교육자료 「환경교육시리즈」, 「중등학교 교사용 환경교육 연수교재」, 「초등학교 교사용 환경교육 연수교재」 등 연구개발
1994	• 한국교육개발원 「중학교 환경 교과의 교수-학습 및 평가방법 연구」 수행
1995	• 한국교육개발원 제6차 교육과정에 의한 중학교 「환경」교과용 도서 발행 • 중학교 「환경」적용 시작
1996	• 교사 양성 대학교 「환경교육과」 신설 • 일반대학교 환경관련학과 「환경과 교직과정」 승인 • 제6차 교육과정에 의한 고등학교 「환경과학」적용 시작
1997	• 환경 독립교과 위상을 유지한 「제7차 초 · 중등학교 교육과정」 고시
1998	• 전국 대학교 교육대학원 석사과정 「환경교육전공」 신설 인가
1999	• 서울대학교 대학원 협동과정 석사과정 및 박사과정 「환경교육전공」신설 • 한국교육개발원 「제7차 교육과정 환경교과서 개발 연구」수행

특히 이 시기에는 열악한 교육환경 속에서도 제6차 교육과정 개정에서 환경교육이 강화되고, 중등학교에서는 이를 위한 독립과목이 설치 및 운영되게 됨으로써, 학교 환경교육의 강화를 위한 기본 방향을 설정하고, 이를 구현하기 위한 실천 전략 등 학교환경교육의 제도화, 체계화, 내실화를 다지는 노력이 활발히 전개되었다.

라) 확립기(2000년 이후)

2001학년도부터 시행된 제7차 교육과정에서도 제6차 교육과정에서와 같이 초등학교에서는 관련 교과 및 재량활동을 이용하여 실시할 수 있도록 하고 있다. 즉 관련 교과에서는 '실천적 환경교육의 강화'가 이루어진 '실과'교과에 역점을 두고 있으며, 재량활동에서는 창의적 재량활동을 이용하여 실시하고 있다. 또한 중학교에서는 '환경' 선택교과를 통하여 실시할 수 있도록 하고, 고등학교에서는 '생태와 환경'이라는 교양선택교과를 통하여 환경교육을 실시할 수 있도록 하여 독립교과로서 환경교육의 위상을 확립하는 계기가 되었다.

표 Ⅲ-18 확립기의 환경교육 관련 주요 내용

연 도	주 요 내 용
2000	• 제7차 교육과정에 의한 중학교 「환경」 적용 시작 • 「중등학교 1급 환경 정교사」 배출 시작 • 한국교원대학교 대학원 석사과정 「환경교육전공」 신설
2001	• 제7차 교육과정에 의한 고등학교 「생태와 환경」 적용 시작
2002	• 한국교원대학교 대학원 박사과정 「환경교육전공」 신설
2005	• 한국환경교육학회 「초등학생용 환경교육교재 개발 연구」 수행
2006	• 교육부 「차기 환경과 교육과정」 개정 • 환경부 「환경교육 발전계획(06-15)」 발표
2007	• 개정된 「초 · 중등학교 교육과정」 고시

가. 초등학교에서의 환경교육

1) 목표

초등학교 환경교육은 환경에 대한 다양한 경험을 통해 감수성을 갖고 흥미와 호기심을 가지고 일상생활에서의 환경 문제를 인식하고 해결하는 기초적인 능력을 기르며, 환경 보전을 위한 기본 생활 습관을 기르는 데 중점을 둔다.

2) 내용

제7차 초등학교 교육과정에 반영되어 있는 교과별 환경교육의 목표와 내용은 <표 Ⅲ-19>와 같다.

표 Ⅲ-19. 초등학교 교육과정에 반영된 환경교육 내용 (서우석, 2000)

교과	학년	주제 및 제재	목표				내용								
			K	S	A	P	자연환경	인공환경	인구	산업화 도시화	자원	환경오염	환경보전	환경위생	환경윤리
우리들은 1학년	1	• 몸을 청결히 하기	□			□								□	
		• 주변 깨끗이 정리하기	□	□		□							□		
바른 생활	1	• 몸 깨끗이 하기	□			□								□	
		• 바르게 식사하기	□	□		□							□	□	
		• 여럿이 함께 쓰는 물건 소중히 다루기	□			□					□				
		• 쓰레기 바르게 처리하기	□	□		□							□		
	2	• 물건 아끼고 정리하기	□			□					□				
		• 환경을 깨끗이 하기	□	□		□							□		
슬기로운 생활	1	• 주위의 동·식물 찾아 살펴보기	□		□		□								□
		• 물건 정리하기	□		□						□		□		
	2	• 주위 살펴보기	□		□		□	□					□		
		• 열매나 씨앗 모으기	□		□		□						□		□
		• 동물이나 식물이 자라는 모습 관찰하기	□		□										□
도덕	3	• 청결, 위생, 정리정돈	□		□								□	□	
		• 물건을 아끼고 소중히 하기	□		□						□				
		• 환경을 보호하기	□	□	□							□	□		
	4	• 공공장소에서의 예정과 질서	□		□										□
	5	• 공익 추구의 생활	□		□										□
	6	• 생명을 소중히 하기	□		□										□
		• 자연 보전과 애호	□		□										□
사회	3	• 고장 사람들이 살아가는 모습	□		□		□	□	□	□	□				
		• 교통, 통신의 변화	□					□		□					
		• 고장의 여러 기관 단체	□					□							
		• 고장사람들의 노력	□		□	□		□				□	□		
	4	• 우리 지역의 모습	□				□	□	□			□			
		• 지역의 자원과 생산 활동	□		□						□				
		• 물자의 유통과 상호의존	□							□					
		• 지방 자치와 주민생활	□					□							
		• 지역사회의 문제와 해결	□									□	□		
		• 우리 지역의 앞날	□		□			□							
	5	• 우리나라의 자연환경과 생활	□				□	□							
		• 환경보전을 위한 노력	□		□			□		□		□	□		
		• 도시 지역의 생활	□						□	□		□			
		• 촌락 지역의 생활	□					□							
		• 우리나라의 경제성장	□							□					

교과	학년	주제 및 제재	목 표				내 용								
			K	S	A	P	자연환경	인공환경	인구	산업화 도시화	자원	환경오염	환경보전	환경위생	환경윤리
	6	• 지구촌의 문제와 우리나라	□		□							□	□		
과학	3	• 어항에 생물 기르기	□				□								
	4	• 동물의 생활 관찰하기	□				□								
	5	• 환경과 생물	□				□								
		• 에너지	□								□				
	6	• 쾌적한 환경	□		□	□	□					□	□		
실과	5	• 생활환경 정돈하기	□	□									□		
	6	• 자원 활용하기	□	□							□		□		
체육	3	• 보건	□		□									□	
	4	• 보건	□		□									□	
	5	• 보건	□		□									□	
	6	• 보건	□		□									□	

* K: 정보 및 지식(Knowledge), S: 기능(Skill), A: 가치 및 태도(Attitude), P: 행동 및 참여(Participation)

3) 초등학교 환경교육 프로그램의 실제

가) 초등 실과를 통한 환경교육 프로그램(예)

□ 프로그램의 목적

초등학생들이 열린 환경 교실에 참여하여 환경을 보전하고 이에 필요한 능력을 함양하며, 환경 보전 활동에 계속 참가하도록 하는 것을 그 목적으로 한다.

□ 프로그램의 목표

- 환경 보전에 관심을 갖게 한다.
- 생활 주변의 환경 문제의 해결을 위한 초보적인 지식을 갖게 한다.
- 환경 문제를 해결하기 위한 기초적인 기능을 몸에 익힌다.
- 환경 보전에 적극적으로 참가하는 태도를 갖게 한다.
- 환경 보전 활동에 참가하도록 한다.

□ 프로그램의 계획

영역	학 습 주 제	학 습 내 용	차시	비고
환경 기초	1. 지구의 역사, 환경요소 및 생태계	가. 지질시대의 생물의 변천 나. 지구 환경 다. 인간의 위치 라. 환경에 미치는 인간의 영향 마. 생태계의 구성과 기능 – 생산자, 소비자, 분해자	1/8	강의/ VTR 시청
	2. VTR시청	지구환경과 생태계		
환경 보전 의식	1. 환경 파괴의 심각성과 인간 생존의 문제	가. 환경 보전의 중요성 나. 환경 오염의 심각성 다. 환경 보전을 위한 개인행동	2/8	강의/ VTR 시청
	2. VTR시청	환경 파괴의 심각성과 인간 생존의 문제		
실개천 생물탐사	우리 고장의 실개천 탐사	가. 실개천 탐사활동 나. 탐사활동의 내용분석 다. 탐사내용의 정리 및 발표	3,4/8	탐사/ 토의
물의 정화	물의 정화과정과 간이 정수기 만들기	가. 자정능력과 물의 정화과정 나. 간이 정수기를 만들어 실험	5,6/8	강의/ 실습
대기 오염	자동차 배기가스와 지렁이 관찰	가. 산성비의 생성과 영향 나. 토양 속의 지렁이 관찰 실험	7/8	강의/ 실습
환경 놀이	먹이사슬 꼬리 자르기	생태계의 먹이사슬 개념인식	8/8	놀이

□ 프로그램의 실제

◎ 영역 Ⅰ. 환경 기초

학습주제 : 지구의 역사, 환경요소 및 생태계

<table>
<tr><td rowspan="2">학습
목표</td><td colspan="2" rowspan="2">1. 지구의 역사 속에서 지구 환경의 변화를 이해할 수 있다.
2. 인간과 환경과의 관계를 인식하여, 환경을 보전하려는 태도를 가질 수 있다.</td><td>차시</td><td>1/8</td></tr>
<tr><td>준비물</td><td>OHP, VTR</td></tr>
<tr><td rowspan="2">단계</td><td rowspan="2">학습 내용</td><td colspan="3">교수 – 학습 활동</td></tr>
<tr><td>교 사</td><td colspan="2">학 생</td></tr>
<tr><td>도입</td><td></td><td>• 지구에 대한 인간의 존재는 무엇일까?
• 환경을 보전해야 하는 이유는 무엇일까?</td><td colspan="2">생각하여 답변</td></tr>
<tr><td>전개</td><td>생물의
변천

지구환경

인간의
위치
환경과
인간

생태계

VTR
시청</td><td>가. 지질시대의 생물의 변천
1) 지구의 역사 : 46억년
2) 지질 시대
3) 지질시대의 환경과 생물
① 생물의 변화
② 지질시대 생물의 멸망 원인

나. 지구 환경
1) 암 권 2) 수 권 3) 대기권

다. 인간의 위치

라. 환경에 미치는 인간의 생활방식
1) 인간의 활동이 미미하던 시절
2) 인간의 대규모 활동이 가능해진 현대
– 대표적인 예로써 CFC에 의한 오존층 파괴
– 오존층 파괴의 영향
① 인체에 대한 피해
② 온실효과와 생태계 파괴

마. 생태계의 구성과 기능
1) 생산자
2) 소비자
3) 분해자
4) 비생물적 환경 요소

바. VTR의 내용 소개</td><td colspan="2">경청 및 필기</td></tr>
<tr><td colspan="2">정리 및 평가
지도상의 유의점</td><td colspan="3">• 지질 시대의 생물의 번성과 멸망이 지구 환경 변화에 의한 것이라는 점에 중점을 두어 지도한다.
• 대화식 수업을 통하여 수업에 대한 관심을 고조시킨다.
• 지구 환경에 미치는 인간의 영향과 지구상에 존재하는 여러 종류의 생태계 구조와 기능에 대하여 이해하게 한다.</td></tr>
</table>

〈초등학생용 프로그램 학습보조자료 – 1차시〉

학습주제	지구의 역사, 환경요소 및 생태계
학습목표	1. 지구의 역사 속에서 지구 환경의 변화를 이해할 수 있다. 2. 인간과 환경과의 관계를 인식하여, 환경 보전을 위한 태도를 가질 수 있다.

ㅁ 학습 내용 ㅁ

1. 지질시대의 생물의 변천

가. 지구의 역사 : 46억년 - 지구 탄생에서 현재까지

나. 지질 시대 : 지각의 암석 속에서 지구 변화의 역사를 읽을 수 있기 시작한 때부터 인류의 역사가 기록되기 전(약 1만년)까지를 말하며, 신생대, 중생대, 고생대, 선캠브리아기로 구분

다. 지질시대의 환경과 생물 : 지층과 지층 속에 있는 화석을 근거로 추리

(1) 생물의 변화 : 바다 식물 → 바다 동물 → 육상 식물 → 육상 동물 순으로 출현. 많은 생물은 한때 번창하였다가 다시 멸망하는 과정을 거친다.

(2) 지질시대 생물의 멸망 원인 : 환경의 변화

2. 지구 환경

가. 암 권 : 생물이 살아가는 터전, 자원의 보고

나. 수 권 : 지구에만 특징적으로 존재, 생명의 근원

다. 대기권 : 호흡에 필요한 공기 제공, 태양열과 자외선 차단, 생물 보호

3. 인간의 위치

가. 지구 역사에서 인간이 차지하는 시간은 매우 짧다.

나. 지질 시대의 생물의 변화와 관련지어 볼 때 멸망할 가능성이 있다.

다. 가능한 원인 : 환경오염, 핵전쟁, 다른 천체와의 충돌 등

4. 환경에 미치는 인간의 영향

가. 인간의 활동이 미미하던 시절

지구의 땅, 대기, 물 사이에서 일어나는 여러 과정에 의해서 지구 환경은 스스로 균형을 이루었다.

나. 인간의 대규모 활동이 가능해진 현대

(1) 대규모 공사와 더불어 오염물질을 방출하게 됨에 따라 지구 스스로 치유할 수 있는 한계를 넘어서 환경 문제를 유발한다(자정능력의 상실).

(2) 대표적인 예로써 CFC(프레온 가스)에 의한 오존층 파괴를 들 수 있다.

(3) 오존층 파괴의 영향

(가) 인체에 대한 피해 : 피부암, 백내장, 면역체 이상 등을 유발한다. 대기 중의 오존의 양이 1%만 줄어도 미국에서만 매년 2만 명의 피부암 사망자가 추가로 발생할 것으로 추산된다.

(나) 온실효과와 생태계 파괴 : CFC(프레온 가스-냉방물질)는 적외선을 흡수하는 능력이 CO_2의 1만 배나 되어 온실효과의 주요인이 되며, 농작물과 삼림은 자외선에 약하기 때문에 오존량 25% 감소는 콩 수확량의 20%를 감소시키며, 플랑크톤의 사멸로 해양 생태계가 파괴된다.

5. 생태계의 구성과 기능

가. 생산자 : 생태계가 유지되는 데 필요한 물질과 에너지를 공급한다.

나. 소비자 : 생산자를 먹이로 하여 살아간다.

다. 분해자 : 물질을 분해하여 생산자가 이용할 수 있도록 한다.

라. 비생물적 환경 요소 : 온도, 햇빛, 물, 공기, 토양 등이 있으며 생물들의 생활에 여러 가지 영향을 준다.

6. VTR 내용

가. 지질시대 생물의 변천

(1) 지구의 역사 (2) 지질 시대 (3) 지질시대의 환경과 생물

나. 지구 환경

(1) 암 권 (2) 수 권 (3) 대기권

다. 인간의 위치

라. 환경에 미치는 인간의 영향

마. 생태계의 구성과 기능

(1) 생산자 (2) 소비자 (3) 분해자 (4) 비생물적 환경 요소

◎ 영역 Ⅱ. 환경 보전 의식

학습주제 : 환경파괴의 심각성과 인간생존의 문제

학습 목표		차시	2/8
	1. 환경을 쾌적하게 보전하려는 태도를 가질 수 있다. 2. 우리 고장의 환경을 쾌적하게 보전할 수 있는 방법을 설명할 수 있다. 3. 우리 고장의 환경이 어떻게 악화되고 있는지 그 사례를 열거할 수 있다.	준비물	VTR, OHP

단계	학습 내용	교수 - 학습 활동: 교 사	교수 - 학습 활동: 학 생
도입		환경오염에 관한 수필, 신문 기사, 사진 등의 자료를 제시한다.	자료 관찰
전개	환경보전 중요성	가. 환경보전의 중요성 1) 인간은 자연환경으로부터 식품, 에너지, 자원 등을 얻고 있다. 2) 우리의 생활환경은 안락하고 쾌적하게 조성, 유지되어야 한다. 3) 오염되거나 파괴된 환경은 다시 회복이 어려우며, 회복이 된다고 하더라도 많은 시간과 비용이 필요하다.	환경보전의 필요성 인식
	환경오염 심각성	나. 환경오염의 심각성 : 인구의 폭발적인 증가 및 산업 기술의 발달로 파생되는 대기 오염, 수질 오염, 토양 오염 등의 피해는 대상, 지역 및 시간적으로 광범위하다. 1) 대상 : 인간, 동・식물, 미생물, 무생물기후 등 2) 지역 : 특정 지역, 고장, 국가, 세계 3) 시간 : 오염 시작부터 그 피해가 아주 오래 지속된다.	환경오염의 심각성 인식
	환경보전	다. 환경보전을 위한 개인행동 1) 물자를 아껴 쓴다. 2) 폐지, 빈병, 폐비닐 등을 다시 사용할 수 있게 한다. 3) 동・식물을 보호한다. 4) 삼림 자원을 보호한다. 5) 오염 물질이나 오염 원인이 발생하지 않도록 노력한다.	환경보전을 위한 개인행동 발표
	VTR 시청	라. VTR 시청 – 환경파괴의 심각성과 인간 생존의 문제	시청 및 소감 발표
정리 및 평가 지도상의 유의점		• 우리 고장의 환경오염 사례. 학생들의 환경오염에 대한 수필 등을 활용함으로써 스스로 환경보전 의식을 갖도록 한다. • 환경을 보전하려는 태도 육성 등의 정의적 목표를 강조하여 지도한다. • 환경 보전을 위하여 학생 각자는 어떻게 해야 하겠는지 스스로 생각해 보도록 지도한다.	

〈초등학생용 학습보조자료 – 2차시〉

학습주제	환경파괴의 심각성과 인간생존의 문제
학습목표	1. 환경을 쾌적하게 보전하려는 태도를 가질 수 있다. 2. 우리 고장의 환경을 쾌적하게 보전할 수 있는 방법을 설명할 수 있다. 3. 우리 고장의 환경이 어떻게 악화되고 있는지 그 사례를 열거할 수 있다.

□ 학습 내용 □

1. 환경보전의 중요성

가. 인간은 자연환경으로부터 식품, 에너지, 자원 등을 얻고 있다.
(1) 식품 : 1차 산업에 속하는 1차 농산품으로 대부분의 기초원재료
(2) 에너지 : 현대 산업사회의 원동력인 화석연료(석유, 석탄, 우라늄 등)외 자연연료(태양열, 조력, 풍력 등)와 가장 중요한 물도 자연환경에서만 생성된다.
(3) 자원 : 현대 산업사회에서 원료의 모든 것은 자연에서 얻어지고 있다.

나. 우리의 생활환경은 안락하고 쾌적하게 조성, 유지되어야 한다. 인간은 자연계에서 최종 소비자이다. 그런데 산업사회 속에서 인간기술의 발달은 오히려 자연을 황폐화시키는 도구가 되고, 또한 최소한의 인간의 생존조건마저도 위협받는 상황에서 우리의 생활환경에 대한 안락함과 쾌적함의 우선 과제는 이 지구에 대한 소유권이 인간에게만 있는 것이 아님을 깨달아야 한다.

다. 오염되거나 파괴된 환경은 원상회복이 어려우며, 회복이 된다고 하더라도 많은 시간과 비용이 필요하다. 자연의 자정작용은 생태계의 모든 생물과 무생물이 균형을 이루었을 때이며, 더럽혀진 자연이 회복되기까지는 수백에서 수 만년이 걸린다. 따라서 사람이 필요해서 쓰는 물건의 원천도 자연이지만, 가공된 자연은 본래의 모습으로 돌아가는 시간은 그 만큼 엄청날 수밖에 없다.

2. 환경오염의 심각성

인구의 폭발적인 증가 및 산업 기술의 발달로 파생되는 대기 오염, 수질 오염, 토양 오염 등의 피해는 대상, 지역 및 시간적으로 광범위하다.
가. 대상 : 인간, 동물, 식물, 미생물, 무생물(토양, 물 등), 기후 등
나. 지역 : 특정 지역, 고장, 국가, 세계
다. 시간 : 오염 시작부터 그 피해가 아주 오래 지속된다.

3. 환경보전을 위한 개인행동

가. 물자를 아껴 쓴다. 가능하면 재활용해서 고쳐 쓰는 습관을 지니도록 한다.
나. 폐지, 빈 병, 폐비닐 등을 다시 사용할 수 있게 한다.
다. 동 · 식물을 보호한다.
라. 삼림 자원을 보호한다.
마. 오염 물질이나 오염 원인이 발생하지 않도록 노력한다.

4. VTR 시청 – 환경파괴의 심각성과 인간 생존의 문제

◎ 영역 Ⅲ. 실개천 생물탐사

학습주제 : 우리 고장의 실개천 탐사

학습 목표	우리 고장 실개천에 살고 있는 생물을 탐사해 봄으로써 실개천의 오염 실태를 파악할 수 있다.	차시	3 ~ 4/8
		준비물	장화, 삽, 뜰그물, 생물도감, 필기구, 탐사록, 비닐팩
단계	**학습 내용**	**교수-학습 활동**	
		교 사	**학 생**
도입	• 우리 고장의 실개천 실태	• 우리 고장의 실개천의 실태를 이야기해 보자 • 실개천의 기능은?	• 실개천의 실태에 대하여 발표 • 실개천의 기능에 대하여 발표
전개	• 실개천 탐사 활동 • 탐사 활동 내용 분석 • 생물탐사 보고서 작성	• 탐사지역 정하기 • 탐사대 조직 : 지도교사 1, 탐사대 10 • 준비물 점검 • 탐사활동 - 주의사항전달 • 채집된 수중 생물 종류 조사 • 수생 동물의 종류에 따라 수질 등급을 알아본다. • 생물 탐사 기록 제출	• 탐사지역: 상 · 중 · 하류로 구분 • 카메라 담당 1, 기록원 1 • 생물 채취자 6, 보조원 2 • 각 탐사대별 준비물 점검 • 채집한 수중 동물을 비닐팩에 넣는다. • 수중상태 조사: 위치, 물의 깊이, 수중식물 생태, 하천의 폭, 흐르는 물의 상태, 밑바닥 상태, 수중생물의 양, 주변 환경 • 수중 생물의 종류 및 수량조사 기록(생물 도감 이용) • 종류를 모르는 생물은 관찰록에 그림으로 표현한다. • 제시된 '참고사항'을 보고 수질 등급을 매겨 본다. • 송전천의 물에 대한 용도 말하기 • 탐사 내용 기록 제출
정리 및 평가	• 탐사 내용 정리/발표	• 채집된 수중 생물을 통한 수질 상태 파악 • 탐사 활동이 협동적으로 이루어졌는가? • 탐사 활동 후 정리가 잘 되었는가?	• 탐사 활동을 통하여 알게 된 내용 발표 • 수질 보전 대책을 인식한다.
지도상 유의점	• 탐사 활동에 필요한 안전 대책을 주지시킨다. • 탐사 활동을 통하여 환경 보전의 중요성을 인식시킨다. • 탐사 활동에 필요한 양만 채집하고, 관찰 후 놓아준다.		

〈초등학생용 프로그램 학습보조자료 – 3~4차시〉

학습주제	실개천 생물 탐사
학습목표	우리 고장의 실개천의 서식 생물을 탐사해 봄으로써 실개천의 오염 실태를 파악할 수 있다.

□ 학습 내용 □

1. 준비물 : 장화, 삽, 비닐 팩, 카메라, 뜰그물, 생물도감, 필기구, 구급약, 탐사록

2. 탐사활동

가. 탐사대 조직 : 카메라 담당 1, 기록원 1, 채취자 6, 보조원 2

나. 탐사활동 : 탐사대 조직 → 준비물 점검 → 탐사 장소로 이동 → 탐사활동 → 채집된 생물 종류 조사 → 탐사보고서 기록

탐사자 : ___________학교 _____학년 이름 :_________________

탐사장소: 송전천(상류, 중류, 하류)

하천의 폭 : ________m, 물흐르는 폭 : ________m, 물의 깊이 : _________cm

하천주변환경 : ____

____

____

하천바닥 : 암석, 자갈, 모래, 진흙 물의 색깔 : ______________________

수생동물 종류 : ____

____

____

수생동물에 따른 수질 등급 및 용도 :

____

____

____

3. 참고사항

가. 수생 동물에 따른 물의 분류와 이용 방법

생물의 종류	수질등급	물의 이용방법
가재, 옆새우류, 강도래애벌레, 송사리	1급수	BOD 1ppm 이하의 수질로 간이 정수처리를 통해 식수로 이용 가능

생물의 종류	수질등급	물의 이용방법
하루살이 유충, 플라나리아, 피라미, 붕어	2급수	BOD 1~3ppm의 수질로 약품 처리를 하거나 끓여서 식수로 이용 가능
다슬기, 거머리, 물달팽이, 말조개, 잉어, 개구리밥	3급수	BOD 3~6ppm의 수질로 고도 정수처리 후 식수나 공업용수로 사용가능
실잠자리나방, 파리류유충, 메기	4급수	BOD 6~8ppm의 수질로 수돗물로 사용할 수 없고, 농업용수로 사용 가능
장구벌레, 실지렁이, 깔다구애벌레	5급수	BOD 8~10ppm의 수질로 가정에서 식물에 물주기 정도로만 사용 가능

나. 활동 시 참고할 점

(1) 학생 4~5명을 한 조로 구성하고 조사지점을 정한다.

(2) 조사대상 샛강은 깊이 30cm 안팎의 흐름이 빠르고 바닥에 돌이 많은 여울을 택한다.

(3) 물가에서 좀 떨어진 안쪽에 조사지점을 정하고 하천 이름과 폭, 물바닥 상태, 온도 등을 기록한 뒤 채집망 또는 뜰채를 설치한다.

(4) 생물이 붙은 돌과 자갈을 쟁반에 옮겨 담는다.

(5) 물 바닥을 손삽으로 훑거나 돌표면을 물살에 씻어내 생물들이 채집망에 걸리게 한다.

(6) 핀셋으로 생물을 쟁반에 조심스레 옮겨 담는다.

(7) 쟁반과 채집망 등을 물가로 가지고 나와 확대경으로 물 속 생물을 확인해 조사표와 대조해보고 기록한다.

(8) 주요 오염원과 주변 환경, 조사된 수질 등을 기록한 수질오염지도를 작성한다.

(9) 완성한 수질오염지도를 조별로 발표하고, 어떤 지역이 무슨 이유 때문에 오염됐는지를 토론하도록 한다.

다. 물고기 수질 판정법

강바닥에 서식하는 물 속 생물로 수질을 판정할 수 있는 것처럼 물고기를 이용해 수질을 알아보는 방법도 있다.

붕어는 하천의 중하류에 걸쳐 물이 완만하게 흐르고 수초가 많은 곳을 좋아한다. 수질오염에 대한 적응력이 강해 다른 물고기들은 견딜 수 없는 조건에서도 붕어는 버텨나간다. 오염된 물을 사수하는 마지막 어종인 것이다. 붕어처럼 오염에 잘 견디는 어종에는 미꾸리(미꾸라지 포함)와 잉어도 포함된다. 미꾸리는 특히 아가미뿐 아니라 창자를 통해서도 호흡을 할 수 있기 때문에 산소가 부족한 물속에서도 견디는 힘이 강하다. 물이 더러울 경우 입을 물 밖으로 빼내 공기를 흡입한 후 창자를 거쳐 항문으로 빼낸다. 이때 미꾸리의 모습이 마치 방귀를 뀌는 것처럼 보이며 미꾸리라는 이름도 '밑이 구리다'는 말에서 연유했다고 한다.

반면 버들치나 금강모치 등은 물이 맑고 유속이 빠르며 차가운 물에서 많이 나타나는 종(우점종)이다. 갈겨니와 은어 등은 유속이 다소 느리더라도 물속에 녹아 있는 산소(용존산소)가 풍부한 중-상류의 깨끗한 물에 서식하는 2급수의 물고기들이다. 유속이 더욱 완만해지고 산소함량이 줄어드는 환경에서는 피라미가 우세하며, 더욱 하류로 내려가 하천바닥이 자갈 대신 모래와 진흙입자로 구성되는 탁하고 산소가 부족한 물에서는 붕어와 잉어등이 지배하게 된다.

라. 하천에 서식하는 유충들

(1) 깔따구와 실지렁이(더러운 물)

깔따구와 실지렁이는 심하게 오염된 하천에서도 마지막까지 살아남는 생명체이다. 대부분의 무척추동물은 구리 성분인 헤모시아닌이란 혈색소를 지녀 색깔이 푸른 반면, 이들은 인간처럼 헤모글로빈을 갖고 있어 빨간색을 띤다. 깔따구와 실지렁이가 다른 물속생물과 달리 4급수 이하의 더러운 물에서도 견딜 수 있는 이유는 바로 이 '빨간색' 때문이다. 헤모글빈은 헤모시아닌에 비해 산소를 빨아들이는 능력이 2배나 높아 물속의 산소량이 적더라도 끈질기게 살아 남을 수 있는 것이다. 이들은 주로 그늘지고 음침한 곳에 번식하며 흙바닥에 굴이나 집을 짓고 산다. 겉모습은 징그럽지만 오염물질을 잡아먹어 걸러내는 고마운 생물이다.

(2) 강도래와 하루살이(깨끗한 물)

강도래와 하루살이는 물살이 웬만큼 빨라도 떠내려가지 않는다. 돌 표면에 바짝 붙어 살 수 있도록 배 끝에 갈고리를 지니고 있기 때문이다. 강도래와 하루살이는 물고기처럼 아가미로 호흡을 한다. 돌 표면에 갈고리를 찍고 살 수 없을 정도로 물속에 더러운 오염물질이 쌓이면 아가미도 막혀 강도래나 하루살이는 숨을 쉴 수가 없다. 대신 날도래류처럼 오염물질을 여과해 영양분만 섭취하고 버리는 여과섭식 생물들이 우세하게 된다. 여과도 할 수 없을 정도로 오염이 심화되면 왼돌이 달팽이나 거머리같이 긁어먹는 생물이나 삼켜먹는 생물들이 번성하게 된다.

◎ 영역 Ⅳ. 물의 정화

학습주제 : 물의 정화 과정과 간이 정수기 만들기

학습 목표	• 자정능력의 의미를 알고 물의 자연정화과정을 설명할 수 있다. • 폐플라스틱 병을 재활용하여 간이정수처리장치를 만들어 보고 오염된 물을 정화할 수 있다.	차시	5~6/8
		준비물	칼, 가위, 숯, 자갈, 모래, 밭흙, 화장지, pet병

단계	학습 내용	교수–학습활동	
		교 수	학 생
도입	• 인사 • 동기유발 • 본시 학습 목표 제시	• 인사 소개 • '물' 오염에 관한 최근의 뉴스를 소개한다. • 학습 목표와 학습할 내용을 소개한다.	• 모듬별 확인 • '물' 오염의 심각성을 깨닫는다. • 학습목표와 내용을 인식한다.
전개	• 자정능력이란? • 생활하수 중 정화하기 위한 물의 양 • 물의 오염원 • 오염된 물의 정화 실험 준비 • 준비물 제시 • 간이 정수기 만들기 • 응집제 첨가 • 정수기, 수돗물, 지하수	• 자정능력의 정의 • 된장국-1,410ℓ, 소주1병-5,100ℓ, 우유1컵-3,000ℓ 등 • 가장 큰 원인-생활하수, 공정폐수 • 오염된 물의 정화과정 설명 • 실험의 필요성은? • 준비물을 소개한다. • 플라스틱병 절단 • 재료 채우기 • 오염된 물 준비 • 오염된 물, 응집제 배부 • 정수기, 수돗물, 지하수의 원리를 설명해 준다.	• 비가 오면 더러워진 하천의 물이 시간이 지나면 깨끗해지는 현상을 생각 • 가정에서 무심결에 하는 자신의 행동을 발표 • 자신의 생각대로 대답 • 준비물을 확인한다. • 1개-밑부분 절단 • 3개-윗부분 절단 • 조약돌 → 굵은 모래 → 숯을 순서대로 채움 • 오염된 물을 천천히 통과 • 얼마나 깨끗해졌는가 확인 • 비이커에 응집제 20g을 첨가 → 5분간 저어줌 • 침전 후 정수기에 붓는다. • 잘 듣고 이해한다.
정리 및 평가	• 자정능력 • 생활 속에서의 오염 • 정수기 • 실험대 정돈	• 자연의 자정능력을 넘어 환경이 오염됨을 강조 • 자신의 경험, 습관 속에서 행하는 오염의 원인 강조 • 정수기의 원리 • 좋은 정수기도 필요하지만 물을 깨끗하게 만드는 것이 더 중요한 일임을 강조 • 실험대 정돈	• 자정능력을 이해하고, 환경오염의 원인을 이해 • 자신을 되돌아보고 오염의 원인이 되는 행동을 수정 • 정수기의 원리 이해 • 실험대를 정리 정돈한다.
지도상 유의점	• 자정능력의 용어 설명 시 예시를 들어 쉽게 이해되도록 설명한다. • 플라스틱 병을 자를 때 안전사고에 유의한다. • 간이정수기 제작을 통하여 물의 소중함을 인식시킨다.		

〈초등학생용 프로그램 학습보조자료 - 5~6차시〉

학습주제	간이 정수기 만들기 실습
학습목표	1. 자정능력의 의미를 알고 물의 자연 정화과정을 설명할 수 있다. 2. 폐플라스틱 병을 재활용하여 간이 정수 처리 장치를 만들어 보고 오염된 물을 정화할 수 있다.

□ 학습 내용 □

1. 준비물

가. 기구 - 칼, 가위, 비커
나. 재료 - 1.5 ℓ 플라스틱 병 4개 (조별), 숯, 자갈, 모래, 흙, 화장지

2. 실습과정

가. 준비한 플라스틱병 중에서 1개는 밑 부분을 자르고, 3개는 윗부분을 자른다.
나. 밑 부분을 잘라낸 병의 입구에 고무줄로 나일론 망을 묶고 플라스틱 병을 거꾸로 세운 다음 조약돌, 굵은 모래, 가는 모래, 숯의 순서로 차곡차곡 채운다.
  * 조약돌과 모래는 넣기 전에 여러 차례 씻어서 이용한다.
다. 여기에 5 ℓ 이상의 수돗물을 모래가 아래층에 뒤섞이지 않도록 천천히 부어 통과시키면 정수기가 완성된다.
라. 플라스틱 병에 더러운 물을 2/3 정도 채운 뒤 병뚜껑을 막고 30초 동안 힘차게 흔든다. 위 부분을 잘라놓은 플라스틱 병에 물을 붓고, 잠시 후, 윗부분이 잘린 다른 플라스틱 병으로 옮겨 붓는다.

3. 정수기 재료 채우기

재료는 채울 때 적당한 두께(약 2cm)로 고르게 채운다.

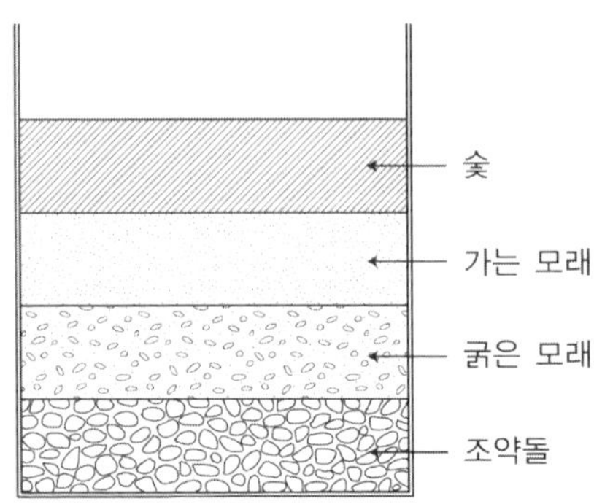

〈간이 정수기 구조〉

◎ 영역 Ⅴ. 대기오염의 순환

학습주제 : 자동차 배기가스와 지렁이의 관찰

학습 목표	내용	구분	내용
학습 목표	• 자동차의 배기가스가 산성비의 원인임을 알 수 있다. • 산성비로 인한 생물의 피해 종류를 열거 할 수 있다. • 대기오염으로 인한 산성비에 대한 토양 생물의 움직임을 관찰하여 산성비로 인한 토양 생태계의 파괴 정도를 알 수 있다.	차시	7/8
		준비물	산성비(물), 박스, 흙, 지렁이, 모종삽, 나무젓가락

단계	학습 내용	교수-학습활동: 교 사	교수-학습활동: 학 생
도입	• 산성비의 뜻 • 산성비의 생성과 영향	• 산성비가 내리는 원인은? • 산성비가 생태계에 어떤 영향을 미칠까?	• 산성비가 내리는 원인 발표 • 산성비가 생태계에 미치는 영향 발표
전개	• 산성비의 정의	• 대기 중에 질소산화물이나 아황산가스가 빗물에 녹아 황산이나 질산을 형성	• 경청
	• 산성비로 인한 피해상태	• 동 · 식물, 무생물 피해 – 조직파괴, 생명파괴 – 예 : 소나무 고사	• 자신이 본 장면을 떠올리며 발표
	• 탐사 및 실험	• 흙 상자 만들기	• 화단/ 집주변의 축축한 흙사용 • 깊이가 얕고(20cm) 넓은 박스에 흙을 10cm정도 넣는다. • 지렁이를 군데군데 분포가 되도록 고르게 묻어둔다.
		• 산성비(pH3정도)넣기	• 준비된 산성비(물)를 상자의 반쪽(절반)에 골고루 충분히 뿌린다. • 2시간 정도 경과 후 관찰한다.
		• 흙 속 지렁이 관찰- 산성비와 지렁이의 성질 설명	• 흙을 들춰서 지렁이의 분포 상태 관찰
	• 실험 결과 분석 및 발표	• 산성비가 토양 생태계에 미치는 영향은?	• 실험 관찰을 통하여 느낀 점 발표 • 대기오염이 토양오염의 원인임을 인식한다.
정리 및 평가	• 산성비의 생성과정 • 산성비가 토양 생태계에 미치는 영향	• 자동차의 배기가스와 대기 오염과의 관계는? • 대기오염이 토양오염의 원인임을 설명	• 토양오염의 원인 중의 하나가 대기오염이며, 대기오염의 원인은 자동차의 배기가스임을 인식한다.
지도상 유의점	• 자동차의 증가가 토양 생태계에 미치는 영향이 큼을 강조한다. • 산성비의 유해성을 주지시키고 생태계에 미치는 유해함을 강조한다. • 환경파괴가 우리에게 주는 영향을 실험을 통하여 인식시킨다.		

〈초등학생용 프로그램 학습보조자료 - 7차시〉

학습주제	대기오염의 순환
학습목표	1. 자동차의 배기가스가 산성비의 원인임을 알 수 있다. 2. 산성비로 인한 생물의 피해상을 열거할 수 있다. 3. 대기오염으로 인한 산성비에 대한 토양 생물의 움직임을 관찰하여 산성비로 인한 토양 생태계의 파괴 정도를 알 수 있다.

□ **학습 내용** □

1. 자동차 배기가스

가. 자동차 배기가스의 구분

배출가스현상	해 석
무연, 흰연기 약간	완전연소, 배출 후 수증기화해서 종이를 대면 눅눅해진다.
약간 어두운 연기 (흰색연기+검은색연기)	CO, NO, NOx 등의 배출이 많아진다.
검은색 연기가 많다.	불완전연소, 종이(휴지)가 검게 그을린다. 공해 차량
진한 검은색	불완전연소, 검은색 연기와 함께 찌꺼기도 떨어진다. 정비가 필요하다. 공해 차량
진한 검은색, 찌꺼기	
흰색 연기가 많이 난다.	엔진에 윤활유나 냉각수 등 불순물이 들어갔거나 이상이 있으므로 점검이 필요하다.

나. 배기가스 측정기구
휴대용(3백만원대)과 스탠드형(4백만원대)이 있으며 전문기기로는 HC, CO, CO_2, O_2, NO 및 열효율까지 측정할 수 있는 자동차 배기가스 측정 시스템이 개발되어 공급되고 있다.

2. 자동차 배기가스를 줄이는 방법

가. 버스나 지하철 등 대중교통수단을 이용하고 차를 살 때는 연료효율이 높은 것을 택한다.
나. 자가용 10부제 운행에 적극 참여한다.
다. 자동차는 항상 잘 정비한다(연료도 9% 정도 절약할 수 있음).
라. 공회전을 줄이고(겨울철도 2분 이상 불필요함) 불필요한 짐을 싣고 다니지 않는다.
마. 흰색이나 검은색의 배기가스가 나오면 엔진에 이상이 생겼다는 표시이니 바로 수리한다.
바. 대기오염의 70%가 자동차 배기가스라는 점을 인식하자.

3. 산성비의 피해

가. 스웨덴은 환경보호 정책이 엄격한 나라지만 영국과 독일에서 날아오는 오염 물질 때문에 산성비가 내려 막대한 피해를 입는다. 그 산성비로 1,000km^3나 되는 거대한 삼림지대의 75%가 노랗게 변해 버렸고, 아름다운 호수 중에 1/3이 물고기가 살지 못하는 죽은 호수로 변해 버렸다.

나. 우리나라도 같은 피해를 입고 있다. 한국환경기술개발원 민병승 박사는 "우리나라에 떨어지는 산성비 원인의 16～33%가 유황성분이 많은 중국에서 날아온 것으로 산성비 피해를 줄이기 위해 동북아시아 국가들 간의 기술 · 경제협력이 절실하다."고 지적했다.

다. "우리 동네는 '시골이니까', '공장이 없으니까' 산성비는 물론 대기오염이 없을 꺼야"라고 생각하면 착각이다. 공해의 도시인 서울의 경우 지역에 따라 어느 곳은 산성비, 어느 곳은 알칼리성비가 내리는 경우가 많다. 또 같은 지역에서도 낮에는 강산성을 띠던 비가 퇴근 시간에는 호전되었다가 다음날, 출근시간에는 다시 강산성으로 변하는 등 종잡을 수 없다. 이처럼 지역별 시간대별 비의 산도가 다른 까닭은 먼지 농도 및 공기의 흐름과 서로 관계가 있기 때문이라고 한다(중앙일보, 1996. 6. 25).

◎ 영역 Ⅴ. 환경놀이

학습주제 : 먹이사슬 꼬리 자르기

<table>
<tr><td rowspan="2">학습 목표</td><td colspan="2" rowspan="2">먹이사슬의 개념을 이해하고, 각 먹이사슬 단계가 서로 공존공생 하는 것이라는 인식을 갖는다.</td><td>차시</td><td>8/8</td></tr>
<tr><td>준비물</td><td>공, 먹이사슬 챠트</td></tr>
<tr><td rowspan="2">단계</td><td rowspan="2">학습 내용</td><td colspan="3">교수-학습활동</td></tr>
<tr><td colspan="2">교 사</td><td>학 생</td></tr>
<tr><td>도입</td><td>• 먹이사슬이란?
• 놀이에 대한 홍미유발</td><td colspan="2">• 생태계에서 먹이 사슬이 존재하는 이유는?
• 놀이에 대한 홍미유발</td><td>• 대답</td></tr>
<tr><td>전개</td><td>• 먹이사슬의 정의

• 놀이방법</td><td colspan="2">• 자연계에서는 먹이사슬이 존재하며, 먹이사슬의 정점에는 인간이 있음을 강조한다.
• 먹이사슬의 차트를 보면서 설명한다.
• 놀이의 방법 설명
-2개 팀 - 한 팀이 적어도 5명 이상
-한 팀은 '자연 살리기' 팀, 다른 팀은 '오염시키기' 팀
-'자연 살리기' 팀 구성원에게는 먹이사슬 구조에 따른 순차적인 역할을 부여(예 : 지렁이 - 땅 - 풀 - 소 - 사람)한다.
-'오염시키기' 팀에게는 여러 가지 환경 오염원의 역할을 부여(예 : 산성비 - 매연 - 세제 - 1회용 컵 - 나무젓가락)한다.
-자연 살리기 팀이 움직일 수 있을 만큼의 원을 그린다.
-자연 살리기 팀은 원안에서 기차사슬을 만들어 형성한다.
-오염시키기 팀은 원밖에 둘러선다.
-오염시키기 팀은 공을 던져 자연 살리기 팀의 꼬리 부분부터 맞춘다.
-꼬리가 다 잘려 나가게 되면 놀이는 끝난다.
-팀을 바꿔서 다시 실시하고 시간을 비교해 승부를 판정한다.</td><td>• 먹이사슬의 예 발표
• 경청
• 놀이참여</td></tr>
<tr><td>정리 및 평가</td><td>• 놀이의 의미, 토론 및 발표</td><td colspan="3">• 자신이 맡은 역할과 느낌 발표
• 타인의 역할을 보고 느낌 발표</td></tr>
<tr><td>지도상 유의점</td><td colspan="4">놀이가 끝난 후 반드시 토론을 통하여 생태계내의 먹이사슬 개념을 이해하고, 각 먹이사슬의 구성 단계가 서로 공존공생 하는 것이라는 인식을 가질 수 있도록 한다.</td></tr>
</table>

〈초등학생용 프로그램 학습보조자료 - 8차시〉

학습주제	먹이사슬 꼬리 자르기 환경놀이
학습목표	먹이사슬의 개념을 이해하고, 각 먹이사슬 단계가 서로 공존공생한다는 인식을 갖는다.

□ 학습 내용 □

1. 영역 - 환경놀이일반

2. 대상 학년 - 초등 6학년

3. 소요시간 - 1시간

4. 먹이사슬 꼬리 자르기 놀이 방법

가. 두 팀으로 나눈다. 한 팀이 적어도 5명 이상이어야 한다.
나. 한 팀은 '자연 살리기'팀, 다른 팀은 '오염시키기' 팀으로 이름 붙인다.
다. 자연 살리기 팀의 구성원에게는 먹이사슬 구조에 따른 순차적인 역할을 부여하며 맨 마지막 단계는 '사람'으로 한다. '지렁이-땅-풀-소-사람'과 같이 먹이사슬 구조에 맞게 순서를 지켜야 한다. 먹이사슬을 올바르게 연결시키는 것도 교육효과가 있다.
라. 오염시키기 팀에게는 여러 가지 환경 오염원의 역할을 부여한다. 예를 들어 '산성비-매연-세제-1회용 컵-나무젓가락' 등 오염원은 순서가 따로 없다.
마. 자연 살리기 팀이 움직일 수 있을 만큼의 원을 그린다.
바 자연 살리기 팀은 원안에 들어가 사람 역할을 맡은 어린이부터 먹이사슬 순서대로 '기차'를 만든다. 기차는 앞사람의 허리를 뒷사람이 두 손으로 감싸는 방법으로 사슬을 만들어 형성한다.
사. 오염시키기 팀은 원밖에 둘러선다.
아. 오염시키기 팀은 공을 던져 자연 살리기 팀의 꼬리 부분부터 맞춘다.
자. 꼬리 부분인 '지렁이'가 공에 맞을 경우 지렁이는 기차에서 떨어져 나온다. 그러나 공이 꼬리가 아닌 다른 사람에게 맞으면 아무 것도 잘리지 않는다.
차. 자연 살리기 팀은 오염시키기의 공격을 피하느라 요동을 치며 꼬리를 감추게 된다. 꼬리를 제외한 기차의 다른 사람들은 공을 머리나 발로 박을 수 있다. 꼬리는 그러하지 못한다.
카. 공을 맞고 잘려 나가는 사람은 자신이 맡은 역할의 소리를 내거나 모양을 흉내 내면서 비틀거리는 자세로 원 밖으로 나온다.
타. 자연 살리기 팀의 모든 사람들이 잘려나가게 되면 놀이는 끝난다.
파. 자연 살리기 팀과 오염시키기 팀을 바꿔서 다시 실시하고 시간을 비교해 승부를 판정한다.

나) 클럽활동을 통한 농업환경교육 프로그램(예)

(1) '환경원예반' 연간 지도 계획서

클 럽 활 동 연 간 계 획 표

월	차시	주 제	활 동 목 표	활 동 내 용
3	1~3 /34	오리엔테이션	환경과 인간의 중요성을 감안하여 환경과 연관을 맺어 클럽활동을 전개하고자 하는 환경 마인드를 형성 할 수 있도록 한다.	전학년 공통
		C·A부서 탐색	환경보전과 관련된 활동을 할 수 있는 클럽활동을 소개한다.	전학년 공통
		C·A부서 편성	자신이 활동하고 싶은 클럽활동 부서를 선택 할 수 있다.	전학년 공통
4	4~6 /34	환경과 원예	원예작물 재배시 영향을 미치는 환경조건에 대하여 설명할 수 있다.	토양, 온도, 광선, 물 등 조사
		국화의 번식	삽목상을 만들어 국화 순꽂이를 바르게 할 수 있다.	삽목상을 만들어 순꽂이
		환경오염과 작물	환경오염이 원예작물에 미치는 영향의 사 사례를 열거할 수 있다.	농약과 제초제 과다사용시 피해 조사
5	7~9 /34	폐기물을 이용하여 배양토 만들기	음식물 찌꺼기와 우분 등을 발효시켜 국화 재배에 알맞은 거름을 만들 수 있다.	발효퇴비 만들기
			거름흙을 이용하여 국화재배에 알맞은 배양토를 조제할 수 있다.	배양토 조제
		분갈이	배양토를 이용해 국화 분갈이를 바르게 할 수 있다.	분갈이
6	10~12/34	국화모종 (발근묘) 심기	국화 묘에 적합한 배양토를 조제하여 포트 및 폐기물 종이컵에 바르게 식재할 수 있다.	국화 묘 식재
			식재한 묘가 활착이 잘 되도록 차광망을 바르게 설치할 수 있다.	어린 묘 관리
			국화화분에 관수를 바르게 할 수 있다	관수
7	13~15/34	국화의 유인과 적심	다간작의 줄기 유인을 바르게 할 수 있다.	다간작 유인
			쿳션멈과 다간작의 적심을 바르게 할 수 있다.	적심하기
		농약의 이용	농약의 농도를 바르게 희석하여 병충해를 예방할 수 있다.	농약 살포
	16~18/34	전시작 재배	국화 적심과 유인을 바르게 할 수 있다.	국화 유인
			국화 재배시 제초작업을 바르게 할 수 있다.	제초
9	19~21/34	국화재배(일간작, 쿳션멈, 다간작, 목부작, 분재작)	농약 농도를 규정에 맞게 희석하여 살포할 수 있다.	농약살포
			폐기물 배양토로 메리골드를 정식할 수 있다.	메리골드 정식
			다간작과 일간작의 꽃눈을 바르게 정리할 수 있다.	꽃눈정리
10	22~24/34	국화작품 전시	꽃바침을 달고 다간작 키를 일정하게 맞출 수 있다.	꽃바침 달기
			전시계획을 세워 사전 준비를 할 수 있다.	전시준비
			전시작 국화를 계획대로 전시할 수 있다	전시하기
11	25~27/34	원예작물의 월동관리	국화 재배시 발생되는 부산물의 처리를 바르게 할 수 있다.	국화 화분정리
			국화 모본 관리를 바르게 할 수 있다.	보본선발/정리
	28~29/34		국화 재배 농자재의 관리를 바르게 할 수 있다.	농자재 정리
12	30~31/34	환경보전과 농자재	농약을 사용법을 바르게 설명할 수 있다.	농약사용시 주의사항
			유기농법의 장점을 설명할 수 있다	유기농법 장점 조사
2	32~34/34	최종평가	평가	평가

(2) '폐품활용반' 연간 지도 계획서

클럽활동연간계획표				
월	차시	주제	활동목표	활동내용
3	1~3 /34	오리엔테이션	환경과 인간의 중요성을 감안하여 환경과 연관을 맺어 클럽활동을 전개하고자 하는 환경 마인드를 형성할 수 있도록 한다.	전학년 공통
		C·A부서 탐색	환경보전과 관련된 활동을 할 수 있는 클럽활동을 소개한다.	전학년 공통
		C·A부서 편성	자신이 활동하고 싶은 클럽활동 부서를 선택할 수 있다.	전학년 공통
4	4~6 /34	연간계획서 작성	연간 활동계획서를 토의를 통하여 작성할 수 있다.	활동 가능한 주제 선정
		PET병 활용	PET병의 특성을 이해할 수 있다.	PET병의 특성 이해
			PET병을 이용하여 장식품을 만들 수 있다.	PET병 장식품 만들기
5	7~9 /34	통조림통 활용	통조림통의 특성을 이해할 수 있다.	통조림통의 특성 이해
			통조림통을 이용하여 정리함을 만들 수 있다.	정리함 만들기
6	10~12/ 34	우유팩 활용	우유팩의 특성을 이해할 수 있다.	우유팩의 특성 이해
			전개도에 따라 재단할 수 있다.	꽃병 만들기
			우유팩을 활용하여 꽃병을 만들 수 있다.	
7	13~15/ 34	우유팩 활용	우유팩을 재단할 수 있다.	포장 상자 만들기
			포장지를 재단할 수 있다.	
			우유팩에 포장지를 붙일 수 있다.	
	16~18/ 34	중간평가	작품에 대한 공동 평가	발표 및 토론
			활동에 대한 느낀 점 발표 및 토론	
9	19~21/ 34	광고전단지 활용	광고 전단지의 특성을 이해할 수 있다.	광고전단지 특성 이해
			광고 전단지로 봉을 만들 수 있다.	기초 엮기
			봉을 이용하여 기초 엮기를 할 수 있다.	기초 엮기
10	22~24/ 34	광고전단지 활용	광고전단지를 이용하여 종이 바구니를 만들 수 있다.	종이 바구니 만들기
11	25~27/ 34	통조림통 활용	통조림통을 이용하여 스탠드 갓을 만들 수 있다.	스탠드 갓 만들기
	28~29/ 34	우유팩 활용	우유팩을 이용하여 유아용 퍼즐을 만들 수 있다.	유아용 퍼즐 만들기
12	30~31/ 34	창작 활동	주변에서 활용 가능한 폐품을 찾아낼 수 있다.	재활용 가능한 폐품 구별
			폐품으로 작품을 만들 수 있다.	창작품 만들기
2	32~34/ 34	최종평가	폐품 활용 작품 만들기 활동에 대한 종합 평가를 할 수 있다.	

나. 초등학교 환경교육의 문제점 및 개선 방향

1) 초등학교 환경교육의 문제점

우리나라의 초등학교에서는 관련교과 및 재량활동을 통하여 환경교육을 실시할 수 있도록 하고 있다. 중등학교에서는 '환경'이라는 선택교과가 개설되어 각 교과에서 환경 문제와 관련된 내용의 중복을 피할 수 있고, 좀 더 체계적이고 통합적인 교육을 시킬 수 있다는 장점을 가지고 있다. 그러나 환경을 전문으로 한 교사의 부족으로 인하여 보다 심층적인 교육이 되지 못하고 있다. 환경을 부전공으로 연수받은 교사들의 전공에서도 알 수 있듯이 교련이나 음악, 미술 같은 전혀 환경교육과 관련이 없는 분야를 전공한 교사들이 연수 후 환경교육을 담당하고 있어 환경교육이 피상적으로 이루어질 가능성이 있다. 또한 고등학교에서 환경을 선택한 학교 수의 미비함이 증명하듯이 현행 입시제도하에서의 환경교육은 비록 독립교과로 개설되어 있다 할지라도 그 역할을 충분히 하지 못하고 있다. 더군다나 환경교과가 자유선택교과로 독립되면서 다른 교과에는 환경 문제를 다루지 않게 되고 환경을 선택하는 일부 학생들에게만 교육하게 됨으로서 환경교과를 선택하지 않는 학생들은 환경교육을 받을 기회가 전혀 없게 되었다.

학교에서의 환경교육은 환경전문가를 키우기 위한 것이 아니라 학생들이 환경문제에 대한 올바른 인식을 갖게 하고, 학생들이 사회생활을 할 때 보다 환경친화적인 삶을 살아가도록 교육시키는 데에 그 목적이 있다. 이러한 목적에 비추어 볼 때, 현재 사용되고 있는 환경교과서는 그 목적에 얼마나 부합되는지? 내용적인 측면에서 환경교육 교재들이 지식전달의 도구로서 사용되고 있는 것은 아닌지? 등에 대하여 신중히 고려할 필요가 있다. 지식전달에 급급한 환경교육은 실생활과 거리가 먼 과학의 일부분으로 여겨질 수 있으며, 흥미를 유발할 수 없고 오히려 반감시킬 우려가 있기 때문이다. 이는 환경교육이 환경오염에 대한 정보의 전달에만 한정되어 환경교육의 방법 측면에서 매우 비교육적이며, 지식전달만으로는 학생들의 성향을 바꿀 수가 없고 오히려 무감각하게 만들 수 있다는 우려를 제기할 수 있다.

2) 초등학교 환경교육의 개선 방향

환경교육은 인간의 내면을 다루는 것으로서 자연에 대한 가치관과 태도 등을 올바르게 정립시키는 교육이므로 윤리나 도덕같이 필수교과로의 채택이 필요하나 필수교과를 줄이고 선택교과를 늘리려는 현행 교육정책과 상반되는 경향이 있다. 그러나 환경보전의 중요성에 비추어 이에 대한 연구의 필요성이 충분히 대두되고 있다. 따라서 환경교육은 다음과 같은 방향에서 효과적으로 이루어져야 할 것이다.

첫째, 교과서 이외의 범교과적이고 최신의 정보를 많이 담은 지침서, 수업참고자료들은 다양하게 개발할 필요가 있으며, 이들의 사용을 활성화시키는 것이 바람직할 것이다.

둘째, 환경을 가르치고 있는 교사들도 관련 자료들의 부족함을 호소하고 있기 때문에 환경 문제를 직접 다루고 있는 환경관련단체들의 능력을 십분 활용하여 우수한 시청각자료 등의 참고자료들을 제작할 수 있도록 해야 할 것이다. 이를 위해서는 예산의 보조와 정책의 장려 등이 필요하다.

셋째, 초등학교에서의 환경교육은 생활 전체와 관련이 되도록 해야 할 것이다. 어린이들을 위한 환경교육은 자연 속에서 아름다움을 느끼고, 다른 생명들에 대한 경외감과 사랑을 체험하며, 모든 생명체들이 함께 살아가는 세계의 조화로움과 질서를 경험하도록 하는 것이어야 한다.

넷째, 도시에서 살고 있는 어린이들에게 환경교육은 생태적으로 건강한 세계가 아름다운 것이라는 새로운 심미적 기준을 갖도록 해야 하고, 아름다움을 느낄 수 있는 감수성을 회복하도록 하는 데 중점을 두어야 할 것이다. 따라서 유치원, 초등학교에서의 환경교육은 오히려 자연교육이 되어야 하며, 자연을 많이 접할 수 있도록 하는 것이 매우 중요하다.

다섯째, 중 · 고등학교에서의 환경교육은 교실에서 하는 지식이나 과학적인 면에서의 교육보다는 환경시설을 견학하거나 오염이 심각한 지역을 직접 볼 수 있도록 현장중심의 교육이 되도록 해야 할 것이다.

여섯째, 환경관련시설의 개방화와 지역주민 생활과의 친밀화로 인하여 환경 관련시설 견학이 용이해졌으나 우리나라의 교육환경과 여건을 감안하여 중학교와 고등학교 1학년까지는 토요일을 이용하여 일년에 수차례의 현장견학을 할 수 있도록 장려하는 정책이 이루어져야 할 것이다.

일곱째, 충격요법을 통한 단기적인 효과에 집착하지 말고, 장기적으로 환경관련 의사 결정과 행위에 영향을 미칠 수 있으므로 장기적인 교육정책을 수립하여 실시해야 할 것이다.

논의

- 교양으로서의 생활 농업을 실현하기 위하여 초등학교 교사가 갖추어야 할 역할과 자질은 무엇인지 논의해 보자
- 초등학교에서 '꽃과 채소 가꾸기' 지도를 위하여 홈 프로젝트(home project)를 수행하려고 한다. 학교와 가정이 연계될 수 있도록 홈 프로젝트를 운영하기 위하여 수행해야 할 내용을 논의해 보자.
- 초등학교에서 환경교육의 효과를 극대화하기 위한 방안은 무엇이 있는지 논의해 보자.
- 초등학교 수준에서 교양농업교육이 이루어지는 이유를 농업의 교육적 기능 측면에서 논의해 보자.
- 실과교육의 학문적 구조로 보았을 때 교양농업교육 내용은 교과 내에서 다른 학문 영역과 통합이 가능하다. 통합 단원을 설정하고 관련된 학습 내용을 계열성 있게 조직하는 방안을 논의해 보자.

참고문헌 및 인터넷 사이트

강대구(1990). 교양농업교육의 성격 정립. 농업교육학회지, 22(3). 한국농업교육학회.
교육부(1996). 환경 보전(교과서). 대한교과서주식회사.
______(1997a). 실과(기술 · 가정) 교육과정. 대한교과서주식회사.
______(1997b). 초등학교 교육과정 해설(Ⅰ). 대한교과서주식회사.
______(1997c). 초등학교 교육과정 해설(Ⅱ). 대한교과서주식회사.
김귀곤(1980). 환경교육의 세계적 동향. 배영사.
김동규(1996a). 디프 · 에콜로지와 한국의 환경교육. 환경교육, 9.

______(1996b). 세계의 환경교육. 교육과학사.
김홍래(1993). 학교 환경교육의 실태와 강화방안에 관한 연구. 공주대학교 교육대학원 석사학위 논문.
나승일(1996a). 교양농업교육의 실태와 발전 방향, 농업교육의 발전 방향 탐색. 한국농업교육학회.
______(1996b). 21세기를 대비한 학교 교양농업교육의 모형. 한국농업교육학회지, 28(3). 한국농업교육학회.
______(1998). 제6차 교육과정에 반영된 교양농업교육 내용의 분석. 한국농업교육학회지, 30(3). 한국농업교육학회.
______(1999). 정보화사회의 초・중・고등학생들을 위한 교양농업교육의 내용에 관한 연구. 한국농업교육학회지, 31(1). 한국농업교육학회.
______, 서우석(2000). 초・중・고등학교 교양농업교육을 위한 농업관련교과의 연계방안 연구. 한국농업교육학회지, 32(1). 한국농업교육학회.
대안교육을 생각하는 모임(1995). 새로운 학교 큰 교육 이야기. 내일을 여는 책.
박진석(1990). 환경교육의 현황과 개선방안에 관한 연구. 한양대학교 석사학위논문.
방기혁(2000). 초등 실과교육에서 교양농업교육 내용의 변천과 전망. 한국실과교육학회지, 13(2). 한국실과교육학회.
______(2001). 웹(Web)을 활용한 교양농업교육용 교재 개발 및 교육 효과 분석. 한국농업교육학회지, 33(1). 한국농업교육학회.
______(2002a). 제7차 실과교육과정에 따른 생명과학 영역의 교수-학습 자료 개발 전략. 한국실과교육학회 정기학술대회 발표자료집.
______(2002b). 초등 교양농업교육에 대한 학생들의 인식과 학습환경과의 관계 분석. 2000학년도 한국학술진흥재단 신진교수과제 연구보고서.
______(2002c). 농업의 인식 증진을 위한 초등학교 교양농업교육의 새로운 접근. 한국실과교육학회지, 15(2). 한국실과교육학회.
서우석(2000). 제7차 초등학교 교육과정에 반영된 환경교육 내용 분석. 한국식물・인간・환경학회지, 3(1). 한국식물・인간・환경학회. 17-29.
윤인경 외(1997). 제7차 실과교육과정 각론 개정 연구. 한국교원대학교 실과교육과정개정연구원원회.
이용환 외(1997). 농업교육학 개론. 서울대학교 출판부.
이용환(2000). 지식기반 사회에서의 농업교육의 좌표. 한국농업교육학회지, 32(4). 한국농업교육학회.
이춘식 외(2001). 실과(기술・가정) 교육목표 및 내용체계연구(Ⅰ). 한국교육과정평가원.
정남용(1998). 농업문해 수준 및 농업에 대한 태도를 통해 본 교양농업교육 수준 향상 방안에 관한 연구. 한국농업교육학회지, 30(4). 한국농업교육학회.
정성봉(2000). 실과・기술 가정 교육과정론. (주)교학사.
천계 송해균 교수 정년퇴임기념사업 추진위원회(1999). 농업교육 100년의 발자취. 교육과학사.
최돈형(1992). 환경교육의 반성과 새로운 방향. 교육월보 통권 129.
한국농업교육사편찬위원회(1994). 한국농업교육사. 대한교과서주식회사.
한국직업능력개발원(1998). 직업교육훈련 100년사. 한국직업능력개발원.
환경부(1996). 환경백서. 환경부.

환경처(1993). 환경교육 연수교재(중등학교 교사용). 금강문화인쇄.

Buchan, G. D. (1992). Propagating environmental science and ethic: a vacation school as a university/high school link. The Journal of Environmental Education. 23(2).

Cox, D. E., McCormick, & Miller, G. M.(1989). Agricultural Education Model. The Agricultural Education Magazine. 9-12.

Frick, M. J., Kahler, A. A., & Miller, W. W.(1991). A Definition and the Concepts of Agricultural Literacy. Journal of Agricultural Education. 45-57.

Gigliotti, L. M. (1990). Environmental education: what went wrong? what can be done? The Journal of Environmental Education. 22(1).

Lisowski, M. & Disinger, J. F. (1991). The effect of field-based instruction on student understandings of ecological concepts. The Journal of Environmental Education. 23(1).

National Research Council(1988). Understanding Agriculture: New Directions for Education. Washington, D. C. : National Academy Press.

Newhouse, N. (1990). Implications of attitude and behavior research for environmental conservation. The Journal of Environmental Education. 22(1).

Pomerantz, G. A. (1990-91). Evaluation of natural resource education materials: implications for resource management. The Journal of Environmental Education. 22(2).

Simmons, D. & Widmar, D. (1990). Motivations and barriers to recycling: toward a strategy for public dducation. The Journal of Environmental Education. 22(1).

Simmons, D. A. (1991). Are we meeting the goal of responsible environmental behavior? - an examination of nature and environmental education-center goals. The Journal of Environmental Education. 22(3).

Slocombe, D. S. & Bers, C. V. (1991). Seeking substance in sustainable development. The Journal of Environmental Education. 23(1).

제2부

생활원예와 동물

IV 생활원예식물의 재배

개 요

생활원예의 정의, 범위 및 의의를 알아보고 인간생활 속에서 원예가 차지하는 중요성과 의의를 고려해 본다. 이때 대상이 되는 원예식물의 종류 및 분류 기준을 알아보고 생활 속에서 기르기가 간편하고 활용이 다양한 원예식물을 알아본다. 또한 이들 식물에 요구되는 최적의 생육 환경을 고려하고 개체를 증식할 수 있는 방법을 알아봄으로서 식물체 생산의 원리와 이와 연관된 새로운 재배 및 육종기술에 대해 이해하도록 한다.

또한 이러한 기초적인 식물재배기술을 바탕으로 원예식물의 성장과 발달에 관해 이해하고 이들 식물을 활용하여 생활 속에서 다양하게 이용할 수 있는 방안에 관해 꽃, 채소 및 실내식물을 중심으로 알아본다.

교육목표

- 생활원예의 정의를 알 수 있다.
- 생활원예의 의의 및 효과에 관해서 알 수 있다.
- 꽃, 채소 및 과수류의 분류체계에 대해서 이해할 수 있다.
- 식물별로 적당한 광, 온도, 수분, 토양 및 비료 조건에 관해 알 수 있다.
- 식물번식의 의의 및 종자번식과 영양번식에 연관된 특성 및 원리와 다양한 번식 기술을 이해할 수 있다.
- 꽃, 허브 및 관엽류를 활용한 생활 속 이용에 관해 알 수 있다.

1 생활과 원예

가. 생활원예의 정의

현재 '채소, 과수, 화훼' 등의 재배 또는 이와 연관된 기술을 다루는 원예와 생활원예는 구별되어 사용되고 있다. 즉 생활원예는 자신이 활동하는 생활주변에서 녹색식물을 통한 취미, 오락, 감상 등을 주된 목적으로 이루어지는 원예활동을 의미하며 저투입, 다수확, 고품질 생산과 같은 일반 원예활동과는 구분되고 있다.

일반적으로 원예는 일정규모의 생활터전 주변에 화훼, 채소, 과수류와 같은 집약적인 재배가 가능한 식물을 심고 가꾸는 일을 의미하며 농업과는 달리 식용뿐 아닌 관상가치를 목적으로 하는 활동도 포함한다. 특히 생활원예는 인간이 주로 생활하는 생활주변에서 다양한 원예식물을 돌보는 일로서 실과에서 주로 다루고 있는 생활과 사회변화의 발전에 따라 발달된 원예개념을 의미한다. 따라서 생활원예는 '생활 공간에서 다양한 원예식물을 가꾸고 즐기면서 이를 생활 속에 이용하는 일'을 의미하며 이러한 생활원예의 특징이야 말로 생활상을 반영하는 실과 전체 교육목표에 부합되는 농업교육의 새로운 의미로 대표될 수 있을 것이다. 생활원예가 생활상을 반영하는 다양한 특징에 의해 일반원예와는 구분되는 몇 가지 특징은 다음과 같다.

첫째, 일반원예의 경우에 대상작물을 화훼, 채소, 과수로 구분한다면 생활원예에 주로 이용되는 것은 화훼류이다. 그 이유로서 도시화의 촉진으로 아파트를 비롯한 공동생활자가 많아졌고 공간의 협소로 인해 전원적인 원예활동 보다는 장식적 원예활동을 다수 포함하는 원인 등을 꼽을 수 있다. 또한 최근 도시생활 속에서 자가 재배를 중심으로 하는 채소나 과수류에 관한 관심도 높아지고 있다. 그 외에도 다양한 종류의 실내원예 및 화훼장식, 기타원예의 종류로서 관광농원, 지역원예, 식물원 등의 형태도 최근 더욱 발달하고 있다.

둘째, 생산물을 상품으로 취급하고 있는 일반 원예와는 달리 현대생활의 사회적, 경제적, 문화적 발달로 인한 삶의 질 향상에 초점을 맞춘 취미와 시각적 이용을 목적으로 한다. 이러한 결과로서 현재 생활원예는 식물과 인간 상호관계(peopleplant relationship)연구에 초점을 맞추고 있다. 특히 원예활동을 통한 정신질환자의 치료법인 원예요양(therapeutic horticulture) 또는 원예치료요법(horticultural therapy)은 원예학적인 측면에서 뿐만 아니라 정신위생학적인 측면에서도 매우 관심 있는 분야로 대두되었다.

셋째, 과거 전통적인 원예학에서 이루어지던 원예 관련 연구범위가 생활원예 분야에서는 환경심리학, 심리학, 재활의학, 정신의학, 조경학, 사회학, 지리학, 임학 등 다학제간 범위로 확장되어 연구되고 있다는 사실로서 생활 속에서의 원예는 더 이상 자연과학으로서 뿐 아닌 다양한 사회, 인문과학으로서의 학문 범위를 포함하게 되었다.

표 Ⅳ-1 다양한 생활원예의 종류

구분	관련분야	생활원예의 종류
실내원예	원예학, 조경학	꽃꽂이, 테라리움, 디시가든, 매달기화분, 분재, 난가꾸기, 프레스플라워, 드라이 플라워, 포푸리, 화분재배, 수경재배, 실내조경
실외원예	농업, 원예학, 조경학	정원가꾸기, 화단가꾸기, 채소가꾸기, 허브 가꾸기
기타원예	농업, 원예학, 조경학, 환경심리학, 심리학, 재활의학, 정신의학, 조경학, 사회학, 지리학, 임학	시민농원, 관광농원, 식물원 및 다양한 식물-인간 상호 관련 연구(환경원예, 원예치료, 복지원예)

나. 생활원예의 의의

1) 정서적 안정

현대인과 아동들은 원예활동을 통해 도시생활에서 받는 여러 가지 인공적 환경과 비교되는 안정감과 평안함을 느낄 수 있다. 특히 원예활동을 통한 심리적 안정감은 평화와 평온을 상징하는 녹색의 자연을 통해 얻은 1차적 경험으로서 비 생명체로부터는 얻지 못하는 생명과의 직접적 체험이다. 특히 아동기의 원예활동은 더욱 뚜렷한 심리적 안정감을 얻을 수 있다. 이는 다른 인공물에서 얻을 수 없는 생명체의 양육과 돌

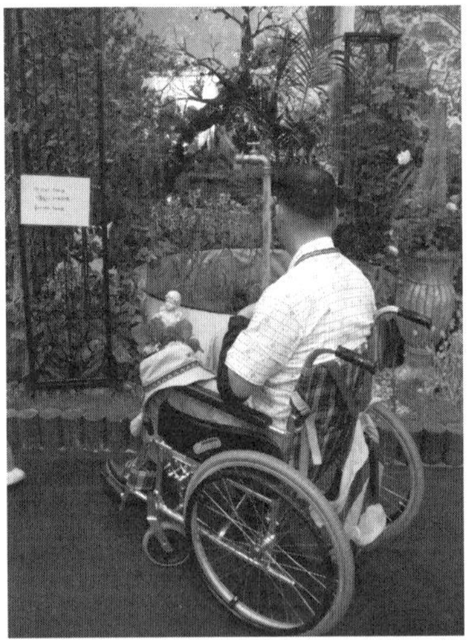

그림 Ⅳ-1 사회 소외계층을 대상으로 하는 원예치료

봄의 과정에서 파생하는 자연활동만의 효과로서 매우 질 높은 아동 정서반응을 유도할 수 있으며 이러한 정서변화는 인지적 능력뿐만 아니라 행동학습과 변화에도 매우 의미 있게 사용될 수 있다.

또한 아동 이외에도 최근 다수의 연구결과를 통해 원예활동은 일반인들에게도 매우 익숙한 활동형태로서 긴장을 완화하고 적절한 감정 자극적 효과를 주어 휴식감, 안정감 및 성취감을 제공할 수 있는 것으로 밝혀지고 있다. 특히 이러한 효과는 일반인 외에 정신장애인, 시각장애자, 정신분열증, 약물남용자 등 증가되고 있는 사회 소외계층의 치료와 재활에도 효과적인 것으로 알려지고 있다.

2) 쾌적한 환경조성

최근 가정, 학교, 사회에서 환경오염에 관한 문제가 다수 거론되며 이에 관한 다양한 해결책이 제시되고 있다. 특히 대기오염뿐 아닌 인간생활 주변에서 방출되는 여러 가지 물질, 분진, 실내외 건축자재나 페인트 및 각종 가구나 시설물 등에서 방출되는 유기화합물(volatile organic compounds) 등은 현대인의 건강 문제를 심각하게 위협하며 실내오염의 심각성을 야기하고 있다. 이러한 환경 문제를 식물과 관련시켜 볼 때 환경오염, 환경보전 및 그 외 각종 도시화와 연관된 새로운 환경 문제 등과 연

그림 Ⅳ-2 실내 공기 질의 심각성을 보도한 자료(MBC 뉴스데스크, 2003)

관하여 다양한 생태적 해결책을 제시할 수 있다. 그 예로는 식물필터링 효과(phytofilteration), 온·습도의 조절, 향기(휘발성 유기물 또는 파이톤사이드), 음이온 상승 등을 들 수 있다.

3) 건강유지와 증진

현대사회가 자동화 및 산업화가 되면서 현대인들은 도시생활 속에서 만성적인 운동부족과 피로감에 시달리게 되었다. 특히 아동들의 경우에는 입시위주의 학교 공부 속에서 막중한 스트레스와 학업에 시달리며 체력의 저하와 비만 등이 현대사회의 심각한 문제로 대두되고 있다. 특히 스트레스와 같은 경우 현대인들의 만성 질환에 기본적인 질병 유발 요소로 작용하고 있으며 정신적으로는 불안, 긴장, 신경과민, 초조 등이 나타나고 만성적으로 되면 신경증이나 우울증으로 발전하게 된다. 따라서 근래 들어 스트레스 해소를 위한 다양한 방안이 모색되고 있다.

원예활동은 손쉬운 스포츠로서 운동 부족 해소에 충분한 역할을 한다. 45분간의 원예활동은 30분간의 에어로빅 운동효과가 있으며 1시간의 제초작업은 약 300cal의 열량소모 효과가 있다. 또 다른 운동과는 달리 원예활동은 변화적이며 즐거운 운동 프로그램으로서 지속적인 운동 효과를 줄 수 있다. 또한 타 운동보나 호기적이며 자연풍경을 바라보는 것만으로도 스트레스 해소와 연관된 생리적 지표를 낮출 수 있다. 정신 위생적으로도 식물의 관리를 위해 규칙적인 생활을 하게 되며 자신이 직접 재배한 신선한 식물을 먹을 수 있어 건강에 탁월한 효과를 발휘할 수 있다. 특히 실과에서 중요한 사회문제로 다루고 있는 고령화 문제와 관련해서 원예활동은 매우 현실적인 문제해결책이 될 수 있다. 노인들에게 특히 익숙한 활동인 원예활동을 통해 타인과의 돈독한 관계를 유지하고 자신의 존재 가치를 확인할 수 있으며 질 높은 소일거리를 제공할 수 있다. 또한 노인들의 자부심 증대와 충족감 제공에 효과적으로 사용될 수 있으며 삶에 대한 긍정적인 태도를 기를 수 있다.

<표 Ⅳ-2>에서는 일반 운동과 비교한 생활원예 활동의 특성 및 운동량 상호 비교를 나타내었다.

표 Ⅳ-2 원예활동과 일반 운동 프로그램의 비교

	일반 운동 프로그램	원예활동
동기부여	• 지속적인 동기부여성이 결여될 우려가 있으며 활동의 단순성이 문제시 될 수 있다.	• 자가생산에 대한 기대감 및 보상감이 충족된다. • 지속적이고 장기적 목표를 설정할 수 있다. 이때 목표는 작업에 대한 지속적이며 변화 있는 목표를 추구할 수 있다. • 지역원예, 뒷뜰정원, 학교정원 등과 같은 활동의 편리성이 있다.
특수신체 요구사항	• 광범위한 신체조건이나 불구사항에 관한 고려가 부족한 편이다.	• 특수한 신체조건을 고려한 도구의 개발이 가능하며 활동의 익숙성과 용이성이 높다.
비용	• 고가의 장비나 요금이 필요한 종류가 많다.	• 고가의 비용이 들지 않는다. • 단순한 활동의 시작으로 생산물을 획득할 수 있다.
사회성	• 사회성이 결여되기 쉽고 공동 프로그램이 적다.	• 가족 중심의 프로그램이 많고 원예활동 특성 상 사회성이 요구된다.

표 Ⅳ-3 원예활동 자체가 갖는 운동량 소비의 효과 -50세 중반의 남자가 여러 가지 운동과 원예작업을 했을 때의 운동량 상호비교 (Matuso, 1997)

운동의 종류	운동량 (비교치), cal
조 깅	91- 100
계단 승강	79- 91
산 보	41- 59
속 보	56 -78
자동차 운전	14- 32
명상 또는 꽃 감상	13- 17
괭이질	79 - 98
물주기 (물뿌리개 이용)	33 - 48
파종	23 - 46

4) 먹거리 공급

인간 웰빙 추구는 미래사회를 대비한 현대인들의 생활양식으로서 질 높은 생활과 건강한 식생활을 추구하는 삶을 영위하는 것이 현 생활의 트랜드가 되고 있다. 현대인들의 식습관은 에너지 과다 섭취 및 활동 부족에 의한 비만 인구의 급증, 그릇된 식습관에서 기인한 각종 성인병 등이 문제시 되고 있다. 생활원예 활동을 통해 생산된 원예 산물은 인간이 지향할 수 있는 최상의 식품으로서 현대인들에게 절대적으로 필요한 항산화물질(anti-oxidant)인 각종 비타민, 펙틴, 미네랄 등을 제공한다. 특히 직접 재배된 식물을 통해 식습관을 바꾸게 되는 것은 인간 건강과 영양 면에서 매우 의미가 있으며 직접 수확 후 즉시 섭취함으로서 각종 영양소의 효과를 배가시킬 수 있다.

채소나 과일 같은 원예작물은 특히 최근 질환 사망률의 수위를 나타내고 있는 각종 암과 심장 및 순환기계 질환의 위험을 감소시켜 주는 비타민 등의 영양성분을 다양하게 함유하고 있다. 종류로는 비타민 C, A, E류, 각종 폴리페놀(polyphenol)화합물, 펙틴(pectin), 식이섬유(fiber) 및 휘발성 물질 등이 그 예이다. 특히 채소류는 재배과정에서 파생되는 기술교육효과뿐만 아니라 영양가치에 대한 교육 및 채소 자가 재배를 통한 아동들의 식습관 변화나 사회성 증대와 같은 정의적 교육영역과 연관된 과정지향적 학습에 효과적으로 사용될 수 있다.

그림 Ⅳ-4 우수한 항산화물질(anti-oxidant)인 다양한 채소와 과일

5) 미적 효과

식물은 뛰어난 장식물로써 타 장식물과는 달리 생물로서 끊임없는 성장과 발육을 통해 변화 하는 특성과 이에 따른 미묘한 분위기 연출이 가능하므로 친환경 건축재료로써의 효과를 발휘할 수 있다. 근래 그린인테리어(green interior) 소재로써 사용되고 있는 실내식물은 디자인에 생명력을 불어 넣는 요소로서 실내장식의 마지막 손질 역할을 할 수 있다. 특히 아동들에게 실내식물의 배치는 단순한 식물의 아름다움을 즐기는 것뿐만 아니라 원예의 양육적(fostering) 특성을 더불어 느낄 수 있도록 한다.

특히 이러한 꽃과 실내식물을 이용한 다양한 장식적 효과는 가정생활뿐만 아니라 상업용 공간에서의 상품 이미지 개선은 물론 판매율 증가에도 도움을 주는 것으로 알려져 있다.

6) 교육적 효과

원예식물의 감상이나 육성을 통해 참된 자아를 돌이켜보는 것이 가능하고 기계로부터 배우지 못하는 것을 생명체와의 접촉을 통해 배움으로써 견실하고 전인적인 인격체로 성장하는 바탕으로 삼을 수 있다. 원예 혹은 식물과 아동의 상호연관성은 다양하게 표출될 수 있으나 이를 교육적 가치에서 주로 다루는 외재적 가치 항목들로 범주화할 때 인지적 영역, 정의적 영역, 심체적 영역 등으로 구분할 수 있으며 이에 따른 식물의 기능적 활용에 관하여 알아볼 수 있다.

가) 인지적 영역

아동들은 원예식물을 통해서 유기체 생육을 위한 양분, 수분, 일조, 온도 등의 환경 요구성 및 시간의 진행에 따른 맹아, 개화, 결실, 낙엽, 병충해 등의 변화와 이에 따른 다양한 관리요령 및 싹이 나서 생장하고 꽃이 피어 열매가 만들어지는 생명현상을 관찰할 수 있으며 그에 관계되는 흙, 비료, 태양, 공기, 물의 역할을 이해할 수 있다.

피아제식 인지발달 단계에서 살펴 볼 때 원예영역에서 '돌본다'는 인간의 행위로서 활동적인 참여와 더불어 식물의 대표적 고유 특성인 오감자극 등과 연관된 감각적인 참여의 상호작용은 감각 통합적 반응을 가능케 하는 특성을 가지고 있다. 또한 프리벨은 특히 아동의 경우, 정원활동을 통해 식물생육의 필수적인 원리로서 전체와 부분의 관계를 배우게 되며 이를 통해 학습의 원리적 사고를 이해할 수 있다고 하여 중심 통합교과적 제재로서의 원예활동의 중요성을 강조하였다. 특히 원예활동은 인지적 학습효과를 높일 수 있는 자동교육이 가능하도록 하며 식물의 이름 외우기와 같은 주입식 학습형태가 아닌 자연을 통한 호기심을 유발하고 스스로 깨달아 가는 자기주도적 학습이 이루어지도록 한다.

나) 정의적 영역

원예활동은 살아 있는 것의 아름다움, 신비함, 약함, 강함 등에 감동하고 걱정하는 아동들의 정서를 풍부하게 하는 역할을 한다. 식물은 녹색의 애완동물로 간주되며 어린 시절 및 청소년기의 원예활동은 정서적으로 매우 중요한 의미가 있다.

즉 원예식물의 감상이나 육성을 통해 참된 자아를 돌이켜보는 것이 가능하고 기계로부터 배우지 못하는 것을 생명체와의 접촉을 통해 배움으로써 견실하고 전인적인 인격체로 성장하는 바탕으로 삼을 수 있다. 식물을 대상으로 녹색의 애완동물이라고 불리는 것처럼 살아 있는 것의 아름다움, 신비함, 약함, 강함 등에 감동하고 걱정하는 경험을 해보는 행위는 정서를 풍부하게 한다.

또한 식물의 생활사를 통해 아동들은 인간의 생활사를 추론하고 비교해 볼 수 있으며 다양한 삶의 지혜와 교훈을 얻게 된다. 자연에 대한 작은 인식과 경외감을 느끼는 과정을 통해 아동들은 성인과는 구별되는 정서적 감흥과 행동 변화를 경험하게 된다. 식물이 자라나는 단계에 따라 필요한 돌보기 과정을 통해 일의 계획성과 집중력 등도 함께 느낄 수 있다. 또한 다양한 식물의 잎이나 꽃, 줄기에서 다채로운 색상이나 형태 등을 구별해 냄으로써 분별력과 상상력이 배양될 수 있는 효과적인 교육이 될 수 있다. 따라서 아동기 원예교육은 단순한 식물재배와 연관된 기술교육이나 농업활동만이 아닌 행동이나 정서 수정과 연관된 소양교육으로 연결시킬 수 있음을 인지해야 한다.

정신생리학적으로 볼 때 원예활동시 다수 사용되고 있는 녹색식물은 정신과 육체를 전인적으로 휴식시킴으로써 활력과 인성 개발 등에도 도움을 줄 수 있으며 이러한 효과는 심리적 효과로 개괄된다. 최근 다수의 연구 결과를 통해 안정 및 휴면뇌파로 알려진 알파파가 꽃이나 식물 가꾸기 등의 활동을 하는 경우에 인간의 두뇌에서 집중적으로 생성되는 것으로 알려지고 있다. 또한 녹색의 식물을 바라보는 것만 해도 식물이 지닌 진정효과에 의해 체내근육의 근 긴장도를 상당량 감소시켜 주는 것으로 알려져 있어 학습활동에 지친 현대 아동들의 긴장해제에 도움을 줄 수 있다. 또한 그 외에도 원예활동을 통하여 각종 스트레스 지표로 총칭되는 맥박, 혈압, 피부전도도 및 스트레스 호르몬인 코티졸 등의 경감에도 직접적인 정서안정의 효과가 있는 것으로 알려져 있다.

다. 심체적 영역

심체적 영역은 현재 '가꾸기' 기술에만 국한된 원예교육 영역에서 가장 도외시되고 있는 교육적 영역에 속한다. 심체적 영역과 관련된 원예활동과 식물이용은 앞서 언급된 다양한 쾌적한 환경 조성 효과 및 먹거리 공급과 연관할 수 있다.

환경 조성 효과와 연관해서는 나무 및 실내식물 가꾸기 활동을 통해 학습할 수 있는 식물의 광합성작용, 테르펜류를 중심으로 한 피톤치드(phytoncide) 발생, 온·습도 조절 효과를 통한 숲의 미기후(micro-climate) 조절, 음이온 상승 효과 및 오염물질 필터링 효과를 예로 들 수 있다. 파키라, 몬스테라, 벤자민, 쉐플레라 등의 관엽류(foliage plant)는 상대습도를 유발하는 작용이 활발한 식물종류로서 보통 실내에 보통크기(1m안팎)의 관엽식물 3화분을 두는 것은 24시간 가습기를 작동시키는 것과 같은 효과가 있다. 또한 대부분의 초본성 식물은 음이온 발생 효과가 있어 인간의 양이온을 상쇄하여 자율신경을 안정시킨다. 그 외 기타효과로서 에어컨디셔너의 역할로서의 호흡작용을 통한 열의 흡수, 그늘의 제공 및 바람의 속도를 조절한다. 대개 방풍림을 조성해 줌으로써 풍속을 60~70%로 줄여주어 미기후를 조절할 수 있다.

최근 실과 내에서도 환경오염에 관한 문제가 다수 거론되며 공기 질 문제가 심각한 현안으로 대두되고 있는데 실내식물들은 앞서 언급된 정서안정에 미치는 효과

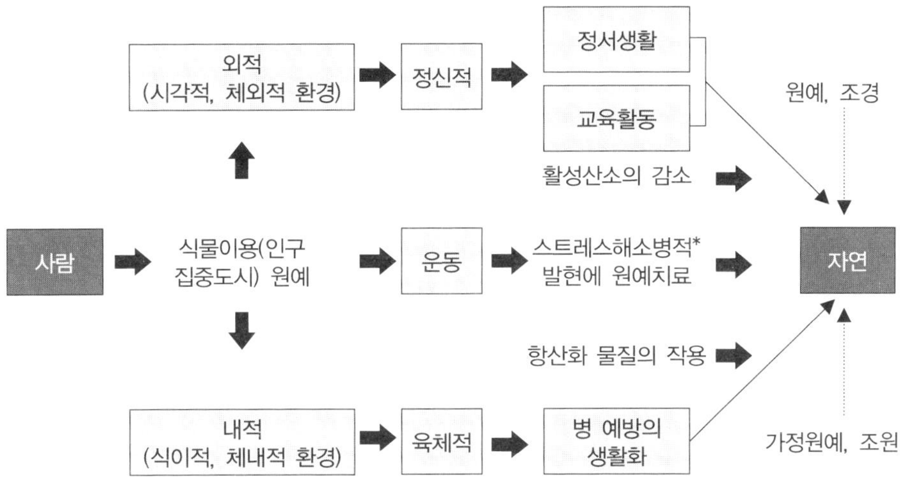

그림 Ⅳ-5 인간과 생활원예의 효과

자료 : http://worldcommunitycookbook.org

이외에도 원예교육과 연관되어 향후 더욱 비중을 두고 다루어야 할 재배작물로 사료된다. 특히 실내 재배용 관엽식물이 이러한 효과가 크며 특히 스파티필럼 등의 천남성과 식물과 다육식물인 산세베리아 등의 초본성 화훼류 일부가 적극적으로 생활 공간 내에서 사용되고 있다.

2 생활원예식물의 분류

가. 식물분류의 기준

다양한 원예식물을 분류하고 이를 제대로 학습하며 취급하고 생활 속에서 활용하기 위해서는 식물의 개략적인 속성을 기준으로 분류할 수 있어야 한다. 체계적인 식물분류 기준 하에서 아동들은 여러 가지 학습 원리와 유용한 정보를 얻을 수 있다. 식물의 분류 체계는 다양한 기준 하에서 나누어 질 수 있으나 대개는 식물의 이용성에 따른 인위적 분류와 식물 형태 및 해부학적 특성 등에 따라 분류하는 자연분류법으로 나뉠 수 있다.

좀 더 알아보기

식물분류 체계

I. 인위적 분류법

인위적 분류는 관상학적 분류법과 생태적 분류법으로 나뉜다.

1. 관상학적 분류법

관상학적 이용면에서 재배방법과 환경관리, 번식 및 개화기 조절 등을 연구하는 방법

① 식물연한에 따른 분류: 1년생, 2년생, 다년생

② 이용부위에 따른 분류: 근채류, 엽채류, 과채류

③ 식물용도에 따른 분류: 식용식물, 약용식물, 관상식물

2. 생태적 분류법

식물의 재배와 경영적인 면에 따른 분류. 생태적 분류

① 개화시기에 따른 분류: 춘하추동의 계절적 변화에 따른 분류

② 재식시기에 따른 분류: 종자와 묘를 심는 시기에 따른 분류

③ 이용면에 따른 분류: 이용방법에 따른 분류

II. 자연분류법

식물학적 혹은 계통적 분류방법으로서 식물 유연관계에 따라 식물의 형태나 생리·생태적 특징을 고려하여 식물을 분류하는 방법을 의미한다. 모든 식물의 유연관계에 따라 분류단위는 계, 문, 강, 목, 과, 속, 종으로 나누며 좀 더 세분화 할 때는 '아(sub)'를 접두어로 붙인다. 근래 다양한 식물이 개발되면서 생활원예에서는 분류군 가운데 과 이하에 속하는 식물을 접하게 되는데 이는 변종(variety), 품종(cultivar), 클론 등으로 나뉜다. 이러한 유연관계는 다시 화훼식물을 연구하는 데 절대적으로 필요한 기초학문이 된다.

1. 형태학적 분류 : 육안으로 직접 볼 수 있는 식물의 줄기, 잎, 엽흔, 뿌리, 꽃 등을 통한 식별 체계. Linneaeus의 분류체계
2. 해부학적 분류 : 식물의 내부구조를 해부학적으로 규명하여 분류하는 체계. 식물도관, 형성층의 특색(단자엽, 쌍자엽), 세포의 배열상태, 잎의 분지상태, 관속과 엽맥 등을 분류하는 방법
3. 발생학적 분류 : 개체발생, 배우체의 발달, 수정현상, 배유, 배 및 종피의 발달 등 을 조사하여 분류하는 방법
4. 화분학적 분류 : 꽃가루와 포자에 의하여 막의 형태, 대칭, 모양, 크기 등을 조사하여 분류

하는 방법. 주사전자현미경(Scanning Electron Microscope: SEM)을 사용하여 조사, 연구하는 방법
5. 세포학적 분류 : 염색체의 수와 형태 등에 따라 분류하는 방법. 투사 전자현미경(Transmission Electron Microscope: TEM)을 사용하여 조사, 연구하는 방법
6. 생리학적 분류 : 광합성능에 따른 분류방법. C3, C4, CAM
7. 분자생물학적 분류 : PCR(DNA를 펼치는 방법 : DNA mapping)방법을 활용하여 DNA polymorphism을 단시간에 조사할 수 있는 분류 방법(품종, 변종 등이 다양하고 처리적 방법이 다양해질수록 근연간의 관계를 알아내기 위한 방법)

나. 꽃식물의 분류

꽃이란 관상 가치가 있는 식물을 말하는 것이며 화훼의 종류는 매우 많으므로 분류 방법도 매우 다양하다. 이 중에서도 생육 습성과 이용법을 동시에 적용한 원예학적 분류 방법은 다양하게 존재할 수 있는데 본 장에서는 실용적인 면에서 널리 사용될 수 있는 원예학적 분류방법에 따라 분류하고자 한다.

1) 한해살이 화초

씨를 뿌리면 싹이 터서 꽃이 피고 열매를 맺은 뒤 1년 이내에 생을 마치는 한해살이 화초는 씨를 뿌리는 시기에 따라 봄에 뿌리는 꽃과 가을에 뿌리는 꽃으로 나눈다. 즉 가을에 파종하여 월동 후 다음 해 봄에 개화・결실 하는 것도 역시 일년생 초화라고 하므로, 일년생 초화의 엄격한 구분은 파종 후 12개월 내에 개화・결실되어 죽는 식물을 말한다.

한해살이 화초는 대부분 화려한 꽃이 동시에 피기 때문에 화단이나 용기에 심어서 관상용으로 즐기며 계절의 변화를 만끽할 수 있다. 한해살이 화초는 생활사가 짧고 이용할 수 있는 종류가 다양하며 아동들에게 다채로운 시각적 자극과 흥미를 줄 수 있으므로 식물군 중 매우 높은 교육적 효과를 줄 수 있고 학교 현장에서의 수업 실현성과 지속성이 높은 편이다.

가) 춘파 1년생 초화류

봄에 씨를 뿌리는 꽃으로서 봄에 파종하고 그 해에 꽃이 피고 열매를 맺는 종류로서 대부분 열대 또는 아열대 지방이 원산지이며, 주로 여름에 꽃이 핀다. 금어초, 당국화, 맨드라미, 메리골드, 코스모스, 금련화, 채송화, 샐비아, 백일초, 피튜니아, 봉선화, 아프리카 봉선화, 해바라기, 신경초, 분꽃, 일일초, 잎맨드라미, 아게라텀, 천일홍, 콜레우스, 토레니아 등이 이에 속하며 우리가 여름철이나 초가을에 꽃을 볼 수 있는 대부분의 식물이 여기에 속한다.

그림 Ⅳ-5 춘파 1년생 초화류로서 생육이 매우 우수한 임파치엔스

나) 추파 1년생 초화류

가을에 씨를 뿌리는 꽃으로서 화단, 온실 등에서 어린 싹의 형태로 월동을 한 후 이듬해 봄에 꽃을 피우며 생장하는 화초로서, 주로 온대 지방이 원산지이다. 팬지, 금잔화, 스타티스, 루피너스, 델피늄, 스토크, 패랭이꽃, 고데티아, 로벨리아, 스윗트피이, 시네라리아, 주머니꽃, 프리뮬러, 데이지 등이 이에 속한다.

그림 Ⅳ-6 추파 1년생 초화류에 속하는 데이지

2) 두해살이 화초

2년초는 두해살이 화초라고도 하며 파종 후 12개월, 즉 1년이 지난 후 개화하여 결실하는 종류를 말한다. 이에 속하는 종은 대개 추파 1년초의 생육기간이 길어진 형으로 다이안더스류, 디지털리스, 종꽃, 접시꽃 등이 이에 속한다.

3) 여러해살이 화초

씨를 뿌린 후 2년 이상 기를 수 있는 초화류로 겨울이 되면 땅 위의 잎이나 줄기는 말라 죽지만 땅 속의 뿌리는 살아 남아 생육을 계속하는 초본성 식물을 의미하며 숙근초라고도 한다. 추위에 견디는 정도에 따라 화단에서 기를 수 있는 식물과 실내에서 길러야 하는 식물로 나뉜다. 우리나라의 추위에 약한 초화류는 열대나 아열대 지방 또는 우리나라보다 덜 추운 온대지방이 원산인 식물로서 군자란, 임파치엔스, 제라늄, 란타나 등이 있고 추위에 강한 초화류는 숙근 플록스, 루드베키아, 금계국, 옥잠화, 작약 등이 있다.

가) 알뿌리 화초

알뿌리 화초는 여러해살이 화초의 일종으로 아동들이 화단에서 가꿀 수 있는 초본성 화훼류 중 유일한 여러해살이 화초에 속한다. 알뿌리 화초는 여러해살이 화초의 일종으로 식물체의 잎, 줄기, 뿌리 중의 일부가 지하에서 비대해져서 알뿌리 형태로 된 것을 의미한다. 우리가 일상생활에서 쉽게 접하고 있는 열매채소 종류로 양파나 감자, 고구마 등도 알뿌리 식물로서 양파는 잎을, 감자는 줄기를, 고구마는 뿌리를 식용하는 것이다.

알뿌리 화초는 추위에 견디는 성질인 내한성에 따라 알뿌리를 심는 시기가 봄과 가을로 달라진다. 내한성이 강한 튤립이나 수선화, 크로커스 등은 가을에 심어 봄에 꽃을 보고 여름에 거둬들인다. 이러한 알뿌리 종류들은 원산지가 대개 온대지방이며 겨울 추위를 겪어야 꽃이 피는 습성이 있으며 이를 춘화처리(저온처리)라고 한다. 반면 우리나라의 겨울 추위를 견디지 못하는 칸나, 달리아, 나리 등은 봄에 심어 여름에 꽃을 보고 가을에 거둬들인다. 이러한 종류의 알뿌리 들은 대개 열대지방이 원산지인 식물들로 우리나라 겨울추위에 약한 습성이 있다. 알뿌리 화초들의 생활사는 여러해살이 화초 중에서도 아동들의 식물의 생태를 이해하기에 매우 적합한 소재이다. 즉 원뿌리(모구)와 자식뿌리(자구)의 형태나 생육 습성 등을 아동들에게 이해시킴으로써 여러해살이 식물의 생태와 연관된 학습을 간단하게 할 수 있다. 특히 알뿌리는 아동들이 생활 주변에서 많이 발견할 수 있는 식물군으로서 양파, 마늘, 생강 등과 같은 양분이나 수분을 함유한 비대된 줄기나 뿌리가 지하부에 있는 식물을 의미하게 되며 식물에 따라 모양이나 특성이 달라 흥미롭게 학습할 수 있다. 알뿌리의 종류에는 인경, 괴경, 구경, 근경, 괴근 등의 여러 종류로 구분할 수 있다.

(1) 인경(비늘줄기)

줄기가 짧고 잎이 비대한 인편 모양을 하고 있는 알뿌리를 가지고 있는 식물을 의미한다. 튤립, 히야신스, 아마릴리스 등과 같은 외부 인편이 말라 한겹의 막으로 형성되어 있는 유피인경과 나리와 같이 외부 인편이 없이 인편이 겹쳐 있는 형태로 되어 있는 인편상 인편이 있다. 경우에 따라 노칭(notching), 스쿠핑(scooping) 등의 방법을 실시하여 자구생산율을 높이는 경우가 있다.

(2) 괴경(덩이줄기)

껍질이 없는 상태에서 줄기가 비대해진 것으로 종류로는 감자, 아네모네, 칼라, 원추리 등을 들 수 있다.

(3) 구경(알줄기)

줄기가 비대해져서 구근 모양으로 된 것으로 글라디올러스, 프리지아, 크로커스 등을 예로 들 수 있다. 알줄기를 가지고 있는 식물은 비늘 줄기를 가진 식물에 비해 비교적 증식이 쉬운 편이다.

그림 Ⅳ-7 알뿌리 식물에 속하는 칸나

(4) 근경(뿌리줄기)

줄기가 땅 속으로 들어가 다소 비대해진 것으로 아이리스, 칸나, 꽃 생강 등을 예로 들 수 있다.

(5) 괴근(덩이뿌리)

뿌리가 땅 속으로 들어가 덩이모양으로 비대해 진 것으로 고구마, 다알리아 등의 종류가 있다.

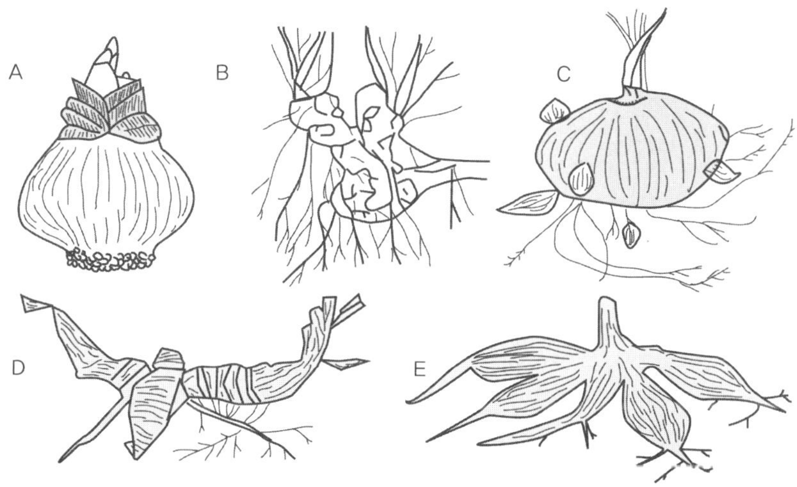

(A. 인경, B. 괴경, C. 구경, D. 근경, E. 괴근)

그림 Ⅳ-8 알뿌리 화초의 여러 가지 형태

출처 : 서정근(1998). 생활원예

나) 관엽식물류

실내식물은 열대우림 기후지대가 원산인 식물로서 실내에 배치되어 주로 잎을 관상 대상으로 하는 식물이다. 따라서 꽃이 피더라도 화려하지 않으며 오직 잎이 넓거나 크고 독특한 무늬와 색이 있어 주로 잎을 보고 즐기는 식물을 의미하고 휴면기가 짧거나 없기 때문에 잎이 항상 푸른 특징을 지니고 있다.

원산지 특성 상 광도에는 둔감한 그늘식물로서 고온, 항온 및 다습에 반응하는 식물로서 실내조경용 식눌로 적합하며 건축자재로서 푸름을 제공하는 식물로 현대 주거생활에 알맞은 식물로 각광받고 있다. 특히 실내 공기정화용 식물로 알려져 잎

표면적당 기공이 많은 식물 및 엽면적이 넓은 식물, 이산화탄소, 분진, 오염물질 및 휘발성 유기물질 등의 제거 효과가 매우 큰 식물로서 알려지고 있다. 또한 현재 실내생활을 주로 하는 아동들의 생활습성상 실내에서 늘 보고 재배할 수 있는 실내 재배용 관엽식물은 현대아동들에게 가장 유비쿼터스적인 특성을 가지고 있는 식물이며 재배도 용이한 편이다.

관엽식물 중에서도 특히 천남성과에 속하는 스파티필럼, 몬스테라, 싱고니움, 안스리움, 필로덴드론, 스킨답서스 등은 주변에서 가장 쉽게 구입이 용이하고 번식과 재배가 용이해 원예초보자인 아동들이 키우기에 특히 적합한 식물종이다.

그 외에는 일반적으로 마란타, 몬스테라, 페페로미아, 아나나스류, 칼라데아, 알로카시아, 디펜바키아, 아스파라거스, 고무나무, 소철, 코르딜리네, 크로톤, 산세베리아, 안스리움, 필로덴드론, 디지고데카, 시서스, 클로로피텀, 헤데라, 호야, 관엽베고니아, 극락조화 등이 이에 속한다. 야자과식물에 속하는 아레카, 부티아, 호웨아, 페닉스, 리비스토나, 관음죽, 종려죽, 와싱토니아, 공작야자, 코코스야자, 고사리과 식물인 아디안텀, 봉미초, 파초일엽, 박쥐란, 사이아데아, 네프롤레피스, 벌레를 잡아 영양을 섭취하는 식충식물인 네펜데스, 사라세니아, 끈끈이주걱, 통발, 핀쿠이쿨라 등도 이에 속한다.

식충식물은 벌레를 잡아 영양을 섭취하는 식물군을 의미하며 이색적인 식물의 외형과 생육특성 때문에 아동들에게 흥미를 더할 수 있는 교육적 효과가 높은 식물이다. 특히 초등 아동들의 생육 특성상 구체적 조작기에 속하는 아동들의 감각통합적인 인지특성을 고려해 볼 때 타 식물군에 비해 오감적 특성이 뚜렷한 식충식물은 아동들에게 높은 학습적 효과를 기대해 볼 수 있는 식물이다.

A. 스킨답서스　　B. 싱고니움　　C. 스킨답서스　　D. 필로덴드론

그림 Ⅳ-9 관엽식물 중 공기정화효과가 뛰어난 천남성과 식물

자료 : http://aggie-horticulture.tamu.edu

다) 다육식물과 선인장류

그림 Ⅳ-10 다육식물에 속하는 선인장

줄기나 잎에 많은 수분을 함유하고 있는 식물을 다육식물이라 하고, 잎이 가시로 변태 되고 비대된 줄기가 아름다운 사막 지대 원산의 식물을 선인장류라고 한다. 이는 다육식물이 건조지대에서 수분부족에 잘 견딜 수 있도록 진화된 형태를 의미하는 것으로서 수분부족에 대응하는 형태를 의미한다. 원산지 특성상 햇빛이 필요하나 화분에 심어 주로 실내미화 등에 많이 사용되고 있다. 설란, 도꾸리란, 알로에, 크라슐라, 에케베리아, 유포르비아, 카랑코에, 세듐, 게발선인장, 공작선인장, 기둥선인장, 부채선인장, 모란선인장, 유카 등이 이에 속하며 개화시 관상가치가 높은 편이다.

다육식물과 선인장류는 원산지 특성에 기인하는 독특한 생활사 때문에 아동들에게 식물생태나 재배법 등을 흥미롭게 가르칠 수 있는 매우 효과적인 교육용 식물이다. 이들의 원산지는 주로 고온건조한 사막기후지대로서 건조에 상당히 강하며 식물에 따라 특이한 줄기 또는 화려한 꽃이 관상가치가 있어 실내에서 화분으로 가꾸는 경우가 많다.

라) 난과식물

난초과에 속하는 식물로 단자엽 식물군 중 가장 진화된 식물로서 세계적으로는 약 700속에 3만 여 종이 분포되고 있다. 즉 단일 품종으로는 분포범위가 가장 넓으며 북위 30도, 남위 30도 범위 내에 모두 서식한다. 꽃의 수명이 매우 길며 꽃의 아름다움(서양란)이나 향기(동양란), 선율미가 뛰어난 잎(동양란) 등이 관상부위가 된다.

난꽃은 꽃잎의 모양이 매우 다양하여 난의 미적가치 상승에 기여하며 순형 꽃잎, 봉심, 주상체(column)으로 구성되어 있다. 뿌리특성은 착생과 지생으로 나뉘며 뿌리 통기요구도는 큰편으로 난석이나 바크에 식재한다. 뿌리에는 벨라닌 층(velamen layer)이 발달하였으며 뿌리털이 없는 대신 균근(mycorrhiza)이 발달되어 있다.

A. 동양란

B. 서양란

그림 Ⅳ-11 난과식물

난은 다음과 같은 특성으로 분류한다.

(1) 원산지별

동양란의 경우는 한국, 일본, 중국이 원산지로 일경일화와 일경다화성 난으로 구분된다. 종류로는 보세, 춘란, 풍란, 석곡, 하란(옥화, 건란), 추란(소심), 한란 등으로 나뉜다. 동양란의 경우는 개화시기에 따른 분류가 일반적이다. 서양란의 경우는 동남아나 중남미의 열대지방을 원산으로 하며 카틀레야, 심비디움, 덴드로비움, 온시디움, 팔레놉시스 등이 있다.

(2) 생태별

난의 뿌리뻗음 특성에 따른 분류로서 착생란(epiphytic orchid)과 지생란(terrestrial orchid)으로 나뉜다. 착생란은 기생란이라고도 하며 뿌리를 수목의 줄기나 바위표면에 펼치고 살며 재배시에도 흙을 사용하지 않는다. 지생란은 뿌리를 주로 땅속에 뻗는 것으로 주로 온대지방산이며 음지에 생육한다.

또한 잎 달리기 특성에 따라 상록성과 낙엽성으로 나뉘는데 상록성에는 관상가치가 비교적 높은 춘란, 한란, 새우, 금새우란, 풍란, 나도풍란 등이 속하며 낙엽성에는 개화 시 월동이 필요한 자생란 종류가 대부분 속한다. 종류로는 은난초, 금난초, 잠자리난초, 나나벌이난초, 옥잠 난초 등을 들 수 있다.

그림 Ⅳ-12 대표적인 착생란에 속하는 열대성 양란 반다(Vanda)와 구조

(3) 화목류

화목류는 관상대상이 주로 꽃이 되는 나무를 의미하고 경우에 따라 잎이나 과실을 감상할 수 있는 목본 식물을 의미한다. 키높이에 따라 관목과 교목으로 나뉘고 관목에는 꽃을 감상하는 장미, 라일락, 미선나무, 철쭉나무, 수국, 개나리, 무궁화나무, 모란, 잎을 감상하는 남천, 사철나무, 회양목, 열매를 감상하는 피라칸사 등이 있으며 교목에는 목련, 매화나무, 벚나무, 등나무, 잎을 감상하는 단풍나무, 향나무, 소나무류, 열매를 감상하는 모과나무, 꽃사과나무 등이 있다.

그림 Ⅳ-13 열매가 아름다운 화목류인 백량금

(4) 수생식물

수생식물은 생육하는 곳에 따라 여러 가지로 구분된다. 수지식물은 못의 진흙에서 생육하는 식물로서, 수련, 연, 시페루스 등이 있으며, 물속에서 자라는 물속식물에는 붕어마름, 검정말 등이 있다. 또한 물에 떠서 자라는 뜬물식물은 마름, 물 옥잠화 등이 있으며 물가의 다습 지역에서 자라는 물가식물에는 창포류, 붓꽃류 등이 있다. 이를 다시 크게 나누어 볼 때 잎자루가 물에 접해 있는 종류와 완전히 잠겨 있는 종류로 대별할 수 있다.

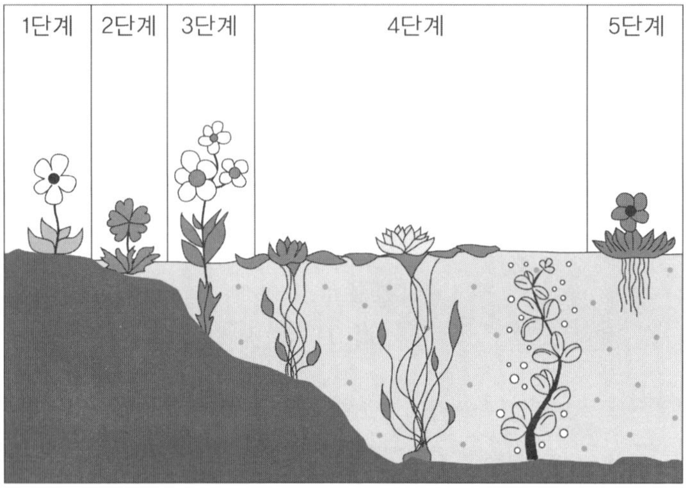

그림 Ⅳ-14 수생식물의 생육 형태

자료 : http://vanbloem.com

다. 채소류의 분류

채소재배는 꽃을 가꾸는 것과 마찬가지로 식물이 싹트고 자라서 수확하는 과정을 직접 체험함으로서 취미활동과 여가선용의 기회를 가지게 된다. 또한 수확된 각종 채소는 식용으로 이용할 수 있게 될 뿐만 아니라 뜰에 푸르름을 제공할 수 있는 역할도 하게 된다.

특히 아동들에게 늘 보던 친근한 식물임과 동시에 자가재배의 교육적 의미와 더불어 직접적인 노작활동 효과를 얻음으로써 실과교육 본연의 교육목표 달성에 매우 적합한 제재로 분류될 수 있다. 채소류는 최근 들어 다양한 품종 개량이 진행되면서 다양한 품종이 시중에 유통되고 있으나 우리나라에서는 지역별로 재배가 어려운 종류가 있으니 이를 유념하여야 한다.

채소류는 식용부위, 생육온도 및 생육기간 등에 따라 다양한 분류방법으로 분류할 수 있으나 이중 교과서와 연관하여 식용부위에 따른 채소류의 분류방법을 소개하면 다음과 같다.

1) 잎줄기 채소(엽경채류)

잎줄기 채소(엽경채류)는 서늘한 기후에서 잘 자라며 질소 성분과 수분의 요구량이 많은 채소들이다. 잎채소에는 배추, 양배추, 시금치, 상추, 샐러리, 파슬리 등이 있으며 꽃채소는 꽃 양배추, 요리국화 등이 있다. 또한 줄기 채소에는 아스파라거스, 토당귀, 죽순 등이 있고, 비늘줄기 채소에는 양파, 마늘 등이 있다. 특히 엽경채류는 근래 다양하게 소개되고 있는 잎이나 꽃, 뿌리 또는 열매에 방향이 있는 향료식물이나 향신료식물로서 허브와 스파이스로 분류된다. 허브는 온대지방에서 자라는 향료식물로서 줄기와 잎을 건조시켜 이용하는 것이며 스파이스는 열대지방원산의 향료식물을 종자, 껍질, 뿌리를 건조하여 주로 분말형태로 만든 것을 의미한다. 최근 면역성 질환 등이 증가하면서 대체의학이나 자연치료에 대한 관심이 증하고 특히 아동들의 건강예방 및 증진 등으로 고려해 볼 때 허브는 학교 교육에서 반드시 포함시켜 다루어야 할 아동에게 적합한 대표적 유용식물로 분류될 수 있다. 국내에서는 바질(basil), 민트(mint), 타임(thyme), 마조람(majoram), 로즈마리(rosemary) 등이 5대 허브로 분류된다.

허브류는 생활 속 활용도에 따라 차(茶)용, 요리용, 아로마테라피용, 약(藥)용 등으로 분류하는 것이 보편적이나 원예학적 견지에 따른 재배특성 분류를 하면 다음과 같다.

가) 온대산 허브

대개 온대지방이 원산으로 내한성이 큰 종류를 의미하며 허브 대부분이 이에 속한다.

(1) 로즈마리

라벤더와 더불어 여성에게 특히 인기가 높은 허브로서 생활 속에서 가장 다양하게 사용되는 허브로 꼽힌다. '정절'과 '좋은 추억'을 의미하며 식물명의 기원인 'Rosmarinus'라는 뜻은 '바다의 이슬'을 의미하며 자생지 해변가에서 향기를 발휘한다는 뜻으로 풀이된다. 관목으로서 자생지는 유럽이나 지중해 연안이며 이 지방에서는 2m까지 자라는 특성이 있다. 소나무와 향나무의 혼합향이 특성이며 식물 전체에서 방향이 나는 상록 관목성 식물로 종자번식과 녹지삽, 반숙지삽을 하여 번식한다. 오일성분의 구성성분은 리모넨(limonene), 시네올(cineole), 털페놀(terpineol), 캠펜(camphene) 등이다. 초봄에 자주색 꽃이 피며 허브류 중 가장 생육이 강인한 편이라 초보자에게 적합한 품종이다.

(2) 민트

레몬밤과 더불어 밀원 식물의 대표적인 허브로서 향기가 매우 높은 영년생 초본으로 10여 종이 분포하고 있으며 각각 종류별로 향이 다르다. 이는 변종을 의미하는 것으로 민트는 허브 중에서도 변종이 매우 많은 허브류이며 오드클론 민트, 애플민트, 페니로열민트, 페퍼민트, 스피아민트, 블랙페퍼민트, 파이애플 민트 등 재배종 만 20종에 달한다. 이에 따라 각기 다른 고유의 향은 용도에 따라 선택할 수 있다.

원산지는 지중해이며 생육이 매우 좋은 허브류 중 하나이며 청량감이 높은 향기가 특성이다. 오일은 주로 잎에서 추출하며 구성성분은 알코올(menthol), 에스테르, 케톤(ketone)과 테르펜(terpene)이며 향성분도 오일 성분에 따라 다르다. 현재 대중성이 높은 오일은 페퍼민트와 스피아 민트이며 베르가못도 인기가 있다.

(3) 타임

라벤더, 로즈마리 등과 매우 잘 알려진 허브류로서 Thyme은 그리스어로 thymos에서 유래했으며 '향기를 피운다'는 뜻으로 우리말로는 '백리향'으로 불린다. 재배가 비교적 쉬운 허브류이며 로즈마리와 더불어 대표적인 목본성 허브류이다. 원산지는 남부유럽의 지중해 원안이며 서아시아, 북아프리카 등에 분포하고 있으며 유럽에는 약 66종이 있으며 우리나라, 일본 등지에도 자생하는 종류가 있다. 지상부가 매우 빠르게 자라며 쉽게 덤불을 이루므로 수시로 수확하여 사용할 수 있다.

(4) 라벤더

'향의 여왕'으로 불릴 정도로 방향성분이 잎과 꽃의 표면을 하얗게 덮고 있는 허브로서 수많은 허브 중 가장 알려진 허브인기 품종이다. 특히 라벤더 꽃은 청결, 순수함의 상징으로 대표되며 28종의 변종이 있을 정도로 꽃이 좋은 대표적 허브이다.

원산지는 지중해 연안이며 고대로부터 독특한 맛과 향기 때문에 약용과 조미식물로 사용되어 온 식물로서 lavender는 라틴어 lava 또는 lavare의 '목욕하다'라는 의미에서 비롯되었다. 허브류 중 재배가 비교적 까다로운 편인 허브(여름 더위와 습기에 특히 약함)로서 잡초구제에 신경 쓰며 노지재배 시에는 특히 배수가 잘되는 토양에 식재한다.

라벤더는 크기는 30~60cm 로서 상록성이며 관목으로서 90cm 정도까지 성장한다. 나무는 전체가 백색을 띠며 잎은 침형으로 되어 있고 윤생하는 특성이 있다. 꽃은 작고 보라색을 띠며 계통에 따라 흰색, 연한 핑크색 등 다양하다. 개화기는 보통 6~9월이며 뿌리는 쉽게 뻗는 성질을 가지고 있으며 여름철은 장마기가 없고 건조한 지중해성 기후 지역에서 대표적으로 잘 자란다. 오일 구성성분은 리날린 아세테이트(1-linalyl acetate), 리날룰 에스터(linalool-ester), 리날룰(linalool), 제라놀(geraniol) 등으로 구성되어 있다.

(5) 세이지

세이지는 약용샐비어라고도 하며 그리스와 로마시대로부터 만병통치약으로 알려져 온 역사가 매우 오래된 허브이다. 영어의 'salvation(구원한다)'이라는 의미의 라틴어에서 유래했으며 약초로 로마시대부터 뇌와 근육을 강화하는 등의 건강과 연관된 허브로 널리 알려져 왔다. 민트 및 센티드 제라늄과 같이 변종이 매우 다양하고 잘 알려져 있는 품종으로서 클라리 세이지, 체리세이지, 레드세이지, 실버세이지, 골든 세이지, 드리갈러 세이지, 가든 세이지, 파이애플 세이지 등 잎과 꽃의 색에 따라 구분하는 허브가든의 여왕으로 꼽힌다.

관목성으로 잔가지가 많고 30~90cm 정도 자라는 다년생 초본이며 잎은 에델바이스 꽃과 비슷하게 생겼다. 꽃은 6~7월에 피며 자색 또는 백색이며 식물 전체에 오일성분을 함유하고 있다. 오일 구성성분은 시네올(cineole), 보르네올(borneole), 보닐에스테르(bonyl ester) 등이다.

(6) 바질

'왕자'를 뜻하는 그리스어 바실리우스(basileus)에서 유래했으며 고귀한 꽃과 방향을 가지고 있는 허브로 알려져 있다. 이탈리아나 프랑스 요리에 빠지지 않는 요리

재료로서 가장 대표적인 키친허브이다. 변종이 많은 대표적인 허브로서 향기와 풍미가 독특하다. 스위트 바실이 대표적이다. 수많은 허브종류 중 특히 약하며 지중해 연안에서 재배되고 영국이나 독일에서는 거의 재배되지 않는데 이유는 기후 조건에 비교적 까다로우며 특히 물주기와 비료관리가 힘든 편이다. 크기는 60~70cm인 1년생 식물로서 5월부터 수확이 가능하며 강한 생장이나 빠른 생육속도 때문에 수확할 때는 순을 치듯이 하거나 생육이 좋을 때는 2, 3마디 남겨 놓고 가능한 길게 잘라서 사용한다. 자른 후 2주 정도 후에 다시 강한 줄기로 자란다. 오일 구성성분은 리날룰(linalool) 등이다.

나) 열대산 허브

특히 추위에 약하여 반드시 겨울에는 실내재배를 하고 추위에 적극 신경을 써주어야 하는 허브의 종류를 의미한다.

(1) 레몬버베나

미국 남부 지역 등을 원산으로 하고 있으며 낙엽형 목본성 혹은 반상록성 덤불로서 키는 1.2m에서 4.5m 정도까지 자란다. 실외재배보다는 실내재배가 유리하며 전정을 통해 작은 나무로 자랄 수 있다. 물이 부족하면 낙엽이 지기 쉬우며 한대지방에서는 월동에 문제가 있어 용기재배 등을 통해 실내 월동을 해야 한다.

(2) 레몬그래스

동남아와 인도가 원산지인 허브로서 열대 아시아 원산의 식재료로 보편적으로 사용된다. 레몬그래스는 식물 전체가 레몬향의 향기를 내는 방향성 식물로써 덤불을 이루면서 자라고 보통 60~90cm의 길이로 자란다. 꽃은 쉽게 개화하지 않으며 에센셜 오일 성분은 시트럴(citral), 제라놀(geraniol), 파네솔(farnesol) 등이다.

2) 뿌리 채소(근채류)

뿌리 채소(근채류)의 식용 부분은 일종의 저장 기관이며, 비교적 높은 온도에서 생육하는 것과 서늘한 기후에서 생육하는 것이 있다. 높은 온도에서 생육하는 채소는 고구마, 마 등이 있으며, 서늘한 기후를 좋아하는 채소는 무, 순무, 우엉, 당근 등이 있다.

3) 열매 채소(과채류)

열매 채소(과채류)는 과실을 식용하며 비교적 높은 온도에서 생육한다. 오이, 호박, 참외, 멜론, 수박, 토마토, 가지, 고추, 딸기 등이 이에 속한다. 특히 열매채소는 과일류와의 구분이 필요한데 초본성 식물에서 생산되는 종류를 열매채소, 목본성 식물에서 생산되는 종류를 과일로 구분한다.

4) 꽃 채소(화채류)

꽃 채소는 관상기관인 꽃을 먹는 채소로서 높은 온도에서 생육한다. 브로컬리, 컬리플라워, 중국채소인 채심 등이 이에 속한다.

(A. 엽채류-상추, B. 경채류-아스파라거스, C. 화채류-브로컬리, D. 과채류-멜론, E. 근채류-양파)

그림 Ⅳ-15 채소류의 분류

라. 과수류의 분류

과수류는 관상 또는 식용을 목적으로 재배되는 과실을 생산하는 목본성 식물을 의미하며 그 종류는 매우 다양한 편이다. 가정이나 학교에서 기르는 즐거움, 보는 즐거움 뿐만 아니라 수확하여 열매를 식용할 수 있는 즐거움을 동시에 제공할 수 있다. 과수류의 분류 형태 역시 다양하게 소개되고 있으나 식용부위인 씨방, 꽃받침, 씨방벽 등의 발달 형태에 따라 구분하면 다음과 같다.

1) 인과류

인과류는 꽃받침이 변하여 과육이 된 것으로 씨방은 과일의 중심부를 이루고 있는 형태로 발달하였다. 꽃받침 조각은 꽃자루의 반대방향에 있으며 종류로는 사과, 배, 모과 등이 있다.

2) 준인과류

준인과류는 인과류와 씨앗의 배열 상태가 매우 동일하다. 식용 부위인 과육은 씨방이 발육 생장한 것이며 인과류와는 달리 꽃받침 조각은 꽃자루와 같은 방향에 있다. 종류로는 감, 감귤 등이 있다.

3) 핵과류

핵과류는 과실 속에 단단한 색이 위치하고 있고 먹는 부분인 과육은 씨방벽인 종과피가 비대된 것을 의미한다. 종류로는 복숭아, 살구, 자두, 앵두, 대추 등이 있다.

4) 장과류

장과류는 겉껍질이 얇고 먹는 부분인 과육은 중과피와 내과피가 발달하여 형성된 것이다. 특히 과육은 즙이 많고 그속에 작은 씨앗이 들어 있다. 종류로는 포도, 무화과, 나무딸기, 구스베리 등이 있다.

5) 각과류

각과류는 씨껍질이 굳은 껍질로 싸여 있으며 과육은 종실 속에 있는 떡잎이다. 종류로는 밤, 호두, 개암 등이 있다.

A. 사과 B. 감귤 C. 복숭아 D. 포도 E. 밤

그림 Ⅳ-16 과수류의 분류

자료 : http://ydnfl.com, http://kdaq.empass.comm

좀 더 알아보기

인과류인 사과의 구조에 대해 알아보면 사과는 그림과 같은 구조를 갖고 있다.

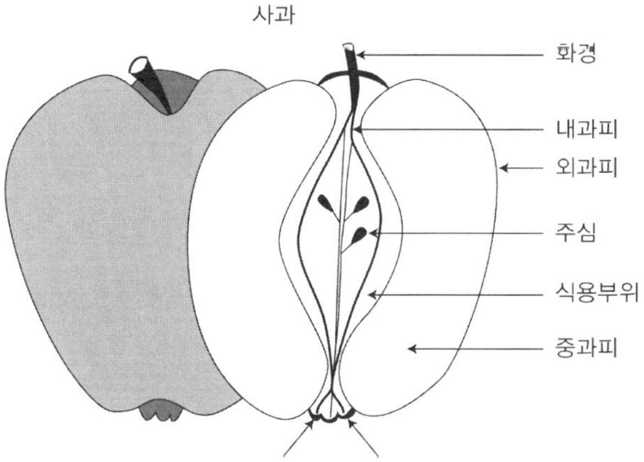

〈인과류에 속하는 사과의 구조〉

3 생활원예식물의 생육 환경

학교에서 식물을 가꾸는 환경은 전문적인 생산자나 취미로 가정에서 식물을 재배하는 환경과는 다르므로 가꾸기 적당한 식물이 제한될 수밖에 없다. 현재 우리가 주변에서 가꾸고 있는 식물은 대부분 전 세계에 걸쳐 자생하던 식물을 도입하여 이용하고 있는 것이므로 각각의 식물이 필요로 하는 환경이 다를 수밖에 없다. 따라서 본 장에서는 성공적인 식물 재배를 위해 요구되는 식물 생육 환경을 다루기로 한다.

가. 광

지구상에 생육하는 모든 식물 종은 양분을 합성하기 위해서 적당한 생육광도 하에서 재배되어야 한다. 또한 꽃과 잎의 색도 빛을 받아야 선명하게 나타나고, 꽃이 피고 지는 것도 빛에 의해 달라진다. 일반적으로 광은 식물의 기본적인 양분합성뿐만 아닌 기공개폐, 광형태 형성, 개화반응 등에 주요역할을 하며 식물의 생육에 미치는 광 요인으로는 광도(빛의 세기), 광질(빛의 파장), 일장(낮의 길이)이 있다.

1) 광의 역할

가) 광합성

엽록체를 통한 광 에너지를 통한 탄수화물 합성작용을 광합성(photosynthesis)이라고 하며 이는 동화작용(assimilation)과 이화작용(dissimilation)으로 나누어지며 광합성 반응에 따라 황백화 현상, 황화 현상, 광산화 현상 등을 야기한다.

나) 엽록소 및 기타 엽색소 합성

식물은 일정 광하에서 식물체 광합성 색소인 엽록소를 생성한다. 대개 재배 시유의할 점으로는 녹색 관엽식물의 엽색은 차광률이 높아질수록 더욱 깊어지고 강렬해진다. 특히 실내식물인 관엽식물은 원색이 강한 종은 비교적 고광에 강하고 옅은 엽색 및 단색종은 비교적 광에 의한 피해에 민감한 편이다. 또한 크로톤(*Codiaeum variegatum*)과 같이 엽색이 화려한 식물의 경우에 지니고 있는 식물의 엽색소인 안토시아닌(anthocyanin), 카로티노이드(carotenoid)와 같은 경우 비교적 고광도 하에서 엽색이 유지 되며 특히 엽록소 보다 색소 생성에 높은 광도를 요구한다. 그러나 지나치게 높은 광도에서는 탈색이 되므로 약간의 차광이 품질유지에 유리한다.

다) 기타 식물 생리작용

높은 광도에서 개화가 촉진되며 식물 성숙이 촉진되나 개화기는 단축된다. 또한 기공개폐의 경우에는 광하에서 식물기공의 개폐작용이 조절되며 광이 부족한 상태에서 잎이 떨어지는 탈리(abscission) 현상이 발생한다. 또한 종자발아에도 광도는 작용하는데 이는 광 수용체 일부인 파이토크롬(phytochrome)과 연관된 작용으로 설명된다.

그림 Ⅳ-17 종자발아에 주된 역할을 하는 파이토크롬(phytochrome)

자료 : http://www.nsf.gov

2) 광 형태에 따른 식물 구분

가) 광도

식물이 받는 빛의 세기를 광도라고 하며 식물 광합성 작용에 절대적인 역할을 한다. 식물은 종류에 따라 가장 적당한 생육을 할 수 있는 광도가 다르다. 생육에 적당한 식물의 광도는 식물의 종류에 따라 다른데 식물의 광요구도는 일반적으로 침엽수가 가장 높고 실외 꽃 보기식물, 실내 꽃 보기식물, 실외 잎 보기나무, 실내 잎 보기나무의 순이다. 과수 및 채소류의 광요구도는 보통 과수류, 열매채소, 허브, 뿌리채소, 잎채소의 순이다. 생육광도에 따라 식물을 분류하게 되는데 보통 약 80,000lux에서 잘 자라는 양지식물, 50,000lux 정도의 반음지에서 잘 자라는 반음지 식물, 10,000lux

에서 잘 자라는 음지 식물로 구분할 수 있다.

광도에 따른 식물특성 구분은 다음과 같다.

(1) 양지식물

양지식물에 속하는 종류로는 대개 꽃식물을 포함하는 한두해살이 화초, 꽃나무 종류와 침엽수 계통, 과수류와 과채류를 들 수 있다. 대개 식물체의 잎이 비교적 두껍고 좁은 형태이며 작은 형태이거나 꽃을 달고 있거나 과일을 맺는 종류들은 생육 상 빛을 많이 받는 곳에서 자라야 우수한 생육상을 나타낼 수 있으며 그늘에서는 불량한 생육을 나타낸다. 이는 음지식물과는 매우 대조적인 생육조건이다. 종류로는 주로 온대산 식물에 속하는 채송화, 맨드라미, 선인장류, 소나무, 향나무 등이 있다.

(2) 중생식물

중생식물에 속하는 식물종류는 외형적인 특성이 양생식물과 음생식물의 중간에 속하는 깨꽃, 봉선화, 라일락, 쥐똥나무, 단풍나무, 철쭉나무 등의 햇빛 조건이나 세기 등에 관계없이 식물의 생육연한 등에 따라 개화나 생육이 결정되는 식물종을 의미한다. 대개 열대산 식물로서 열대산 관엽 일부나 꽃식물들이 이에 속한다.

(3) 음지식물

음지식물에 속하는 식물들은 잎이 넓은 편이며 식물 당 잎 수는 작은 편이다. 이들은 대개 열대우림의 그늘에서 생육하는 식물들을 의미하며 대개 우리나라에서는

A. 네프로레피스

B. 아디안텀

C. 아스플레니움

그림 Ⅳ-18 그늘에서 견디는 내음성이 매우 큰 고사리과 식물

자료 : http://svetbiljaka.com

좀 더 알아보기

식물과 광관리

음지식물

보편적으로 음지 식물은 대개가 열대우림의 상록성 밀림에서 생육하고 있는 관엽식물이 많은 부분을 차지한다. 현재 생활원예를 시행할 때 실내에서 재배되는 대부분의 식물이 음지식물에 속하게 된다. 대개 광포화점이 낮은 관엽식물은 직사광선에 노출시키면 잎과 줄기가 타는 일소현상이 발생하며 잎의 크기가 줄어들고 잎의 윤곽이 뚜렷하지 않게 된다. 줄기의 길이가 짧아져 키가 줄어드는 형태상 변화를 일으키며 생육도 불가능해 질 수 있다. 관엽식물은 약한 광에서도 잘 자라는 식물이 많고 실험적으로는 1만 lux 정도에서도 충분한 식물이 있지만 최소한 겨울 햇빛의 2배 정도가 필요하다. 생육 상태는 반그늘(차광률 50%)이 적당하고 온도나 물의 양도 이에 따라 조절하도록 한다.

양지식물

양지식물은 대개가 온대산 꽃식물이나 화목류 및 일반 조경수목 등을 포함한다. 광포화점이 높은 양지식물은 그늘에서 재배될 경우 잎은 넓어지나 두께가 얇아지며 단위 면적당 잎의 수가 적어지고 엽록체의 수가 많아져서 잎의 색깔이 짙어진다. 그러나 지나치게 낮은 광도조건에서 오랫동안 방치해 두면 잎은 황록색으로 변하고 아랫잎이 떨어지게 되며 새로 자라는 줄기는 연약해지고 기늘어진다.

〈광도에 따른 식물 잎의 형태〉

	저광도	고광도
잎 색	중간정도의 어두운 녹색	노란색이거나 밝은 녹색
잎 크기	크다	작다
잎 형태	편평하다	부분적으로 굽어 있다
잎 두께	얇다	두껍다
잎 폭	넓다	좁다
절간 길이	길다	짧다
줄기 두께	얇다	두껍다
잎 달리기	수평이거나 아래로 처져 있다	위를 향해 있다.
새로 나는 잎	적다	많다
잎 각도	넓다	좁다

표 Ⅳ-4 식물종류에 따른 광도의 구분

구분	원예식물의 종류
높은 광도를 좋아하는 식물	코스모스, 카네이션, 달리아, 채송화, 나팔꽃, 맨드라미, 튤립, 글라디올러스, 작약, 배롱나무, 박태기 나무, 장미, 무궁화, 목련, 포인세티아, 선인장, 다육식물류 등
중간정도의 광도를 좋아하는 식물	프리뮬러, 금어초, 시네라리아, 시클라멘, 몬스테라, 필로덴드론, 디펜바키아, 종려죽, 관음죽, 산철쭉, 진달래, 옥잠화, 비비추, 기타 야자류 등
낮은 광도를 좋아하는 식물	마란타, 접란, 신답서스, 만년청, 신고니움, 아이비, 고사리과 식물 등

온실재배용이나 실내식물로 재배된다. 꽃은 피더라도 대개 개화기나 개화시기가 짧고 관엽 식물들과 고사리과 식물인 양치식물들이 이에 속한다. 대개 빛을 많이 요구하는 식물군에 비해 꽃은 피지 않고 고사리과 식물과 같이 포자로 번식하거나 꽃이 피더라도 소박하며 피는 횟수가 기간이 짧으며 잎은 넓은 편이며 수가 적다. 학교 교실 등의 실내 건물 등을 녹화할 때는 생육시 빛을 적게 필요로 하는 음지식물 들을 중심으로 식재하도록 한다.

나) 광질

흔히 무색으로 보이는 태양광선은 질적으로 보면 7가지의 서로 다른 색이 혼합되어 있다. 이러한 혼합광은 파장역이 서로 다른 광선이 다양하게 분포되어 있음을 의미하는 것이며 광질을 결정짓게 된다. 흔히 실제 식물재배에 있어 양지식물의 경우 자연광 하에서 재배하게 되므로 광질의 문제에 좌우되지 않으나 실내식물과 같이 실내재배를 위주로 하는 경우에는 광질을 고려하여 재배하게 된다.

(1) 자연광

일반적으로 자연광은 그 파장의 길이에 따라 자외선, 가시광선, 적외선으로 구분되며 그중 식물 생육에 많은 영향을 미치는 광선은 가시광선으로서 식물의 엽록소 합성, 광합성 및 일장반응 등에 관여한다. 특히 가시광선 영역에서 식물이 가장 선호하는 색은 붉은 색이고 청색광을 가장 싫어한다. 그러나 자외선을 적당히 받아야 꽃

색이 잘 발현되고, 적외선은 꽃이 피고 꽃눈이 맺히는 것에 관여하기 때문에 이러한 모든 파장이 골고루 섞인 자연광에서 식물을 가꾸는 것이 가장 좋다.

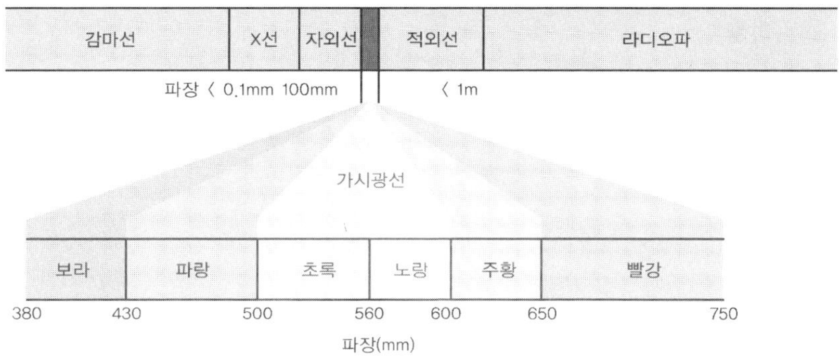

그림 Ⅳ-20 광 파장과 가시광선

출처 : 곽혜란 외(2007). 교실에서 만나는 자연

(2) 인공광선

실내에 재배하는 경우에는 광질이 자연광에서 재배하는 식물과는 많은 차이가 난다. 즉 인공광을 이용하여 식물을 재배하는 경우는 광질의 특성에 주목하여 식물을 재배해야 하며 부족한 빛을 인공광선으로 보충해 주어야 한다. 실내에서는 대개 형광등과 백열등을 이용하게 되는데 형광등은 비교적 광도가 높고 열 발생이 적으며 수명이 길고 비교적 필요한 광질이 고루 들어 있어 식물 생육에 적당하다. 반면 백열등은 열이 많이 나므로 최소한 15cm 정도 떨어진 곳에 식물을 두어야 하고 식물이 웃자라는 경향이 있다. 대부분의 관엽식물은 낮은 광도에서도 잘 자라지만, 실내가 너무 어두우면 웃자라서 모양이 엉성해질 수 있으므로 인공조명으로 광을 보충해 주어야 한다.

(3) 광주성

식물의 개화시기는 단순히 빛의 세기나 온도에 의해서 결정되는 것만이 아닌 낮의 길이에 따라서도 꽃눈을 맺고 꽃 피우는 시기를 감지한다. 이는 매년 같은 시기에 꽃이 필 수 있는 주 요인이 된다. 하루 중 낮의 길이는 위도별로 차이가 나며 일장은 개화뿐만 아니라 인경형성, 휴면, 성표현 등에 관여하는데 그 중 가장 밀접한 반응을 나타내는 것이 개화반응이다. 식물이 밤낮의 길이에 따라 꽃눈 분화 및 개화습성을 갖는 것을 일장효과라 하며 단일성 식물은 차광처리를 통해 개화를 촉진하고 장일성 식물은 보광이나 광중단 등에 의한 인공광을 처리함으로써 개화를 촉진하거나 억제한다. 식물 중에는 하루의 일조시간에 따라 다음과 같이 식물을 분류한다.

① 장일식물

하루중에 일조시간 12시간 이상일 때 꽃이 피는 식물로 봄, 여름에 꽃이 피는 대부분의 식물은 낮의 길이가 긴 장일조건이 생장과 번식에 영향을 미친다. 페튜니아, 아이리스, 상추, 시금치 등이 장일식물에 속하며, 장일조건은 많은 식물의 영양생장을 촉진하는 경향이 있어 낮이 길 때 식물을 잘 자라게 한다.

② 중일식물

계절에 관계없이 성숙했을 때 지속적으로 꽃이 피는 식물로 장미, 하와이 무궁화, 채송화, 열대산 관엽 식물 등이 이에 속하며 밝기에 크게 구애받지 않고 적정온도 유지에 의해 개화한다.

③ 단일식물

하루 중에 낮의 길이가 12시간 이하일 경우나 주로 가을에 꽃이 피는 식물로 국화, 포인세티아, 칼랑코에 등이 있다. 특히 국화는 대표적인 단일식물로서 차광재배(shade culture)로 생육이 촉진되고 전조재배(light culture)에 의해서 생육을 억제하여 연중재배를 가능하게 한다.

나. 온도

식물은 원산지에 따라 각각 생육하는데 서로 필요로 하는 온도환경이 다르며 이를 생육적온이라고 한다. 일반적으로 온도는 뿌리의 양수분 흡수, 증산작용 및 다양한 체내 대사작용에 영향을 미친다. 따라서 이에 따라 적당한 온도조건을 갖추기 위해 적절한 가온이나 냉방 등이 실시되어야 한다. 식물은 원산지에 따라 각각 열대, 온대, 한대산 식물 등으로 나뉠 수 있으며 이들 구분에 따라 생육에 필요한 온도의 요구도가 다르다.

1) 온도의 역할

가) 발아

종자발아는 배와 배유가 성장하기 위한 복잡한 과정 때문에 온도에 따라 크게 영향을 받는다. 식물 원산지에 따라 발아 최적 온도, 최저 온도 및 최고온도가 차이가 나는데 열대 및 아열대산 식물인 맨드라미, 관음죽, 야자, 베고니아, 샐비어, 페튜니아 등은 25～35℃ 정도이며 온대산 식물인 팬지, 델피니움, 데이지, 프리뮬러 등은 15～20℃ 정도이다.

특히 온대 및 한대산 종자의 발아 촉진을 위한 외부조건으로서 일정기간을 70～80% 정도의 수분과 함께 저온처리하여 파종하면 온대산 종자의 경우는 50～60일, 한대산 종자일 경우는 90～120일 정도 만에 발아가 가능하며 이를 층적법(stratification)이라고 한다.

나) 영양 생장

일반적으로 식물이 생육하는 영양 생장기 온도를 뜻하는 생육 온도는 식물에 따라 차이가 나지만 0～40℃ 범위 내에 포함된다. 그러나 대개의 화훼류는 10℃ 이하에서 생육이 늦고 20～30℃ 사이에서 생육이 양호한 편이다. 이렇듯 식물은 생육최적온도가 있으며 이는 원산지에 따라 일반적으로 차이가 나며 열대 및 아열대산의 경우에는 25～30℃ 전후, 온대원 산인 경우는 15～20℃ 전후, 한대산 원산인 경우는 10℃ 전후에 속한다.

다) 화아분화

화아가 분화된 구근류로서 화목류나 기타 숙근초화류 등의 다년생 식물류는 개화를 위해서 튤립의 경우 2～8℃에서 7～10주, 수선의 경우에는 8～10℃에서 10～12주, 진달래와 철쭉의 경우는 0～10℃에서 4～7주간 정도의 저온이 필요하나 감응온도나 단계는 종류에 따라 다양하다. 이는 춘화현상(vernalization)이라고 하며 식물이 생장을 시작하거나 줄기의 생장점이 활동을 하고 있을 때 일정기간 저온을 받아서 화아가 분화하는 경우를 의미한다. 최근에는 온대산 구근 및 화목류를 대상으로 개화촉성에 필요한 최소 저온처리 기간을 이용한 촉성 및 억제재배를 실시하고 있다.

라) 호흡 및 광합성작용

식물의 생육을 유지하는 물질생산은 주로 광합성에 의해 이루어지지만 광합성은 일차적인 광요인 외에 온도의 영향도 크게 받는 것으로 알려져 있다. 즉 온도가 상승함에 따라 식물의 호흡작용은 상승하게 되고 호흡작용이 상승함에 따라 식물의 에너지 소비량은 증가하게 된다. 저온은 현저하게 광합성을 제한하지만 온도상승에 따라 광합성은 왕성하게 되고 일정 온도 이상에 이르면 평행상태에 이르게 되지만 지나친 고온에서 식물체는 연약해진다. 따라서 여름 한낮에는 적절한 생육을 위해 온도하강을 위한 차광이 필요하다. 또한 온도와 호흡작용의 정도는 비례하며 고온에

좀 더 알아보기

주·야간 온도차(DIF)를 이용한 식물 생장과 발육

주·야간 온도차(DIF)를 이용한 생장조절은 광, 온도, 수분, 비료, 광에 연관된 생장에 미치는 영향 중 근래 가장 널리 연구되었던 개념으로서 주·야간 온도뿐만 아닌 주·야간의 온도 차이 DIF(주간온도/DT−야간온도NT)가 식물의 다양한 형태발생에 영향을 미친다는 사실을 핵심적 이론으로 하고 있다. 이는 온실식물 생산에 획기적인 방법으로서 식물생산의 고전적인 경험을 벗어나 식물 생장 및 발육을 정량화 할 수 있으며 자동화 재배시스템에 적용할 수 있다. 국외의 경우에는 포인세티아, 포트멈, 나팔나리 등의 생산 및 분화, 절화, 조직배양이나 플러그묘 등의 생산에 매우 효과적으로 이용하고 있으며 컴퓨터를 이용하여 원하는 시기에 원하는 크기의 작물 생산을 가능케 하고 있다.

〈플러그묘〉

자료 : http://northcreeknurseries.com

서는 식물의 에너지 또는 영양분의 소모량이 증가되며 식물성숙 촉진, 개화시기 감축 및 화색 퇴색 등의 생육현상을 초래하며 저온에서는 호흡작용 약화로 인해 탄수화물이 축적된다.

2) 온도에 따른 식물 구분

식물은 원산지 환경에 따라 온도요구량이 달라지며 크게 열대식물, 온대식물, 한대식물 등으로 나눌 수 있다. 따라서 대개 온도는 지구상의 식물 생육 및 분포에 가장 큰 원인을 제공하고 있으며 이에 따라 생육자체는 물론이며 개화시기 등이 다르다.

가) 열대산 식물

열대산 식물의 생육적온은 25~30℃에 속하며 신답서스나 드라세나와 같은 대개의 관엽식물이 이에 속한다. 고온다습한 환경에서 잘 자라며 휴면 없이 연중 자라면서 계속 꽃이 핀다. 꽃의 모양은 대개 크고 화려하며 관상부분은 관엽식물인 경우는 잎이며 열대산 꽃식물의 경우는 크고 화려한 꽃을 관상한다. 잎은 크며 그늘에서 잘 자라는 특성이 있다.

특히 열대산 관엽식물의 경우는 열대기후의 전형적 특성상 열대야와 같은 현상이 언급될 정도로 주, 야간의 온도차를 적게 하여 재배하는 것이 식물생육에 유리하며 이는 열대산 식물의 개화는 온도변화와 무관하며 탄수화물과 질소 비율(CN율)에 우선함을 의미하는 것이다.

나) 온대산 식물

온대산 식물의 생육적온은 15~25℃ 정도이며 개나리, 국화, 장미, 나리 등 많은 꽃보기 식물이 이에 속한다. 계절구분이 분명한 대륙성 및 지중해성 기후지대에서 생육하는 종류로서 대개 꽃모양은 소박하고 작은 편이며 그루당 꽃수가 많다. 관상기관은 주로 꽃이며 잎 크기는 작은 편이고 생육에 있어 햇빛을 높게 요구한다. 온도요구량은 식물의 원산지에 따라 다르지만 낮 동안의 탄수화물 동화량을 최대로 하고 밤의 소비량을 조절하여 최적의 식물생장 이 되도록 조절해야 한다.

다) 한대산 식물

한대산 식물의 생육적온은 10~20℃정도이며 서늘한 기후를 좋아하고 고온조건에서는 잘 자라지 못한다. 꽃의 크기는 매우 작고 개화기가 꽃 종류 중 가장 짧은 편으로 색도 소박하며 냄새도 별로 나지 않는다. 솜다리(에델바이스), 구상나무, 만병초 등 일부 고산식물이 이에 속한다.

좀 더 알아보기

온도의 영향

생육적온보다 높은 온도의 영향

식물은 온도가 높아지면 최대한 자신의 체온을 유지하기 위해 잎을 통해 물을 밖으로 배출하는데 그 양이 뿌리에서 흡수하는 물의 양보다 많아지면 시들고 심하면 죽게 된다. 그리고 호흡이 빨라져 저장했던 양분을 더 많이 소모하게 된다. 특히 꽃은 온도의 영향에 민감하여 꽃피는 시기가 빨라지고 꽃이 빨리 지며 꽃색도 퇴색하여 결국 노화를 앞당기게 된다. 우리나라의 경우 여름철 장마기와 더위 때문에 제라늄이나 허브식물과 같은 유럽 원산의 식물 및 구상나무나 만병초와 같이 시원한 환경에서 잘 자라는 고산식물을 기르는 데 어려움이 있다. 또한 서늘한 온도를 좋아하는 프리뮬러나 팬지와 같이 초봄에 가꾸는 초화류의 경우 햇빛이 잘 드는 곳에 두거나 봄철 이상고온 현상으로 더워지면 꽃이 잘 안 피게 된다.

생육적온보다 낮은 온도의 영향

겨울이 되면 여러 해 살이 초화류는 땅속에 뿌리만 살아서 겨울을 지내지만 추위에 약한 초화류는 저온에 견디지 못해 죽고 만다. 따라서 여름에 밖에서 키우는 분화식물 중에서 추위에 약한 식물은 온도가 급격히 내려가는 상강(霜降, 서리가 내리기 시작하는 시기로 중부지방은 대략 11월초)을 전후로 실내로 옮겨주어야 저온에 의한 피해를 줄일 수 있다. 대부분의 관엽식물은 열대나 아열대 원산의 식물들이므로 이때 실내로 들여놓아야 한다.

학교에서 식물 가꾸기는 보통 4월경부터 시작할 수 있으나 이때는 저녁의 온도가 10℃ 이하로 내려가므로 저온에 피해를 입을 수 있다. 토마토, 칸나, 봉선화, 샐비어와 같은 많은 식물의 최적 온도는 20℃ 이상이므로 이들의 모종가꾸기나 씨앗 뿌리기는 아침, 저녁으로 비교적 따뜻한 실내에서 비닐 등으로 감싸주어 가능한 높은 온도를 유지시켜야만 정상적인 생장을 기대할 수 있다.

다. 수분

식물은 적당한 수분이 공급되지 않거나 반대로 너무 과습한 환경 하에서는 생육이 억제되고 고사되며 각종 병충해를 입게 된다. 따라서 식물은 적절한 생육을 위해서는 체내에 80~90%의 수분을 함유하고 있으며 흡수와 배출 간의 균형 속에서 생장을 유지한다. 화단에 식재되어 있는 식물과는 달리 화분식물은 자연 강우량과 관수에 절대적으로 의존하기 때문에 수분량에 신경을 써야 하며 특히 실내에서 식물을 가꿀 때는 난방이나 흡습성이 강한 건축 자재의 사용으로 실내가 매우 건조하기 때문에 더욱 건조 등에 유념하여야 한다. 수분은 특유의 물리・화학적 특성으로 인하여 식물과는 필수불가결한 관계에 있으며 수분관리는 식물 재배의 성패를 좌우하는 매우 중요한 역할을 한다.

1) 수분의 역할

가) 광합성

수분은 광합성의 원료일 뿐 아니라 식물의 체형 유지나 체온 조절을 가능하게 한다. 또한 수분은 물질의 용매이며 운반체이기 때문에 여러 가지 양분을 흡수・이동시키며 광합성의 원료나 생산물을 필요한 장소로 운반한다.

나) 호흡과 증산

식물의 호흡과 증산작용은 상관성이 크며 언제라도 수분요구량이 높은 조건 하에서는 대체로 호흡량이 증가한다. 따라서 여름에 온도가 높은 조건에서 관수량이 증가하며 가을이 되면서 차차 관수량은 감소한다.

다) 기공개폐

식물은 건조하게 되면 식물체내 ABA(abscissic acid) 함량이 증가하게 되며 이로 인해 기공이 닫히고 광합성이나 단백질 합성 및 각종 대사 작용의 급격한 저하를 초래하게 된다. 식물체 위조 시 겪게 되는 피해는 과습의 경우에 비하여 식물체에 흔하게 발생하는 수분해 작용이며 영구 위조점(permanent wilting point)에 이르면 식물은 영구고사에 이르게 된다. 관엽의 경우에는 이러한 수분 해가 가장 크게 나타난다.

좀 더 알아보기

각 지역의 수분환경

자연적 수분조건으로서 강우량 및 강우형은 자생하는 식물의 생육형 및 종류에 큰 영향을 미치며 특생 있는 식생을 낳는다. 특히 수분은 식물의 뿌리형태와 밀접한 연관이 있다.

• 우리나라

전형적인 대륙성 기후지대형 수분환경으로서 봄, 가을에 유난히 건조하고 여름에 집중강우가 있는 극단적 수분형을 갖는다. 봄, 가을에는 식물의 건조피해에 신경을 써야 하며 여름에는 과습피해를 입지 않도록 주의한다. 우리나라가 속하는 온대산 식물의 경우에는 비교적 건조에 적응하는 성질이 강하며 뿌리의존도가 매우 높은 식물을 낳게 한다. 토양건조에 의하여 지상부와 지하부 비율(T/R율)이 낮은 형태(1:1.5)로 자라므로 심근성 식물이 되기 쉽고 화분재배의 경우에는 분갈이에 각별한 신경을 쓴다.

• 유럽

계절 구분은 우리나라와 동일하나 극단적 강우형의 특이성이 없고 한결같은 강우형을 보인다. 이러한 조건하에서 토양습도 및 공기습도가 연중 고르게 유지되어 수분조건이 좋아지며 작황에 차이를 보인다. 이러한 수분조건에서는 가장 이상적인 식물 생육형으로서 지상부와 지하부 비율(T/R율)이 적절한 형태(1:1)로 자라게 되고 겨울을 제외하고는 연중개화가 가능하며 긴 개화기와 고른 생육을 나타낸다.

• 동남아 및 아프리카

열대 우림 기후지역에 속하며 연중 높은 강우량과 습도. 높은 토양습도, 부엽, 찰흙 등의 토양 공극이 낮은 토양 및 공중습도에 기인하는 기근이 발생하게 된다. 이러한 조건하에서 토양과습에 의한 지상부와 지하부 비율(T/R율)이 높은 형태(1.5:1)로 자라게 되고 이는 열대산 식물의 일반적인 생육형태이다. 우리나라에서는 영리적인 목적으로 높은 지상부와 지하부 비율을 유지하기 위해서 공중습도를 높여서 재배하고 있다.

2) 수분 요구도에 따른 식물 구분

가) 수생식물

물이 있는 연못 같은 곳에서 생육형태에 따라 뿌리가 물속에 고정되어 있는 고착형과 고정되어 있지 않고 물위에 떠다니는 부유형으로 나뉠 수 있으며 종류로는 물옥잠화, 연, 수련 등이 이에 속한다. 산소나 이산화탄소 등 생장에 필요한 기체의 교환을 위해 잎자루와 뿌리에 통기조직이 발달되어 있으며 수심에 따라서 엽병이 길어지거나 짧아져 잎이 물위에 노출되도록 조절한다.

나) 습생식물

대개 습한 토양에서 잘 자라며 종류로는 천남성과 식물을 비롯한 대부분의 실내 잎보기 식물이 이에 속한다. 줄기에 통기조직이 발달되어 있어 연못의 가장자리나 습지와 같은 토양조건에서 잘 자란다. 건조한 조건에서는 생육이 억제되며 종류로는 토란, 알로카시아, 골풀, 부들, 버드나무, 메타세콰이어, 낙우송 등이 이에 속한다.

다) 중생식물

일반 화훼식물인 장미나 백합과 같은 종류가 이에 포함된다. 수생식물과 건생식물의 중간성질을 지니며 뿌리가 잘 발달되어 있어 수분이 흡수가 잘 되는데 대부분의 관엽식물이나 초화류가 이에 속한다.

라) 건생식물

공기습도는 높을지라도 토양이 건조한 사막이나 건조한 토양에서 잘 자라는 식물로 잎은 퇴화하고 작고 두꺼우며 잔털이 있거나 각피층 및 체내 저수조직이 잘 발달되어 있어 건조에 잘 견딘다. 건생식물은 저수기관이 발달되어 있고 조직의 보수력이 강하며 종류로는 용설란, 알로에 등의 다육식물 등이 이에 속한다.

표 Ⅳ-5 수분 요구도에 따른 식물의 분류

구분	원예작물의 종류
수생식물	부레옥잠, 개구리밥, 연꽃, 마름, 부들 등
습생식물	토란, 알로카시아, 붓꽃, 버드나무, 메타세쿼이어, 낙우송 등
중생식물	일반적인 원예식물
건생식물	용설란, 알로에, 칼란코에, 돌나물, 채송화, 선인장 등

3) 수분환경

가) 토양수분

토양 내에 포함되어 있는 수분의 양은 강수, 관수, 지하수위, 온도 등과 밀접한 연관이 있으며 식물 생육에 필요한 수분은 이들의 특성에 따라 양이 달라진다. 토양에 있는 식물이 뿌리를 통해 주로 흡수하는 물은 모세관수이며 그 외 유동하는 중력수(gravitational water), 토립에 흡착되어 고정되어 있는 결합수(combined water) 등의 형태로 존재한다. 토양의 수분함량은 토성에 따라 차이가 있으며 토양수분의 증가는 토양 중의 공기함량을 증가시켜 뿌리생장을 억제하며 토양 미생물의 활동과 번식을 억제하는 경향이 있다.

나) 공중습도

실외재배 시에는 큰 문제가 되지 않지만 실내 재배 시 온도상승과 더불어 높은 공기습도로 인해 과습상태가 되면 식물은 도장되거나 병충해를 입기 쉽다. 공기습도는 통풍 등과 밀접한 연관성이 있으며 주로 열대산 식물로서 관엽식물, 양란, 다육식물 등은 공중습도를 잘 이용하는 형태이다. 따라서 실내식물은 낮은 습도로 인해 생육이 억제되거나 심하면 죽을 수도 있다. 냉난방으로 인해 건조가 더욱 심해지면 잎이 말라죽는 증상이 나타나고 증발이나 증산작용이 촉진되므로 특히 실내재배 시 관계습도(relative humidity)의 변화에 주목하여 관수량을 결정하여 분무기로 자주 물을 뿌려주는 것이 좋다. 특히 열대 원산의 관엽식물이나 착생란은 습도에 민감하여 공중습도가 낮은 실내에서는 화분에 물을 주어도 잎이 마르거나 잎 끝이 타는 증상을 나타낼 수 있으므로 분무기나 가습기로 습도를 조절해야 한다.

4) 수분 관리

가) 일반적 관수법

물주기는 식물생육에 절대적인 요인인 만큼 많은 신경을 써야 하는 재배조건이다. 1회 관수시에는 충분한 양의 물을 준다. 대개 관수를 하는 시점은 겉흙을 만져보아서 말랐을 때 다시 물을 주는 것이 좋다. 겉흙이 마르기 전에 물을 주면 과습하여 뿌리가 썩게 된다. 뿌리가 항상 습해 있을 때는 물을 흡수하기 위해서 뿌리가 노력을 하지 않으므로 뿌리발육이 적다. 또한 과습은 대개 식물의 충해 발생에 주 원인이 된다.

또한 계절별로 물주는 양을 다르게 한다. 여름에는 기온이 높고 식물이 생장하는 시기이므로 물을 가장 많이 필요로 하는 시기이다. 고온인 낮을 피해 아침이나 해질녘에 충분한 양을 관수하며 수분건조가 심할 경우에는 차광을 한다. 가을에서 겨울에 걸쳐 온도가 낮아지면 관수횟수를 줄여 건조에 적응시키는 것이 바람직하다. 물의 양은 일정하게 하며 가능하면 흙이 튀지 않도록 서서히 화분 밑의 배수구멍으로 물이 스며나올 때까지 충분히 주도록 하며 화분받침에 고인 물은 버리도록 한다.

수질은 생육에 크게 문제가 되지 않지만 염소 또는 불소 첨가물이 포함된 수돗물은 불소화합물 피해에 약한 행운목과 같은 식물에 피해를 입힐 수 있으며 수온은 기본적으로 토양이나 기온과 차이가 심하지 않은 온도의 물을 사용하는 것이 바람직하다.

나) 식물종류에 따른 수분관리

일반적으로 식물별로 수분요구도는 차이가 나는데 이를 종류별로 대별해 보면 한대산 식물, 온대산 꽃식물, 다육식물, 열대산 꽃식물, 열대산 관엽식물, 열대산 착생식물 순으로 요구도가 커진다.

(1) 원산지별

열대산 식물로서 특히 관엽식물류와 양란, 선인장과 같은 다육식물류 및 착생식물류는 공기 습도를 적극적으로 이용하므로 공중습도를 높혀서 재배하는 것이 일반적이다. 일반적으로 열대산 식물은 온대산 식물에 비해 수분요구도가 상당히 높은 편이며 연중고온 다습 환경을 선호하여 습도에 따라 신선도가 좌우되며 병충해 발생 억제효과도 있다. 뿌리 수분의존도에 비해 지상부 공중습도 의존도가 매우 높은 식물이며 관엽식물의 경우에는 차광에 신경을 쓰고 관수를 충분히 하면서 특히 공중습도를 유지시키며 지상부 생육을 촉진하는 것이 바람직하다. 영리상 재배 시 봄, 가을 기준으로 관엽의 경우는 매일 1회 정도 관수가 식물품질향상에 매우 중요하다. 온대산 식물 중에서도 상록성 식물인 식나무, 동백, 호랑가시나무, 상록성 철쭉, 후피 향나무, 녹나무, 굴거리 나무 등의 경우에는 도서지방 등의 자생지 조건상 공기습도를 다소 높게 유지한다.

(2) 생육 형태별

초본류는 목본류보다 더욱 잦고 충분한 관수를 요구하며 이 중 춘파종은 추파종에 비해 뿌리가 천근성이므로 더욱 많은 관수량을 요구한다. 다육식물은 자생지 특성상 뿌리가 가장 제 기능을 못하는 식물군으로서 토양습도보다 공중습도에 더욱 신경을 쓰며 여름보다 건조한 봄, 가을의 습도유지에 신경 쓴다. 천남성과 식물 및 아나나스류 등의 습생식물은 봄, 가을을 기준으로 매일 2회 정도의 관수가 바람직하며 특히 천남성과 식물과 같이 기근(aerial root)이 있는 형태는 수분요구도가 매우 높으며 공중습도를 가장 잘 이용하는 종류이므로 습도를 적극적으로 높여 재배한다. 반면에 착생식물은 토양수분을 거의 이용하지 않는 형태로서 뿌리발달이 미약하여 1일 2～3차례 수시로 스프레이 형태로 관수하는 것이 유리하다.

다) 계절별 수분관리

여름은 기온이 높고 식물의 대사작용이 가장 활발한 시기로서 관수량을 가장 증가시켜야 하는 때이다. 수분해가 심할 경우에는 적극적인 차광대책을 마련한다. 가을에서 겨울에 걸쳐 온도가 낮아지기 시작하면 관수의 횟수를 줄이면서 건조에 견디도록 식물체를 적응시켜 간다. 즉 관리온도가 낮을수록 관수의 양을 절제해서 용토를 건조한 느낌이 들게 유지해야 하나 일반적으로 상대습도는 높게 유지하는 것이 좋다.

좀 더 알아보기

식물형태에 따른 생육적응성

재배환경은 식물형태에 따라 차이가 난다는 것을 이해하는 것이 중요하다. 아래 표와 같이 식물의 외형적 특성은 빛, 온도, 수분 적응성에 따라 달라진다.

	빛		온도		수분	
	양생	음생	열대	온대	습생	건생
꽃	• 꽃이 많이 핌 • 꽃이 자주 핌	• 꽃이 적게 핌	• 꽃색 화려함 • 꽃크기가 큼 • 꽃향이 높음	• 꽃색 수수함 • 중간크기 꽃 • 꽃향이 낮음		
잎	• 잎이 작음 • 잎이 두꺼움 • 잎색이 연한 편임	• 잎이 큰편 임 • 잎이 얇은 편임 • 잎색이 짙은 편임	• 잎이 큰편임	• 잎이 작은 편임	• 잎이 얇은 편임	• 잎이 두꺼움
뿌리					• 뿌리크기가 큰 편임 • 뿌리털이 많음	• 뿌리크기가 작은 편임 • 뿌리털이 작음

라. 토양

토양은 식물체를 식물에 필요한 무기양분과 물의 공급처일 뿐만 아니라 식물을 지지해 주는 기능을 한다. 따라서 가꾸는 식물이 필요로 하는 양분과 수분의 양에 따라서 알맞은 토양을 제공해 주는 것이 식물 가꾸기의 중요한 포인트다. 식물은 생육상 반드시 토양을 필요로 하는 것은 아니지만 기후조건과 더불어 식물을 기르는데 있어서 가장 신경을 써야 할 것이 토양조건이다.

1) 토양조건

가) 수분의 보유

식물은 각종 대사 작용과 잎의 증산에 의해 소모된 수분을 보충하기 위해 토양

중의 수분을 흡수한다. 따라서 식물체 뿌리 주변의 토양은 언제나 적당한 수분을 갖고 있어야 한다. 수분은 토양입자 사이의 공기를 함유한 틈보다 좀 더 작은 틈에 보관되며, 그 보관되는 정도는 토양 성분에 따라 달라진다. 인공 토양의 경우 피트나 피트모스가 가장 물을 많이 함유할 수 있고, 일반 토양은 진흙, 부엽토, 모래의 순이다.

나) 공기의 흐름

식물 뿌리의 주요 생육요인으로 공기를 들 수 있다. 뿌리는 숨을 쉬면서 산소를 흡수해 체내에 있는 유기물 양분을 분해하고 에너지를 얻어 토양 내의 양분과 수분을 흡수하기 때문이다. 토양이 과습하면 공기가 부족하여 뿌리가 호흡을 못해 심하면 썩어 버리게 된다. 따라서 토양 안에는 충분한 공기가 필요하다. 토양은 매우 작은 알맹이로 구성되어 틈새로 많은 물과 공기를 함유할 수 있으며 토양 성분에 따라 그 정도는 다르다. 모래는 틈이 매우 커서 물을 적게 함유하고 있는 반면, 공기는 많이 함유하고 있고 진흙은 그 반대로 물은 많이 함유할 수 있으나 공기는 비교적 적게 함유하고 있다. 토양 통기성은 뿌리 호흡과 뿌리의 양 · 수분 흡수에 관여하는 매우 중요한 요인이므로 통기성을 좋게 하기 위해서는 식물의 특성에 맞는 토양을 선택하거나 적정 비율로 혼합하여 사용하는 것이 좋다.

다) 물빠짐

수생식물이나 일부 습생식물을 제외한 많은 식물은 뿌리가 물에 잠긴 상태에서 숨을 쉴 수 없다. 따라서 좋은 토양이란 적절한 수분만을 보유하고 쓸모없는 수분은 화분의 배수구로 배출해야 한다.

라) 토양산도

토양산도란 토양의 산성과 알칼리성을 구분하는 것이다. 토양산도는 양분 흡수에 영향을 미치며 식물 생육에 적합한 산도의 범위는 pH 5.5~7.4이다. 우리나라의 토양은 주로 산성이므로 알칼리성 식물을 가꿀 때는 석회 등으로 산도를 높여 주어야 한다.

좀 더 알아보기

토양의 물리적 성질과 화학적 성질

좋은 토양이란 기본적으로 물이 잘 빠지고 공기흐름이 좋아야 하며 동시에 비옥한 성분이 다량 포함되어 있어야 한다. 즉 토양의 물리적 성질은 토성, 통기성, 토양수분 등이 좌우하며 이를 위해서는 무기물과 유기물의 혼합형태인 고상 50%, 액상 25% 및 기상 25%로 입단구조를 형성한 토양이 물리적으로 우수한 토양이다.

토양의 물리적 성질 중 토성은 모래, 점토, 사양토, 양토, 점질양토 등과 같은 토양입자 분포를 의미하며 통기성은 토양의 기상을 유지하는 중요요인이 되는 것으로 식물 뿌리 호흡과 미생물 활동에 영향을 미친다.

반면 토양의 화학적 성질은 토양의 비옥도, 토양 반응 및 토양 내 염류농도 등을 의미하게 된다. 토양 비옥도는 식물종류나 연한, 개화 습성 등에 따라 차이가 나지만 대개 토양의 5%정도가 유리하며 식물생육뿐 아니라 토양 보수력 증진, 입단화 촉진, 지온상승 및 완충력 증대 등에 주요역할을 할 수 있다. 토양 반응은 토양용액의 수소이온 농도로서 pH로 나타내며 이에 따라 약산성, 중성, 약알칼리성 식물 등으로 원예식물이 대별된다. 대개 식물은 중성 또는 약산성에서 생육이 활발한 편이며 지나친 수소이온을 포함한 토양에서는 생육이 불량해진다. 식물의 연작피해나 화학비료의 지나친 사용 등에 의한 염류피해도 토양의 화학적 성질에 영향을 미친다.

2) 토양의 종류

가) 찰흙

찰흙은 논·밭 및 산흙 대부분이 이에 속하며 비교적 작은 토양입자로 구성되어 있고 식물생육에 유리한 토양교질(soil colloid)입자로 형성되어 있어 식물 생육에 필요한 칼슘(Ca), 마그네슘(Mg), 수소(H), 나트륨(Na), 칼리(K), 알루미늄(Al), 그리고 암모늄(NH_4) 등 영양분이 흡착되어 있다. 찰흙은 수분과 각종 유기성분을 흡착하고 보비 및 보수력이 크나 배수가 잘 되지 않고 통기성이 불량하여 미생물이 많이 번식하는 단점이 있다.

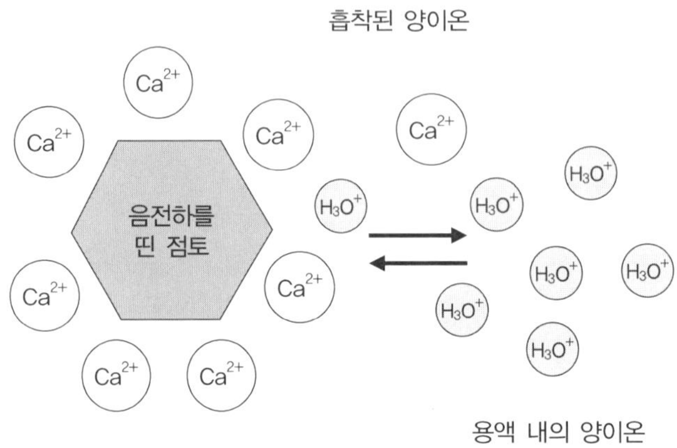

그림 Ⅳ-21 토양교질 입자의 형성

나) 모래

개천과 강가에 쌓여 있는 강모래로서 석영 및 장석사를 의미한다. 보비력 및 보수력은 없으나 배수나 통기가 잘되고 건조하기 쉽다. 유기물과 비료를 첨가하면 생육 및 개화가 빨라진다. 병원균이 없고 다른 토양에 비해 깨끗하므로 특히 꺾꽂이할 때 이용하면 좋지만 수분을 유지할 수 있는 능력이 떨어지므로 물주기에 신경 써야 한다.

다) 참흙

참흙은 모래와 찰흙이 각각 절반 정도로 혼합되어 있는 토양으로서 보수력과 보비력이 좋고 배수가 잘되며 통기성이 좋은 토양이다.

라) 특수토양

주로 실내에서 식물을 가꿀 때 인공 토양을 사용하면 위생적이고 관리가 편리하다. 종류로는 피트나 피트모스, 바크, 하이드로볼, 질석, 펄라이트, 수태 등이 있다. 이들은 대부분 가볍고 물이나 영양분을 보유하는 능력이 크며, 물이 잘 빠져 통기성이 좋다. 또한 고온으로 가공되어 균이 없다는 장점이 있으므로 식물에 따라 적정 비율로 혼합하여 사용한다. 식물생육에 적합하도록 위의 토양을 배합하여 만든 다양한 복합 배양토를 사용하면 편리하게 화분에서 식물을 가꿀 수 있다. 종류는 다음과 같다.

(1) 질석

버미큘라이트(vermiculite)로 불리며 자연적으로 생산되는 질석을 고온 가열하여 만든 운모화합물에 속하는 인공토양으로서 무비, 무균상태를 나타낸다. 그러나 입자층 사이와 표면 간에 양이온 치환능력이 있고 산도는 pH 7정도의 중성이며 가볍고 보수력이 좋다.

(2) 진주석

펄라이트(perlite)로 불리며 자연적으로 생산되는 화산암의 일종인 진주암을 고온 가열하여 만든 것을 의미한다. 원래의 모암보다 보수력이 월등하며 pH는 6.5~7.5 정도 되는데 중화능력이나 양이온 치환능력이 없으며 비료성분도 포함하고 있지 않다.

(3) 부엽토

부엽토(leaf mold)는 낙엽이 퇴적되어 부숙된 흙으로 다공질이고 보수력이 크며 염기치환용량도 높아 보비, 보수력이 매우 뛰어나고 통기성도 좋고 토양 미생물의 활동도 좋아 배합토의 소재로서 대부분의 화훼재배 등에 많이 이용된다. 용적 당 무세가 가볍고 서로 결합하는 성질이 없으므로 다른 토양과 혼합하여 화분 가꾸기에 이용된다. 가을에 낙엽을 모아서 퇴적하면 다음 해 봄, 늦어도 가을까지는 부엽토가 된다.

(4) 수태

수태(sphagnum moss)는 대부분이 물이끼로서 수분을 많이 오랫동안 흡수하고 통기성이 양호하기 때문에 화분표토의 피복, 파종 및 삽목상의 용토, 관엽 식물의 재배용토로 쓰인다. 물주머니가 있어 건물 중량의 10~20배 까지 수분을 흡수하나 오래 사용하면 수태산이 발생한다. 그러나 이 때문에 잘 썩지 않는 특성이 있다. 식충식물과 동양란 식재토로 이용된다.

(5) 암면

암면(rock wool)은 유럽이나 미국과 일본 등의 지역에서 재배에 이용하고 있으며 우리나라에서도 특히 카네이션, 국화, 장미, 양란류의 절화품질 증가를 위해 사용하고 있다. 이는 암석을 고온 용해하여 섬유질과 같이 뽑아내어 여러 형태로 만든 것으로 보수력과 통기성이 좋다.

(6) 바크

바크(bark)는 주로 나무껍질을 잘게 부수어 만든 것을 의미하며 주로 서양란류의 재배용토로 사용되거나 혼합토 제조용 재료로 이용된다. 또한 실내정원이나 강우 등의 토양손실을 막는 토양 피복제로 이용되고 건조 시에는 수분증발을 억제하기 위한 재료로 사용된다.

A. 버미큘라이트 http://i-hydroponics.co.kr
B. 펄라이트 http://backyardmetalcasting.coom
C 암면 http://hydroempire.com

그림 Ⅳ-22 인공토양의 종류

마) 혼합토

원예용 배양토로 불리며 토양의 물리성과 통기성, 보수, 보비력을 증진시켜 식물의 생육에 필요한 영양분이 적당히 함유되도록 혼합된 토양을 의미한다. 재료는 부엽, 강모래, 퇴비, 질석, 피트모스, 펄라이트 등의 재료로 식물의 종류에 따라 적당한 비율로 혼합되어 있으며 비옥하고 배수와 통기성이 좋으며 보비력 및 보수력이 강하고 잡초의 종자 및 병충해 등이 없어야 한다. 특정식물에는 이에 알맞는 조성비율로 조제된 원예용 혼합토 조성이 필요하며 동일한 식물의 경우에는 유묘시기에 가볍고 배수가 잘되는 토양을 사용하는 것이 유리하다. 성묘시기에 달함에 따라 무거운 토양을 사용하고 배양토를 사용하기 전에 균일한 입자를 조성할 수 있도록 체로 치고 필요한 경우에는 토양소독을 실시한다. 일반토양을 화분용으로 사용할 경우, 배수가 양호하지 않고 생육이 부진하며 무겁고 실내재배 시 수반되는 문제점 때문에 최근 가정용 혼합토를 상품화하여 시판하고 있다.

마. 비료

1) 비료의 역할

유기물의 형태로 양분을 섭취하는 사람과는 달리 식물은 토양으로부터 뿌리를 이용해 필요한 양분을 섭취한다. 식물이 필요로 하는 양분의 형태로는 탄소(C), 산소(O), 수소(H), 질소(N), 인(P), 칼륨(K), 칼슘(Ca), 마그네슘(Mg), 황(S)이 있으며 질소, 인산, 칼리를 비료의 3요소라 하고 식물이 가장 많이 요구하는 비료종류로 구분되며 필요한 경우 외부로부터 공급해야 한다. 따라서 집약재배를 주로 하는 화훼식물의 경우에는 비료의 역할이 생육에 매우 중요한 요인이 되며 그 외 식물종류에 따라 비료를 받아들이는 흡비량이 상당히 차이가 날 수 있다.

2) 비료의 종류

가) 무기질 비료

흔히 화학비료라고도 하며 비료의 효과가 단기간에 나타나기 때문에 속효성 비료라고도 한다. 이에는 질소, 인산, 칼리성분이 단독적으로 들어 있는 것과 질소, 인산 및 칼리성분이 적당한 비율로 혼합된 복합비료가 있으며 근래 복합비료의 사용이 일반화되고 있다. 각종 비료성분은 수치로 표시되어 있다(예; 15: 10: 5= 질소: 인산: 칼리). 무기질 비료를 장기간 사용하면 토양에 염류가 과다하게 축적되어 장애를 일으키거나 토양산성화를 유발할 수 있다. 일반적인 식물생육에 이용되는 무기이온에는 다음과 같은 종류가 있다.

(1) 질소

질소는 식물체 단백질, 엽록소, 핵산 및 각종 생장물질의 구성성분이며 식물에 가장 많이 흡수되는 영양소로 식물의 성장에 직접적으로 관련된다. 부족하면 성장이 저해되고 잎이 황색으로 되고 생장이 저해된다. 반면 과다할 경우에는 식물이 웃자라고 잎이 비정상적으로 자라고 열매도 잘 맺지 않으며 병충해에 약하다. 공중질소 고정을 하는 콩과식물을 제외하고 대부분의 화훼류는 뿌리를 통해 질소를 흡수한다.

(2) 인산

인산은 탄수화물과 화합물을 구성하며 다른 물질로 쉽게 변하고 생장점 부근의 관다발 형성층 및 핵산, 꽃, 과실 및 종자 저장물질로 존재하며 특히 꽃이 피고 열매 및 종자를 맺는데 직접적으로 관계되는 구성성분이다. 부족하면 잎의 생장이 억제되며 꽃과 열매가 잘 달리지 않는다. 인산비료는 대개 밑거름으로 사용하는 것이 효과가 크다.

(3) 칼륨

칼륨은 탄수화물과 일부 질소대사에 도움을 주고 수화이온으로서 식물 전체에 널리 분포한다. 식물의 줄기와 가지를 튼튼하게 하고 추위나 병충해에 견디는 저항력을 높이는 작용도 한다. 부족하면 수분조절 능력의 저하로 식물체가 건조에 약해지며 잎 전체가 황색으로 변하고 식물체의 키도 감소한다.

(4) 칼슘

칼슘은 토양과 식물체에 널리 존재하며 세포벽 형성에 필수적인 원소로서 식물 세포막을 튼튼하게 하고 조직을 강하게 한다. 배양토에 혼용시 토양을 중화하는 역할을 하며 지력유지에 효과가 있다. 칼슘이 부족할 경우에는 뿌리와 잎 끝이 말라죽는 현상이 나타난다.

(5) 미량원소

미량원소로는 철(Fe), 아연(Zn), 망간(Mn), 붕소(B), 구리(Cu), 몰리브덴(Mo), 염소(Cl) 등이 있는데 식물체 내에서는 극히 소량만이 요구되며 학교에서 식물을 재배할 때에는 문제가 되는 경우는 거의 없고 화분 재배 시 분갈이를 제때 하지 않으면 부족한 경우가 발생할 수 있다.

나) 유기질 비료

유기물의 형태로 구성되어 있으며 비료의 효과가 장기간에 걸쳐 나타나므로 지효성 비료라고 한다. 퇴비, 콩깻묵, 쌀겨, 뼛가루, 닭똥 등의 동물성단백질과 식물성단백질 등이 있다. 퇴비나 부엽과 같은 유기질 비료는 비료의 효과는 물론 염류축적의 피해를 경감시켜주고 토양의 물리적 조건을 개선해 주는 효과도 있으나 실내에서는 독특한 향 때문에 이용이 어려운 단점이 있다. 가정에서 쉽게 얻을 수 있는 유기질 비료에는 낙엽과 잡초, 깻묵, 음식물 부숙비료 등이 있다.

(1) 깻묵

깻묵은 종자에서 기름을 짜고 남은 성분으로 질소, 인산, 칼륨을 고루 함유하고 있는 비료이며 완전히 부숙한 후 사용한다. 충분히 부숙하여 사용하지 않으면 식물의 뿌리에 해 작용을 주게 된다.

(2) 계분

깻묵과 마찬가지로 질소, 인산, 칼륨을 고르게 함유하고 있는 비료이며 잘 마르고 완전히 발효가 된 것을 사용해야 한다.

(3) 골분

인산성분이 많이 함유되어 있는 비료이다.

다) 복합비료

무기질 비료의 일종으로 볼 수 있으며 대개 원예용 비료로 판매되고 이다. 대표적인 종류로는 액체 및 수용제로서는 액체 하이포넥스(hyponex), 북살

그림 Ⅳ-23 대표적인 복합성 비료인 하이포넥스(hyponex)

(wuxal), 캠살(campsal) 및 비왕, 분제로서는 분제 하이포넥스(hyponex), 고형비료로서는 오스모코트(osmocote), 홈그린, 마감프 K(magamp K) 등이 있다. 포장에 표시되어 있는 10:15:10 등의 숫자는 각각 질소, 인산, 칼륨 성분의 함유량을 표시한다. 일반가정이나 학교에서는 필요한 여러 가지 요소를 혼합하여 가루나 액체상태로 판매되는 비료를 이용하면 편리하다.

3) 비료요구도

가) 생육시기에 따른 구분

비료는 시비시기에 따라 생육초기에 주는 기비(밑거름)와 생육 기간 중에 주는 추비(덧거름)로 나뉜다. 재배기간이 비교적 짧은 식물종은 기비를 주로 주고 재배기간 중에서도 특히 개화기가 긴 종은 추비를 생육기간 중에 몇 차례 주어 생육에 지장을 초래하지 않도록 한다. 특히 저장양분을 이용하여 생육하며 구근의 비대기간이 짧은 알뿌리 식물은 기비가 매우 중요할 뿐 아니라 개화기 직전에는 추비도 사용해야 한다.

나) 식물 상태에 따른 구분

일반적으로 생육 단계와 식물 종류 등에 따라 사용하는 비료 종류와 시비량이 달라진다. 또한 재배 역사, 생육적온 및 생육속도에 따라서도 시비량을 달리하여 재배한다. 비교적 식물 생육 초기에는 비료가 적게 요구되며 성숙기에 달할수록 높은 양이 요구된다. 일반적으로 재배 역사가 오래된 종류들은 비료 요구도가 높고 야생식물이나 야생상태에서 개발된 지 오래되지 않은 종류는 비료 요구도가 낮다. 또한 생육속도가 느린 식물은 생육속도가 빠른 식물보다 비료를 적게 요구한다. 또한 광도 차에 따라 광도가 낮은 곳에서 생육하는 식물은 흡비량은 적어지며 뿌리생육과 활성도 낮아지고 광도가 높은 곳에서 자라는 식물은 흡비량이 높다.

실내식물인 난의 경우 대표적인 저비성 식물인데 이는 다른 식물에 비하여 생육속도가 느리고 대개 낮은 광도하에서 자라기 때문이다. 대개 낮은 광하에서의 시비는 농도가 중요한데 묽은 농도를 자주 주는 것이 요령이다.

다) 환경에 따른 구분

식물의 비료흡수는 온도, 광선(광도와 광주성) 및 뿌리상태 등에 따라 영향을 받는다. 대개 고온, 장일, 토양 배수 및 공기유통 향상 등은 비료요구도 증가에 주 요인이 된다.

4) 비료 주는 법

비료는 식물 생육이 정지된 저온기와 생육 최성기를 가능한 피해서 생육이 진행되는 시기에 하는 것이 좋다. 또한 뿌리생육이 저해되거나 혹은 뿌리가 정상적인 식물의 경우에도 뿌리 이외의 식물체(주로 잎)를 통해 비료성분을 흡수하여 비효를 볼 수 있다. 이에는 엽면살포와 탄산가스 시비(CO_2 application)의 방법 등이 있다.

화학비료는 적정량을 뿌리 근처에 주고 바로 관수를 하며 비료는 가능한 식물체이 직접 닿지 않도록 준다. 액비는 지시량을 수용액 상태로 만들어 뿌리에 주고 고형비료일 경우는 뿌리 근처의 토양에 묻어 관수할 때 마다 비료성분이 스며들도록 한다. 엽면시비는 하이포넥스와 같은 경우는 약 500～1,000배로 희석하여 분무기를 사용하여 잎의 앞뒷면에 고루 살포한다.

4 생활원예식물의 재배 기술

가. 종자번식

종자는 수분의 결과로 생긴 결과물이며 꽃이 피는 식물은 모두 종자를 맺는다. 종자를 이용하여 개체를 증식하는 방법을 종자번식이라 하며 유성번식이라고도 한다. 대개의 한·두해살이 화초 및 다년생 식물의 번식에 사용되며 숙근초나 화목류의 품종개량 및 삽종생산 등에 사용된다. 종자번식은 가장 간편하게 일시적으로 많은 묘를 생산할 수가 있으며 우수한 신품종 육성이 가능하고 병충해에 강하며 비용 및 노력이 적게 드는 번식법이다. 그러나 목본식물의 경우는 꽃이 피고 열매가 맺는

데 장기간이 소요되는 등의 단점이 있다.

고등식물에서 꽃이 핀 후 수정을 통해 생긴 완전한 식물체를 종자라 하고 이를 이용하여 개체를 증식하는 방법을 종자번식이라 한다. 종자번식법은 단시간에 많은 양의 식물체 생산이 가능하고, 교배에 의해 변이종이나 새로운 식물체를 만들 수 있는 장점이 있으나 유전적인 변이가 발생하는 단점도 있다. 종자의 수명은 보통 1~2년 정도로 소형종자는 대형종자에 비해 수명이 짧으므로 종자를 오랫동안 두었다가 사용하는 것은 좋지 않다.

좀 더 알아보기

종자번식법을 활용한 잡종 강세성 품종의 생산

잡종강세란 많은 종류의 원예식물 생산이 가능한 유전육종의 원리로서 식물의 교잡육종에서 우수한 잡종 1대(F1대 잡종)를 생산하는 교잡육종법을 의미한다. 이는 서로 계통적으로 분리된 서로 다른 순종간의 교잡을 통해 유전적으로 순종 상태인 부모대 보다 형질적으로 우수한 잡종을 생산해내는 것으로 자가수정작물에서 나타나는 일이 있지만 대개는 타가수정작물에서 현저하며 대표적으로 육종에 이용되고 있다. 현재 교과서에서 다루고 있는 대표적인 한두해살이 화초인 팬지, 페튜니아, 메리골드 및 다양한 서양채소류 등은 대부분 이와 같은 잡종에 속하고 품종명도 정해져 있다. 여기에 속하는 품종은 자연방임 형태로서 재배하면 품질이 퇴화하는 경향이 있다. 식물은 잡종강세를 통해 우수형질을 개발하고 보존시켜 나갈 수 있으며 잡종은 꽃의 퇴화를 막고 우수한 형질을 개발하는데 반드시 필요하며 야생종의 형질을 기본으로 더 나은 후대를 생산할 수 있다. 잡종강세성 식물로는 수박, 꽃도라지, 페츄니아, 옥수수, 카사블랑카, 배추, 참외 등이 있다.

A. 사과의 다양한 품종

B. 감자의 다양한 품종

〈다양한 잡종 원예작물〉

1) 수분

가) 특성

꽃가루가 암술머리인 주두에 이동하여 부착됨으로써 암과 수의 결합이라는 의미 속에 유전인자의 교환이 이루어지는 것을 수분이라고 한다. 수분을 할 때 같은 개체에 있는 꽃들의 암술과 수술 사이에 이루어지는 수분을 자가수분(self-pollination)이라고 하며 이는 같은 꽃 내에서 이루어지는 자화수분, 다른 꽃 사이에서 이루어지는 타화수분으로 구별된다. 또한 서로 다른 개체 사이에 이루어지는 수분을 타가수분(cross-pollination)으로 구분할 수 있다.

나) 수분 매개체

수분 매개는 식물의 종류에 따라 정해져 있는데 수분매개체에 따라서는 풍매화, 충매화, 조매화, 수매화, 인공매개 등으로 나눌 수 있다.

(1) 풍매화

꽃가루가 바람에 의해 이동하여 꽃가루받이 하는 방식을 의미한다. 풍매화는 꽃이 향기가 거의 없으며 꽃잎이 발달하지 않은 경우가 많다. 소나무, 버드나무, 참나무, 보리, 버들, 옥수수, 잣나무, 오리나무, 은행나무, 자작나무, 졸참나무류와 같이 꽃의 구조가 간단하여 바람에 잘 날릴 수 있는 구조를 가지고 있으며 꽃가루를 많이 만들어 내는 종류에서 이루어지는 수분 방법이다. 겉씨식물의 대부분이 이에 속한다.

(2) 충매화

곤충에 의해서 꽃가루받이 하는 방식을 의미한다. 충매화는 특정 매개곤충을 유인하기에 알맞은 꽃의 구조적인 특징 및 미관적인 꽃모양을 가지고 있다. 또한 꽃가루가 곤충에게 잘 붙을 수 있도록 꽃가루에 돌기 같은 것이 있는 경우가 있으며 그 대표적인 예로 난과 식물을 들 수 있으며 그 외에는 민들레, 장미, 개나리, 달맞이꽃, 백합, 무꽃 등이 이에 속한다.

그림 Ⅳ-24 충매화에 속하는 대표적인 식물인 난과 식물

(3) 조매화

꽃에서 꿀을 빨아먹는 벌새, 태양조, 홍작 등에 의해 꽃가루받이 하는 방식을 의미한다. 새에 의해 수분이 되는 꽃은 보통 멀리서도 알아볼 수 있는 붉은 색인 경우가 많고 새를 유인하는 꿀을 분비한다. 한국 꽃 중에 동백나무의 꽃가루는 동박새가 옮긴다.

(4) 수매화

꽃가루가 물속에 흩어져서 수분되는 것과 암꽃이 물밑에 있고 꽃가루가 물속으로 가라앉으면서 수분이 되는 종류가 있고 예로서 각각 붕어마름과 나자스말을 들 수 있다. 별이끼와 나사말은 수꽃이 피면 모체에서 떨어져서 물에 뜨고 암꽃은 꽃대가 길게 자라서 물 위에 떠 다니는 꽃가루를 받는다. 종류로는 검정말, 나사말, 별이끼, 나자스말, 물 수세미, 거미리말, 붕어마름, 연꽃, 물옥잠 등이 있다.

(5) 인공매개

인공적으로 식물을 수분하는 방식을 의미하는 것으로 붓 따위로 꽃가루를 묻혀 다른 꽃의 꽃가루에 암술머리에 뿌리는 방식을 의미한다. 자가불화합성인 식물의 매개에 사용되는 경우가 많다.

2) 수정

수분이 이루어지고 난 후에 발생하는 종자번식의 과정으로서 꽃가루의 정핵과 암술의 난핵이 결합되는 과정을 의미한다. 식물에 따라 같은 꽃 안에서 수정이 이루어지는 자가수정과 다른 꽃의 꽃가루로 수정이 이루어지는 타가수정으로 나눌 수 있다. 타가수정을 하는 꽃들은 암술머리에 같은 꽃의 꽃가루가 붙었을 때 정상적인 화분관이 발달하여도 화학적 또는 구조적인 원인으로 수정에 이르지 못하는데 이것을 자가 불화합성이라고 한다.

수분에 의해서 옮겨진 꽃가루는 정핵(2n)의 형태로 화분관 핵을 이용한 화분관 신장을 통해 배로 내려가 정핵 1개(n)와 배낭 내의 배핵(n)과 결합하여 배아(2n)가 되고 나머지 정핵 1개(n)는 배낭 내의 극핵(2n)과 결합하여 배젖(3n)이 된다. 결국 이러한 수정은 2회에 걸쳐 일어나게 되며 이는 동물번식과 구분되는 식물 고유의 수분방식으로서 중복수정(double fertilization)이라고 하며 이에 의해 종자가 형성된다.

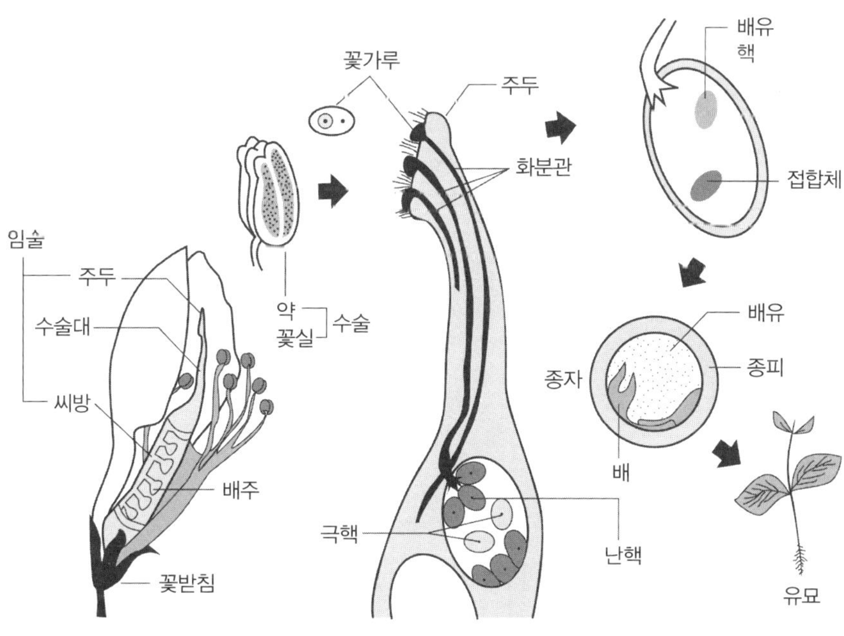

그림 Ⅳ-25 중복수정과 꽃 구조

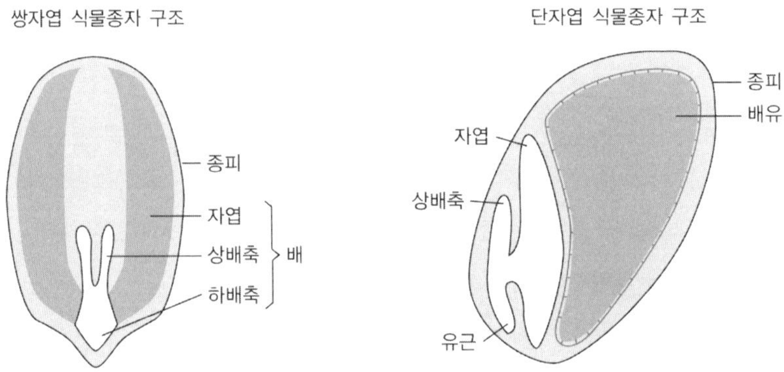

그림 Ⅳ-26 쌍떡잎 식물과 외떡잎 식물의 종자 구조

좀 더 알아보기

온대산 꽃과 열대산 꽃의 수정방식

온대산 꽃은 대개 종자로 번식하며 자가화합하는 성질이 강하다. 이와 같이 자가화합성이 강한 화훼류는 대개 꽃이 작고 품종수가 적은 특성이 있으며 이는 온대산 꽃 식물의 번식과 연관된 특성이 되기도 한다. 또한 자가화합하는 꽃은 봄, 가을, 일정한 시기에 피며 단기간에 일제히 피었다가 진다.

열대산 꽃은 대개 영양기관으로 번식하거나 조매 및 충매 방식으로 번식하며 꽃이 매우 화려하고 크다. 타가화합하는 성질이 강하며 이와 연관한 특성으로서 꽃의 품종수가 매우 많고 잡종수가 많이 생겨 개발이 많이 되어 있으며 꽃이 장기간에 걸쳐 띄엄띄엄 피며 생육속도가 늦다. 따라서 온대산 꽃처럼 종자가 쉽게 생기지 않으며 이로 인해 영양기관을 이용하게 된다. 즉 외형이 화려한 꽃일수록 종자가 잘 생기지 않게 되며 대신 온대산 꽃과 같이 종자가 잘 생기는 종류는 삽목 등의 영양기관 번식이 되지 않는다.

3) 종자 휴면

대개의 종자는 생육에 적당한 환경 하에 놓여 있더라도 발아하여 생육하지 않을 때가 있는데 이는 종자자체의 생리적인 문제에 기인하거나 종자의 발아력이 상실되었기 때문이다. 씨뿌리기를 한 종자가 싹트기 위해서는 적절한 환경 조건과 종자 내부의 생리적 조건이 충족되어야 한다. 광, 온도, 수분 등의 환경 조건이 적당하지 않을 경우 식물은 위험을 느끼고 세포 안의 수분 함량을 최대한으로 감소시켜 대사작용을 억제하는 등 체내에서 스스로 싹이 트지 않는 조건으로 유도하여 생명을 계속 유지하는데 이때 식물의 상태를 휴면이라 한다.

휴면 기간은 식물의 종류와 품종에 따라서 차이가 나며 알뿌리 화초의 경우 약 30~45일, 꽃나무의 경우 30~50일, 감자는 수일에서 5개월 그리고 종자 껍질이 딱딱한 종자는 수개월에서 수십 년에 이른다. 보통 적당한 수분, 온도, 광, 산소 조건이 이루어지면 종자는 다시 발아를 시작한다. 종자 휴면의 원인과 타파법은 다음과 같다.

가) 종피

종피에 문제가 있는 경우로서 종피 겉껍질에 문제가 있어 종피에 물이 잘 침투하지 못할 경우(콩과, 아욱과 식물)와 공기가 종피 속으로 들어가지 못할 경우(국화과 식물) 등으로 나눌 수 있다. 종피에 물이 잘 침투하지 못하기 때문에 일어나는 경우로서 호두나 잣, 밤 등 껍질이 단단한 견과류의 종자는 수분이 잘 흡수되지 못해 오랫동안 발아하지 않는 경우에는 휴면에 들어간다. 등나무와 같은 콩과식물의 경우에는 종자 껍질이 산소의 이동을 막기 때문에 산소의 흡수가 저해되고, 결국 이산화탄소가 축적되어 발아하지 못하고 휴면한다. 또한 종자껍질에 싹이 트는 것을 억제하는 물질이 있이 발아하지 않는 경우도 있다. 그것은 휴면에 관련된 호르몬이 작용하기 때문으로 추정되고 있다. 이 경우 화학적 방법으로는 에테르, 아세톤, 황산 등의 회학약품을 처리하여 겉껍질을 녹이거나 기계적 방법으로는 종자를 서로 부딪히거나 마찰하여 종자 껍질에 손상을 입히기도 한다. 또한 물리적으로는 뜨거운 물에 담그기도 한다.

나) 형태적 미숙

형태적 휴면으로서 종자가 미숙한 경우(물푸레 나무, 은행나무, 감탕나무)나 종자 안에 있는 배가 휴면하고 있을 경우(장미과, 백합과, 소나무과, 붓꽃과 등 대부분의 화목류 종자의 휴면이 이에 해당) 등으로 나눌 수 있다. 이 경우 5℃ 내외의 냉온에서 습한 조건으로 20~50일간 두면 휴면이 타파된다. 이렇듯 일반적으로 온대산 나무의 종자는 1년 이상 땅속에서 겨울철의 추위를 받아야만 싹이 트는데 이를 층적법(stratification)이라고 한다.

4) 종자발아

종자는 형태적으로는 수정과 수분의 과정을 거치고 구조적으로는 휴면기간을 거친 후 발아가 진행된다. 대개 발아를 위해서는 적당한 수분, 온도, 광선 등의 외적 조건이 필요한데 이는 다음과 같다.

가) 수분

대개의 종자는 10% 내외의 수분을 함유하고 있으나 적당한 수분을 흡수한 후 70% 이상의 수분을 함유하게 되면 종피가 부드러워지고 종자 내의 생리작용(산소와 호흡작용)에 의하여 다양한 효소들이 활성화되고 저장양분은 당으로 변하게 되어 발아하게 된다. 이와 같이 수분은 종자발아에 매우 중요한 역할을 하며 단단한 종자와 콩과식물은 습한 조건에서 싹이 잘 나므로 씨뿌리기 전 하룻밤 동안 물에 담가 두는 것이 좋다. 만약 물이 쉽게 침투하지 않는 경실종자일 경우에는 적당한 처치를 통하여 발아가 되도록 할 수 있다. 즉 나팔꽃 종자는 수분이 잘 침투되도록 24~25℃ 정도의 미지근한 물에 1~2일 정도 담가 주며, 작약 및 모란 등은 35~40℃정도 되는 물에 하루 정도 담갔다가 파종하도록 한다. 또한 장미류 등은 저온에서 휴면타파를 시킨 다음 종피에 상처를 입혀 발아가 잘 되도록 할 수 있다.

나) 온도

식물에 따라 다소 차이가 있지만 식물은 발아적온이 다르다. 일반적으로 한대지방 원산 식물 종자는 10℃, 온대원산 식물의 종자는 20℃, 열대원산식물 종자는 30℃ 전후가 적당하다. 종자종류에 따라 일정한 온도를 지속시키는 경우보다 오히려 변온이 식물생육에 유리할 경우가 있다.

표 Ⅳ-6 원예식물에 따른 종자 발아온도

구 분	원예식물의 종류
10℃ 전후	상추, 시금치, 시네라리아, 금어초
15~20℃ 전후	팬지, 앵초, 금잔화, 데이지, 버베나, 국화, 과꽃, 아네모네, 제라늄
25℃ 전후	페튜니아, 맨드라미, 다알리아, 채송화
30℃ 전후	콜레우스, 코스모스, 아스파라거스, 미모사

다) 빛

종자가 발아할 때는 빛이 필요한 경우와 필요하지 않은 경우가 있다. 즉 대부분의 초본류는 빛을 좋아하는 종자이므로 빛이 있어야 싹이 트나, 일부 종자는 빛이 없는 어두운 조건에서 싹이 트는 종류들이 있는데 이는 호광성 종자(진달래, 철쭉, 산철쭉, 잔디류, 금어초, 콜레우스, 피튜니아, 베고니아 등의 미세종자류), 광선이 있는 조건에서는 발아하지 못하는 혐광성 종자(금잔화, 수레국화, 플록스, 시클라멘, 맨드라미, 백일초, 색비름 등) 및 발아할 때 광선과는 관계가 없는 중간성 종자(대부분의 콩과식물 및 대형종자류)로 나뉜다. 특히 호광성 종자는 광에 의해서 발아할 수 있는 생리적 원인으로서 종자 내피에 존재하고 있는 파이토크롬(phytochrome)의 경우가 많이 알려져 있다. 종자를 파종한 후에는 식물 특성에 따른 적절한 채광 관리를 해 주어야 한다.

표 Ⅳ-7 원예식물의 발아와 광조건

구분	원예식물의 종류
호광성 종자	페튜니아, 꽃담배, 금어초, 프리뮬러, 양귀비, 글록시니아
중간성 종자	대부분의 콩과 식물 및 대형종자류
혐광성 송자	시클라멘, 고데치아, 금잔화

출처 : 서정근(1997). 생활원예이야기. p.70.

5) 파종

가) 종자선별

종자를 파종하기 전에는 우량한 종자를 선별하는 것이 발아율을 높이고 건강한 묘를 키우는데 매우 중요한 영향을 미치게 된다. 대개 종자를 선별할 때는 모양이 정상적인 종자, 병충해나 기타 상처를 입지 않은 종자, 종자 보관일수가 오래되지 않은 종자, 크고 충실한 종자, 색이 뚜렷한 종자 및 건조하고 저온상태에 오래 보관된 종자가 좋다.

나) 종자소독과 전처리

간단하게 종자를 소독하기 위해서는 온탕침지법으로서 50~60℃ 정도 되는 더운 물에 종자를 10~20분간 침지하였다가 꺼내는 방법과 가정용 락스 10~15% 용액에 15분 정도 담근 후 흐르는 물에 씻어 파종하는 방법이 있다. 대개 정상적으로 발아할 수 있는 종자일 경우에도 사용하기 24시간 정도 전에 물에 하루정도 담궜다가 파종하거나 45℃ 정도의 더운물에 10분 혹은 70℃ 되는 물에 5분간 침지한 후 파종하면 발아소요기간을 단축하고 발아를 고르게 할 수 있다.

다) 배양토

씨앗이 싹트기 위해서는 충분한 수분과 산소가 필요하고 잡초종자나 균, 포자가 없는 신선하고 깨끗한 흙을 사용하는 것이 좋으며 배수성을 위해 통기성이 좋은 모래나 펄라이트를 위주로 배양토를 준비한다. 토양의 비옥도는 발아전까지는 종자는 자신의 양분을 이용하므로 중요하지 않다.

라) 파종 시기

식물의 특성과 배양토 종류 및 생육목적 등에 따라 파종시기는 차이가 나지만 대개 식물 특성에 따라 3~4월에 파종하거나 8~9월에 파종한다. 이때 시기에 따라 노지파종은 서리피해 등을 주의하여 파종해야 한다.

마) 파종 방법

(1) 파종 장소에 따른 구분

① 직파

직파는 화단이나 재배하고자 하는 장소에 직접 파종하는 방법으로서 종자가 많고 포장에서 생육할 때 생육이 좋으며, 직근성으로서 이식하면 피해를 입는 맨드라미, 코스모스, 과꽃, 시금치, 쑥갓, 아욱 등의 식물은 이 방법을 이용한다.

② 상파

상파는 종자량이 많지 않거나 어린 묘를 집중적으로 관리한 다음에 이식하고자 할 경우에 비닐하우스나 관리하기 편리한 장소에 묘상을 만들어 파종하는 방법으로서 팬지, 데이지, 피튜니아, 금잔화, 토마토, 가지 등이 이 방법을 사용한다. 용토는 완숙한 유기질토 1/5～1/3과 모래를 혼합하여 사용한다.

③ 상자파종 또는 화분파종

상자파종 또는 화분파종은 종자가 미세하거나 귀중한 종자를 상자나 화분에 파종하여 묘를 육성하는 방법으로서 베고니아, 글록시니아, 철쭉류 등이 이 방법을 사용한다. 모래와 완숙한 유기질토를 약 3대 1로 혼합한 용토에 파종하여 비닐하우스 내에 둔다.

(2) 파종 형식에 따른 구분

① 점파(점뿌리기)

점파는 종자가 비교적 크거나 그 수가 제한되어 있을 경우에는 작은 막대기로 종자가 충분히 흙에 묻힐 정도로 점을 찍고 한 구멍에 종자를 1개 내지 수개씩 넣은 후 복토한다. 야자나무, 콩과식물 등이 이에 속한다.

② 산파(흩어뿌리기)

산파는 미세한 종자를 파종용토에 한결같이 흩어뿌리고 얇게 복토하거나 그대로 두고 파종상 위에 비닐 또는 유리를 덮어 건조를 막는다. 보통 물뿌리개로 관수하면 복토한 흙이 고르지 않게 되어 발아가 좋지 못하거나 종자가 한쪽으로 몰려 발아되는 경우가 있으므로 저면관수 방법을 이용하여 관수하는 것이 좋다.

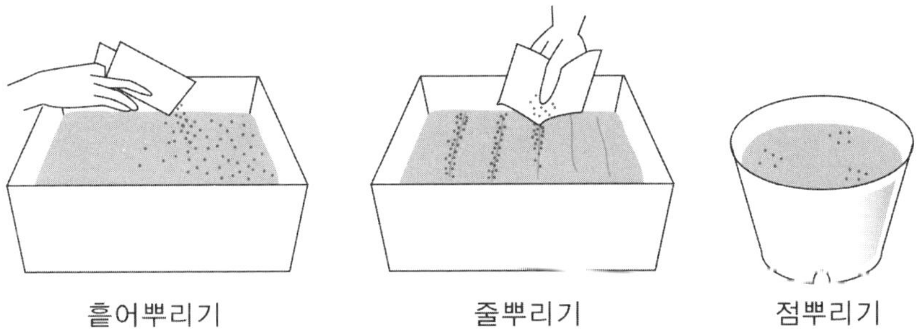

그림 Ⅳ-27 종자파종방법

③ 조파(줄뿌리기)

조파는 크기가 중정도인 종자를 파종용토에 2cm 내외의 간격으로 줄과 같이 깊이 0.5cm 정도의 직선 이랑을 만들어 파종하고 0.5cm 또는 그 이상 복토를 한 후 상면 또는 저면관수를 하는 것으로써 가장 많이 이용되는 방법이다.

6) 육묘

대개 발아 후 육묘과정은 솎음, 가식(일시 심기), 이식(옮겨 심기) 및 정식(아주 심기)의 순으로 이루어진다. 종자를 파종 후 발아하게 되면 지나치게 어린 묘가 밀생하게 되며 연약해지기 때문에 건전묘 육성을 위해서는 서로 닿지 않을 경우의 간격을 유지하기 위해 솎음질을 해 주어야 한다. 이때 적당한 횟수를 실시하고 건강한 개체를 남기는 방식으로 실시한다. 묘상에서 자란 묘는 떡잎을 제외하고 본잎이 2~3매 나왔을 때 넓은 묘상으로 가식을 하고 종류에 따라 차이는 있지만 가식을 2회 정도 실시한 후 정식을 실시한다.

봉선화와 같이 비교적 큰 종자는 작은 화분에 2~3개의 씨앗을 뿌린 후 싹이 트면 그중에서 가장 튼튼한 모종만을 남겨두고 솎아낸 후 가꾸는 정식을 한다. 줄 뿌리기나 흩어 뿌린 후 튼튼한 모종만을 골라 간이 비닐 분에 옮겨 심기한 후 어느 정도 자라면 아주심기 할 화단이나 화분 또는 용기에 심는 것이 일반적이다. 상추와 같이 종자가 작고 저렴한 경우에는 직접 화단에 줄 뿌리기한 후 자라면서 솎아내는 것도 좋다. 정식을 한 후에는 물을 듬뿍 주도록 하며 지주를 세워서 쓰러지지 않도록 고정시켜 주고 약간의 그늘을 만들어 주면 활착이 빨라지며 활착 후에는 충분한 햇빛을 주도록 한다.

최근에는 영리상 재배에 있어 공정육묘를 통한 식물 묘 생산의 과학화가 널리 이루어지고 있는데 이는 솎음, 가식, 정식, 이식 등과 같은 복잡한 육묘과정을 생략하고 직접 육묘판에 파종한 후 환경조건을 동일하게 유지하면서 크기가 균일하고 충실한 묘를 기계적으로 대량생산하는 공정묘가 많이 이용되고 있다. 플러그묘를 통해 활착이 용이해지고 계획생산이 가능하며 건전묘 육성과 균일묘 육성 등이 실현되고 있다.

나. 영양번식

식물체의 영양기관인 잎이나 줄기, 뿌리 등의 일부를 분리하여 그 조직을 완전한 식물체로 길러내는 번식방법을 영양번식이라고 한다. 이를 통해 영양계를 보존하고 모체와 동일한 개체를 다량 번식시킬 수 있으며 모체의 유전질을 정확하게 후대에 계승할 수 있다. 또한 열대산 식물과 같이 결실하지 못하는 식물의 번식수단이 되며 초기생장이 빠르고 개화 및 결실기를 단축시킬 수 있는 장점이 있다. 영양번식으로 생긴 새로운 식물은 유전적 형질이 모체와 동일하고, 씨를 뿌려 싹을 틔우는 과정이 없기 때문에 종자번식에 비해 꽃이 빨리 피고 열매도 빨리 맺게 된다. 그러나 번식시키는 과정과 작업이 다소 번거롭고 한 번에 많은 식물체를 얻기 어려우며 바이러스에 감염될 우려가 높고 저장이나 운반이 어려우며 증식률이 낮은 편이다. 종류로는 삽목, 접목, 취목, 분주, 분구 등의 방법이 있다.

영양번식 방법은 종자번식에 비해 관찰이나 직접적 재배효과는 떨어진다고 볼 수 있으나 단기간에 효율적인 교육적 효과를 얻기에 적합한 번식방법이다.

1) 꺾꽂이

꺾꽂이는 온도가 낮 기온 15~25℃를 유지하는 것이 좋으므로 시기적으로는 낮의 길이가 길어지면서 따뜻한 늦은 봄 이후부터 9월까지 실시한다. 또한 잘려진 식물체의 건조를 막기 위해 빛을 차단하여 반음지 상태를 유지하는 것이 좋다. 손쉬운 방법은 작은 화분에 심었을 때 젖은 신문지나 비닐, 투명한 페트병을 잘라 식물체 위를 덮어 주는 방법도 있다. 뿌리가 내린 뒤에는 양분을 만들기 위해 햇빛이 충분히 들도록 한다. 그리고 뿌리가 내릴 때까지는 잎에서 수분이 빠져나가 시드는 것을 방지하기 위해 약 80~90%의 높은 공중습도를 유지하는 것이 좋다.

가) 방법

삽수조제는 목본식물의 경우는 10~15cm, 초본류 경우는 10cm 내외로 하거나 2~3마디 정도 되도록 자르는 것이 알맞다. 삽수를 자를 때는 마디를 포함한 바로 아랫부분을 잘 드는 칼로 밑부분을 10~15° 정도의 경사가 지도록 비스듬히 자르며 잎꽂이를 실시할 경우는 엽맥을 중심으로 잎 절편을 잘라낸다. 삽수는 식물체 윗부분에서 채취하는 것, 식물체 바깥쪽에서 햇빛을 충분히 받고 자란 부위, 꽃눈이 없는 가지 및 무늬가 없는 종류가 발근이 잘된다. 이외에 발근을 촉진하기 위해서는 미스트삽(mist cutting)과 밀폐삽(moist chamber cutting)을 실시하는 것이 유리하다.

나) 종류

(1) 줄기꽂이

삽목중 가장 많이 이용하는 방법으로 눈이나 잎이 2~3개 포함된 약 6~7cm 길이의 줄기를 잘라 적당한 온도와 습도조건을 제공하여 새로운 잎과 줄기를 발생시키는 것이다. 이때 줄기의 종류에 따라 잎을 달고 있는 가지를 사용하는 녹지삽과 반 정도 굳어진 가지를 사용하는 숙지삽으로 나눌 수 있다. 선인장과 다육식물 종류는 모체로부터 떼어내어 바로 꽂으면 자른 부위가 썩을 우려가 있으므로 약 3~5일 정도 말린 후 꽂는 것이 좋다.

그림 Ⅳ-28 줄기꽂이(라벤더)

(2) 잎꽂이

줄기를 제외한 잎과 잎자루를 잘라 배양토에 꽂아서 꺽꽂이 하는 방법으로 엽맥이 굵은 것일수록 튼튼한 싹이 나온다. 뿌리가 나고 절단면 주변에서 새로운 눈이 생겨 줄기가 깊이 발생하게 된다. 관엽베고니아나 아프리칸 바이올렛, 페페로미아, 산세비에리아 등과 같은 일부 식물에서 이용하는 번식방법으로 잎꽂이는 20~23℃ 정도의 기온과 70~80% 정도의 중습도가 유지되는 조건이면 연중 재식이 가능하다.

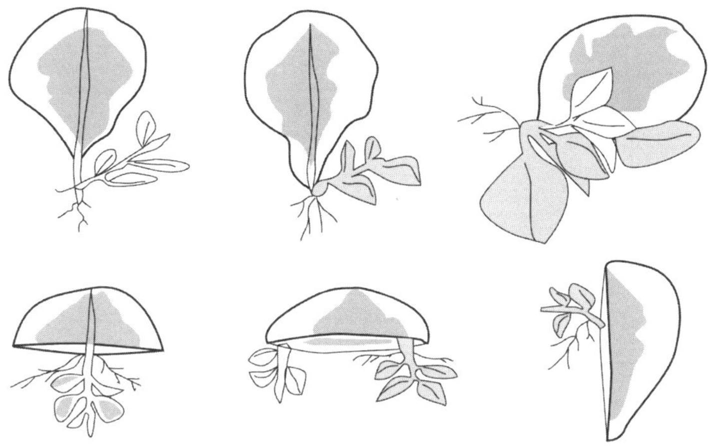

그림 Ⅳ-29 다양한 잎꽂이의 형태

(3) 뿌리꽂이

무궁화나 개나리 등과 같이 땅속 줄기나 굵은 뿌리에서 눈이 잘 나오는 식물에 이용하는 방법으로 굵은 뿌리를 5~10cm 길이로 잘라 배양토에 묻어 새싹과 뿌리를 발생시키는 방법이다. 시기적으로는 초봄에 실시하며 라일락, 오동나무, 등나무, 산수유, 팥꽃나무와 같은 종류에 실시한다.

2) 포기나누기

분주법이라고도 하며 뿌리에서 눈이 많이 나오는 숙근 초화류나 꽃나무, 분화류 등의 원줄기 근처 자연 상태에서 생긴 곁가지와 곁눈을 뿌리와 함께 잘라 나누어 번식하는 방법이다.

그림 Ⅳ-30 포기나누기(틸란드시아)

출처 : 서정남 외 2인(2003). 푸른학교 가꾸기. p.43.

일반적으로 포기나누기는 3~4월경에 실시하며 난은 토양 바로 위에 증식된 여러 개의 포기를 뿌리와 함께 잘 분리하여 다른 분에 심으며 보통 꽃이 진 후에 하는 것이 좋다. 국화의 경우에는 땅속에 생긴 줄기를 뿌리와 함께 잘라내어 번식시킨다.

딸기와 같이 가지가 토양 위로 기어가는 형태로 자라면서 마디마다 새로운 식물체를 만드는 경우는 뿌리도 함께 있으므로 마디마다 나온 어린 식물을 잘라서 옮겨 준다.

3) 알뿌리나누기

백합, 나리, 히야신스 등과 같은 지하부에 비대한 영양기관이 있는 식물에서 모체 알뿌리(모구) 주변에 생겨난 자식 알뿌리(자구)를 분리해서 번식하는 방법이다. 알뿌리의 모양에 따라 번식하는 방법이 나누어지는데 칸나는 10월 말에서 11월 초순에 알뿌리를 수확하면서 눈을 포함하는 뿌리줄기의 일부를 잘라 번식시킬 수 있다. 매년 많은 양의 뿌리줄기가 새로 생기므로 튼튼한 알뿌리만을 골라 겨울 동안 저장했다가 이듬해 가꾸기에 이용한다.

또한 다알리아 고구마는 원줄기 밑 덩이뿌리들이 연결되어 있다. 이것을 덩이뿌리 위에 있는 눈과 함께 잘라 번식시킨다. 글라디올러스와 튤립, 수선 등은 해마다 큰 알뿌리 주위로 작은 알뿌리들이 생기므로 이것들을 분리하여 번식시키며 감자나 구근베고니아 등과 같은 땅속의 덩이줄기는 눈을 2~3개 붙여 칼로 나누어 번식시킨다.

4) 휘묻이

묻어떼기라고 하며 모주로부터 가지를 절단하지 않고 흙속이나 공중에서 새로운 뿌리를 발생시킨 후 뿌리가 난 가지를 분리시켜 개체를 얻는 번식방법으로서 종류에는 단순 휘묻이, 파상 휘묻이, 공중 휘묻이 등이 있다.

단순 휘묻이의 경우는 가지 끝을 땅속에 묻고 선단부가 지상으로 나오게 하여 뿌리를 낸 후 분리시켜 번식하는 방법이며 파상 휘묻이는 덩굴성식물이나 가지가 부드럽고 긴 줄기를 여러 차례 굴곡시켜 지하부에서 뿌리를 내게 한 후 분리하는 방법이다. 또한 공중 휘묻이는 나무의 일부 가지에 뿌리를 내어 새로운 개체를 만드는 방법으로서 나무껍질을 칼로 도려낸 다음 그 부위를 축축한 물이끼로 두툼하게 감싼 후 습도를 유지하기 위해 비닐로 싸매고 이끼가 마르지 않도록 하면 두 달 후 새 뿌리가 내리게 된다. 이러한 과정을 통하여 뿌리가 내린 바로 아랫부분을 잘라 새로운 식물체를 만들어낸다. 주로 실내 꾸미기에 이용되는 관엽식물인 고무나무류나 크로톤, 드라세나 등과 같은 식물의 번식에 이용된다.

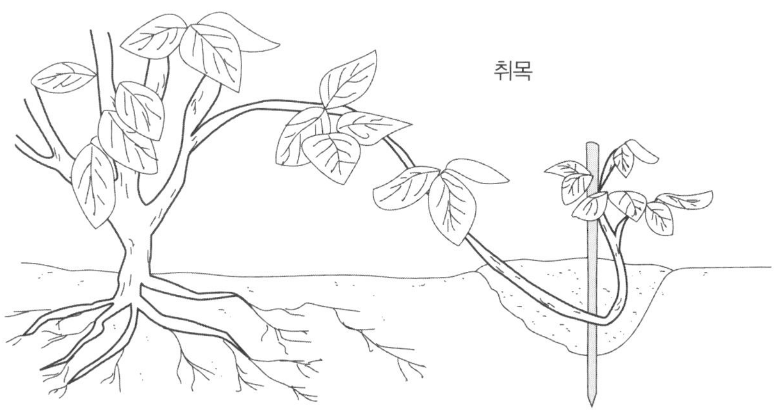

그림 Ⅳ-31 취목의 형태

5) 접붙이기

접붙이기란 원하는 꽃이 피는 품종이나 채소, 과일 품종의 접이삭(접수)을 인연이 가까우면서 병충해에 강하고 잘 자라서 대량으로 얻을 수 있는 바탕나무(대목)에 붙여서 공생관계의 한 식물체를 얻는 번식 방법이다. 식물의 접붙이기는 여러 가지 기본 지식과 비교적 정교한 기술이 요구되므로 일반인 들이 이용하기는 쉽지 않다. 그러나 우리 주변에 있는 많은 식물들이 접붙이기를 통해 보다 아름다운 꽃이나 탐스러운 채소, 과일을 얻을 수 있다.

예를 들어 우리나라에 자생하는 목련에 접을 붙인 백목련이나 찔레에 접을 붙인 장미가 대표적이고, 채소의 경우에는 많은 박과식물(수박이나 참외 등)을 근연종인 호박에 접을 붙여서 기르고 있다. 또한 과일나무의 경우에도 사과나 배에서 접붙이기를 통해 얻은 식물을 기르고 있다.

5 생활원예식물의 활용

가. 꽃식물의 활용

1) 꽃식물의 특성

꽃식물은 원예식물 중 대표적으로 관상가치가 있는 관상용 식물로서 화상식물, 화분식물, 구근식물 및 각종 절화류를 포함하고 있다. 최근 꽃식물은 유통, 가공 및 이용 등에 가장 활발하게 활용되는 식물 종류이다. 생산화훼의 경우에는 절화, 분식물, 종묘, 구근, 분재, 식품 등의 재배 및 생산이 증가하고 있으며 최근 더욱 시설화 되고 있다. 또한 조직배양, 형질전환, 돌연변이 육종, 플러그묘 및 DIF 와 같은 공정생산화를 통해 생산량이 증가하고 있으며 취미원예 및 특히 다양한 화훼류를 이용한 장식, 미학 및 조형적 활동으로서의 화훼장식에 수요가 높아지고 있다.

2) 꽃식물의 활용

가) 화단

(1) 형태에 따른 분류

화단외관의 형태는 넓은 면적일 경우는 아동들의 흥미와 상상력을 동원할 수 있는 테마 형태나 흥미로운 주제원 등을 고려해 볼 수 있으나 대부분의 학교 사정상 충분한 정원면적을 꾸미지 못할 경우에는 도안 그 자체의 지나친 장식성을 주는 것은 좋지 않으며 가능한 단순한 모양으로 마감한다.

① 모둠화단

정원의 중심부나 교차점 등에 설치하여 사방에서 모두 감상할 수 있도록 하는 형태로 가운데는 키가 크고 강한 종류를, 바깥쪽은 키가 작은 초화류를 주로 심는다.

전체적인 형태는 원형이나 타원형으로 하고 계절적 변화 등을 고려하여 1년생 초화류를 위주로 심는다.

② 경재화단

건물의 벽, 울타리 또는 담벽 등을 등지고 있는 자리나 보도, 정원 등의 길가에 위치하며 보행으로 하면서 감상할 수 있도록 재식된 화단형태이다. 숙근초, 1년생 초화류를 혼합하여 사용하며 너무 딱딱한 형태는 피하도록 한다. 폭을 조절하여 보행 등에 지장이 없도록 하며 뒤쪽에 키가 큰 종류를 식재한다.

③ 노단화단

경사지를 이용하여 계단모양으로 여러 층의 노단을 만들어 화단으로 이용하는 것으로 테라스식 화단이라고도 한다. 숙근초와 1, 2년생 초화류를 혼합 식재한다.

④ 화문화단

정형식 정원에서 많이 이용되는 형태로 광장이나 교차점의 한 가운데 평면적으로 사용한다. 카페트 화단이라고 불리며 미리 도안한 무늬에 따라 키가 작은 초화류를 모아 심어 무늬를 만들고 둘레에는 배경을 만들기 위하여 잔디를 심는 것이 바람직하다. 밀식을 하여 지표면을 덮도록 하며 계절에 맞게 꽃을 갈아 심어 화단이 유지되도록 한다.

⑤ 리본화단

보도의 양쪽에 좁은 폭으로 길게 설치하여 지나가면서 감상하는 것으로 경재화단과 유사하나 평면적으로 조성되었다는 것이 차이점이다. 학교 등과 같이 식재면적이 여유롭지 않은 곳에서는 주로 조성하기에 적합한 형태이다.

⑥ 침상화단

사람들이 주로 다니는 지면보다 낮게 부지를 조성하여 화단을 조성한 것이다. 사람들의 시선이 아래쪽에 있는 화단을 내려다보면서 감상하도록 가꾼 것이다.

(A. 화문식화단, B. 경재화단, C. 모듬화단, D. 침상화단, e. 노단화단)

그림 Ⅳ-32 화단의 종류

⑦ 기타

일반적인 화단 외에 아동 등의 관심을 끌기 위한 다양한 첨경물이 첨가된 테마 화단 등을 간단하게 꾸며 볼 수 있다.

(2) 계절에 따른 분류

① 봄화단

3월 하순에서 6월 상순까지 감상할 수 있는 화단으로 봄 초화류로 데이지, 크로커스, 금잔화, 팬지, 페튜니아, 앵초, 꽃 잔디, 히야신스, 튤립, 수선화, 무스카리, 스노우 드롭, 꽃 창포, 작약, 금계국 등을 식재한다.

② 여름화단

6월에서 9월 중순까지 감상할 수 있는 화단으로 맨드라미, 천일홍, 봉선화, 채송화, 메리골드, 일일초, 아게라텀, 백일초, 금어초, 꽃 베고니아, 아프리카 봉선화, 접시꽃, 원추리, 부용화, 옥잠화, 플록스, 칸나, 다알리아, 제라늄, 콜레우스, 꽃담배 등을 식재한다.

③ 가을화단

10월 초에서 11월 하순까지 감상할 수 있는 화단으로 국화, 코스모스, 과꽃, 아게라텀, 페튜니아, 샐비어, 메리골드, 일일초, 다알리아, 꽃양배추, 포인세티아 등을 식재한다.

(3) 식물재료에 따른 분류

화단에 재식하는 다양한 꽃 종류에 따라 여러 종류의 꽃을 심는다. 교육의 목적이나 취향 등 에 따라 단일 화초만을 재식할 경우가 있는데 주로 일반적인 종류로는 장미원, 작약원, 무궁화원, 튤립원, 아이리스원, 철쭉원, 선인장원, 야생화원 등이 있다.

3) 꽃식물의 재배

가) 광

햇빛은 꽃식물의 꽃색 발현, 개화유지 및 개화시기 연장 등에 필수적인 생육조건이며 특히 엽록소뿐만 아니라 일반 꽃 색소의 발현에는 높은 광도유지가 필수적이다. 그러나 꽃색 유지를 위해서는 지나친 고광에서는 탈색되며 약간의 차광이 품질유지에 유리하다.

나) 온도

온대산에 속하는 꽃식물의 경우는 생육적온이 12~21℃ 열대산 꽃식물의 경우는 25~30℃ 정도이다. 대개 생육이 가능한 영양생장기 온도조건은 0~40℃ 범위이며 대개 화훼류의 경우에는 10℃ 이하에서는 생육이 늦고 20~30℃ 사이에서는 생육이 양호한 편이다.

온대산 꽃식물의 경우는 잉여 탄수화물의 축적을 위해서 야간 온도를 주간적온보다 3~5℃정도 낮게 유지하는 것이 식물 생장기 연장에 효과적이다. 또한 화아가 분화된 구근류, 화목 및 숙근초화류 등의 다년생 꽃식물은 개화를 위해서는 일정기간의 겨울 저온을 요구하며 이를 춘화처리라고 한다. 최근에는 개화촉성에 필요한 최소 저온처리 기간을 이용한 촉성 및 억제재배가 온대산 구근 및 화목류에 주로 실시되고 있다.

식물 생장조절에 관한 다양한 연구 중 특히 온도에 영향을 받는 식물의 초장, 발육속도, 개화 등과 같은 식물형태발생은 주야간 온도 차이에 의해 영향을 받는다는 DIF는 포인세티아, 포트멈, 나팔나리 등의 생산 및 분화, 절화, 조직배양이나 플러그묘 등의 생산에 이용되고 있다

다) 수분

온대산 꽃식물의 경우 비교적 건조에 적응하는 성질이 강하며 지하부 뿌리의 생육이 전체적 식물생육정도에 절대적 역할을 하는 뿌리의존도가 매우 높은 식물로 성장한다. 토양건조에 의하여 지상부와 지하부 비율(T/R율)이 낮은 형태로 자라므로 화분재배의 경우 분갈이에 각별한 신경을 쓴다. 동남아시아 및 아프리카 열대 우림기후지역이 원산인 열대산 꽃식물의 경우는 연중 높은 강우량과 토양습도에 기인하는 기근 등이 발생하는 경우가 많으므로 재배 시 공기습도가 매우 중요하며 실내재배 시 관계습도 변화에 주목하여 관수량을 결정한다. 분재는 수분을 이용한 특수 재배형으로서 철쭉, 연산홍, 향나무, 해당목, 석류 등의 나무는 수형조절을 위해서는 일반적인 화분 형이 아닌 평분 모양의 화분에 심어 영구 위조점을 유지하도록 한다.

라) 비료

꽃식물은 일반적으로 개화에 높은 광도를 요구하는 다비성 식물에 속한다. 또한 일반적으로 잡종에 속하는 재배역사가 오래되거나 생육속도가 빠른 꽃식물은 다비성에 속하며 야생식물이나 야생상태에서 개발된 지 오래되지 않고 생육속도가 늦은

야생화를 비롯한 꽃식물들은 비료의 요구도가 낮다. 난은 다른 식물에 비하여 생육 속도가 느리고 대개 낮은 광도 하에서 자라기 때문에 꽃 식물 중 대표적인 저비성 식물에 속한다.

표 Ⅳ-8 화훼류의 비료요구량

구 분	화 훼 류
비료요구량이 높은 종류	제라늄, 포인세티아, 수국, 시네라리아, 카네이션, 국화, 아스파라거스, 백합, 튤립, 라난큘러스 및 기타 양지식물류
비료요구량이 보통인 종류	시클라멘, 프리지어, 장미, 아네모네, 거베라, 안스리움, 꽃완두, 작약, 아펠란드라
비료요구량이 적은 종류	철쭉나무, 고사리류, 양란, 치자나무, 프리뮬러 및 기타 음생식물류

4) 화단의 관리

가) 관수

모종을 심고 나서는 건조에 주의하며 모종이 시드는 일이 없도록 한다. 꽃화단의 경우는 꽃잎에 과도하게 물이 튀지 않도록 주의하며 관수하고 강수량이 충분하지 않을 때는 특히 신경 써서 자주 관수를 해 주어야 한다. 1회 관수 시에는 뿌리 밑까지 충분히 물을 흡수할 수 있도록 충분한 양의 물을 주어야 한다. 화단이 클 경우에는 스프링 클러를 설치한다.

나) 멀칭

토양수분의 과도한 증발과 잡초발생을 억제하기 위해서 퇴비, 낙엽, 자갈, 바크 등 여러 가지 물질로 멀칭을 한다. 멀칭 시기는 이른 봄 이식한 1년초의 새싹이 나오기 전에 실시하는 것이 좋으며 여름 동안에는 멀칭을 제거하거나 새롭게 바꾸어 주는 것이 좋다. 겨울에는 추위에 대비하여 멀칭을 한 겹 더 실시하는 것이 좋다. 그러나 봄이 되면 새로운 공기를 쬘 수 있도록 걷어 내주는 것이 좋다.

다) 시비

직접적으로 모종에 닿지 않도록 뿌려 준다. 비료의 양은 식물과 계절 조건 및 토양 성질 등에 따라 달라질 수 있다.

라) 전정 및 지주세우기

지나치게 과도한 생장을 나타내는 숙근초나 1년초 종류들은 지주를 세우거나 전정을 실시하는 것이 꽃을 크고 아름답게 할 수 있다. 또한 경우에 따라 숙근초는 봄에 포기나누기를 실시하여 생육 및 개화가 왕성해 지도록 한다. 또한 꽃이 너무 일찍 지거나 병발생 등으로 꽃이나 잎이 상할 경우에는 화단 전체에 영향을 미칠 수 있으므로 초기에 제거한 후 다시 새로운 꽃으로 바꾸어 심는다.

나. 채소식물의 활용

1) 채소의 특성

채소는 원예식물 중 대표적인 식용식물로서 주로 1년생 초본류이지만 일부 다년생을 포함하고 있다. 대부분의 채소는 신선한 상태로 혹은 조리를 통해서 요리하게 되는데 식용부위는 잎, 줄기, 뿌리와 같은 영양조직 및 꽃, 과일, 종자와 같은 생식조직이다. 따라서 채소정원은 관상을 주 목적으로 하는 일반 화단과는 달리 특히 관리와 재배에 신경을 써서 수확을 기대할 수 있다. 채소는 환경요소나 시설 등에 따라 재배할 수 있는 장소 및 지역적 특성을 나타낼 수 있으나 최근 경영의 집약화, 다양한 시설재배의 발달 및 농업기술의 진보에 따라 장소나 지역별 제약이 다수 해결되었으며 연중 공급이 가능하게 되어 지속적인 원예산업에 큰 역할을 하고 있다. 특히 최근 채소는 타 곡식에서는 섭취할 수 없는 각종 비타민, 각종 무기양분, 철, 칼슘, 마그네슘, 칼륨 등 다양한 무기염류 및 섬유소 등을 섭취할 수 있어 현대인의 건강에 매우 중요한 역할을 하고 있다.

2) 채소의 기능

채소나 과일 같은 원예작물은 특히 최근 질환 사망률의 수위를 나타내고 있는 각종 암과 심장 및 순환기계 질환의 위험을 감소시켜 주는 비타민 등의 영양성분을 다양하게 함유하고 있다.

가) 비타민과 식물색소

생체 내에서 산화작용에 의한 손상 감소나 노화의 과정을 지연시키고 방어하는 기작을 가진 항 활성산소 또는 항산화물질(anti-oxidant)로 알려진 물질로서 원예식물조직에 들어 있는 대표적인 물질은 비타민 C, A, E와 식물의 신진대사 종말물질이라고 할 수 있는 폴리페놀(polyphenol)화합물이다. 비타민 C는 매운 고추, 브로콜리, 파슬리, 머스크 멜론 등의 푸른 야채나 과일에 다량 함유되어 있으며 당근, 옥수수, 고추, 귤, 토마토, 비타민 E는 브로콜리, 케일, 각종 곡류 혹은 콩기름, 해바라기 종자, 옥수수유, 알몬드, 호두, 페칸, 호박씨 등의 견과류에 함유되어 있다. 폴리페놀 화합물은 플라본(flavone), 카테킨(catechin) 및 안토시아닌(anthocyanin) 등의 식물색소가 이에 속하며 식물 중 녹차, 포도주, 배추과 식물에 들어 있다. 특히 안토시아닌은 식물의 꽃, 잎, 그리고 과일 등에 붉은 색소로서 존재한다. 그 외 떫은 감 등의 탄닌 성분에도 비교적 고분자의 폴리페놀 화합물이 포함되어 있다.

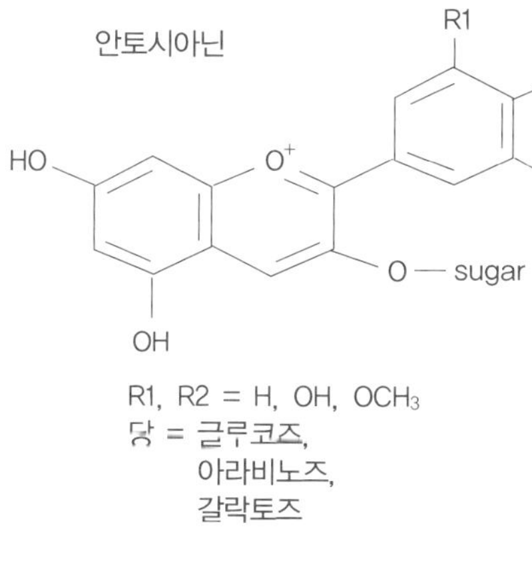

그림 Ⅳ-33 폴리페놀 성분인 안토시아닌과 안토시아닌 함량이 높은 블루베리

나) 펙틴

식물조직체 특히 채소류의 잎, 줄기, 뿌리, 과일 및 과수류의 조직 내 세포는 주로 1차 세포벽 성분으로 구성되어 있다. 또한 1차 세포벽은 주로 펙틴 성분으로 구성되어 있으며 채소나 과실을 섭취하면 상당량을 식용으로 이용할 수 있다. 장의 운동을 원활히 하고 대장운동을 도와 대장암 예방 등에 도움을 줄 수 있다. 그 외 섬유질과 더불어 비만이나 고혈압, 고지방, 당뇨병, 허혈성 심장병, 콜레스테롤 담석증, 발암성 물질 해독 등 각종 병 예방에 효과가 있다.

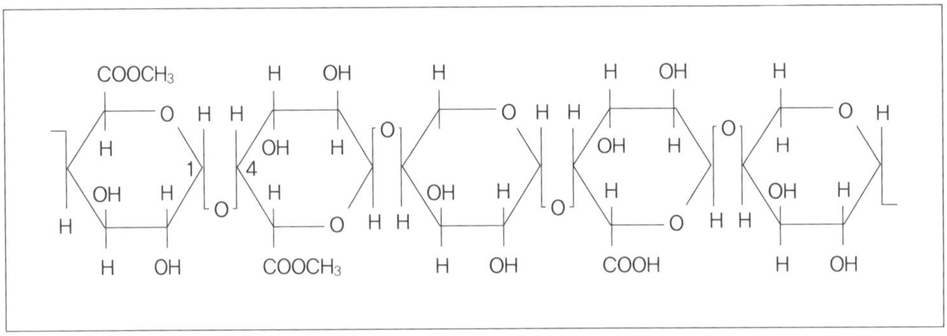

그림 Ⅳ-34 Pectin 구조식

다) 식이섬유

식이 섬유물질은 식물 특유의 다당류 성분으로서 세포벽 특히 제2차 세포벽을 구성하고 있으며 채소와 과일 조직에 널리 분포한다. 식이 섬유질의 섭취는 특히 체내 독성물질을 흡수시키며 심장 혈관성 질병, 암과 같은 만성적 질병 예방에 도움을 준다. 성인을 기준으로 1일 식이 섬유권장량은 1일당 20～35g 정도이며 채소와 과일의 섬유질을 지속적으로 섭취하는 경우는 혈압이 낮아지고 심장병 발생이 적으며 혈당을 감

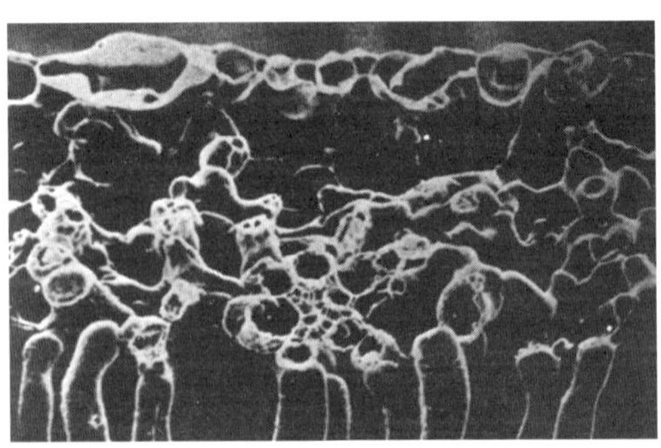

그림 Ⅳ-35 식물 세포조직: 식이 섬유물질은 대표적인 식물 세포벽 구성성분이다

소시켜 인슐린의 투여량을 감소시킬 수 있다. 특히 섬유질은 수용성과 불용성으로 대별되는데 수용성 섬유질인 펙틴, 검(gum), 유액 등은 일반적으로 혈당량을 저하시키고 불용성 섬유인 헤미셀룰로즈(hemicellulose), 리그닌(lignin) 등은 대장의 작용을 도와 장암, 특히 대장암의 발생을 감소시킨다.

라) 휘발성 물질

식물성 휘발물질로서 대표적인 테르펜(감귤류에 포함된 리모넨 등이 대표적), 각종 허브류에 포함된 정유성분류는 항산화물질로 작용하기 때문에 기호성 식품조리용으로도 이용된다. 가장 연구가 많이 이루어진 것은 허브 일부 혹은 귤이나 레몬에 함유되어 있는 테르펜이다. 그 외 식물에 포함되어 있는 각종 휘발성 물질들은 항암성, 신경 흥분 진정 등의 항산화 역할을 한다.

표 Ⅳ-9 채소류의 영양성분

식물	수분 (%)	단백질 (g)	지방 (g)	당질 (g)	섬유 (g)	회분 (g)	칼슘 (mg)	인 (mg)	철 (mg)	비타민 A(IU)	비타민 C(mg)
배추	94.7	1.3	0.2	2.7	0.7	0.5	70	63	0.3	2551	28
무	90.0	2.0	0.1	5.6	0.9	0.6	62	29	0.9	3000	15
마늘	91.2	3.0	0.5	3.2	0.8	1.3	32	50	1.6	50	7
고추	74.0	4.1	2.3	18.0	6.0	1.6	58	101	2.9	7140	121
양배추	93.0	1.5	9.2	4.0	0.8	0.7	40	31	0.5	280	46
토마토	93.0	1.0	0.2	4.0	0.6	1.1	10	24	0.6	450	26
상치	94.1	1.8	0.4	2.9	0.8	0.7	49	27	4.8	3250	4
쑥갓	93.5	2.5	0.4	3.1	0.6	0.9	74	29	4.2	4950	45
오이	95.5	0.9	0.2	3.4	0.5	0.5	18	17	0.3	560	30
수박	94.5	0.4	0.1	4.7	0.1	0.2	14	11	0.2	45	5
콩나물	90.2	4.2	1.0	2.9	0.5	0.8	32	49	0.8	175	16
파	86.7	2.6	9.0	0.4	1.3	0.8	74	46	1.0	408	16

출처 : 서정근(1997). 생활원예이야기. p.176.

좀 더 알아보기

펙틴, 식이섬유 및 비타민과 식물색소의 특성과 기능

성 분	종류별 특성
펙틴 (Pectin)	• 식물조직체 특히 채소 식용부위의 잎, 줄기, 뿌리, 과일 및 과수류의 조직 내 세포는 주로 1차 세포벽 성분으로 구성되어 있다. • 1차 세포벽은 주로 펙틴 성분으로 구성되어 있으며 채소나 과실을 섭취하면 상당량을 식용으로 이용할 수 있다. • 포도의 펙틴을 동물사육 실험한 결과 혈중 콜레스테롤치가 섭취하지 않았을 경우에 비해 약 한달 간의 투여기간 후 10%정도가 감소하였는데 1%의 콜레스테롤 감소는 2%의 동맥 경화증 위험성을 감소시키는 효과가 있다. 이러한 효과는 단지 포도뿐만이 아니라 펙틴함량이 많은 다른 과일이나 채소 섭취도 동일한 효과를 얻을 수 있는 것이며 이는 과일이나 채소 섭취가 고혈압 예방에 도움을 주고 심장병을 예방하는 방안이 될 수 있다는 결과를 나타내 주는 것이다.
식이섬유 (Dietry fiber)	• 식이섬유물질은 식물 특유의 다당류 성분으로서 세포벽 특히 제2차 세포벽을 구성하고 있으며 채소와 과일 조직에 널리 분포한다. 식이섬유질의 섭취는 특히 체내 독성물질을 흡수시키며 심장 혈관성 질병, 암과 같은 만성적 질병 예방에 도움을 준다. • 성인을 기준으로 1일 식이 섬유권장량은 1일당 20-35g 정도이며 채소와 과일의 섬유질을 지속적으로 섭취하는 경우는 혈압이 낮아지고 심장병 발생이 적으며 혈당을 감소시켜 인슐린의 투여량을 감소시킬 수 있다. • 섬유질은 수용성과 불용성으로 대별되는데 수용성 섬유질인 펙틴, 검(gum), 유액 등은 일반적으로 혈당량을 저하시키고 불용성 섬유인 헤미셀룰로즈(hemicellulose), 리그닌(lignin) 등은 특히 대장의 작용을 도와 장암, 특히 대장암의 발생을 감소시킨다.
비타민과 식물색소 (Vitamins & Plant pigment)	• 비타민류는 특히 신선한 과일 및 채소류에 다량 포함되어 있다. 나무딸기(blueberry와 bilberry) 등의 보라색 과실에는 안토시아닌이 다량 포함되어 있으며 사람이 식용으로 사용할 경우에는 요도관에 부착되는 유해세균을 제거하여 요도염을 줄인다. • 인체 내 활성 산소에 대항하여 그 기능을 상실하여 활성산소로 유래되는 각종 암에 대해 항암역할을 하며 이러한 항산화작용은 혈전현상을 막고 순환기 질병을 예방시킨다. 안토시아닌 중에서도 델피니딘(delphinidin)과 사이아닌(cyanin)은 이러한 효과가 더욱 크다고 알려져 있으며 이들 색소 체종류들은 화학 예방소로 불리고 있다. • 적포도주, 건포도, 포도주스 등의 적절한 시음은 인간건강에 긍정적인 효과를 미친다. 포도나 포도주스 또는 적포도주의 붉은 색소는 안토시아닌이나 폴리페놀(polyphenol) 또는 플라보노이드(flavonoid)로서 이들의 적절한 섭취는 혈관내의 응집물 축적을 막고 리포프로테인(lipoprotein) 즉 유효 콜레스테롤을 증가시킨다. • 적포도주 등의 적절한 섭취는 특히 순환기 계통의 질병에 효과가 있으며 백포도주나 다른 알콜 음료와는 달리 양질의 콜레스테롤을 증가시킨다.

3) 채소식물의 재배

가) 햇빛

채소정원을 만들 때는 가능한 강한 광을 여러 시간 동안 받을 수 있는 것을 선택하고 나무나 주변 건물 등에 의하여 그늘이 생길 경우에는 적극적인 햇빛의 도입방안이 필요하다. 가능한 인공광은 피하고 실내에서 채소를 재배할 경우는 창가나 베란다와 같이 직접 햇빛을 받을 수 있는 장소를 선택한다. 특히 토마토, 고추 등과 같은 열매채소의 경우는 잎채소의 경우보다 더욱 햇빛을 요구한다. 따라서 상추, 시금치, 근대 등의 잎채소와 민트 등과 같은 허브류의 경우는 약간의 그늘이 있어야 잘 자랄 수 있다. 일반적으로 햇빛이 부족한 곳에서 키운 채소는 줄기가 가늘어지고 색이 흐려지며 열매가 잘 맺지 않는다.

나) 온도

채소류의 재배에 적당한 온도는 열대산, 온대산 채소류 및 채소종류에 따라 달라진다. 대개 열대산 식물은 재배온도가 높고 온대산 채소는 재배온도가 낮으면서 주야간 온도차가 클 때 생육이 왕성해 진다. 또한 채소류의 개화에도 온도는 관여하는데 꽃을 수확의 대상으로 하지 않는 채소는 개화되지 않는 온도조건을 부여해야 한다.

다) 수분

채소는 대개 식물체 내의 수분함량이 90%정도로 매우 높으며 수분은 채소의 신선도 유지에 매우 중요한 역할을 한다. 수분이 부족하면 잎의 기공이 폐쇄되고 광합성량이 감소되고 생장속도가 느려진다. 반면 토양과습은 뿌리가 호흡에 지장을 받고 양분과 수분흡수에 장애를 받으므로 생장이 느려진다. 식재 시에는 물빠짐이 잘 되고 침식의 우려가 없는 장소에 정한다.

라) 토양

흙의 선택은 학교 등에서 텃밭을 가꿀 때 불필요한 노력과 경비 등을 절감할 수 있는 가장 중요한 방안이다. 일반적으로 보수력과 배수력이 높은 토양이나 시중에서 파는 일반 배양토가 무난하다. 그러나 관상식물과는 달리 식용작물의 뿌리는 깊게 내리지 않으므로 완전한 토양개량 보다는 비료나 퇴비 등을 흙에 첨가적으로 시비하는 방법이 더욱 효과적인 동시에 간편한 방법이며 학교나 가정에서는 웃거름을 기존의 흙에 첨가하는 방식으로 이용하도록 한다.

좀 더 알아보기

용기재배

채소정원을 활용한 용기재배

학교나 도심환경에서 채소텃밭을 가꾸는 방법 중 가장 현실적인 방법은 용기를 활용하는 방법이다. 공터 등의 공간이 있을 경우에는 일반적인 방법으로 계절별로 제철 채소를 심어 즐길 수 있으나 현실적으로 마땅한 공간이 없을 경우에는 용기재배를 적극 고려한다. 용기재배의 경우는 현실적으로 장소에 제약을 받지는 않으나 화분에서 비롯하여 베란다 특히 학교에서는 옥상정원 등을 고려해 볼 수 있다. 채소 일반 및 용기재배에 적합한 식물종과 꾸밈 형태의 몇 가지 예는 다음과 같다.

새싹 채소류를 중심으로 한 용기재배

최근 많이 이용이 되고 있는 형태의 용기정원으로 학교에서의 수업일수나 시수 등을 고려할 때 파종에서 수확까지가 가장 간편한 형태의 용기정원이다. 일반적인 새싹채소를 구입하여 색상조합이나 또는 비빔밥용 채소라는 식의 주제별로 모아심기를 한다.

덩굴식물을 중심으로 하는 용기재배

트렐리스에 식재하는 것이 좋다. 옥수수, 토마토 종류와 같은 식물을 대상으로 한 지주 세우기에도 적합하며 호박과 기타 덩굴성 채소류의 덩굴 올리기에도 적합하다.

〈덩굴식물 재배에 알맞은 트렐리스(trellis)〉

자료 : http://gardeners.com

샐러드 용 화분

일반적으로 생활 속에서 많이 먹는 샐러드 재료를 활용한 화분을 만든다. 이때 가능한 자라는 조건이 비슷한 식물은 한 컨테이너에 같이 심는 것이 좋다. 수시로 수확할 수 있는 상추를 중심으로 꽃과 열매를 모두 이용할 수 있는 강낭콩 종류 및 쉽게 자랄 수 있는 잎 채소류를 중심으로 화분을 꾸민다.

좀 더 알아보기

채소류의 시기 별 관리

학교현장과 같이 관리가 용이하지 않은 환경에서는 넓은 면적의 텃밭을 만드는 것은 교육적 효과는 물론 수확과 이용 면에서도 효용성이 낮다. 많은 종류를 구입하여 사용하지 않고 씨앗이나 모종을 구입하여 남기지 않고 보관량이 더 많지 않도록 한다. 요구되는 채소의 재배공간, 재배소요일수 및 관리 책임자를 충분히 고려한다. 무엇보다 채소정원을 꾸미기 위해서는 관리하기 쉬운 채소를 알아보고 시작하는 것이 좋다.

씨 뿌리기

대부분의 한해살이 채소는 씨뿌리기를 한다. 그러나 기본적으로 재배일수에 비해 수업 시수가 부족한 학교에서는 모종을 이용하는 것이 권장된다. 씨앗 싹트기를 용이하게 하기 위해서는 물을 충분히 주어야 하지만 물 빠짐이 불량할 경우에는 곰팡이 병이 생겨 어린 모종은 죽기 쉽다. 물이 완전히 빠지고 촉촉한 상태를 유지할 수 있도록 한다. 씨를 뿌릴 때는 이식을 염두에 두더라도 과도한 생장경쟁을 막기 위해서는 너무 빽빽하게 뿌리지 않는다.

이식

옮겨 심어도 식물체가 피해를 입지 않을 만큼 자랐다고 생각할 때 혹은 계절이 적합하다고 판단될 때 옮겨 심는다. 이를 이식(옮겨 심기)이라고 하며 식물을 묘판에 심었을 경우 이들이 자라면 일정한 거리로 2~3번 이식을 시켜 준다. 학교나 가정에서 채소 가꾸기를 할 경우에는 묘를 옮겨 줄 필요 없이 처음부터 간격이 넓게 파종한 후 잘 길러서 육묘 후에 좋은 모종을 정식하거나 또는 처음부터 정식거리로 심어 주는 것이 좋다. 옮겨심기를 할 토양은 본격적인 성장을 위해 유기질이 풍부한 토양을 준비하고 옮겨 심은 후에는 민달팽이나 잡초 발생 등의 피해를 주의한다. 특히 이식 시기는 채소류 재배에 매우 중요한데 추위에 약한 채소류는 특히 따뜻한 봄에 옮겨 심도록 한다.

받침대 세우기

덩굴을 뻗어 올라가는 채소들은 식물재배 시 관상적으로도 매우 훌륭하다. 덩굴 식물은 좁은 땅에서도 높이 뻗을 수 있기 때문에 효율적이고 관상적으로도 매우 훌륭하다. 담이나 울타리를 따라 생동감 있는 울타리를 만들고 정원에 설치되어 있는 수직형 구조물을 따라 감싸올라가는 생동감이 있는 모습을 연출할 수 있다. 덩굴성 채소류로서 호박, 조롱박, 오이, 완두콩 등이 적합한 식물들이다.

〈채소류의 지주세우기〉

비료주기

대개의 흙에서는 배수와 통기가 어느 정도 적당하다면 채소류는 크게 토질을 가리지는 않는다. 그러나 채소의 성격과 열매채소 등이냐에 따라 생육 중에 인공적으로 비료를 공급하는 것이 우수한 생육을 보장할 수 있다. 식용으로 사용될 것이기 때문에 퇴비사용이 바람직하다. 퇴비는 죽은 식물과 동물의 배설물 혹은 재활용 식품 부산물로서 채소류 껍질 등의 식품을 부숙제를 활용하여 부숙시킨 후 재활용이 가능하다. 특히 학교 원예에 있어 원예 체험활동으로서 〈퇴비 만들기〉는 그 쓰임새뿐 아니라 '죽은 식물이 산 식물을 살리는' 교훈적 효과와 '생태계의 순환'을 간단하게 설명할 수 있는 등의 교육적 효과가 높다.
3대 필수원소는 질소(N), 인산(P), 칼리(K)로서 질소는 잎과 줄기를 생장시키고 인산은 꽃과 열매를 만든다. 칼륨은 뿌리의 발육을 촉진 시키고, 식물을 튼튼하게 한다.

돌려짓기
채소의 종류에 따라 필요한 영양분과 그 양이 각각 다르다. 이런 특성 때문에 해마다 같은 장소에 같은 채소를 심으면 같은 영양분이 빠져나가기 때문에 흙의 성분 균형이 깨져서 병충해가 생기기 쉽다, 그러므로 정원에서 심는 위치를 바꾸어 재배해야 한다. 이처럼 일정한 순서에 따라 주기적으로 교대하여 재배하는 방법이 돌려짓기다. 특히 배추는 한 장소에서 오래 재배하면 뿌리혹병이 생기기 쉽다. 콩과식물의 경우 공중 질소고정에 따라 돌려짓기가 고려된다.

다. 허브식물의 활용

1) 허브의 특성

허브는 향초, 약초 등의 '향기 나는 풀'을 가리키는 말로 향료식물이나 약용식물들 중 초본성을 이용하는 것을 의미한다. 허브의 어원은 라틴어의 '푸른 풀'을 의미하는 Herba에서 비롯되었으며 영어의 Herb는 옥스퍼드 영어사전에 의하면 '잎, 줄기와 잎이 식용, 약용에 쓰이거나 향기나 향미가 이용되기도 하는 식물'이라고 정의되고 있으며 '꽃과 종자, 줄기, 잎, 뿌리 등이 약, 요리, 향료, 살균, 살충 등에 사용되는 인간에게 유용한 모든 초본식물'로 규정되고 있다. 특히 이와 같은 특성 때문에 '신이 인간에게 내려 준 가장 큰 선물'로 표현되며 특히 문화와 문명이 급속도로 발달한 1990년대 이후부터 자연치유 및 웰빙의 대두로 인한 환경친화적 삶이 각광을 받으면서 허브나 아로마에 관한 관심이 대중적으로 높아졌다. 최근에는 관광을 겸한 허브정원이나 허브농원이 생기기 시작하였으며 정신치료나 대체의학으로서 아로마테라피가 대중적 관심을 끌게 되었다. 원예식물로는 종류가 많고 품종 등이 다양한 식물로서 단일 식물 속으로 3,000종 이상이 개발된 매우 대중적인 식물이다.

그리스, 이태리, 중국과 같은 고대 국가에서 식물을 인간에게 미치는 유용성 여부로 분류하면서 허브는 약용성분을 가지고 있는 약초라는 제한적 의미로 사용되기도 했으며 이런 발전 과정을 통해 음식의 맛과 향을 내는 허브를 식용허브로 다시 분류하면서 오늘날 허브는 약용허브와 식용허브로 나뉘게 되었다. 최근에는 일반적 관상식물을 의미하기도 한다.

가) 약초로서의 특성

허브는 고대로부터 건강의 유지와 병의 치료에 쓰이는 약초라는 의미가 강하며 전문 약제로 사용하거나 차나 약술의 형태로 평소에 마시는 음료 등에 포함시켜 생활 속에서 복용하기도 하였다. 특히 허브는 녹색채소로서 항산화효과가 뛰어나며 비타민 C가 풍부하여 식욕증진, 소화촉진, 혈당강하, 건위, 강장, 숙면, 정신안정(emotional balancer), 두통, 각종 순환기계 질환 등과 같은 건강 및 면역 증진에 효과적이다. 또한 식용뿐만 아니라 방충, 방부제로서 해충구제와 식료품이나 의류보존 등에도 약초의 역할을 하며 향초 향미초 등으로도 식용되었다.

표 Ⅳ-10 전통허브와 약용성분

종류	효능	종류	효능
배초향	감기, 구토, 풍습	개미취	토혈, 지혈, 이뇨, 거담
향유, 꽃향유	발한, 이뇨, 해열, 지혈	담배풀	구충, 진통
박하	소화, 구토, 건위, 지혈	감국	해열, 두통, 현기증
	소독	미나리	해독
백리향	활혈, 기관지염	천궁	보혈, 강장, 진정, 청혈, 진통
쑥	식욕증진	도라지, 인삼	건위, 강장(cortisol 억제)

표 Ⅳ-11 서양허브와 약용 성분

종류	효능	종류	효능
타임, 클로브: pennol	자극, 방부, 면역기능	라벤더: ethere	진정작용, 감정조절
레몬, 오렌지, 민트:	자극, 방부, 면역효과		(이완, 진정)
terpene	살균, 항바이러스성 효과	레몬그라스, 멜리사,	세포재생, 진정작용,
장미, 제라늄: alcohol	거담, 노폐물제거,	시나몬: aldehyde	항염증, 안정작용, 방부,
쟈스민, 페널: ketone	순환기능 자극		진정작용

나) 향초로서의 특성

허브류의 가장 전통적인 개념으로서 일반적으로 음식물의 부향제나 향수원료 등에 쓰이는 식물이라는 특성을 의미한다. 로즈마리, 쟈스민, 캐모마일, 로즈, 라일락 등이 향이 좋은 허브로서 알려져 있는데 신선하거나 건조된 허브에서 추출된 에센셜 오일(essential oil)향을 원료로 포푸리, 향수 및 기타 부향제 등으로 사용된다. 고대로부터 허브향은 후각적으로 우수할 뿐만 아니라 주술적 의미를 가지고 있는 신비의 향으로 칭송받았으며 특히 허브 향은 내성이 없으며 천연물질로 무리 없이 체내에 흡수되며 오히려 인간의 면역력을 높이는 특성이 있다.

다) 채소로서의 특성

일반적 의미의 영양가만을 주안점으로 재배하는 채소와는 달리 허브는 주로 요리에 사용하는 향미를 지닌 채소인 향미초 혹은 향신채라고 볼 수 있다. 이는 채소가 지니고 있는 일반적인 비타민과 영양원 외에 향미를 지닌 재료로서의 이점을 동시에 지니고 있음을 의미하게 된다.

라) 향신료로서의 특성

향신료로서의 허브가 온대지방 원산으로 주로 줄기와 잎을 사용하는 향료식물이라면 스파이스는 주로 열대지방 원산으로 종자나 껍질, 뿌리 등을 건조시켜 분말로 만든 식물을 의미한다. 이는 자극성이 있고 음식물에 향미를 북돋아 식욕촉진의 효과를 주는 양념효과를 의미하게 된다.

2) 허브의 기능

허브의 향기는 표피에 있는 기공이나 샘에서 방출되며 접촉에 의해서 더욱 휘발하여 냄새가 진하게 된다. 실험에 의하면 상쾌한 허브 향은 음악감상이나 유쾌해지는 것 이상의 환기효과가 있음이 밝혀졌으며 직접적으로는 정유류가 활성산소를 제거하는 역할을 한다. 또한 환기, 진정 효과 등을 줄 뿐만 아니라 마약류의 인공 향과는 달리 체내 면역체계를 조성하지 않으며 신체에 해작용이 없이 면역기능 항진, 순환기능 자극, 세포재생효과, 정신신체기관의 균형 및 복원 기능, 노폐물 제거, 통증 조절, 근육통증, 류머티즘 관절염, 스트레스 해소, 감정조절, 인지기능 항진 및 기억력 증진 등의 의학적 기능을 담당한다.

가) 신체 치료제로서의 기능

허브는 향초 및 약초로서의 신체치료적 효과가 있다. 최근 산업화 및 도시화가 진행됨에 따라 총체적 치유에 관한 관심이 높아지고 첨단화된 현대의학 외에 부가적 치유법에 대한 필요성이 증대하였다. 식물치료로서 허브나 아로마는 전인적 치유를 행하는데 있어 효과적인 물질 및 정신적 기능을 함유하고 있으며 정신 및 신체적 치유가 동시에 가능한 물질형태의 치료도구이다. 허브나 아로마 향은 그 향이 신경조직이나 호르몬 조직 등의 면역체계에 직접 작용하여 각종 병 예방과 장수에 많은 도

표 Ⅳ-12 대표적 에센셜 오일과 효능

종류	효능	종류	효능
테르펜	• 자극, 방부효과, 치료, 면역증강 • 레몬, 오렌지, 유카리, 송진, 안젤리카, 버가모트, 페퍼민트 • 멘톨(menthol/ 양파, 민트, 무우, 겨자: 마취작용)	에테르	• 진정작용, 감정조절(이완, 진정) • 베이슬, 타라곤, 시다
케톤	• 자극, 토닉, 박테리아 살균, • 장미(geraniol), 제라늄 • 살균, 항바이러스성 효과, 거담, 노폐물제거, 지방분해, 순환기능 자극, 유산, 경련, 간질 • 쟈스민, 페널	유기산	• 구연산, 이증요법에 사용되는 진정제의 기초. 만성 기관지염, 방부, 해열
사포닌	• 항소염제, 코티존 합성 관여 • 인삼, 도라지	쿠마린	• 감귤류 • 신진대사 조절, 혈액 응고 방지 제(혈전증방지제), 감광성 • 새 잔디를 깍을 때 나는 냄새
알칼로이드	• 식물에서 가장 약효 있는 물질 환각, 흥분작용 및 간, 폐, 신경 계통, 소화계 등에 작용(허브 구성성분 중 가장 본격적으로 약용으로 추출, 사용되는 성분	알데하이드	• 항염증, 안정작용, 방부, 진정작용 • 레몬그라스, 멜리사, 시나몬

움을 줄 수 있는 것으로 알려져 있으며 이것을 정유(essential oil)라 하고 대개 휘발성 물질이다. 정유의 종류는 현재 약 500종 이상이 알려져 있으며 이 중 대표적인 것이 털펜(terpene), 알코올, 알데히드(aldehyde), 케톤(ketone), 유기산, 에스텔(ester) 등이 있다.

또한 허브산물의 이용과 직접적인 섭취에서 얻을 수 있는 효과로서 비타민, 미네랄, 섬유질, 베타 카로틴, 안토시아닌 등의 영양원에 의해 주로 면역 증가 및 순환기계통의 질병에 효과적이다. 특히 서양에서는 키친허브라고 하여 세이보리(savory), 마조람(majoram), 딜(dill), 차이브(chive), 세이지(sage), 타임(thyme) 등의 허브를 요리에 적극 이용함으로서 맛, 질감, 풍미, 영양가 등을 높이고 있다.

나) 정신 치료제로서의 기능

인간 후각신경에 대한 생리적 기능과 생화학적 기전에 대한 활발한 연구와 더불어 허브 및 향유성분이 정신기능에 미치는 연구는 이미 많은 부분이 이루어져 있다. 특히 바닐라, 국화, 계피, 라벤더, 로즈, 페퍼민트와 같은 허브향을 이용한 아로마테라피(aromatherapy)는 인간의 기억력, 항 우울 작용, 진통 효과, 기억력 증진, 불면증 해소, 편두통 치료, 거식증 치료 및 스트레스 관리 측면에 많은 효과가 있음이 밝혀지고 있다. 이러한 정신치료적 의미에서의 허브 특성은 자연치료 의학적 원리와 일치하는 전인치유적, 예방의학적, 자연치유력 보강의 장점을 모두 포함하고 있으며 특히 향치료의 통합적 치료효과는 인간에게 편리하고 안전한 방법으로 적용되고 정신-신체 상호관계(body-mind connection)의 연구발전에 많은 임상적 치료성과를 줄 것이다.

3) 허브의 역사

고대로부터 허브는 성경 창세기 1장에는 '매우 특별한 풀'로서 허브가 기록되고 있으며 귀족층을 중심으로 식물에 대한 사고나 기록은 매우 제한적이었으나 허브에 관한 약효는 주술적인 것이 많았으며 이로 인해 경외와 숭배의 대상으로 생각되었다. 고대 페르시아 왕조정원(paradise)은 백합, 쟈스민, 제라늄 등의 향기 나는 꽃 식물이 가득 찬 정원으로 묘사되었으며 고대 이집트에서 사용된 허브는 벽사, 제불, 빙부제 등으로 널리 사용되다가 고대 그리스에 계승되었다. 의술의 아버지 히포크라테스는 400여 종의 약초치료법을 연구하였으며 이후 서양에서는 중세의 허브정원 혹은 약초정원 재배를 통해 식물성분의 병에 대한 효력 유무를 연구하는 분석기술을 발달시키고 다양한 병이나 상처에 효과적인 허브 성분을 분석하기 시작하였다. 이로 인해 허브 본연의 가치가 상실되기 시작하였으나 20세기 이후 인간성 회복이 주창되면서 자연회귀 또는 전인적 치료의 열풍으로 허브에 관한 가치가 높아져 영국, 독일, 미국, 프랑스, 스위스, 캐나다, 호주, 뉴질랜드 등 세계 각국에서 허브가 다양하게 이용되고 있다. 특히 최근 허브는 자연생약으로서 그 가치가 높아지게 되었으며 에센셜오일(essential oil)은 신경치료(aromatherapy), 심리치료, 원예치료(horticultural therapy) 등의 전인적 치료 분야에서 유용한 치료도구로 각광받고 있다.

표 Ⅳ-13 허브의 역사

고 대	중 세	중, 근대 및 현대
• 서양: 이집트, 그리스, 로마, 고대 인도 동양: 메소포타미아, 중국 – 고대 문명 발상국(허브사용의 기원) • 식물에 대한 경외감이 충만하던 시대: 샤머니즘과 터부가 성행. 특히 향기 높은 풀에 대한 선호와 경외가 성행하였다. – 자연=경외와 영험함의 대상 – 향기 나는 풀을 주술이나 벽사, 장례 의식 등에 사용(holly basil) • 허브를 약초로 사용(의학 발달 이전 시기) – 그리스: 히포크라테스 – 중국: 신농씨, 본초강목	• 사치했던 로마시대 문화 등에 대한 반발로 인한 암흑문화가 뒤덮은 시 대로 대표된다. • enclosed garden, cloister garden, herb garden, medicine garden, meditation garden 등이 등장했다. • 실크로드를 거쳐 동양의 향신료 등이 유럽 등지로 유입되던 시기였다.	• 중세이후 르네상스 시대에 이르러 식물사냥꾼(plant hunter) 등장했다. – 화려한 꽃과 온실의 등장. 허브의 쇠퇴. • 빅토리아 시대 이후 실내원예(green interior) 및 정원문화에 대한 관심이 다양화 되었다. – 정원문화의 다양화 및 대중화 – 화훼식물로서의 허브에 대한 본격적 육종과 재배 성행 • 게르만 민족의 대이동 후 허브류에 대한 다양하고도 본격적인 연구 시작. 독일과 미국이 중심이 되었다. – 다양한 허브용도의 발달 – 생활 필수품으로서의 허브 사용본격화 • 아로마테라피(aromatherapy)가 발달되기 시작했다. – 전인적 치유(holistic healing)의 일부분으로 간주

4) 허브의 기능

가) 약용으로서의 기능

허브는 사전적 정의대로 건강의 유지와 병치료에 쓰이는 약초로서의 의미가 강하다. 예로부터 허브는 차나 약술, 음료 등에 포함시켜 왔으며 최근에는 방충, 방부제로서 해충구제와 식료품이나 의류의 보존에도 귀하게 사용되었다. 약초이면서 동시에 향초로서의 특성도 강해 향신료로 사용된 예도 많다.

주로 다리거나 침출하거나 찜질하는 방법 등으로 많이 사용되어 왔다. 그 중 허브티는 학교나 가정에서 가장 간단하게 허브를 약용으로 사용할 수 있는 방법으로 잎이나 꽃을 이용하여 사용한다. 말린 재료는 신선한 재료의 10분의 1정도 양 정도만 사용하고 우려내는 방법으로 이용하고 불에 얹어 볶거나 장시간 끓이는 것은 허브식물의 비타민 C를 파괴하고 탄닌성분을 침출시켜 향미를 낮춘다. 허브티는 혈액순환, 비타민 C 공급, 체온 상승, 긴장완화의 효과가 있으며 허브티는 정확한 효능을 위해서는 섞어 마시지 말고 한 종류씩 반응을 보며 개인에게 적합한 종류를 알아내도록 한다. 레몬밤, 라벤더, 로즈마리, 민트류, 세이지, 캐모마일, 로즈힙 등이 효과적이다.

나) 조리용으로서의 허브

일반적 의미의 영양가만을 주안점으로 재배하는 채소와는 달리 허브는 주로 요리에 사용하는 향미초로서의 의미가 강하다. 채소의 경우 처음에 개량된 것과는 달리 육종을 거듭할수록 더욱 영양가가 높아지고 다양해졌으며 비타민이나 미량원소 등 미네랄을 공급하는 영양원이 되었다. 따라서 허브는 향미를 지닌 채소라고도 이해할 수 있을 것이다.

그림 Ⅳ-38 요리에 사용되는 허브 (Coriander)

허브는 세련된 향의 조미료로서 토마토

요리, 생선 및 육류요리와 각종 소스류에 많이 사용되고 있다. 요리에 사용할 경우에는 허브 양에 주의하여 처음 사용시부터 차차 그 양을 늘려가도록 한다. 가열하는 요리와 요리가 끝날 때 첨가하는 요리 및 열을 가하지 않은 요리에 사용하는 허브류를 구분하여 사용한다. 장기간 가열을 요하는 요리의 경우에는 향기가 잘 없어지지 않는 세이보리, 오레가노, 세이지, 셀러리, 타임, 파슬리, 히솝, 펜넬, 로즈마리 등을 사용하고 가열하지 않는 요리에는 코리안더, 타라곤, 처빌, 차이브, 딜, 바질, 민트, 레몬버베나 등을 사용한다. 허브버터, 허브오일, 허브식초 등을 만들어 사용할 수 있다.

다) 방향요법용으로서의 허브

허브의 가장 전통적인 개념으로 음식물의 부향제나 향수의 원료로 쓰이는 향이 좋은 식물이라는 개념이 일반적이다. 고대로부터 허브의 향은 후각적으로 우수할 뿐만 아니라 주술적 의미를 가지고 있는 신비의 향으로 칭송받기도 하였으며 생 허브(fresh herb) 혹은 건조된 허브(dried herb)의 상태로 그냥 사용하거나 정유(essential oil)를 사용하여 흡향의 효과를 높여 부향제로 사용하기도 한다. 특히 허브 향은 내성이 없으며 천연물질로 피부의 말초신경을 자극하여 감정을 조절하는 뇌조직에 직접 작용하여 분비선을 조절하여 긴장과 피로를 완화하고 면역력을 높이는 특성을 가지고 있으며 직접적인 피로회복과 면역기능 증진 및 스트레스 저항력 증가 등과 같은 심신의 안정을 유도할 수 있다. 허브 추출성분인 정유(essential oil)를 사용하는 것이 방향요법에 효과적이다. 학교나 가정에서도 쉽게 할 수 있는 방향요법으로는 마사지법, 목욕법, 흡입법, 수욕법, 족욕법, 습포법 등이 있으며 포푸리, 필로 등을 이용할 수 있다.

A. 흡입법 B. 수욕법 C. 족욕법

그림 Ⅳ-39 방향요법으로 사용될 수 있는 허브

라) 미용요법용으로서의 허브

현대의 합성화장품이 발달하기 전까지는 허브를 이용하여 미용을 시행하였다. 특히 허브는 자연성분으로서 화장품이 지니고 있는 화학물질의 폐해와 부작용의 위험이 없고 자연성분으로서의 가치가 인정되어 최근 다양한 허브로션, 허브세제 및 향수 용품 등이 널리 개발되어 이용되고 있다.

그림 Ⅳ-40 라벤더를 위주로 한 다양한 미용용품

좀 더 알아보기

방향요법

방향요법으로서의 허브는 최근의 자연치료 성행과 더불어 생활속에서 간편하며 지속적으로 사용할 수 있는 좋은 건강법으로 각광받고 있다. 생 허브를 사용해도 무방하나 빠르고 간편한 방법으로 허브에서 추출한 아로마 오일(essential oil)을 이용한 아로마테라피(aromatherapy)가 대중적으로 이용되고 있다.

마사지 법

미용을 하는 사람들에 의해서 다양하게 이용되어 왔으며 아로마테라피 종류 가운데 가장 효과가 높다. 육체적, 정신적 효과를 동시에 얻을 수 있으며 마사지를 통하여 촉각센서를 자극함으로서 대뇌의 행복 호르몬인 엔돌핀을 촉진하고 위약 효과를 준다. 피부질환, 스트레스해소, 부인과 질환에 매우 효과적이다. 반드시 마사지 오일(순도 100%의 캐리어 오일을 사용하여 희석한 것)을 대개 취향에 따라 직접 블랜딩하거나 전문숍에서 구입하여 사용한다. 이때 오일 보관은 반드시 빛이 차단되는 병이나 그늘에 보관해야 한다. 목, 가슴, 배(명치), 허리, 다리, 능, 발 등에 사용하며 오일성분은 림프관을 통해 대뇌로 빠른 속도로 전달된다. 심신허약, 불안증, 긴장, 스트레스, 우울증, 근육통 등에 특히 효과적이다.

흡입법

방향요법 중 가장 중요한 방법이다. 흡입법에는 램프 확산법이 대표적이며 3~4시간 정도를 밤에 하는 것이 효과적이다. 불면증, 우울증, 생리 전 긴장 증후근에는 클라리 세이지, 우울, 과민, 신경쇠약에는 장미향, 천식, 만성알레르기, 비염에는 카모마일, 분위기 전환 등에는 오렌지 향이 효과적이다. 종류는 다음과 같다.

- 증기 흡입법
  거즈, 타올 등을 이용하여 40도 정도의 물에 아로마 오일 원액을 2~4방울 떨어뜨린 후 머리에 수건을 얹고 약 15~20분간 얼굴을 20~30cm정도 접근시켜 코로 흡입한다. 단시간 내에 효과적으로 흡입할 수 있다. 기관지염 등에 특효이며 가장 손쉬운 방법이다. 건식 흡입법 이상징후가 있을 때 부정기적으로 사용한다. 멀미에는 박하향, 두통에는 라벤더와 박하향 등이 효과적이다.
- 스프레이 분사법
  만성 비염이나 불안증 및 공황장애 등에 효과적이다. 후각 신경을 타고 직접 뇌변연계로 전달되며 일부는 폐로 들어가 혈액에 용해되어 신체 각 기관에 퍼진다. 이를 통해 호르몬 중추역할을 하는 대뇌변연계가 자극되어 정서적 안정을 되찾고 호르몬 분비가 활성화된다. 비염에는 박하향, 유칼리, 공황장애에는 라벤더, 일랑일랑 등이 효과적이다. 스프레이 분사법을 실시할 때는 반드시 패치테스트(patch test) 실시 후 사용한다.

목욕법

허브의 향뿐만이 아닌 약효를 이용하는 방법이다. 목욕 역시 상승효과를 위해 두 종류 이상을 섞어 사용하는 것이 더욱 좋다. 대표적인 목욕용 허브 및 오일에는 캐모마일, 세이지, 타임, 민트, 레몬 그라스, 레몬 버베나, 라벤더, 로즈 제라늄 등이 효과적이다. 생허브의 경우 잘게 썰어서 작은 컵으로 한 컵을 사용하며 건조한 허브는 50% 정도 차감하여 사용한다. 면 주머니에 넣어 사용하고 허브오일은 일반적으로 민감한 피부는 캐리어 오일이나 우유에 섞어 사용한다. 10~15분 정도 사용하며 족욕과 수욕의 방법으로 사용할 수 있다.

〈방향요법에 사용되는 아로마 오일〉

5) 허브의 재배

가) 햇빛

허브는 전형적인 양지식물로 대개 광선을 매우 좋아하는 편이다. 특히 로즈마리와 같은 잎이 좁은 종류들은 대개 전형적인 양생식물이다. 실내재배 시에는 햇빛이 매우 잘 드는 창가나 남향 베란다 등을 선택하여 기르며 동향이나 서향인 곳에서는 줄기가 가늘어지고 균형이 깨어지며 향기는 열어진다. 북향에서는 최소한 하루에 8～10시간 이상은 형광등을 켜 주어야 하며 가능한 한 그늘에 견디는 허브(안젤리카, 처빌, 인삼, 생강, 스위트 시스리, 한련화 등)를 선택하여 식재하는 것이 올바른 방법이다. 특히 토마토, 고추 등과 같은 열매채소의 경우에는 더욱 햇빛을 요구한다. 그러나 상추, 시금치, 근대 등의 잎채소와 민트 등과 같은 허브류의 경우는 약간의 그늘이 있어야 잘 자랄 수 있다.

대체로 로즈마리와 히숍과 같이 딱딱한 각질의 잎이나 두께가 약간 있는 잎, 딱딱한 잎, 작은 크기의 잎, 크기가 큰 잎은 비교적 건조에 강하고 강한 빛을 즐기는 종류가 많으며 레몬밤과 같이 잎이 얇고 부드러운 종류는 비교적 덜 강한 빛을 즐기는 경향이 있다.

나) 온도

허브류는 대개 온내산 식물이 대부분이다. 생육적온이 0～20℃ 사이에 속하며 여름 고온에는 어느 정도 강하나 겨울에는 내한성이 약한 종류가 많아 중부지방에서는 노지에서의 월동이 어려운 경우가 많다. 로즈마리 등을 제외한 대부분의 허브는 0℃ 부근에서 내한성이 없기 때문에 우리나라와 같은 대륙성 온대기후지방에서는 가능한 화분식을 하여 허브를 즐기는 것이 유리하며 첫서리가 내릴 무렵에는 실내 베란다 등에 들여놓는다.

좀 더 알아보기

허브 류의 계절 별 관리

봄

4월경 낮에 햇빛이 강하고 일조시간이 길어지기 시작하면 대부분의 허브류는 떡잎이 나거나 새로운 잎이 나기 시작하여 허브류를 기르기 시작하기 가장 좋은 시기가 된다. 특히 계절이 높아가면서 충해가 발생하기 쉬우므로 물을 줄 때는 잎을 잘 관찰한다. 4월부터 생육이 왕성해지고 꽃이 피기도 하니 관수, 비료주기, 햇빛주기 등에 적극 노력한다.

여름

허브의 원산지는 대부분 지중해 연안으로 개화와 결실을 해야 하는 여름에 비가 많이 오지 않는다. 이는 허브류를 건조하게 키워야 하는 이유가 되며 우리나라의 여름 장마는 허브 키우기에 가장 힘든 시기가 된다.

가을과 겨울

장마와 여름 더위에 피해를 입은 허브는 가을에 다시 질소비료 등을 주어 원기를 회복시키도록 한다. 서리가 내리는 11월 경이 되면 대개의 허브는 지상부위가 낙엽이 지며 일부는 상록인 상태로 겨울을 난다. 겨울로 접어들면서 가장 중요한 것은 관수량을 점차 줄여 허브가 건조에 견딜 수 있도록 하는 것이며 허브가 추위에 견딘다는 것과 같은 의미가 된다. 특히 추위에 약하여 반드시 겨울에는 실내재배를 하고 추위에 적극 신경을 써 주어야 하는 허브의 종류에는 센티드 제라늄, 레몬그래스, 레몬 버베나 등이 있으며 반대로 대개 목본성 허브류는 가장 내한성이 크며 종류로는 로즈마리, 민트류, 타임 등을 들 수 있다.

다) 수분

허브류는 수분횟수를 지나치게 늘리거나 자주 주는 것은 생장에 좋지 않다. 봄, 가을에는 일주일에 2~3회 정도 오전에 관수하고 여름에는 3~4회 정도 오전에 관수하되 부분관수를 피하고 전면관수를 하며 배수공 아래로 물이 충분히 흘러나올 때까지 충분한 양을 주는 것이 매우 중요하다. 잎이 떨어지고 혹은 검은색으로 변하거나 벌레가 생기는 것은 과습의 징후이다. 대부분 허브의 원산지인 지중해 연안은 여름에 비가 거의 오지 않으므로 우리나라 장마기는 허브 기르기에 매우 부적합한 환경이다. 허브류는 겉흙이 하얗게 바싹 말라 있을 때 관수를 하는 것이 가장 좋으며 정원에서 기를 경우에는 장마 전에 통풍과 배수에 주의한다. 실내의 허브는 장마기에 물주는 횟수를 줄이고 부족한 빛을 보충해 주면서 관리한다. 겨울철에는 건조하게 키워야 추위에 강해진다.

라) 토양

흙의 선택은 학교 등에서 텃밭을 가꿀 때 불필요한 노력과 경비 등을 절감할 수 있는 가장 중요한 방안이다. 일반적으로 보수력과 배수력이 높은 토양이나 시중에서 파는 일반 배양토가 무난하다. 그러나 관상식물과는 달리 식용작물의 뿌리는 깊게 내리지 않으므로 완전한 토양개량 보다는 비료나 퇴비 등을 흙에 첨가적으로 시비하는 방법이 더욱 효과적인 동시에 간편한 방법이며 학교나 가정에서는 웃거름을 기존의 흙에 첨가하는 방식으로 이용하도록 한다.

마) 통풍

허브생육의 관건이므로 신경써서 통풍에 주의하도록 한다.

바) 비료

허브는 대개 척박한 토양에서 재배된 종류가 많다. 다른 원예식물에 비해 비료를 되도록 적게 사용해야 향과 맛이 좋은 허브를 재배할 수 있다. 옮겨 심을 때 비료를 흙에 섞어 밑거름을 주었으면 추가로 줄 필요는 없다. 실내에서 기를 경우에는 물을 줄 때마다 비료성분이 빠져 나가므로 액체비료를 한달에 1～2회 정도 주는 것이 좋다.

라. 실내식물의 활용

1) 실내식물의 특성

실내식물은 대개가 실내에 식재되어 관상용으로 뿐 아닌 최근에는 실내 공기질을 개선해 주는 환경 정화 역할을 겸하고 있다. 대부분의 실내식물은 열대산이며 대개 늘 푸른 상록의 특성을 지니고 있다. 원산지는 대개 열대우림 지역의 숲속이나 나무 그늘에서 자라고 연중 항온이면서 고온성 기후지대에서 생활하고 있다. 대개 관엽식물의 경우가 대부분이며 꽃이나 식물체보다는 대개 푸른 잎을 관상하며 가치를 부여하는 식물을 의미한다. 최근에는 실내식물이 관상적 가치 외에 환경적인 효과와 정신치유의 효과까지 가지고 있음이 강조되고 있다. 특히 인간의 건강에 밀접한 관계를 지니고 있으면서도 무관심하게 지나칠 수 있는 실내환경에 미치는 식물의 효과에 관한 연구가 점차 활발히 진행되고 있다. 미국 NASA(www.zone10.com/wsdocs/tech/NASA)의 연구에 따르면 단순히 실내 식물을 거주지에 배치하고 적절히 관리하는 것만으로 효율적으로 실내오염을 제거할 수 있음이 밝혀졌다.

2) 실내식물의 기능

가) 심리적 기능

현대 생활 속에서 절대적 녹지공간이 부족하게 되고 실내에서 보내는 시간이 증가함에 따라 자연이 주는 녹색을 실내에서 즐기고자 하는 욕구가 증가하게 되었다. 녹색은 인간에게 피로회복 효과를 주고 진정효과(soothing effect), 쾌적성(amenity), 순수(pure), 깨끗함(clean), 살아있음(bio)의 의미가 있다. 최근 실내를 녹색식물로 꾸미고자 하는 사례는 매우 급증하고 있으며 환경 파괴에 대한 역 작용으로 생활 공간 주변에 식물을 도입하고자 하는 욕구는 높아지고 있다. 또한 생명력이 있는 식물과 없는 식물 사이의 다른 반응에 관한 최근의 지각조절에 관한 실험을 통해 녹색식물이 있는 공간에서 인간의 안정뇌파인 8～13KHz의 알파파가 전두엽에서 발생함이 증명되었다. 더불어 VDT(Visual Display Terminal)스트레스가 감소되고 시각 피로 및 만성 스트레스성 질환 등이 효율적으로 감소되고 각종 스트레스 지표로서 심전도, 피부 반응, 혈압, 맥박 및 피로감 등이 감소되는 것으로 알려지고 있다.

나) 장식적 기능

획일적이며 경직된 실내공간을 생명력을 가진 각종 식물재료를 활용하여 미적이며 자연스럽게 연출할 수 있다. 타 장식품에서는 느낄 수 없는 환경 건축재료로서의 식물특유의 질감, 형태, 색채 등은 미적인 기능 외에 시각적인 다양성을 제공하여 디자인의 풍부함을 제공하며 특히 열대산 관엽식물을 통해서는 이국적인 미를 느껴볼 수 있다. 이는 특히 다른 식물과는 달리 계절적 구애받지 않으면서도 다양함을 제공할 수 있는 특색이 있으며 무생명체와는 다른 양육적 효과까지 제공한다.

다) 환경적 기능

실내에 식물을 도입함으로서 심리적, 시각적 및 장식적 기능뿐 아니라 실제로 육체적 건강에 매우 중요한 역할을 하고 있다. 대표적 예가 최근 병든 건물 증후군(sick building syndrome)으로 대표되는 실내 건축물 공기질에 관한 문제로서 실내공기오염은 현대인이 직면하는 매우 중요한 환경 문제가 되었다. 이는 일반적인 광합성 외에 식물의 필터링 효과, 온 · 습도 조절 효과, 온열 효과 등이 대표적인 기능들이다.

(1) 식물필터링 효과

식물체는 주로 잎에 존재하고 있는 기공이나 흙 표면을 통해 각종 실내 오염물질을 생화학적으로 직접 흡수하거나 미생물의 활성을 증가시킴으로 흡수하는 '식물필터링(phytofilteration)' 효과를 통해 공기를 청정하게 유지할 수 있다. 특히 잎을 주 관상대상으로 하는 관엽식물은 공기 중의 먼지나 오염 물질 및 유해 휘발성 물질의 가스제거 효과가 높은 일종의 자연적 '공기정화기'로서의 중요성이 최근 더욱 대두되고 있다. 특히 스파티 필럼 등의 천남성과 식물과 다육식물인 산세베리아 등의 초본성 화훼류 일부는 더욱 필터링 효과가 큰 것으로 연구되고 있으며 현재 생활 공간에서 적극적으로 사용되고 있다. 식물은 광합성작용을 통하여 CO_2를 흡수하고 O_2와 물을 수증기의 형태로 밖으로 배출하는데 이 때 기공은 CO_2만을 흡수하는 것이 아니라 그외 다른 휘발성 기체도 흡수하는 것으로 보여진다. 사무실에서 1인이 방출하는 CO_2를 흡수하는데 필요한 몬스테라의 엽면적은 약 40㎡가 필요하고, CO_2 흡수에 효과적인 식물로 파키라, 아왜나무가 있다. SO_2와 NO_2 가스에 강한 실내식물로는 벤자민고무나무, 행운목, 드라세나, 관음죽 등이 있는데 실내에 이 가스들의 농도가 진할수록 식물은 더 많은 양의 가스를 흡수한다.

그림 Ⅳ-41 식물의 파이토필터링(phytofiltering)

출처 : 곽혜란 외 2인(2007). 교실에서 만나는 자연. p.92.

표 Ⅳ-14 실내식물의 오염물질별 제거능력이 우수한 순위

순위	Formaldehyde	Xylene	Ammonia
1	*Nephrolepis exalta "Bostoniensis"* (네프로레피스)	*Phoenix roebelenii* (피닉스 야자)	*Rhapis exalta* (관음죽)
2	*Dendranma grandiflorum* (국화)	*Dieffenbachia maculata* (디펜바키아)	*Homalomena spp.* (호말로메나)
3	*Phoenix roebelenii* (피닉스 야자)	*Dracaena maculata* (드라세나)	*Liriope spicata* (개맥문동)
4	*Dracaena deremensis* (드라세나)	*Homalomena spp.* (호말로메나)	*Anthrium andraeanum* (안스리움)
5	*Nepholepis obliterata* (네프로레피스)	*Nepholepis obliterata* (네프로레피스)	*Dennma grandiflorum* (국화)
6	*Hedera helix* (서양담쟁이)	*Dracaena deremensis* (드라세나)	*Caiathea elliptica* (칼라데아)
7	*Ficus benjamina* (벤자민 고무나무)	*Anthurium andraeanum* (안스리움)	*Tulipa spp.* (튤립)
8	*Spathiphyllum wallisii* (스파시필럼)	*Draceana fragrans* (드라세나)	*Chamaedorea elegans* (테이블 야자)
9	*Draceana fragrans* (드라세나)	*Ficus benjamina* (벤자민 고무나무)	*Ficus benjamina* (벤자민 고무나무)
10	*Liriope spicata* (개맥문동)	*Spathiphyllum wallisii* (스파시필럼)	*Spathiphyllum wallisii* (스파시필럼)

출처 : 이종석 외 1인(1996). 신제 가정원예. p.57.

(2) 온 · 습도의 조절

식물은 잎의 기공을 통한 증산, 생장배지와 배수된 용기표면으로부터의 증발에 의해 실내습도를 증가시킨다. 식물의 온 · 습도조절은 기계적장치에 의한 제어시의 경우와 같은 오염의 우려가 없으며 자기조절적(self control: 더울 때는 방출되는 수분은 기화열을 타고 주위의 온도상승을 막고, 추울 때는 열을 방출하여 온도저하를 막는다)이다. 즉 상대습도가 높을 경우에는 식물의 증산력(transpirational driving force; vapor pressure deficit)이 감소하며 주변 상대습도가 낮을 경우에는 증산력(transpirational driving force; vapor pressure deficit)이 증가한다. 파키라, 몬스테라, 벤자민, 쉐플레라 등의 관엽류는 상대습도를 유발하는 작용이 활발한 식물종류로서 보통 실내에 보통크기(1m안팎)의 관엽식물 3화분을 두는 것은 24시간 가습기를 작동시키는 것과 같은 효과가 있다.

(3) 온열환경 개선

식물은 증산작용에 의해 고온의 실내에서는 온도를 저하시키고 적정온도 이하에서는 식물체 내의 열을 외기로 전달하여 실온을 상승시키며 상대습도가 높을 때에는 증산력이 감소되어 조절한다. 식물체를 실내 환경개선 수단으로 활용하고자 실내에 관엽식물을 배치하였을 때 광합성과 증산작용이 다른 관엽식물에 비해 활발하고 대중적인 파키라를 사용한 실험 결과에 따르면 평균적으로 실험에 이용된 실내공간의 2.4%에 해당하는 용적의 식물체 배치로 3~5%의 습도조설이 가능했으며, 이러한 효과는 계절에 상관없이 동일하게 나타났다. 또한 식물은 호흡작용을 통하여 열을 흡수하고, 그늘을 제공하며, 바람의 속도를 조절하여 주는 등 자연적인 에어컨디셔너의 역할을 해 준다. 1ha의 녹지는 햇빛이 내리 쬐는 여름 하루 동안 17,000ℓ의 물을 증산하는데 0.08ha의 부지에서 30%가 녹지로 되어 있음으로 인해서 호흡작용에 의하여 1,200,000kg의 열을 흡수하게 되고 따라서 주변을 시원하게 한다. 이는 여름날 하루에 2체의 중간크기주택에 에어컨디셔너가 12시간 작동하여 시원한 실내를 유지할 수 있는 수치이다.

(4) 음이온의 상승

음이온이란 대기 중의 부유미립자가 전기를 띤 것이며 태양의 자외선, 폭포, 계곡의 물가, 분수 등 물분자가 격렬히 운동하는 곳과 삼림 등과 같이 식물의 광합성 및 증산작용이 활발한 곳에서 다량 발생하며 자율신경을 진정시키며 불면증을 없애고 신진대사를 촉진시키고 혈액을 정화하며, 세포의 기능을 강화하며, 얼굴색을 아름답게 한다. 사람의 몸은 정신적 긴장이나 육체적인 피로, 스트레스를 받을 때 양이온을 과다하게 방출한다. 이것을 몸 밖으로 내보내지 않으면 각종 신경통이나 경련, 신경장애 등이 나타난다. 숲에 많이 있는 음이온은 사람의 양이온을 상쇄하여 자율신경을 안정시킨다. 숲에 존재하는 음이온의 양은 활엽수림보다 소나무와 같은 침엽수림에서 더욱 많으며 도심에 존재하는 양에 비하여 14배에서 최고 70배 가량 많다. 최근 산세베리아 등이 음이온 발생이 높은 식물로 알려져 있으나 이는 펙틴이나 셀롤로우즈로 이루어진 초본성 녹색식물 세포벽의 구성성분에서 비롯된 것으로 이는 일반적으로 양이온을 띠고 있는 환경오염물질들을 흡착하는 역할을 하게 된다.

(5) 유해 전자파 감소

최근 선인장이 전자파를 차단하는 것으로 알려져 선인장의 판매가 급증한 적이 있으나 최근 실험결과에 따르면 약간의 전기파 감소 효과는 있지만 실제적인 전자파 차단 효과는 없는 것으로 판명되었으며 조사된 몇 가지 다른 선인장에 있어서도 차단 효과가 미미한 것으로 밝혀졌다. 한편, 소형 분식물의 종류 및 배치에는 약간의 전계(electric waves) 차단효과가 있는 것으로 나타났으나, 전자파 제품과 마찬가지로 스웨덴 노동자기구 TCO의 규정치 이하에는 미치지 못하였다. 그러나 초장이 1m이상인 관엽식물을 모니터 옆에 배치하고 보안기의 접지선을 분토양에 접지하는 것은 고가인 전자파 차단보안기를 단독 사용한 경우나 동일한 크기의 부도체 모사물보다 전자파 차단효과가 좋게 나타났으며, TCO규정치 이하로 전기파를 감소시켰다.

좀 더 알아보기

실내공기오염과 실내식물

실내환경의 오염이란 실내생활을 중심으로 한 생활패턴의 변화로 인해 발생하는 유해물질의 발생을 의미하며 외부공기의 침입, 실·내외부의 마감재료 그리고 오염을 유발시키는 실내의 활동에 의해 발생한다. 이러한 오염물질의 발생원인으로는 ①석유나 가스를 사용하는 연소기구의 연소 시 발생하는 것, ②건축재료나 가구, 생활소비재 등 재료로부터 발생하는 것과 분무활동, ③흡연 등과 같은 인간활동에 의한 것, 그리고 ④외부 오염된 공기와 토양가스(라돈) 등과 같이 외부의 침입에 의한 것이 있다.

〈실내에서 발생하는 주요 오염물질〉

인체	호흡	CO_2, 수증기, 암모니아, 냄새
	재채기, 기침, 대화	세균입자
	피부	피부조각, 비듬, 암모니아, 냄새
	의류	섬유, 모래먼지, 세균, 곰팡이, 냄새
	화장품	각종미량물질
사람의 활동	흡연	포름알데히드, 분진:타르, 니코틴, 각종발암물질
	가스	CO_2, CO, 암모니아, NO_2, NO, 탄화수소류, 냄새
	보행등의 동작	모래먼지, 섬유유, 세균, 곰팡이
	연소기기(난방, 취사)	CO_2, CO, NO_2, NO, SO_2, 탄화수소, 매연, 냄새
	세제	암모니아, 오존, 용제류
	사무기기	포름알데히드, 오존, 아스베스토섬유, 유리섬유
건물자체	합판류, 내화재	라돈 및 그 생성물질, 접착제, 용제, 세균
	단열재, 시공	포름알데히드, 곰팡이, 진드기
	자연발생	모래먼지, 분진, 세제, 용제, 곰팡이, 세균
유지관리	작업, 재료	분사체(불화탄화수소), 살충제, 소독제, 방충제
살충제류	직접, 재비산	살충제, 제균제, 쥐약

실내식물은 시각적 가치 외에도 환경적인 효과와 정신치유의 효과까지 가지고 있다. 이와 같은 효과 중 인간의 건강에 밀접한 관계를 지니고 있으면서도 무관심하게 지나칠 수 있는 실내환경에 미치는 식물의 효과에 관한 연구가 점차 활발히 진행되고 있다. 미국 NASA (www.zone10.com/wsdocs/tech/NASA)의 연구에 따르면 단순히 실내 식물을 거주지에 배치하고 적절히 관리하는 것만으로 효율적으로 실내오염을 제거할 수 있다고 한다. 식물은 광합성작용을 통하여 이산화탄소를 흡수하고 O_2와 물을 수증기의 형태로 밖으로 배출하는데 이 때 기공은 CO_2만을 흡수하는 것이 아니라 그외 다른 휘발성 기체도 흡수하는 것으로 보여진다. 사무실에서 1인이 방출하는 CO_2를 흡수하는데 필요한 몬스테라의 엽면적은 약 40㎡가 필요하고, CO_2 흡수에 효과적인 식물로 파키라, 아왜나무가 있다. SO_2와 NO_2 가스에 강한 실내식물로는 벤자민 고무나무, 행운목, 드라세나, 관음죽 등이 있는데 실내에 이 가스들의 농도가 진할수록 식물은 더 많은 양의 가스를 흡수한다.

라) 건축적 기능

실내식물을 중심으로 디자인의 원리를 공간의 성격에 맞게 적용하여 보다 기능적이며 경제적이면서도 쾌적한 실내공간을 연출할 수 있다. 특히 식물은 자동차나 공장주변의 기계로부터 발생하는 각종 소음을 차단해 주는 방음효과와 여름철의 직사광선을 차단해 주는 차광효과, 복사열을 차단해 주는 방열효과, 사생활의 노출을 막아 주는 차폐효과 등의 기능이 있다. 실내식물로 정원을 꾸밀 때는 실내 환경의 조건과 동선 등을 고려하여 관리 등이 용이하게 만들어야 하며 그 외 실내 분위기 등과 조화를 이루도록 계획한다.

3) 실내식물의 재배

가) 햇빛

실내식물은 큰 나무아래서 들어오는 빛으로 생명을 유지하기 때문에 반음지 상태의 빛을 좋아한다. 실내조건에서도 창가 등의 반그늘이 최적의 공간이며 직사광선이 심한 장소는 황화, 괴사 등의 생육부진을 나타내므로 적당하지 않다.

실내식물의 적정광도는 1~2만 lux정도가 필수적이며 적정광도 이상에서는 잎의 황화, 괴사, 광산화가 발생하며 적정광도 이하에서는 탄수화물 생성량의 감소로 인한 개화부진, 낙화, 탈리, 광합성률 감소와 같은 생육저해가 발생한다.

실내식물종에 따라 필요로 하는 광량이 차이가 나는데 대체로 딱딱한 선인장, 알로에, 칼란코에, 페페로미아와 같은 각질의 잎이나 다육성 식물과 같이 건조에 강한 잎은 강한 빛에 적응하는 종류가 많으며 칼라데아와 디펜바키아와 같은 잎이 얇고 부드러운 종류는 강한 빛에서 적응하기 힘들다. 단색의 잎은 반입성의 잎에 비해서 강한 빛에 잘 견디며 관엽중 원색이 강한 크로톤, 제브리나, 트라데스칸티아와 같은 종은 비교적 고광에 강하고 옅은 엽색 및 단색종은 비교적 광에 의한 피해에 민감한 편이다. 실내 식물 중에서도 꽃이 달리는 품종은 고온 및 고광도가 일정기간 이상 유지되어야 개화된다.

표 Ⅳ-15 광도에 따른 실내식물의 종류

고광도	파인애플, 크로톤, 사이페루스, 소철, 트라데스칸티아
중광도	에크미아, 틸란드시아, 알로에, 알로카시아, 칼라디움, 커피나무, 콜레우스, 고무나무, 산세베리아, 세듐, 세네시오, 제브리나, 파키라, 피토니아, 헤데라, 호야
저광도	아글레오네마, 아스파라거스, 아디안텀, 아펠란드라, 헤데라, 세플레라, 싱고늄, 스파티필럼, 페페로미아, 몬스테라, 마란타, 스킨답서스

표 Ⅳ-16 광도에 따른 식물 잎의 순화

구 분	저광도	고광도
잎 색	중간 혹은 짙은 녹색	노랗거나 밝은 녹색
잎 크기	큰편임.	작은 편임.
잎 모양	편평함.	부분적으로 굴곡이 있음.
잎 두께	얇음.	두꺼움.
잎 달리기	각도가 넓게 퍼지고 수직이거나 아래로 처짐.	각도가 좁으며 서로 몰려서 달려 있음.
절간	긴편임.	짧은 편임.
줄기 두께	얇은 편임.	두꺼운 편임.
잎 수	적은 편임.	많은 편임

나) 온도

온도요구량은 식물의 원산지에 따라 다르지만 실내식물의 경우는 열대지방에서 도입된 종류가 많으므로 1년 내 고온다습의 환경이 가장 유리하다. 우리나라의 경우 20℃ 정도의 실내조건에서는 어디나 재배가 가능하며, 10월 이후 재배 시에는 반드시 실내에서 식물을 재배해야 한다. 난방기구나 사무실 등과 같이 밤 동안에 기온이 떨어지는 곳은 비교적 온도가 높은 장소에 식물을 배치하여 저온 피해를 막도록 한다. 열대산 관엽식물의 경우는 열대기후의 전형적 특성상 주・야간의 온도차를 적게 하여 재배하는 것이 식물생육에 유리하다.

다) 수분

열대산 식물이 대부분인 실내식물은 온대산식물에 비해 수분 요구도가 상당히 높다. 즉 연중 고온다습의 환경을 선호하며 습도가 높고 낮음에 따라 잎의 신선도가 좌우되며 진딧물 등의 발생을 억제하는 효과도 있다. 영리상 재배시 봄, 가을을 기준으로 온대산 식물의 경우는 일주일에 3~4회 관수하는 정도라면 관엽식물의 경우 매일 1~2회 관수한다. 따라서 열대의 고온다습한 환경을 좋아하는 관엽식물은 우리나라의 다습한 여름철 환경에서는 비교적 잘 자라며 상대적으로 건조한 봄, 가을에는 습도유지에 신경 쓰며 분무를 통한 공중습도 유지에도 신경 쓴다. 특히 관엽식물류와 양란, 선인장과 같은 다육식물류 및 착생식물류는 공기습도를 적극적으로 이용하므로 공중습도에 특히 신경써서 재배한다.

실내식물의 관수 시 연수나 칼슘 등의 영양소 함량이 비교적 낮은 물은 관수 후에도 잔류물이 남지 않기 때문에 실내식물의 관수용수로서 적합하다. 수돗물과 같이 불소함량이 높은 용수로 관수를 했을 경우에는 식물 뿌리가 특히 불소피해 등에 민감한 드라세나, 고사리류 등은 치명적인 피해를 입을 수 있다. 수분결핍이 진행됨에 따라 위조현상이 발생하게 되고 그 이후로 기공폐쇄, 가스교환의 저해와 성장부진 등이 초래된다.

라) 비료

실내식물 중 특히 열대산 관엽의 경우에는 꽃이 피는 것이 주목적인 온대산 식물과는 달리 비료 요구도는 낮은 편이다. 관엽식물 재배 시 주로 사용하게 되는 비료는 하이포넥스, 북살, 비왕, 캄프살 등의 복합비료이며 이들을 1,000배액으로 물에 희석시켜 월 2회 정도 시비한다. 정도의 차이는 있지만 관엽은 대개 고질소 비료를 선택한다.

마) 토양 및 병충해

주로 실외 정원 및 화단용으로 사용되는 온대산 식물의 배식재료와는 달리 우리나라에서 주로 실내식물로서 사용되는 관엽식물의 경우에는 무비, 무균상태인 인공토양으로서 질석과 버미큘라이트 등을 주로 배식재료로 사용한다. 기본적으로 관엽

식물의 재배용토는 배수가 잘되면서도 보수력도 어느 정도 갖춘 토양이 유리하다. 관엽식물의 원산지인 열대의 경우에는 유기질이 풍부한 토양이 주종을 이루는데 우리나라와 같은 온대지방 기후특성상, 열대산 관엽은 실내식물로서 이용되기 때문에 유기질 토양의 사용이 쉽지 않다. 이때 관수량을 늘리고 복합비료를 시비하는 재배법이 필요하다.

병충해 피해는 온대산 식물에 비해 매우 적게 발생하는 편이나 실내식물로서 고온 건조하기 쉬운 실내환경 조건 특성상, 깍지벌레 및 진딧물 약을 1,500배액 1~2회 스프레이로 살포하고 피해를 예방하도록 다습 등에 주의한다.

좀 더 알아보기

관엽식물의 계절관리

봄, 여름

갑작스런 햇볕 노출은 관엽식물에 치명적일 수 있으며 여름 한낮에 엽면살수를 할 때 잎에 고이는 물방울은 식물에 있어 렌즈역할을 해 일소를 일으키므로 오전 9시경, 오후 5~6시경에 관수한다. 겨울에는 부족한 일조량 때문에 식물은 도장하기 쉬우며 과습과 저온이 겹치면 피해는 더욱 커지며 낮에는 햇볕에 충분히 쬐어준다. 시든 잎은 빨리 제거하고 심하게 도장하여 가늘게 된 줄기는 바싹 자르거나 간인해서 식물 전체가 햇볕을 잘 받을 수 있도록 해준다. 하절기의 지나친 냉방은 공기의 건조를 가져오기 쉬우므로 환기에 신경쓰고 관수량을 늘린다. 화분자체는 마르기 쉬운 상태로 유지하고 관수횟수를 늘린다.

특히 여름에는 기온상승과 더불어 광도, 관수의 문제를 함께 고려하는데 통풍을 자주 해주고 동시에 관수를 충분히 해주며 지나친 고광이 되지 않도록 차광을 실시한다. 여름에서 가을에 걸쳐 식물을 강건하게 만드는 것은 좋은 식물상태로 겨울을 보내는 것과 밀접한 관련성이 있다. 고온인 낮에 엽면살수를 해서 물방울이 오래 남아 있으면 일소의 원인이 되므로 오전, 오후에 관수 시간대를 정한다. 수분 스트레스가 심할 경우에는 적극적인 차광대책을 마련한다.

가을, 겨울

가을에서 겨울에 걸쳐 온도가 낮아지기 시작하면 관수의 횟수를 줄이면서 식물체가 건조에 견디도록 식물체를 적응시켜 간다. 관리온도가 낮을수록 관수의 양을 절제해서 용토를 건조한 느낌이 들게 유지해야 하며 상대습도는 높게 유지한다. 또한 겨울의 저온은 여름의 고온보다 실내식물에 있어 더욱 심한 피해를 주므로 적극적인 보온대책이 요구된다.

4) 실내식물의 활용

가) 실내정원

실내정원이란 실내 건축공간에 각종 식물재료와 장식물을 적절히 조화시켜 정원을 조성하는 것으로서 고대 중국 및 유럽 등지에서 시작되었으며 동남아시아, 아프리카, 중남미 등의 열대 및 아열대 지방에서 관엽식물이 도입된 후 본격화되었다. 최근 현대화 및 도시화와 더불어 도시인들에 의한 실내공간에 푸르름을 도입하기 위한 대표적 시도로 실내정원이 급증하고 있는데 이를 통해 건물 및 실내공간의 이미지가 개선될 뿐만 아니라 주거환경 및 환경의 질이 개선되고 심리적 안정감 유지에도 많은 도움을 얻을 수 있다.

(1) 가정공간

가장 흔한 형태인 아파트의 경우 베란다가 적합한 장소이지만 비교적 빛이 잘 드는 거실이나 방안의 창가 등도 고려할 수 있으며 그 외에 주방, 현관, 욕실, 복도 등도 적합한 식물을 선택한다면 충분히 재배가 가능한 장소이다. 식물을 선택하기 위한 조건은 식물에게 필요한 생육 환경 등이 충족되는 것이 가장 중요한 조건이나 최근 '병든 집 증후군' 등과 연계하여 실내식물이 가진 기능적인 면과 실내인테리어 특성 등과도 부합되도록 하여야 한다.

거실은 식물 키우기에 적절한 장소로서 빛의 양, 거실 인테리어 소재, 거주자의 동선, 가구 분위기 등을 고려하여 식물을 선택한다. 거실 규모에 따라 대품, 중품, 소품 등의 화분을 고려하며 가구나 거실의 분위기가 동양적인 경우에는 남천, 대나무, 대만 고무나무, 관음죽 등 동양적 느낌이 나는 식물을 선택하고 서구적인 분위기에는 이국적인 느낌을 주는 야자류, 파키라, 떡갈잎 고무나무 등을 배치하는 것이 적당하다.

방의 경우에는 휴식의 장소로서 너무 화려하거나 향기가 짙은 종류보다 수수하고 아담한 분위기로 연출하는 것이 좋다. 양치류는 부드러운 느낌을 주므로 실내환경에 잘 어울린다. 안방, 어린이방 등 사용자의 나이와 취향에 따라 식물을 선택하는 것이 좋다. 노인방은 동양란이나 석부작, 목부작 등을 배치하고 어린이 방은 쉽게 기를 수 있는 구근류, 움직임이 있는 식충식물류, 기타 물꽂이가 가능한 종류와 같이 관찰학습이 가능한 종류가 좋으며 넘어지기 쉬운 용기나 가시가 있는 식물은 피하도록 한다. 욕실은 습도가 높고 밤에는 온도가 내려가므로 과습에 잘 견디고 추위에 강한 식물을 선택하도록 한다. 잎이 잘 떨어지는 식물이나 빛이 부족한 곳에서 자라기 어려운 꽃식물은 적당하지 않다. 식물을 재배하기에 적당한 장소는 아니지만 청결하게 꾸미면 다른 공간에 비해 싱그러운 아름다움을 느낄 수 있다. 적합한 식물은 물가꾸기가 가능한 싱고니움, 아나나스류, 달개비류, 고사리류 식물 등이나 아이비, 시서스 등의 덩굴성 식물을 공중걸이하여 장식하는 것도 좋다.

주방은 조리와 식사를 하는 곳이기 때문에 청결하고 위생적으로 식물을 꾸며야 한다. 따라서 화분을 배치할 경우에는 인공토양을 사용하고 물 재배나 하이드로볼, 유리구슬 등을 이용한다. 식욕을 돋구는 화려한 색의 식물을 이용하거나 빛이 잘 드는 창가에는 허브 등의 식물을 길러 요리에 활용하는 것도 좋은 방법이다. 동선을 가리지 않도록 주의 하여 식물을 배치하며 특히 부유성 유기화합물이나 공기오염물질 등의 흡착에 효과가 좋은 기능성 실내식물을 배치하여 효과를 볼 수 있도록 한다.

그림 Ⅳ-43 공간 특성을 살린 그린 인테리어

(2) 공공공간

실내 공공 공간은 외부의 광장 기능을 건물의 내부로 도입한 것으로 전천후로 장소를 이용하여 공공적인 행사를 담당할 수 있도록 하는 기능을 한다. 이는 대개 로마 주택에 있어 사용된 아트리움(atrium)의 기능을 담당하는 것으로 자연과 인공물이 접하는 공간을 의미하고 근래에는 녹색 실내정원을 적극 도입할 수 있는 녹색에 대한 갈망과 환경보전에 대한 욕구를 충족할 수 있는 공간으로 활용되고 있다. 이러한 공공공간에 실내정원을 시공할 경우는 건물의 규모와 높이, 대상공간의 크기에 따라 디자인 등은 달라질 수 있지만 경관 조성효과와 식물로 실내장식 효과가 특성적으로 표현되어야 한다. 또한 색의 통일감, 독특한 분위기가 창출되어 크기가 다양한 수목 등을 이용하여 실내 분위기를 고조시키는 한편 다양한 문화, 경제, 휴식 및 친교의 장으로 활용될 수 있도록 해야 한다.

가정공간과는 달리 다양한 식재기법으로서 섬 기법, 단 기법, 겹치기 기법 등이 사용되고 실시설계, 구조물 및 점경물 배치도, 조명 상세도, 배식 계획도, 입면도, 단면도, 상세도 및 시방서 작성 등이 요구된다.

그림 Ⅳ-44 실내조경이 가장 용이한 실내공간인 아트리움(Atrium) 이미지

자료 : http://ashfield.nsw.gov.au

(3) 학교공간

학교교육과 연관된 실내정원 도입을 위해서는 일반적인 실내정원 도입뿐 아닌 체험학습 공간으로서도 유기적으로 활용할 수 있도록 한다.

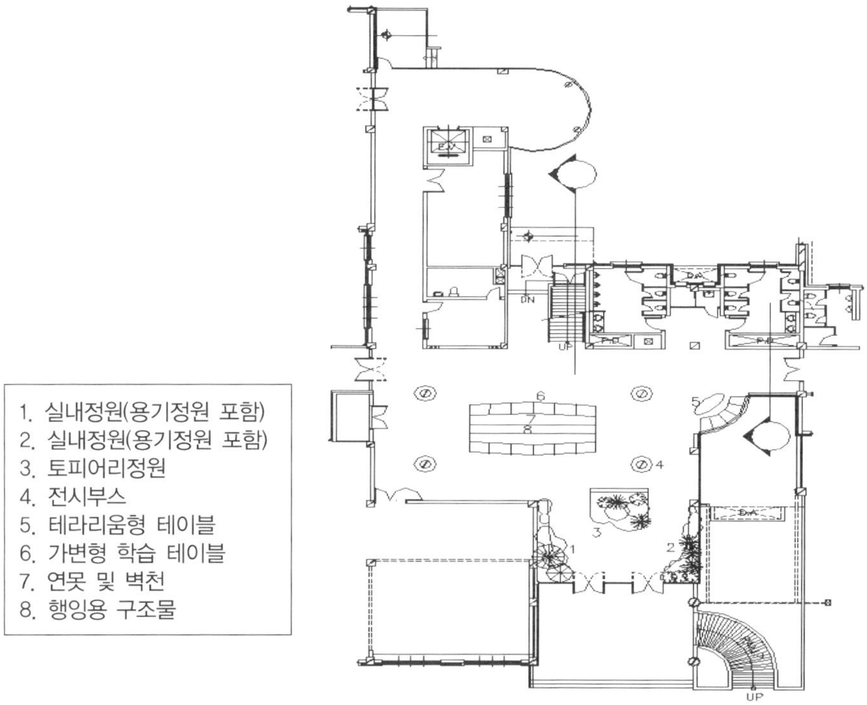

그림 Ⅳ-45 초등학교 실내정원 평면도 예시

출처 : 곽혜란 외 2인(2007). 교실에서 만나는 자연. p.121.

표 Ⅳ-17 평면도에 나타난 공간별 세부계획

번호	도입방식	실내조경적 득싱	교육활동
1	실내정원(용기정원 포함)	공기정화용 실내 가꾸기 식물 식재	재배(가꾸기), 관찰. 환경교육
2	실내정원(용기정원 포함)	공기정화용 실내 가꾸기 식물 식재	재배(가꾸기), 관찰, 환경교육
3	토피어리정원	토피어리와 학교상징조형물	재배, 만들기
4	전시부스	교과내용과 연계된 그린인테리어 소품전시	만들기, 꾸미기
5	테라리움형 테이블	실내 가꾸기용 식물 식재	재배, 만들기
6	가변형 학습테이블	소품만들기 작업이 가능한 가변형 학습테이블	학습도구관리
7	연못 및 벽천	수생식물 식재 및 실내 환경조절(온·습도)	재배, 관찰, 환경 교육
8	행잉용 구조물	실내 가꾸기 식물 식재	재배, 관찰

바닥면적이 제한된 교실의 경우는 벽면 등에 식물 전시 판넬에 설치하고 멀티미디어모니를 설치하며 실내정원 만들기 작업이 가능한 작업용 테이블을 가변적으로 설치한다. 교실 입구부분에는 동선을 고려하여 가든 형태의 실내 정원을 도입하며 축소판 정원형태로서 토피어리를 만들어 실내정원에 도입하고 관리하도록 한다. 또한 식물이나 테라리움, 디쉬가든 등과 같은 소품을 배치하고 이에 알맞은 실내 환경을 꾸밀 수 있도록 지도한다.

또한 무엇보다 타 실내정원과는 달리 학교공간에서는 실내정원을 통해 아동들이 자연을 배울 수 있는 체험 학습 공간이 되도록 실내정원 계획을 하며 정원의 지속적 관리 및 식물관찰이 수업과 연계되도록 한다. 또한 환경교과 연관을 위한 환경 친화적 공간 디자인으로 수공간과 벽천 및 공기정화기능의 관엽 식물을 적극 도입하여 실내공기 질을 향상시키는 방안을 연계시킨다.

나) 테라리움

테라리움이란 라틴어의 terra '땅, 흙'이라는 말과 arium '어항과 같은 용기'라는 뜻의 합성어로 수분이 순환되고 빛이 투과되는 밀폐 또는 반 밀폐된 용기에 여러 가지 식물을 심고 작은 정원을 연출하는 것이다. 영국 외과의사인 워드(N. B. Ward)의 양치식물 포자 발아실험을 통해 밀폐된 용기에 식물이 생장할 수 있도록 확인된 후에 개발된 와디언 케이스(wardian case)에 유래를 두고 있는 테라리움은 현재 다양한 형태로 발전하여 실내장식용 소품으로 활발하게 이용되고 있다.

관리요령으로서 테라리움 내의 식물에는 자주 물을 주지 않아도 되며 배수층에 고이지 않는 정도로 준다. 그 이유는 식물 잎을 통해 증발된 수분이 용기 벽면에 물방울로 맺혀 있다가 다시 토양으로 내려와 뿌리로 흡수됨으로써 적정 습도가 유지되기 때문이다. 직사광선을 피하고 기온은 20～23℃를 유지하도록 한다. 실내식물로서 빛이 적고 습도에 강한 식물이 적합하며 열대 및 아열대 관엽식물, 열대 및 아열대 꽃 식물 및 선인장 및 다육식물 등이 적합하다. 배양용토는 가볍고 소독이 잘 된 것을 사용해야 하며 재식 시에는 바닥에 배수층을 마련한다. 비료는 한달에 한번 정도 준다.

다) 디쉬가든

편평하고 넓적한 접시 모양의 용기에 여러 가지 식물을 함께 심어 축소된 정원의 경관을 만들어서 실내를 꾸미는 방법이다. 학교나 가정과 같이 정원 식재 면적이 한정된 곳일 경우 접시정원과 같은 소규모 식재방법으로 정원 가꾸기의 경험을 대신할 수 있다.

식물재료는 테라리움과 유사하며 가능한 생육 환경이 유사한 식물끼리 모아 심는 것이 관리에 편하다. 식물 외에 경관을 연출하는데 필요한 돌이나 자갈, 상징물 등을 사용하는 것이 효과적이다. 식재 시에는 테라리움과는 달리 전면이 노출되므로 식물의 크기나 형태 등이 더욱 입체적으로 보이도록 꾸민다. 테라리움과 마찬가지로 배수구가 없는 경우가 많으므로 토양이 과습해지는 것을 막기 위해 수분조절에 신경쓰고 낮게 배수층을 만든 후 배양토를 넣고 식물을 심는다. 접시정원은 테라리움에 비해 실내공기에 많이 노출된 상태이므로 식물체 건조가 심하다. 따라서 수분 공급에 신경 쓰고 특히 분무기를 이용하여 잎에 물을 주는 것이 효과적이다. 비료는 한달에 한번 정도 액비상태로 희석하여 준다.

라) 공중걸이

잎모양과 색이 특이하거나 줄기가 아래로 퍼지면서 화분을 감싸는 덩굴성 식물을 공중에 걸어 입체적으로 식물을 감상하는 방법으로 실내의 좁은 공간을 이용할 수 있으므로 학교나 가정 등에 적합한 방법이다. 실내외 베란다 창가 등에 사용하며 물받침이 있는 용기를 사용하는 것이 편리하다. 다육성인 꽃 식물로서 임파치엔스, 제라늄 등과 덩굴성 식물로서 스킨답서스, 아이비, 달개비류 및 제브리나 등을 사용한다. 건조해 지기 쉬우므로 자주 관수하며 분무기로 물을 뿌려 준다. 비료는 한달에 한번 정도 준다.

그림 Ⅳ-46 다양한 원예식물을 활용한 공중걸이 화분

마) 수경재배

뿌리가 잘 썩지 않는 식물이나 화려한 꽃이 피는 구근식물을 흙을 사용하지 않고 투명한 유리용기에서 재배하는 방법으로 꽃과 함께 벋는 뿌리의 모습도 감상할 수 있다.

식물생장에 요구되는 무기양분을 첨가하여 재배하는 방법을 수경재배(hydroponics) 또는 무토재배라고 하며 배지를 사용하지 않고 물을 채운 용기에 재배하는 방법을 물재배(water culture) 또는 하이트로 컬쳐(hydroculture)라고 하는데 흔히 좁은 상업공간의 실내장식 소품으로 활용된다. 식물은 알뿌리 종류 및 실내관엽류가 적합하며 철사, 자갈, 색 유리구슬 등을 지지할 수 있는 매질로 사용하기도 한다. 주 1회 정도 물을 갈아주고 희석한 액비 등을 공급한다.

A B

그림 Ⅳ-47 양액재배(A)와 간단한 수경재배(B)

바) 기타

테라리움이나 접시정원의 변형으로 비바리움(vivarium)과 아쿠아리움(aquarium)을 들 수 있다. 비라리움(vivarium)의 viva는 동물을 의미하며 비바리움은 테라리움에서 변형된 것이다. 유리용기 속에 도마뱀, 뱀, 이구아나, 개구리 등의 작은 동물과 식물을 자연스럽게 연출시켜 자연의 한 장면을 연출한 효과를 내는 것이며 특히 아동들에게 효과적인 장식 및 과학교육의 도구로도 활용될 수 있다. 다육식물 등을 활용하면 미니 사막과 같은 분위기를 연출할 수도 있다. 아쿠아리움(aquarium)의 aqua

는 물을 의미하며 유리용기 속에 연못을 만들어 물속에 사는 수생식물을 식재하고 경관연출을 위해 거북이나 물고기 등을 더하여 꾸미는 장식형태이다. 다른 분식물 활용의 경우와 마찬가지로 식재조건이 비슷한 식물종을 중심으로 선택하는 것이 바람직하다. 그 외 덩굴성 식물 등을 전정하거나 철사, 철망, 나뭇가지 등으로 원하는 형태의 틀을 만들어 장식하는 토피어리(topiary), 에크메아, 구즈마니아, 틸란드시아 등의 파인애플과 식물이나 그 외 다양한 착생식물을 활용한 착생식물 붙이기 등의 다양한 방법이 있다.

그림 Ⅳ-48 다양한 동 · 식물을 활용한 비바리움(Vivarium)

그림 Ⅳ-49 다육식물을 활용한 테라리움(terrarium)

그림 Ⅳ-50 토피어리(topiary)

바) 꽃장식

꽃을 이용하여 다양한 형태로 꾸미는 실내장식은 고대에는 제물, 약용, 숭배의 대상 상징물로서 이용되다가 중세 및 현대 이후에 감상, 취미생활 및 생활환경 문화 창조 등을 위한 장식으로 사용되어 왔다. 최근에는 특히 플로럴 디자인(floral design)

의 개념으로 원예분야 중 매우 각광받고 있는 분야로서 꽃을 중심으로 절화, 절지, 절엽, 과채류 및 드라이 플라워와 조화 및 인조식물까지도 식물소재로 포함되고 있다.

표 Ⅳ-18 장식원예의 분류

구 분	종 류
이용소재	과수장식, 채소장식, 화훼장식, 꽃장식, 조화장식, 압화장식, 드라이플라워, 플라워디자인
장소 및 공간	인테리어 디자인, 익스테리어 디자인, 노변장식, 베란다장식, 묘지장식, 예식장 장식, 무대장식, 행사장 장식, 호텔장식, 레스토랑 장식
장식방법 및 이용형태	꽃꽂이, 화환, 웨딩부케, 꽃다발, 꽃바구니, 리스, 코사지, 디스플레이, 테라리움, 디시가든, 벽걸이, 물재배, 화단, 용기원예
용도 및 목적	축하용, 애도용, 감사용, 예의용, 구애용, 종교용, 결혼식용
발생지	동양식, 서양식, 유럽식, 한국식, 일본식
재료+장소	그린인테리어
장소+방법 및 형태	실내정원

출처 : 박윤점 외 5인(1998). 장식원예총론. p.34.

(1) 꽃꽂이

꽃꽂이는 꽃을 중심으로 절지, 절엽, 열매, 뿌리 등 다양한 소재를 이용하여 다양한 줄기고정의 방법과 형태를 통해 사용목적에 맞게 아름다운 형태로 표현하는 절화장식물을 의미한다. 꽃꽂이의 기본원리로는 균형, 구성, 조화, 초점, 지배, 선, 율동, 질감, 색채 등을 들 수 있으며 5대 미적요소로서 구성미, 공간예술로서의 공간미, 소재와 기타 재로와 서로 어울려 나타나는 입체미, 꽃의 색상과 기타 재료에서 나타나는 색채미 그리고 창작활동을 통해서 나타나는 창작미 등이 있다. 이러한 원리들은 예술적 창의성의 기본이 되는 원리로서 아동들에게 미학적 감각은 물론 새로운 창조의 기쁨을 누리게 할 수 있다. 꽃꽂이는 대개 발생지(동양식과 서양식) 및 용도 등에 따라 달라진다. 동양식 꽃꽂이는 침봉이나 수반 등을 이용한 선을 강조하는 형태로 주지와 부주지의 삼재형식으로 구성되며 서양식의 경우는 성화법을 사용하여 다양한 형태, 구성감 및 색감을 강조하며 꽃을 꽂는다.

아동의 경우는 전문적인 꽃꽂이 기술 보다는 계절에 따른 식물의 모습과 소재를 이용하여 계절감을 익히고 다양한 식물의 이름과 특성을 알도록 하는데 큰 학습효과를 누려볼 수 있으며 사용목적에 따라 꽃의 선택을 다르게 할 수 있다. 또한 의상을 장식하거나 신체를 장식하는 것으로 시작적인 특성과 장식 및 디자인에 관한 감각을 익힐 수 있다. 식물이 주는 색채감을 이용하여 안료가 주는 미와는 또 다른 색채미를 경험하게 할 수 있다.

(2) 꽃바구니

꽃바구니란 바구니 안에 물을 가지고 있을 수 있는 매질(플로랄 폼)에 꽃을 아름답게 꾸며 선물용으로 이용하거나 실내에서 감상하는 것을 의미한다. 다양한 꽃 소재를 활용하여 꾸며볼 수 있으며 선물용으로 가장 많이 활용된다.

(3) 꽃다발

실생활에서 매우 많이 이용되는 장식물로 대개 부케(bouquet)로 총칭되며 꽃을 끈으로 묶어 다발로 만든 형태를 의미한다. 꽃다발은 크게 만드는 방법에 따라 꽃을 모아서 줄기가 모이는 부분을 끈으로 묶는 기본적인 방법과 꽃의 줄기를 잘라 철사로 대체하여 줄기를 마음대로 구부릴 수 있게 한 뒤 다발을 만드는 방법, 그리고 플로랄 폼이 달린 꽃다발 홀더에 꽃꽂이처럼 꽃을 꽂아 꽃다발의 형태를 만들어 내는 방법이 있다.

(4) 리스

리스(wreath)란 영원을 뜻하는 원을 의미하며 절화를 이용하여 고리 모양으로 만들어낸 장식물로 고대 그리스 시대에 충성과 헌신의 상징으로 신에게 바치거나 영웅에게 바치는 장식물로 이용되었으며 머리에 쓰거나 옷에 부착하였으며 또 생활 공간에 장식되었다. 리스는 꽃꽂이에 비해 단순한 형태로 제작하기 쉬우며 소재 등에서도 간단하면서도 다양한 분위기를 연출할 수 있기 때문에 아동들도 쉽게 제작할 수 있다. 종류로는 크게 장례식용, 축하용 및 크리스마스 용이 있다.

(5) 건조소재 장식

건조소재는 다양한 식물들의 꽃, 잎, 종자, 열매, 꼬투리 등을 말린 장식소재들을 의미한다. 생화와는 달리 신선미는 떨어지나 꽃의 아름다움을 지속하는 기간이 길고 생화와는 다른 독특한 형태, 색 등을 나타낼 수 있다. 건조화를 만드는 방법은 다양하나 약품을 사용하는 인공건조와 자연건조 방법으로 나뉠 수 있다. 종류로는 압화, 포푸리를 비롯하여 생화로 만들 수 있는 다양한 종류의 꽃 장식품을 건조소재를 사용하여 만들 수 있다.

그림 Ⅳ-51 건조화로 만든 액자 라벤더 건조화

좀 더 알아보기

포푸리(Pot- pourri)

특성

고대 이집트에서 최초로 사용하였으며 본격적인 사용은 향수가 발달한 프랑스에서 유래하였다. 허브를 이용한 가장 대중적인 형태의 소품이며 실내에 방향을 전달하거나 주변에 향을 감돌게 하고 싶을 때 밀폐용기 등에 향 식물재료 등을 숙성시켜 마개를 열어두거나 접시에 두거나 혹은 향기나는 주머니를 만들어 서랍이나 옷장 등에 넣어 은은한 향을 이용하는 것이다 향기 좋은 허브, 스파이스, 에센셜 오일(essential oil) 및 보향제 등의 각각 소재를 섞어 만든 향의 혼합향으로 용기(pot)와 향기(pourri)의 합성어로 용기 속의 향기라는 의미로 사용된다. 다음과 같은 재료가 사용된다.

재료

허브류 : 꽃(장미, 백일초, 밀집꽃, 델피니움, 천일홍, 라벤더), 잎(허브잎/ 로즈마리, 타임, 라벤더, 민트, 레몬 밤, 월계수 잎, 계피나무, 녹나무, 고사리류의 잎), 열매껍질(레몬, 귤, 탱자).

스파이스류 : 계피, 오리스(orris), 치커리(chicory), 클로브(clove), 각종 허브류 분말(powder), 소금.

에센셜오일 : 포푸리용 향수, 에센셜오일(essential oil : 장미, 시나몬, 로즈힙, 라벤더, 라일락, 민트 등) 중심재료와 유사하거나 노트(note)가 다양한 종류를 사용한다.

과정

• 라벤더향 Pot-pourri 만들기

1. 재료 : 뚜껑이 있는 커다란 유리병, 계량컵과 계량 스푼, 오일용 스포이드, 손절구, 가위, 블랜딩 재료(허브류, 스파이스류, 에센셜오일류, 보향제).
   * 블랜딩 재료
   - 라벤더 향/ 주재료 : 라벤더 꽃 2컵, 부재료 : 장미꽃과 허브잎 2컵, 포트마리골드 1컵/허브 및 기타 식물재료 : 그로브(grove), 올스파이스(allspice), 너트맥(nutmag: 육두구), 시나몬(cinnamon) 각 1/2 작은술(ts)/ 스파이스류, 에센셜 오일 약간, 소금.

2. 허브 잎이나 꽃을 이른 아침에 따서 다발로 모아 통풍이 좋은 응달에서 말린다. 꽃의 경우 바구니에 얇은 종이를 깔고 꽃받침을 위로 하여 넓게 펴서 말리면 아름답게 마무리 된다(꽃의 형태를 그대로 살림).
3. 자신이 좋아하는 허브 향을 주재료로 하고 부재료의 향기와 조화를 이룰 수 있도록 적당한 양을 첨가한다(대개 민트, 로즈, 레몬밤 등은 향기가 강하게 남는 재료이므로 주재료로 하고 그 외 중향이나 하향에 속하는 재료들을 부재료로 선택한다).
4. 스파이스를 조금씩 가하여 좋아하는 향을 만든다(스파이스 첨가시 주향이 살아나고 오래 간다). 이때 보향제를 넣기도 하는네 계피, 소금 등을 이용한다(이때 사용되는 스파이스나 보향제는 손절구에 넣어 잘게 부수어 사용하면 효과가 좋다. 시판되는 사셰(sachet)를 사용해도 좋음). 에센셜 오일을 몇 방울 떨어뜨린다.
5. 모든 재료를 고루 섞고 블랜딩을 위하여 병에 넣어 밀폐한 후 서늘하고 어두운 장소에서 2, 3수 동안 숙성시킨다. 때때로 항의 혼합을 위하여 흔들어 준다.

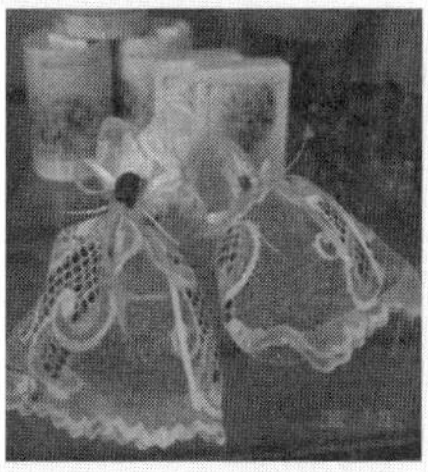

〈다양한 포푸리 재료와 포푸리〉

(6) 푸드 스타일링

푸드 스타일링은 최근 다양해진 생활양식의 변화와 문화의 다양화 등으로 인한 각종 파티나 행사, 모임 등에 사용되는 만찬의 식생활을 주도하는 새로운 트랜드를 의미한다. 최근 푸드스타일링에 많이 사용되는 꽃 장식은 주로 가니쉬(garnish)의 형태로 필수적으로 음식의 형태와 맛에 대한 효과를 증가시키기 위해 첨부되는 화훼장식으로서 아동들이 미래사회에 익혀두면 좋을 만한 실용적인 꽃장식이다.

(7) 기타

기타 꽃 장식의 종류로는 코사지(corsage), 부토니어(boutonnier), 갈런드(garland), 레이(lei), 헤어오너먼트(hair ornament) 등이 있다.

좀 더 알아보기

아동을 대상으로 한 정원활동의 주의점

1. 일반 정원활동에 비하여 더욱 조직화 되어야 한다. 즉 아동들의 노력만으로 정원을 유지한다는 것은 결코 쉬운 일이 아니기 때문에 이에 관한 다양한 해결책을 마련해야 한다. 아동, 교사 및 학부모가 직접 협력 및 조언이 가능한 대상이 있는 것이 바람직하며 아동들이 집중할 수 있는 정원활동 요소를 갖추도록 배려한다. 아동들이 주체가 되어 잘 계획되고 유지되는 정원활동을 통해 아동들은 리더십을 배울 수 있다.
2. 일반 정원활동에 비하여 더욱 계획화 되어야 한다. 아동들에 의해 정원이 계획되도록 하며 이를 통해서도 일반 정원과 같이 성취 가능한 수확량, 계절별 꾸밈, 정원활용도 등이 잘 이루어질 수 있도록 배려한다.
3. 일반 정원활동과는 차별화된 목표를 수립한다. 예를 들면 일반적인 정원 감상 등을 벗어나 교육적 측면, 영양적 측면, 심리사회적인 측면의 다양한 전인적인 목표를 세울 수 있다. 이때 가능한 목표는 구체적이며 성취가능하도록 하며 아동들의 학습동기를 유발할 수 있도록 흥미있는 정원활동이 되도록 노력하며 다음과 같은 정원활동의 효과를 얻을 수 있도록 한다.
   - 지적인 효과 – 환경생태 및 보존에 관한 이해, 과학적 지식의 이해, 통합교과적 지식의 이해
   - 심리사회적 효과– 책임감의 증대, 자존감과 신념의 증대, 인내심 증대, 노작교육에 대한 가치감 증대, 유용감의 증대
   - 감정적 효과 – 사회적 교육기술 증진, 협동심 증대, 사교성 및 교육관계 증대
   - 신체적 효과 – 영양적 측면의 증진, 운동 효과, 협응력 증대

〈아동정원의 예〉

논의

- 생활의 변화와에 따른 생활원예의 새로운 개념을 중심으로 기존의 농업과 구분되는 정의와 개념을 이해해 보자.
- 원예식물과 활동을 생활 속에서 다양하게 활용하고 이용할 수 있는 방안에 관해 논의해 보자.
- 원예식물이 갖는 다양한 환경적 기능은 생활의 변화와 더불어 새롭게 조명되어야 하는 중요성이 있다. 환경 문제를 해결하기 위한 원예식물의 종류와 효율적인 이용방안에 관해서 논의해 보자.
- 원예식물 중 특히 채소류가 가지는 항산화작용은 현대인의 건강에 매우 중요한 역할을 한다. 채소류의 다양한 영양적 가치와 종류별 특성을 논의해 보자.
- 타 농업작물과 비교한 원예식물의 바른 분류기준에 관해서 생각하고 원예식물의 분류는 무엇을 기준으로 하는 것이 타당성이 높은지 논의해 보자.
- 꽃식물 중 여러해살이 식물의 종류와 분류특성에 관해서 생각해보고 현 생활상을 고려해 볼 때 재배가 용이하고 대중성이 높은 여러해살이 식물의 종류에는 어떤 것이 포함될 수 있을지 고려해 보자.
- 채소류로서의 다양한 허브의 종류 및 재배 특성에 따른 다양한 분류기준에 관해서 생각해 보고 원예식물로서의 가치에 관해서 논의해 보자.
- 생육 환경 적응성에 연관된 식물생육형태 변화 및 특성에 관해 상세히 논의해 보자.

- 근래 생활 속에서 다양하게 이용되고 있는 실내식물의 적절한 재배방법에 관해 알아보자.
- 대륙성 온대 지방으로서의 우리나라 기후특성과 식물의 생육특성에 관해 고려해 보고 효율적인 생활 속 활용방안에 관해 알아보자.
- 잡종강세성 식물의 원예학적 이용에 관해서 논의해 보자.
- 동물번식과 식물번식의 특성과 차이점에 관해 논의해 보자.
- 종자번식 과정으로서의 수분과 수정의 특성에 관해 논의해 보자.
- 현대생활에서 특히 요구되는 실내식물의 기능과 생활 속 활용에 관해 논의해 보자.
- 채소류에 포함되는 허브식물의 재배법과 건강유지에 효과적인 활용방안에 관해 논의해 보자.
- 꽃식물을 이용한 꽃장식물의 종류와 생활속 활용방안에 관해 논의해 보자.

참고문헌 및 인터넷 사이트

곽병화 (1998). 화훼원예총론. 향문사.
곽병화 외 1인 (2004). 식물생리학. 향문사.
곽혜란 외 2인 (2007) 교실에서 만나는 자연. 부민문화사.
문원 외 5인 (2000) 생활원예. 한국방송통신대학교 출판부.
문원 외 1인 (2002) 재배식물생리학. 한국방송통신대학교 출판부.
박권우 외 1인 (1999) 최신 원예 번식학. 선진문화사.
박권우 (2003). 허브 및 아로마테라피. 선진문화사.
서봉모 외 10인 (2005). 일반식물학. 월드 사이언스.
서정근 (1998) 생활원예. 단국대학교 출판부.
서정남 외 2인 (2000). 푸른 학교 가꾸기. 부민 문화사.
손기철 (2004). 실내식물이 사람을 살린다. 중앙생활사.
이종석 외 2인 (1993). 실내조경학. 도서출판. 조경.
이종석 외 1인 (1996) 신제 가정원예. 향문사.
한국원예학회 편 (2000) 신제 생활원예. 향문사.

V

동물과 함께하는 생활

개 요

우리 인간에게 동물은 어떤 존재이며, 어떠한 관계를 형성하면서 우리에게 어떠한 영향을 미쳐왔는지에 대해서 이해하고, 인간과 동물과의 공통점과 차이점에 대해서 생각해 보며, 애완동물과 경제동물의 개념 및 우리 사회에서 필요한 이유 등을 알아본다. 또한 생명관련 교육에 있어서 동물을 활용하는 방법과 실제 활용 방안에 대하여 알아본다.

교육목표

- 동물이 인간과 관계를 형성해온 과정에 대해서 알 수 있다.
- 유용동물의 종류와 역할에 대해서 알 수 있다.
- 인간과 동물의 차이점과 공통점에 대해서 알 수 있다.
- 애완동물을 기르기 전에 선행되어야 할 내용에 대해서 알 수 있다.
- 개, 고양이, 금붕어, 토끼 및 햄스터 등의 특성에 대해서 이해하고 설명할 수 있다.
- 나의 생활환경에 적합한 애완동물을 선택하고 기를 수 있다.
- 경제동물의 특성에 대해서 구분할 수 있다.
- 동물을 이용한 실제 수업 내용에 대해서 알고 활용할 수 있다.

1 동물의 이해

40억 년 이상의 역사를 지닌 하나뿐인 지구(The only earth)에서는 적게는 5,000만에서 50억에 해당되는 생명체가 살다가 사라졌고, 지금도 살고 있는 것으로 학자들은 주장하고 있다. 현재 지구에 생존하는 생명체는 동물체 약 120만 종, 식물체 약 50만 종 및 미지의 생명체 약 30만 종으로 대략 200만 종 정도로 알려지고 있다. 그렇다면 『인간들은 언제부터 동물과 같이 생활을 하였을까?』 인류의 역사는 학자들에 따라서 또는 근거에 따라서 달리해석이 될 수 있지만, 우리 인간은 20여 만 년 전에 지구에 구체적인 모습을 드러낸 후, 약 10,000~15,000년 전인 신석기 시대에 집단 정착 생활이 시작되면서 단순한 수렵과 채집만으로 식량이 부족하여 농작물을 경작하고, 동물을 키우기 시작하였을 것으로 사료된다. 그렇다면 『인간은 무엇 때문에 동물과 같이 살아왔을까?』 동물은 인간에게 먹을거리와 옷감을 제공해주었으며, 인간을 위한 유희와 공포의 대상으로도 존재하였다고 할 수 있을 것이다. 뿐만 아니라 동물은 인간의 문화 발달 특히 예술과 종교 활동에 영향을 미쳐왔다고 할 수 있다. 이처럼 동물은 인간의 친구이자 적으로 때로는 선생으로도 존재하여 왔다고 할 수 있다. 인간과 동물이 좀 더 구체적인 관계를 형성하고 살기 시작한 시기는 대략 10,000~15,000년 전 정도(학자들에 따라서는 30,000년 전)로 지구에서의 생명체 역사를 지구의 역사에 견주어 본다면 아주 짧은 순간에 불과하다고 할 수 있을 것이다.

본 장에서는 동물을 공부하기에 앞서서 인간과 동물의 관계에 대해서 이해할 수 있도록 구성하였다.

가. 인간과 동물의 관계

초기의 인류는 주로 수렵이나 채집만으로 식량을 충족할 수 있었다. 이 시기에는 수렵의 대상인 대형 야생동물은 인간과 대등한 지위에 있었으므로 서로 잡아 먹느냐, 먹히느냐의 관계가 있었던 것으로 추정할 수 있다.

하지만 상대적으로 풍부한 지혜를 가진 인간은 어떻게 하면 야생동물들을 지배할 수 있을지에 대한 고민을 하게 되었을 것이다. 인간의 생활은 자연환경과 밀접한 관계형성이 필요하였으며 이중 오랜 세월동안 인간과 동물의 관계는 많은 변화를 겪어왔다고 할 수 있을 것이다. 이 과정에서 어떤 동물은 인간과의 관계를 돈독하게 유지 계승하였으며 어떤 동물은 보다 경쟁관계로 때로는 서식지를 빼앗기고 도망하는 삶을 살아왔을 것이다. 인간에 의한 자연환경의 파괴 또는 변화는 동물들의 생존에 크게 영향을 미쳐 일부 종의 동물에게는 수량적으로 공간적으로 유리하게 작용하기도 하였지만 기본적으로 인류의 존재 및 양적인 증가는 동물의 안녕과 분포에 치명적인 악영향을 미쳤을 것이다. 현재 인간의 생체량은 건물 기준으로 수백만 톤이 넘어서 어떤 동물 종보다도 많다고 할 수 있다. 이러한 환경 속에서 종 다양성의 지속을 위한 동물체 중의 인간의 역할을 분명히 인식하여서 바람직한 인간과 동물의 관계 정립을 위해서 고민을 하여야 할 것이다. 또한 토지, 식량, 의복 , 가옥, 가축 그리고 인간 자신을 오염시키는 미생물군까지 포함시킨다면 인간의 의도와는 무관하게 인간과 더불어 사는 동물의 수는 매우 많다는 분명한 사실에 대한 인식도 필요하다고 할 수 있을 것이다.

인간이 동물에 미치는 대표적인 영향은 확산, 멸종, 증가, 감소 및 가축화 등이라고 할 수 있지만, 본 장에서는 가축화에 대해서만 언급하기로 한다.

1) 가축화(가축화의 동기)

동물을 인간의 생활에 이용하기 위해, 인간의 관리 하에서 생산을 조절하고, 유전적 개량을 하는 것을 가축화(domestication)라고 한다. 즉 가축화란 야생동물을 가축으로 순화하는 모든 과정을 의미한다고 할 수 있다.

그렇다면『인간은 무엇 때문에 동물을 가까이 두는가?』어느 동물보다 풍부한 지혜를 가진 인간은 어떻게 동물들을 종속시킬 수 있을까 고민을 하게 되었을 것이다. 이러한 인간의 고민은 수렵과 채집이라는 단순한 방법으로 먹을거리를 충족하던 시기에서는 필요성이 적게 나타났지만, 정착생활의 시작과 인간 개체 수의 증가는 식물의 경작과 더불어서 야생동물을 붙잡아서 키워야하는 당위성에 직면하게 되었을 것이다. 즉 인류는 인구가 점차 증가함에 따라 식량공급과 소비의 균형이 무너져 식량을 구하기 위해 이동하기 시작했고, 북반구의 대륙으로 주거지를 확대해 나아갔다고 생각할 수 있다. 기후풍토가 나쁜 지역에서는 언제 어디서나 필요한 식량을 입수하기는 어려웠을 것이다. 보다 쉽게 식량을 입수하기 위해서 인간은 집단을 형성하고, 수렵의 대상인 동물의 생태에 맞춰서 행동하는 생활양식이 발달했을 것이다. 그 과정에서 인간은 사회생활을 위한 제도를 만들고 조직적으로 식량을 얻기 위한 문화체계를 형성하였을 것이다. 이러한 사회생활 체계의 완성과 더불어 인구가 증가하였고, 증가한 인구의 식량을 공급하기 위해 각종 시행착오를 거듭한 결과가 인간의 삶에 직접적으로 도움이 될 수 있는 조건을 갖춘 야생동물의 가축화가 진행되었을 것이라고 추론 할 수 있을 것이다. 아마도 우리 인간은 대략 10,000~20,000년 전후부터 동물을 사육하면서 식량 문제를 해결하려고 노력하였다고 볼 수 있다. 물론 이전에 야생동물을 사냥하여 식량으로 이용하였지만, 만일 인류가 동물을 사육하지 않고 수렵만으로 야생동물을 잡아 포식하였다면 이미 모든 동물들은 멸종되고 말았을 것이다. 야생동물을 사육하고 개체 수를 조절하려는 시도가 하루아침에 나온 생각이 아니고 오랜 세월을 통해서 이루어졌을 것으로 상상할 수 있다.

야생동물이 가축화된 동기로는 크게 세 가지 설을 생각할 수 있다. 첫째, 처음부터 식용으로 사용할 목적으로 수렵에 의해 포획됐다. 비교적 성질이 온순한 동물을 비상용 식량으로 사용할 목적으로 주거지 부근에 붙들어 매어 두었던 것으로 생각할 수 있다. 둘째, 인간의 힘으로는 어쩔 수 없는 자연계의 불가사의를 숭배하기 위한 제물로 사용하기 위해 야생동물을 포획했다. 제사용으로 사용할 야생동물이 수렵에 의해 언제든지 포획할 수 있을 때는 문제가 전혀 없겠지만, 인구가 증가되면서 포획할 수 있는 야생동물의 숫자가 감소되었으므로 사전에 포획하여 제사에 사용할 때까지 가두어 두거나 붙들어 매어 둔 야생동물이 인간이 주는 사료를 받아먹으며 순화되었다. 셋째, 가두어 두었던 야생동물이 새끼를 분만하였을 때 그 새끼에 대한 인간의 여러 가지 애정의 표현에 대해 온순한 새끼가 잘 순화되어 가축화되었다. 즉 애완용으로 야생동물을 사육하기 시작한 것이 가축화의 동기라는 설도 있다.

가축화의 증거는 이 세 가지 중 어느 것도 가설에 불과하며 이 외에도 여러 가지 요인이 관여하였을 것이라고 생각할 수 있다.

2) 가축화의 과정 및 역사

가) 가축화의 과정

현재 여러 지역에서 사육되고 있는 각종 유용동물은 어떤 시기에 일제히 가축화된 것이 아니고 그 당시의 인류의 생활 형태나 주위의 환경에 의존해서 오랜 세월동안에 걸쳐 조금씩 가축화되었을 것으로 추측된다. 사람들이 분명한 목적을 가지고 특정 동물들을 가축화 시켰다기보다는 Francis Galton(1865)의 보고와 같이 인간들의 반무의식적인 시도가 여러 해를 거쳐서 시행되었으며 결과적으로는 많은 잘못을 저지른 뒤에 그리고 꾸준한 선택에 의해 서서히 몇몇 동물들이 가축화되었다고 보는 것이 더 정확하다고 볼 수 있다. 가장 빨리 가축화 된 야생동물은 개(dog)라고 생각한다면 개의 선조인 늑대가 가장 일찍부터 인간과 접촉을 하고 있던 야생동물 중의 하나였을 것이다. 빙하기의 가장 어려운 기후조건 하에서 북반구에 생존하고 있던 늑대는 인류와 마찬가지로 사회집단을 형성하여 인류의 생활터전과 같은 지역에서 생활하였고, 대형 포유동물을 수렵대상으로 한다는 점에서는 인간과 먹을 것에 대한 공통점도 갖고 있었다.

인간 수의 증가로 새로운 터전이 필요하게 된 이유로 북반구로 이동한 인간은 늑대를 때로는 식용으로 이용하기도 하고, 수렵을 위한 도구로도 사용했을 것이라고 생각할 수 있다. 그 당시 인간은 작고 약한 동물에 사료를 공급하는 행동을 이미 하여 왔으며 수렵으로 포획한 늑대의 새끼를 육성하는 것과도 관계가 있었을 것으로 추측할 수 있다. 야생동물을 애완용으로 사육하고 있는 것은 현대에 남아있는 원시적 생활을 하는 민족에서도 쉽게 볼 수 있기 때문이다.

빙하기가 끝나고 온화하고 건조한 자연조건이 되면서 주로 서아시아 지역에 살고 있던 인간은 생활양식을 바꾸기 시작하였을 것이며, 건조화가 진행되면서 인간은 강이나 호수를 중심으로 모여들었고, 그 곳은 자연히 인구밀도가 높아졌을 것이다. 곡류 등의 식물의 재배가 시작되고, 몇 종류의 중형동물을 가축화하기 시작되었으며, 특히 염소와 면양은 인간이 관리하기에 적당한 체구이고, 성질이 비교적 온순하고 무리를 지워 서식하고 인간이 먹을 수 없는 조사료를 주로 채식하고 인간이 이용할 수 있는 것(고기뿐만 아니라 모피, 털, 젖 등)을 공급해주었을 것이다. 염소와 면양의 사양기술이 점차 소나 돼지에도 응용되어 비슷한 시기에 서아시아 지역에서 염소, 면양, 소, 돼지 등이 가축화가 된 것으로 추정할 수 있다.

표 V-1 각종 동물들의 가축화 역사

동물명	가축화 지역	가축이 된 시기(추정)	참고 문헌
개	북이라크, 남서아시아	14,000~12,000년 전	Vella, 1977
면양, 말	북이라크	10,700년 전	Perkins, 1964
돼지	남서아시아, 중국	8,500~6,000년 전	Reed, 1977
소	남중아시아	7,800년 전	Mellaart, 1967
물소	북유라시아	4,500년 전	Epstein, 1971
순록	북유라시아	3,500년 전	Zeuner, 1963

나) 가축화의 역사

야생동물이 가축화된 시기는 유사이전의 일이라는 사실이, 동굴 및 패총 등에서 출토된 유물이나 유골로부터 유추될 수 있으나, 고고학적 자료나 문헌이 거의 없고 유물이나 유골이 출토되어도 해석 방법이 학자에 따라 차이가 많으므로 정설이 확립되지 않은 이설이 대부분임을 알 수 있다.

가축화가 가장 일찍 된 것으로 추정되는 개(dog)는 14,000~12,000년 전에 늑대를 가축화한 것으로 추정되는 개의 유골이 이라크 북부지방에서 출토되었지만, 학자에 따라서는 구석기인이 빙하기에 폴리네시아 제도를 이동할 때 이미 개와 함께 이동한 것으로 보아 30,000년 이상 이전에 개가 가축화 된 것으로 추정하는 학설도 있다.

좀 더 알아보기

개의 가축화

위치 : 식육목(Canivora), 식육과(Canidae)

1. 개의 조상인 늑대를 길들이는 과정은 적어도 12,000년 전에 시작되었다.
2. 오늘날의 인간과 개 사이에 존재하는 뚜렷한 친밀성과 통신 능력은 사냥꾼이었던 우리 조상과 늑대 사이의 관계형성을 위해서 필수적인 것이었을 것이다.

3. 늑대와 인간이 동일한 먹이를 위하여 경쟁하였던 빙하기 말기에 이미 그들 사이에 동맹관계가 형성되었을 것으로 추측된다. 또한 사냥 사회에서 여자와 어린이는 그들 근처에 있는 어떤 동물에게도 구원의 손을 뻗쳤을 것이며, 특히 어린 짐승은 식육류나 유제류에 상관없이 그 지역에 살고 있는 많은 다른 동물들과 함께 길들여졌을 것이다.
4. 빙하기 말기에 늑대 새끼(매우 얌전하거나 온순한 새끼)가 인간에 의해서 인간사회의 일원으로 받아들여져 살아남게 되었으며, 이들은 인간과 함께 생활하면서 사회성을 띠게 되거나 길들여질 수 있었을 것이다.
5. 종종 늑대 새끼 중 일부는 인간사회에서 어미가 될 때까지 살아남을 수 있었을 것이며 이 중에서는 외부(야생)의 늑대와 경쟁하여서 이겨서 번식에 이용되기도 라였을 것이다. 이러한 과정에서 늑대는 인간에 의하여 보호될 수 있었으며 인간과 함께 생활함으로써 그들의 먹이를 쉽게 해결할 수 있었을 것이다. 이러한 과정에서 야생의 늑대와 다른 방식으로 살아남을 수 있게 된 것이다.
6. 특히 좀 특이하게 보이거나, 곱슬곱슬한 꼬리가 있거나, 일반적인 늑대보다 더 검거나 희고, 혹은 큰 눈을 가졌거나, 혹은 좀 다른 방법으로 좀 더 잘 견디는 힘을 가지고 있는 것들은 그들의 주인으로부터 호의적인 대우를 받았을 것이다. 이러한 유전적인 특성을 가진 개체는 결국에는 다른 종류의 동물, 즉 개로 개량되었을 것이다.

3) 가축화의 요인

유용동물은 인류에 있어서 유익한 것이 아니면 안 된다는 대전제를 가지고 있지만 유・무익 또는 유해라고 하는 개념은 매우 상대적인 것이라고 할 수 있다. 예를 들어 동물의 성질이 매우 온순하여 사람을 잘 따르고 고기나 젖을 대량으로 공급할 수 있다고 하더라도 사육 지역이 그 동물에 부적합하다면 유익하다고 말할 수는 없고, 한 개체의 생산량이 부족하다고 해도 많은 개체를 사육하는 것이 가능하고 인간이 필요로 하는 양을 생산할 수 있다면 그 동물을 인간에 유익하다고 할 수 있을 것이다. 또한 가끔 인간에게 유해하다고 할지라도 유용성이 그 보다 많다고 하면 유용동물의 요소를 갖고 있다고 할 수도 있을 것이다.

야생동물이 유용동물이 될 수 있는 요소는 그 동물을 유용동물로서 사육하려고 하는 인간이 무엇을 어느 정도 얻으려고 하는 가에 따라 결정될 수 있다. 이 때문에 세계 각지에 살고 있는 인간의 생활지역, 습관에 따라 유용할 수 있는 동물의 종류는 매우 많게 된다. 또한 넓은 의미(생태계, 자연환경 등)로 해석한다면 야생동물도 인간에게 유용한 동물임에 틀림없다. 그러나 여기에서는 인간에 의해서 그 성질 및 형질 등이 조절되어온 동물인 가축에 대한 적합한 요인들을 살펴보면 다음과 같은 것이 있다.

첫째, 튼튼해야 한다. 새끼는 젖 때기 전이라도 그의 어미로부터 떨어졌을 때 살아남을 수 있어야 한다(이유시기가 빨라야 한다). 그리고 새로운 음식, 새로운 환경, 새로운 온도, 습도, 전염병, 기생충 등의 조건에 적응 및 대처하는 능력이 강해야 한다.

둘째, 천부적으로 사람을 좋아해야 한다. 다시 말하면 고유한 종의 행동적 구조가 사람과 비슷해야 한다는 뜻이다. 즉 인간 사회생활에 적응하기가 쉽고, 행동유형이 위계 구조에 근거하여 사람을 지도자로 받아들일 수 있어야 하며 어미가 되어서도 그 자취가 남아 있을 수 있는 사회적 동물이어야 한다.

셋째, 식성이 좋아 무엇이든 잘 먹고, 인간의 식량과 경합하지 않아야 한다.

넷째, 편한 것을 좋아해야 한다. 인간의 존재나 주거지를 무서워하지 않고, 가두리 속에서의 집단 사육에 견뎌낼 수 있어야 한다. 영양, 가젤 영양, 혹은 사슴과의 동물들은 우리 속에 가두거나 너무 밀접하게 떼를 이루면 먹지 않거나 쉽게 번식하지 않는 경우가 있다.

다섯째, 쓸모 있어야 한다. 원시 사회에서 잡혀온 동물의 주 기능은 필요할 때 손쉽게 고기를 공급해주는 돌아다니는 저장소(냉장고)라고 할 수 있다.

여섯째, 인위적인 관리 하에 번식이 조절될 수 있어야 한다. 상대적으로 가장 좋은 조건을 유지해주는 동물원에서도 자체 번식하는 집단을 유지하기가 어렵다는 것에서 짐작할 수 있듯이 아마도 가축화가 성공하는 데 있어 가장 필수적인 요소일 것이다.

일곱째, 돌보기 쉬워야 한다. 이 점은 특히 침착하고 융통성 있는 먹이환경을 가지며, 떼 혹은 무리로 유지되고 몰이꾼에 의해 쉽게 통제될 수 있게 군거적이어야 하는 동물에 적용되는 말일 수도 있다.

모든 야생동물에게 길들여질 수 있는 기회가 있었지만 위에서 언급한 여러 조건을 충족하는 동물은 극히 한정되어 있어 몇몇 동물만이 오래전에 가축화되었고, 나머지 대부분은 예외도 있었지만 그들의 종족이 계속되는 한 영원히 야생으로 살도록 운명 지어졌을 것이다. 지금도 여러 야생동물의 가축화가 시도되고 있지만 문명이 발달하면서 이들은 쓸모없는 경작물 소비자로서 지구 표면에서 점점 사라져야 하는 운명에 처하고 있는 실정이다.

4) 가축화로 인한 변화

가축화된 동물은 자연환경에 의한 자연도태와는 달리, 인류에게 유익한 것만을 선발한다는 인위도태의 강도가 높기 때문에 야생종과는 다른 형질이 나타날 수 있다. 그러나 유전적으로 종의 고유성은 유지하고 있기 때문에 새로운 종이 될 수는 없다. 따라서 가축화된 동물은 이종 간 잡종을 제외하고는 그 선조인 야생종과의 교배가 가능하고, 태어난 자손도 생식능력을 갖고 있다.

인위도태는 인간이 동물로부터 얻으려고 하는 것, 즉 경제성이나 미적형질에 주안점을 두기 때문에 다른 종의 동물에서도 외모의 변화에 공통점이 있다. 예를 들면 체구의 소형화, 지방의 축적, 입의 길이가 단축되는 것 등이다. 이러한 변화는 유전적인 변이라고 하기 보다는 동물의 어린 시기의 특성을 성장한 이후에도 유지하려고 하는 것에 의한 것이라고 할 수 있다. 특히 턱뼈를 포함한 안면부는 이빨의 퇴축이 뚜렷하고, 개나 돼지에서 볼 수 있는 축소된 얼굴은 유년기의 형태를 보호하려는 전형적인 예라고 할 수 있고, 이빨의 퇴축은 육식동물에서 더욱더 뚜렷하게 나타났다. 가축화에 의한 또 하나의 뚜렷한 외모의 변화는 모색과 모장의 변화를 들 수 있다. 한대지방이나 고산지대에서는 긴 피모가 밀생한 개체가 선발되고, 열대지방에서는 피모가 거의 없는 개체가 선발되었다. 이와 같은 변화는 야생상태에서는 그 동물에 있어서 반드시 이익이 되지 않는 경우가 많지만, 인간의 관리 하에서는 야생종과 구별하기 쉽고 희소가치가 있기 때문에 기호에 따라 선발하여 육성된 것으로 생각할 수 있다.

한편, 가축화에 수반하여 성 성숙이 빨라지고 짧은 시간에 새끼를 얻을 수 있게 되었고, 동물 종에 따라서는 번식의 계절성이 없어진 것도 볼 수 있다. 예를 들면 야계(野鷄)는 둥지에 일정한 수의 알을 낳고 나면 산란이 정지되고 알을 부화하는 취소성을 갖고 있지만, 가축화된 닭은 취소성이 감소되거나 거의 없어진 품종도 있다. 산란계 중에는 1년에 300개의 알을 산란하는 개체도 있다. 또 돼지 등의 다태(多胎)동물에서는 산자수가 증가하는 것을 볼 수 있다. 이와 같은 변화는 인간의 관리 하에서 선발의 목적이 생산성 향상에 있기 때문으로 당연한 결과라고 할 수 있을 것이다. 고기의 생산성 향상을 위해서 개량된 경우에는 머리와 몸통의 비율이 변화하여 가축화된 동물은 야생동물보다 몸통이 차지하는 비율이 훨씬 크다. 이와 같은 변화는 돼지에서 특히 현저하게 나타났다고 할 수 있다.

나. 유용동물

인류에게 유용한 동물은 여러 가지가 있지만, 인간이 관리하여 그 생산이 조절되는 동물로는 경제적 목적으로 사육하는 가축(경제동물), 과학연구를 목적으로 사육하는 실험동물, 애완용으로 사육하는 애완동물 및 우리의 자연 생태계를 건강하게 유지・보호해주는 야생동물 등이 있다. 즉 동물의 생산물, 힘과 지능, 외모 및 능력 등을 인간이 유용하게 이용할 수 있는 동물을 유용동물이라 한다.

인류는 동물의 생산물인 고기, 젖, 알, 털, 가죽, 뿔, 섬유, 꿀 등을 식량, 의약품, 의복, 장식품 등으로 이용하고 있고, 동물의 힘과 지능을 활용하여 사역이나 사냥에 이용하고 있고, 동물의 외모를 감상하고 즐기기 위해 애완용이나 관상용 및 인간이 쉽게 느낄 수는 없지는 자연생태계의 건강을 유지해주는 동물 등이 있다.

동물의 역할은 식량이 부족한 국가에서는 식물에 비해 식량자원으로서의 가치는 매우 적다. 동물의 생산물은 중량으로는 세계의 식량 생산량의 1/4이하이고, 식물성 식품에 함유된 에너지는 동물성 식품으로 바뀌는 과정에서 많은 에너지량의 손실을 가져오기 때문이다. 그러나 동물은 인간의 단백질섭취량의 거의 대부분을 공급하고 있고, 인간의 식량자원으로 이용할 수 없는 많은 식물을 이용할 수 있다. 즉 광활한 초지가 초식동물의 사료가 되고, 담수나 해수 중의 식물은 어류의 먹이가 되어 유용한 단백질을 생산한다. 이렇게 생산된 단백질은 인간의 식량자원으로 이용되고 있다.

인류는 또 환경으로부터 자신을 보호하기 위해 의류, 신발, 침구 등을 만들 때에도 동물의 생산물인 가죽, 털 등을 이용하고 동물들의 고유한 생활들을 통해서 많은 지혜를 얻기도 한다.

인류에게 유용한 동물은 많이 있지만 인간의 목적에 따라서 관리되며 그 생산이 조절되는 동물을 포함하는 자연 생태계의 건전성을 유지해주는 야생동물 등, 즉 대부분의 동물이 유용동물이라고 할 수 있다. 그러나 동물들의 고유 능력 및 사육하는 목적이 중복되는 경우도 상당히 있으므로 한 가지로만 분류하기에는 어려운 문제가 있으며, 이 동물의 고유 능력 또는 사육 목적에 따라서 분류가 달라질 수도 있다. 이처럼 동물의 생산물, 힘과 지능, 외모를 인간이 유용하게 이용 할 수 있는 동물을 모두 유용동물이라 할 수 있다.

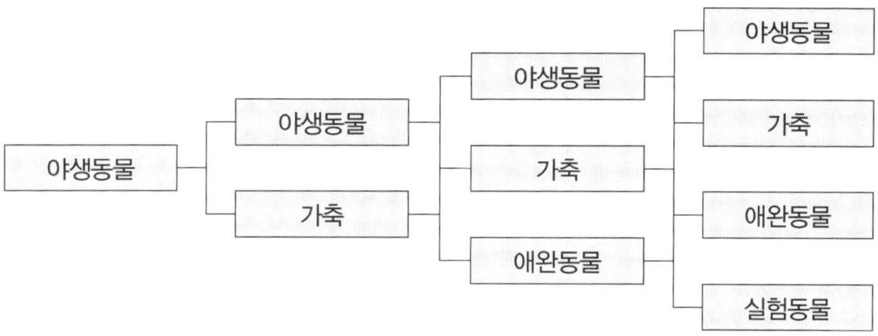

그림 V-1 유용동물의 종류 및 계통도

1) 경제동물(가축, domestic animal, livestock animal)

인류가 동물의 생산물을 이용하기 위해 경제적 목적으로 사육하는 경제성과 깊은 관계를 갖고 있는 동물을 가축이라 한다. 세계 각처에서는 그 지역의 기후, 풍토, 습관, 생산물의 특징에 따라 여러 종류의 가축이 사육되고 있다.

우리나라에서는 일반적으로 가축이라고 하면, 소(한우, 육우, 젖소), 돼지, 닭(산란계, 육계)을 지칭하지만 이 외에도 축산법에서 규정하고 있는 가축으로는 염소, 말,

표 V-2 일반 가축과 기타 가축의 구분

구분	일반 가축	기타 가축
용도	젖, 고기, 알 등 인간의 식탁 위에 올려지는 고급 축산 식품이나 털 등을 공급	식량 공급 이외의 다른 목적을 위해 (녹용, 녹각, 녹즙, 고기, 관상 / 경주용 / 관상, 고기, 알, 가죽 / 유기농법 / 꿀 등)
특징	기르기가 쉬워서 사육두수가 많다. 축산 식품의 생산 능력과 관련하고 있는 유전형질이 높다.	용도가 특수하기 때문에 일반 가축에 비해 사육두수가 적다. 야생 습성의 순화정도가 아직 덜한 것들이 있다. 사양방법에 어려움이 있다.
종류	소, 돼지, 닭, 산양(흑염소), 면양 등	사슴, 제주도 한라산 조랑말, 말, 타조, 오리, 꿀벌, 오소리, 뉴트리아, 지렁이 등

* 지렁이(earth warm) : 지렁이의 환경 친화적인 역할의 강조로, 지렁이 양식농가의 특수성 등이 감안되어서 2004년 4월 1일부터 지렁이가 가축으로 등록되었다. 또한 지렁이로부터 혈액응고 방지제, 혈전증 예방치료제와 같은 유용성분을 추출·정제하여 치료제로서 이용할 수 있는 고부가가치화 기술이 개발되고 있어 앞으로 널리 활용될 가능성이 높다.

* 밍크와 여우 등의 모피동물은 사육환경 조건이 우리나라에 잘 맞지 않고, 국내에서의 가공처리 및 생산 판매되는 제품과 수입되고 있는 모피 사이에 일어날 수 있는 품질 및 경제성 때문에 농가의 사육두수가 현저히 감소하고 있어서 1999년 9월부터 기타 가축에서 제외되고 당나귀가 추가되었다.

면양, 개, 사슴, 토끼, 오리, 거위, 칠면조, 벌, 관상조가 포함되어 있다. 소, 돼지, 닭 이외에는 일반적으로 기타가축이라고 통칭하고 있다.

세계적으로는 우리나라의 축산법에서 규정하고 있는 가축이외에도 열대지방에서 많이 사육하고 있는 물소, 사막지대에서 많이 사육하고 있는 낙타, 한대지방에서 많이 사육하고 있는 순록, 해발 3,000m 이상의 고산지대에서 많이 사육하고 있는 야크(yak), 알파카(alpaca) 등은 그 지역에서는 중요한 가축으로 되어 있다. 이 외에는 당나귀, 노새, 버새, 코끼리, 타조, 꿩, 청둥오리, 달팽이 등도 지역에 따라서는 주요가축으로 다루어지고 있다.

좀 더 알아보기

경제동물에 해당되는 사역동물과 수렵과 사냥에 이용되는 동물 이야기

사역동물 및 수렵과 사냥에 이용되는 동물은 인간의 특수목적으로 훈련 또는 개량된 동물로 소형인 개에서부터 가장 대형인 코끼리 또는 맹금류까지 그 범위와 개체 수는 매우 많다. 이들 동물의 경제적 중요성은 기계화된 선진국에서는 중요성이 감소되어 있지만 개발도상국 등에서는 아직도 많이 이용되고 있다.

I. 사역동물

1. 말(horse) : 약 5,000년 전부터 인류는 말을 사역동물로 사용하였다. 초기에는 농업용보다는 전쟁을 할 때 군수물자를 운반하기 위해 주로 사용하였으나, 중세 이후 농업용으로 사용되었다. 최근에는 승마나 경마 등의 레저 또는 스포츠용으로 사육되는 비중이 높아지고 있다.
2. 소(cattle) : 약 9,000년 전부터 가축화된 것으로 추정되는 소는 종교행사의 제물용, 육용, 유용, 역용, 겸용 등으로 사육되어 왔다. 전 세계에 현재 약 13억 두의 소중에서 약 5억 두가 운반용, 경운용 등의 사육용으로 사육되고 있다.
3. 당나귀(donkey) : 약 5,000년 전부터 가축화된 것으로 추정되는 당나귀는 가난한 사람의 사역동물로 분류되어 왔다. 당나귀는 극히 나쁜 환경조건에서도 일을 할 수 있기 때문에 전 세계적으로 널리 분포되어 있는 사역동물 중의 하나이다. 전 세계에 현재 약 4,000만 두가 사육되고 있으며 선진국에서는 사육이 거의 없어졌 지만, 아프리카와 아시아 등에서는 분쇄기나 탈곡기의 동력, 경운용, 운반용 등으로 소규모 농업에서는 필수로 되어 있다.
4. 노새(mule)와 버새(hinny) : 약 2,800년 전에 암말과 수나귀가 교배되어 나온 노새는 잡종강세를 나타내어 튼튼한 다리와 인내력은 나귀를 닮고, 체력과 힘은 말을 닮아 운반능력이 우수하다. 전 세계에 현재 1,400만 두가 사육되고 있으며 주로 개발도상국에서 운반용이나 경운용으로 사육되고 있다. 수말과 암나귀 사이에서 태어난 버새는 노새보다 전반적인 면에서 능력이 떨어지기 때문에 거의 사육되지 않고 있다.

5. 야크(yak) : 야크는 히말라야 산맥에서부터 시베리아에 이르는 중앙아시아의 해발 3,000m 이상 되는 산악지대에서 주로 사육되고 있다. 특히 해발 4,000~6,000m 이상 되는 티베트 지방에서 많이 사육되고 있는데, 곡물사료를 전혀 급여하지 않고 풀이 없으면 장거리를 이동시켜 가며 사육한다. 야크는 해발 3,000m 이하인 곳에서는 오히려 활력을 잃는 경우도 있다.
6. 물소(water buffalo) : 약 4,500년 전에 가축화된 것으로 추정되는 물소는 벼를 많이 재배하는 아시아에서 경운용, 벼의 수확, 탈곡 등의 사역용으로 사육하고 있다. 현재 약 1억 6,000만 두가 사육되고 있고, 그 수가 증가하고 있는 실정이다.
7. 낙타(camel) : 낙타를 "사막의 배"라고 부르는 것은 낙타의 역사적인 역할을 정확하게 표현한 말로 사막의 탐험과 교역에 있어서 낙타의 역할은 중세의 해양원정에 있어서 배의 역할에 조금도 손색이 없었기 때문이다. 세계에서 가장 나쁜 기후, 풍토에서도 무거운 짐을 운반하는 능력이 뛰어나 예로부터 동양과 서양의 교역에 이용되어 왔고, 200~300kg의 화물을 1일 20~35km 거리를 운반할 수 있는 능력을 갖고 있으며 아프리카와 아시아의 사막지대에서 현재 1,900만 두가 사육되고 있다.
8. 라마(lama) : 약 4,000년 전에 가축화되었고, 남아메리카의 산악지대에서 현재 약 1,300만 두가 주로 운반용으로 사육되고 있다.
9. 순록(reindeer) : 스칸디나비아 반도와 시베리아 지방 등 북극권의 기후에 적응 능력이 특히 강하고, 툰드라 지방에서 썰매를 끄는 능력은 개나 말보다 뛰어나 140kg의 화물을 시속 13km로 1일 40~55km나 운반할 수 있는 능력을 갖고 있고, 승용으로도 활용되어 65kg의 화물을 1일 최고 80km 이상 운반할 수 있다.
10. 코끼리(elephant) : 아시아 코끼리는 약 4,000년 전에 가축화되었고 1두가 2t, 2두가 5t를 견인할 수 있으며, 동남아시아 지방에서 트럭이 들어갈 수 없는 삼림에서 벌목한 통나무를 운반하는 데 주로 이용되고 있다.
11. 개(dog) : 개는 에스키모나 인디언들이 옛날부터 빙판 위에서 사냥을 할 때 썰매를 끌기 위해 주로 운반용으로 이용하였으며 8두가 600~700kg의 화물을 운반할 수가 있다. 개는 다른 동물의 사냥을 위해 인류가 최초로 사용한 동물로 야생의 개는 초기에는 인류와 먹이의 경쟁을 하였으나 인간과 협력하면 먹이를 서로 나누어 먹을 수 있음을 알게 되었다. 따라서 인간과 개가 협력하는 형태로 바뀌어 사냥을 함께 하고 동물이나 집을 지키는 쪽으로 훈련되어 인류를 위해 여러 가지 역할을 하고 있다.

II. 수렵과 사냥에 이용되는 동물

1. 치타(cheetah) : 치타는 고대 이집트에서부터 15세기 인도인에 이르기까지 카젤(casel)을 사냥하기 위해 인간이 훈련시켰었지만, 인간이 사육해서는 번식을 시킬 수가 없었기 때문에 가축화는 되지 않았다.
2. 흰족제비(ferret) : 약 2,000년 전부터 가축화된 흰족제비는 유럽, 남미 등에서 토끼를 사냥하기 위해 이용하였다.
3. 수달(river otter) : 수달은 중국의 당대(618~907년)에 중국 남부지방에서 물고기를 잡는 데 사용하였고, 송곳니에 덮개를 씌워 고기를 잡았다고 한다. 유럽에서도 16~17세기에 수

달을 물고기 잡이에 사용하였다.

4. 돼지(pig) : 돼지는 개만큼 후각이 발달되어 있으므로 유럽에서 11세기부터 지하 30~60m 속에 있는 버섯(토오류)을 채취하기 위해 사용하였다. 특히 버섯에서 수돼지의 pheromone과 흡사한 향이 나오기 때문에 주로 암돼지를 이용하였다.
5. 돌고래(dolphin) : 돌고래는 1세기경부터 프랑스에서 숭어 떼를 찾는 데 이용되었고, 호주의 원주민들도 수 세기 동안 돌고래가 숭어 떼를 찾아 얕은 바다로 몰고 오면 작살로 숭어를 잡았다고 한다. 그러나 현대, 어업기술의 근대화와 대규모화로 어부들은 돌고래를 거의 이용하지 않고 있고 오히려 경쟁상대가 되어 버렸다.
6. 원숭이(monkey) : 원숭이는 미얀마, 수마트라 등 동남아시아에서 어린 원숭이를 포획하여 훈련을 시켜 코코넛, 야자 등을 따는 데 이용하고 있다. 성장한 원숭이는 성질이 사나워서 어린 원숭이나 암놈이 주로 이용되고 있고, 수마트라에서는 과일 따는 원숭이 훈련학교가 있을 정도이다.
7. 비비(baboon) : 비비는 염소를 방목할 때 주로 사용하는데 어미를 잃은 어린 염소의 어미를 찾아주는 역할도 한다.
8. 매(hawk) : 매는 동양에서는 기원전 1,200년부터 새나 토끼사냥에 이용하였고, 유럽에서는 9세기부터 귀족사회에서 유행한 스포츠가 되었는데 근래에는 인도, 파키스탄, 사우디아라비아 등에서 활용되고 있다. 최근에는 항공기의 위험을 방지하기 위해 비행장에서 새를 쫓는 데에도 활용되고 있다.

2) 실험동물(laboratory animal, experimental animal)

인류가 무병장수, 즉 웰빙을 추구하는 욕구가 증가함에 따라 가장 많은 희생을 초래하는 것이 실험동물이라고 할 수 있다. 생의학(biomedical science) 연구와 같은 특수한 목적을 위한 연구에서 사람을 대신해 이용되는 특수동물이라고 할 수 있는데 검정, 진단, 제조, 교육 등의 목적으로 육성 · 번식 · 생산된 동물로서 "살아 있는 시약"으로 불리며 생명공학연구에서 필수적으로 이용되는 동물이기도 하다. 넓게는 가축을 포함한 모든 척추동물이 여기에 포함될 수 있으나, 일반적으로 생쥐와 흰쥐 등의 설치류(마우스(mouse), 레트(rat), 기니아 피그(guinea pig, mormot), 햄스터(hamster), 저빌(gerbil) 등이 포함)가 83% 이상으로서 가장 많이 이용되고 있다, 특히 최근에 유전자 조작을 통한 알츠하이머병, 고혈압, 당뇨병, 비만과 같은 인간 질환의 모델동물이 특허를 취득하기 시작함으로써 전 세계적으로 이들 실험동물의 이용이 급격히 증가하고 있다.

마우스(mouse), 레트(rat), 기니 피그(guinea pig, mormot), 햄스터(hamster), 저빌(gerbil) 등은 가격이 싸고 사육 관리비가 적게 들어서 경제적이며, 한세대가 빠르고, 체구가 작아서 다루기 쉽고, 연간 번식률이 높아서 인기가 있지만, 무엇보다도 과학자들이 이들을 가장 좋아하는 이유는 인간과 생리적, 유전학적으로 유사한 부분이 많기 때문이다.

최근에는 개, 돼지 및 원숭이까지 그 범위와 기술 수준이 넓고 높아지고 있다. 실험돌물이 이용되는 산업은 생의약 실험이 포함되는 제약, 화장품관련 산업 이외에도 로봇 등의 기계 및 건축 산업 이외의 환경관련 산업까지 그 범위는 매우 넓게 적용되고 있다.

유럽 등 선진국에서는 실험동물을 취급하기 전에는 면허증을 부여하여 동물 관리 및 실험을 엄격히 규제하고 있다. 실험동물은 연구용으로 잘 적합하도록 조절되어 있는 특징이 있으나, 가축과 야생동물은 연구 목적에 이용될 수 있도록 조절되어 있지 않은 점이 크게 다른 특징이다. 현재 전 세계에서 사육되는 실험동물은 5억만 마리 이상으로 추정되며, 우리나라에서는 년간 400만 마리 이상이 사육되는 것으로 알려져 있다.

3) 애완동물(pet animal) 또는 반려동물(companion animal)

생활에 여유가 생김과 동시에 핵가족화 등의 사회구조 등의 급속한 변화로 인해서 상실되어가는 어떤 부분을 애완동물 또는 반려동물을 통해서 보상 받으려는 심리적 요구가 증가하였다. 실제 이들 동물들의 역할은 인간사회의 변화 과정에서 상실된 많은 부분을 채워주는 역할을 해왔으며, 미래 사회에서 이들의 역할 비중은 더 커질 것으로 사료된다. 대표적인 것으로 개, 고양이 및 새 종류, 물고기류이지만, 그 밖에도 희귀애완동물에 대한 관심이 증가되어서 유리로 된 동물 사육장에서 기르는 개구리, 거북, 도마뱀, 두꺼비, 뱀 등의 파충류와 양서류가 있으며, 실험동물로 많이 이용 되어지는 기니피그, 생쥐, 쥐, 토끼, 햄스터 등도 한 몫을 하고 있다. 근래에는 원숭이나 악어 등의 외국산 동물들도 많이 기르고 있다.

많은 사람들이 애완동물을 기르는 것과 아이를 키우는 것이 비슷하다고 하지만, 노력하는 방법 노력에 대한 나름대로의 성과 면에서는 닮은 부분이 있을 수 있지만,

아이를 양육하는 목적은 미래사회에 독립을 시키기 위함 이지만 애완동물은 끝없는 보살핌이 필요하다는 점에서 매우 다르다는 사실을 인지하여야 할 것이다

통상 애완동물의 수명이 인간의 수명보다 짧다는 것도 이런 점에서 이해될 수 있을 것이다.

가) 현대사회에서 길러지고 있는 애완동물의 종류

현대사회를 살아가는 사람들의 생활환경, 직업 등 개인의 성향이 매우 다양하여서 이들 인간에 의해서 길러지는 애완동물의 종류도 각양각색이다. 전 세계에서 인간에 의해서 길러지는 애완동물은 우리들의 상상을 초월하는 경우도 있다. 이곳에서는 인간에 의해서 길러지는 대표적인 애완동물들을 제시한다.

(1) 개(dog)

애완견은 약 12,000~20,000년전 구석기 시대 후반기부터 인간과 동반자로서 생활하면서 맹수의 접근 감시, 집 지키기, 동반 사냥 등을 한 것으로 추정하고 있다. 인간이 개를 애완용으로 처음 사용한 것은 유럽에서는 약 3,000년 전에, 동양에서는 후한시대(약 3,000년 전)부터로 추정하고 있다. 고대 바빌로니아에서는 포메라니칸(pomeranican) 등의 소형견을 사육하였고, 그리스나 고대 로마 사람들은 마르티스(maltese)를 소형견으로 만들어 사육한 것이 애완견 사육의 시작이라고 한다.

우리나라에서 언제부터 개가 길러졌는지는 정확히 알 수 없으나 구석기 시대 무덤에서 개의 뼈가 나온 것으로 미루어 기원전 4,000~5,000년 전으로 추정하고 있다. 이같이 오랜 세월을 거치면서 돌연변이나 교잡을 통해 생겨난 특유의 유전형질을 갖춘 품종이 지리적 요인에 의해 다양한 품종의 토종개로 고착화되었을 것이다(삽살개, 진돗개, 제주개, 거제개, 오수개 등).

애완견은 실내에서 기르는 경우가 많아서 실내견(bed dog)이라고 부르는데, 대체로 크기가 소형이거나 모습이 귀여운 것들이 많다. 오늘날 애완견은 가축의 범주를 벗어나 반려자로서 가족의 일원으로 생활하게 되었으며 산업화와 도시화의 영향으로 사람들이 각 개인으로 소외되고 정신적으로 고독해지면서 애정을 나눌 수 있는 상대로 애완견이 이용되고 있다. 또한 복잡한 사회생활에서 오는 압박감이나 스트레

스 해소, 생명의 신비와 존엄성, 사랑 등을 느끼게 해주는 역할까지도 하고 있다. 최근에는 정신과 치료, 소아 및 재활치료 등 폭넓게 활용되고 있다.

1874년 견종의 표준화와 품평회를 목적으로 케널 클럽(KENNEL club)이 설립된 이후 인간과 애완견의 관계에 대한 연구가 많이 진행되어왔다. 우리나라는 1991년 5월 31일 동물 보호법이 제정되었으며, 2002년 5월 31일 애견 관련 단체를 중심으로 '애견의 날'이 선포되었다.

(2) 고양이(cat)

고양이의 사육기원은 명확하지 않으나 고대 이집트의 벽화, 조각, 고양이의 미라 등으로 미루어 약 5,000년 전 아프리카 북부 리비아산의 야생고양이가 고대 이집트인에 의해 길들여져서 점차 세계 각지에 퍼졌을 것으로 추측된다. 또한 인류가 정착생활을 하여 식량으로 곡물을 생산하면서 수확한 곡물창고에 쥐떼가 모여들어 쥐를 사냥하기 위해서 고양이를 창고지기로 활용하면서부터로 추정하기도 한다.

고양이는 쥐의 폐해를 막기 위해 지붕, 창고 등에 반 야생적으로 사육하였으나 동작이 아름답고, 집안에서 기르기에 알맞으며 청결한 성격 때문에 처음에는 왕실이나 귀족사회에서 애완동물로 사육하기 시작하였는데 오늘날에는 순수한 애완·관상용으로 사육되어 사람들의 반려로 중요한 역할을 하고 있다. 1884년 영국 런던에서 고양이 콘테스트가 개최되었으며 1896년 영국고양이협회가 발족되었고 1906년 미국고양이협회(CFA)가 탄생하였다.

(3) 토끼(rabbit)

사람들이 토끼를 기르기 시작한 것은 기원 전 로마시대까지 거슬러 올라간다. 식용뿐 아니라 모피용으로 다양한 품종 개량이 이루어졌고 현재는 애완동물로 사육되기 시작했다. 1859년 영국에서 처음으로 토끼 품평회가 열렸고 1888년 토끼 협회가 설립되었다. 현재 세계적으로 존재하는 토끼의 품종은 약 150여 종이 있다. 토끼는 크기에 따라 소형종(1~2kg), 중형종(4~5kg), 대형종(8~9kg)으로 나누며 흔히 작은 토끼(미니토끼)를 애완용으로 알고 있으나 외국에서는 대형종인 자이언트 플레미시종을 애완용으로 기르고 있으므로 일반토끼와 애완토끼를 구분하는 것은 무의미하기도 하다. 현재 사육되고 있는 토끼는 유럽의 굴토끼의 후손인 집토끼류(굴

토끼, rabbit)로 사람에 의해 순화되고 개량 육종된 것이다. 우리나라는 1859년 오스트레일리아에서 토끼가 들어왔으며 이 종류로부터 집토끼의 여러 가지 품종이 만들어졌다.

표 V-3 굴토끼와 산토끼의 간단한 비교

구분	굴토끼(rabbit)	산토끼(hare)
생활사	• 집단생활을 한다. • 땅 속에 굴을 파고 산다.	• 단독으로 생활한다. • 숲 속에서 산다.
번식 생리	• 산자수가 많고 임신기간이 짧다. • 갓 태어난 새끼는 털이 없고 눈을 뜨지 못한다.	• 굴 토끼에 비해 산자수가 적고 임신기간이 길다. • 갓 태어난 새끼라도 눈을 뜨고 있고 털도 많으며 곧 뛸 수 있다.
형태	• 귀가 작고 다리가 발달되지 못하고 몸이 작다. • 계절 변화에 털이 변하지 않는다.	• 굴토끼에 비하여 다리가 발달되고 몸이 크다. • 겨울에는 털이 흰색 빛을 띤다.
가축화	• 순화되었고 다양한 품종이 있다.	• 가축화되지 못하였다.

(4) 햄스터

햄스터는 꼬리가 짧으며 크기는 집쥐(10~15cm)정도인 동물이다. 원래 햄스터는 초지나 들판과 같은 광활한 지역에서 사는 동물로 돌 틈이나 나무 울타리 속 또는 땅에 60~90cm의 굴을 파고 살며 굴 근처에서 모아온 곡식을 굴 안에 모아 놓는 행동 때문에 햄스터라는 이름이 지어졌다(독일어로 hamstern은 '축적하다, 비축하다'라는 뜻을 가지고 있다). 특히 많은 음식을 저장할 수 있는 양옆의 볼록하고 귀여운 볼 주머니가 특징이다.

영국의 동물학자 조지 워터하우스에 의해 1839년 중동의 시리아에서 최초로 햄스터가 발견되었으며, 그 후 1930년 이스라엘의 동물학자 알레포니 교수가 시리아의 한 사막에서 발견하여 사육하였다. 여기에서 태어난 햄스터는 전에 조지 워터하우스가 발견한 햄스터보다 몸집이 더 커서 앞에 Meso라는 접두사를 붙여 Mesocricetus auratus라고 이름 지었다. 따라서 골든 햄스터(또는 시리안 햄스터)가 처음으로 사육되었다. 러시안 햄스터와 중국 햄스터는 1970년대에, 로보로브스키 햄스터는 1990년대부터 애완동물로 사육되기 시작하였으며 그 후 다양한 변종들이 생겨났다.

(5) 관상조

인간이 야생에 서식하는 아름다운 새를 잡아서 기르고 즐기는 일은 인류의 역사와 같이 시작하였다고 할 정도로 오래된 일이다. 약 10,000년전 신석기 시대에 이미 신전 등의 건축물을 짓고 이들 건축물이 비둘기의 번식 장소로 제공되었으나, 이집트에서는 약 7,000년 전부터 비둘기를 통신용으로 이용하였으며, 약 3,000~4,000년 전에는 가축화된 사육조가 등장하게 되었다.

유럽에서는 그리스, 로마시대에 새 기르기가 유행하였고, 그 당시 왕족이나 귀족은 자주 매 사냥을 하였는데 당시로서는 최고의 스포츠이자 오락이었던 것 같다.

근대적인 새장을 사용한 관상조 사육은 14세기 이후 무역과 항해술의 발달로 멀리 떨어진 지역에 서식하는 아름다운 새를 접하게 되면서 깃털을 귀족 부인들의 머리 장식용으로 이용하였으며, 15세기에는 울음소리가 아름다운 카나리아를 스페인 선원들에 의해 유럽에 반입하였다. 사육결과 좁은 새장에서도 번식이 가능하여 17세기 초까지 유럽전역에 전파되었다. 중국에서는 앵무새와 공작새를 인도에서 수입하여 사육하였으며, 우리나라도 오래 전부터 왕실 및 귀족들이 대형조류를 사육한 기록이 있다.

우리나라에서 관상용으로 많이 사육되는 관상조에는 십자매(lonchura striata bengalese finch), 문조(paddy), 핀치류(finch), 카나리아(serinus canaria), 사랑새(잉꼬, budgerigar), 모란 앵무(love bird), 비둘기(columba livia), 금계(golden pheasant), 꿩(korean ring-necked pheasant), 공작(peafowl), 원앙새(manolarin duck) 등이 있다.

다. 인간과 동물의 공통점과 차이점

인간(사람, homo sapiens sapiens)과 동물은 분류학상 출발점은 동일하다. 단지 뇌의 기능적인 면에서 큰 차이를 나타낸다고 할 수 있다(동물계 - 척추동물문 - 포유강(포유류) - 영장목 - 사람).

인간과 동물의 공통점과 차이점을 충분히 인지한다는 것은 동물에 대한 기본적인 이해를 하기위한 필수조건으로 동물의 이해를 위해서 반드시 숙지되어져야 할 부분이다. 과거 인간을 제외한 생명체는 하등한 것이며 인간만이 가장 우등한 존재라는 인간 중심적인 사고가 사회에 퍼져 있었던 적이 있었다. 이런 생각은 주변의 생물을 인간의 편의를 위하여 거리낌 없이 이용하고 해치고 버리는 행동을 야기하였고 그런 행동은 인간의 눈부신 경제 생활적 발달을 가져왔지만 인간을 제외한 모든 존재들에게는 막대한 손실을 끼치게 되었다. 우리는 혼자서 살 수 없다고 외치곤 한다. 하지만 그 것이 비단 인간 사회에서만 국한 된 문제일까? 시간이 흐른 지금 우리로 인한 주변 생태계의 오염과 파괴의 결과는 결국 다시 우리에게 돌아와 여러 가지 문제를 되돌려 주고 있다.

다행히 요즘 인간 안에 국한되었던 시각이 주위로 돌려지면서 주위의 생물, 우리를 감싸고 있는 자연환경을 알고 함께 살아가려는 범지구적인 사고가 퍼지고 있다. 이럴 때 동물과 인간의 공통점과 차이점을 파악하는 것은 각 동물의 특징을 더 잘 알고 이해할 수 있는 것은 물론 그들의 생활에서 우리의 생활을 반성, 개선할 수 있고 그들과 함께 살아가는 방법을 깨달을 수 있을 것이다.

1) 인간과 동물의 공통점

(1) 우울증

동물도 사람과 같이 우울증을 발현한다. 동물도 심한 외로움과 스트레스 등에 의하여 우울증에 걸릴 수 있다고 한다. 특히 도시에 사는 애완동물들이 이러한 심리적 질병에 시달리며 그 원인은 더러운 환경(소음, 매연), 주인의 지나친 애정과 학대 등이다. 증세를 가장 많이 보이는 동물은 고양이, 개, 앵무새 순이며 식욕감퇴, 폭력적인 반응, 불면 증세 등을 보이며 심할 경우 자살을 하거나 주인의 곁을 떠나기도 한다.

츠요시 동물원(일본 오사카)에 자이언트 팬더가 스트레스 및 우울증으로 먹이를 먹지 않고 자살한 사건은 동물의 우울증에 관한 관심이 높아지게 된 대표적 사례라고 볼 수 있으며 치료방법으로는 약물 치료와 심리치료가 있으며 주인의 애정 어린 보살핌과 사랑이 가장 중요하다고 할 수 있을 것이다.

(2) 이타주의

인간 생활에서 아름다운 모습 중의 하나는 타인을 위해서 희생 봉사하는 삶일 것이다. 동물도 서로 함께 생활하며 서로를 위하는 활동을 한다. 동물 스스로가 자기 자신의 생존 기회를 줄이고 동료를 도와주는 활동으로 보통 양육활동도 여기에 들어갈 수 있다. 주로 혈연도가 높을수록 이타적이지만 혈연도와 무관한 경우도 이타주의는 존재한다.

① 돌고래 : 상처 난 동료를 호흡하도록 물 표면으로 밀어준다.
② 향고래, 바다코끼리 : 상해자 중심으로 떼를 지어 보호한다.
③ 코끼리 : 넘어졌을 때 도와주고 코끼리가 분만을 할 경우 그룹을 지어 도와준다.
④ 몽구스 : 아픈 동료를 따뜻하게 하고, 몸을 닦아주고 먹이에 접근이 유리한 곳으로 안내한다.
⑤ 흡혈박쥐 : 먹이를 못 구한 동료에게 피를 통해 나누어 준다.

(3) 모성애 · 부성애

대부분의 동물들이 기본적으로 가지고 있는 감정이며 이기적인 존재가 헌신적인 존재로 변하게 된다고 볼 수 있다. 기본적으로 모성본능이 없었다면 많은 동물들은 이 세상에 존재할 수 없었을 수도 있다.

(4) 자살

새로운 물리적, 심리적 환경에 처하게 된 동물들이 히스테리를 부리거나, 우울증을 보이며 음식도 마다하고 앓아눕는 경우가 있다. 인간의 극심한 우울증이 경우에 따라 자살로 이어지는 점을 감안하면 동물에게도 우울증이 있는 이상 자살 가능성은 상당히 높다고 할 수 있다.

고래류들의 갑작스럽게 해안가로 올라와서 자살하는 스트랜딩(stranding)현상은 이들의 치명적인 질병의 원인 또는 갑작스런 주변 환경의 변화로 인한 생명의 위험을 받았을 때 등이 원인이 된다고 하지만 분명한 것은 동물들도 자살을 한다는 것이다.

(5) 성적인 유혹

성의 역할이 인간과 동물 간에 닮은 부분과 유사한 부분이 있지만, 우선 성적인 유혹에 대해서 살펴보면 다음과 같다.

① 색깔 · 움직임 : 농게 수컷은 큰 집게발을 리드미컬하게 움직이며 암컷을 유혹하고 군함새는 붉은 목 주머니를 부풀리며 공작 수컷은 화려한 꼬리를 펼쳐 암컷을 유혹한다.

② 노랫소리 : 매미와 메뚜기, 귀뚜라미 등이 그 예이며 특히 귀뚜라미는 구애노래가 따로 있다.

③ 후각 : 밤 나방 암컷, 햄스터 수컷, 누에나방 수컷은 향기를 발산시켜 유혹을 한다.

(6) 이성과의 관계 형성

① 일부일처제 : 대부분의 척추동물, 긴팔원숭이, 티타 원숭이, 마모셋 등

② 지속적인 일부일처제 : 회색 기러기, 늑대, 코요테, 여우, 자칼, 너구리, 쥐, 난쟁이 몽구스 등(회색 기러기의 사회에서는 서로 바람을 피우고 이혼도 하고 창녀, 호모도 있다. 난쟁이 몽구스는 1년 내내 서로에게 관심을 보인다. 교미기에는 성적인 관심을 보이고 그 밖의 시기에는 플라토닉한 관심을 보인다)

③ 일부다처제(하렘집단) : 얼룩말, 일부 영양, 많은 영장류, 엘크 등(이슬람교에서 아랍인들의 전통적인 결혼방식은 일부다처제이다. 일부다처제란 남편이 다수의 아내를 평등하게 대해 주어야 한다는 조건하에 4명까지 결혼할 수 있는 것을 말하는데 이슬람국가의 일부다처제를 정확하게 표현하면 부인을 4명까지 둘 수 있는 일부 4처제라 할 수 있다. 사우디아라비아, 쿠웨이트, 리비아, 요르단, 모로코, 레바논, 이집트에서는 종교 정책 차원에서 일부다처제를 허용하고 있는 반면 이라크, 시리아, 알제리는 조건부로 즉 남편의 경제적 능력을 고려해 이를 허용하고 있으며, 시리아는 일부다처제에 따른 결혼을 할 경우 법정의 동의를 얻도록 하는 법안을 시행하고 있다. 튀니지는 1956년 이를 완전히 법적으로 폐지시킨 바 있다)

④ 일처다부제 : 태스마니아의 물닭, 흡혈박쥐 등(옛날 모계중심의 사회에서는 일처다부제였다. 아직도 히말라야 메루고원에 사는 인도 록파족은 일처다부제이다. 고산지대에서 한번 유목을 나가면 한 달이 넘게 남자들이 집을 비우기 때문에 생겨난 것으로 한 사람이나 두 사람이 유목을 하면 남아있는 남편

이 집안 살림을 꾸려 나간다. 다른 남자를 얻을 때도 남편의 동의는 필요 없고 여자가 낳은 모든 아이는 전통에 따라 모두 첫 번째 남편의 아이로 인정된다).

(7) 약혼과 이혼

수오리와 암오리가 구애(겨울) 후 정신적인 결합을 한 약혼기간을 가지고 3달 뒤(봄) 신체 번식 기관 활동이 성숙하면 짝짓기를 한다. 짝짓기 후 암오리가 성관계를 거부하면 수오리는 이혼을 하고 다른 짝을 찾아 떠나는 경우도 있다.

(8) 가족계획

① 가마우지 : 부화서식지에 일찍 도착한 가마우지만 결혼을 할 수 있고 그 외는 이웃 암벽으로 쫓겨난다.

② 회색물개 : 물고기 자원의 과잉소비를 막기 위해서 새끼를 양육하는 시기에 일부러 밀집상황을 만들어내 개체수를 줄이는 행동을 유발한다.

③ 황소개구리 : 어린 개구리의 개체수가 너무 많을 때 성숙한 수컷들은 번식하는 것을 포기한다.

④ 흰 올빼미 : 식량이 부족할 때 수컷 올빼미가 식량을 먹고 암컷에게 구애를 하지 않는다.

⑤ 붉은 여우 : 개체수가 과밀한 해에는 한 가정에서 한 어미만 새끼를 낳는다. 암컷 조력자는 금욕을 함으로 출산을 제한한다.

(9) 의사소통

동물의 의사소통 중에서 본능에 의한 소리와 의미가 포함되는 소리 등으로 구분 가능하지만, 소리와 마찬가지로 행동 및 냄새 등도 의사표현의 중요한 수단이다. 인간의 말과 행동 등에 무언의 약속(특히 언어 가운데 있는 명사, 조사, 형용사, 수사 등)이 있는 것처럼 동물들의 행동과 말 또는 냄새에도 정해진 규칙이 있다. 개미류가 분비하는 페로몬 같은 경우에도 화학적인 것을 의미하는 단어들이 일정 순으로 배열이 되며 그 것으로 소속집단의 개미들과 의사소통이 가능하다. 꿀벌들의 춤도 마찬가지인 것이다. 개들 역시 슬플 때 표출하는 감정, 화날 때 표출하는 감정에 체계들이 정해져 있고 그에 따라 짖는 목소리가 변화한다. 이렇듯 의사소통의 필요성은 사회를 형성하는 동물에게 더 강조되어진다고 할 수 있다(상황에 따른 야누비스 원숭이의 행동(위치) - 표범이 나타났을 때 : 나무 꼭대기로 대피, - 독수리가 나타났을 때 : 가시덤불로 대피, - 비단 뱀이 나타났을 때 : 일어서서 적을 찾기).

(10) 협동생활

집단생활을 하는 동물은 서로의 이익을 위하여 협동을 하며 살아간다.

① 상호경계 : 다람쥐, 피어캣, 명금류(종다리, 제비, 박새 등) 등
② 방어 : 물소, 영양, 개코 원숭이, 꿀벌, 들소(어미는 바깥쪽, 새끼를 대열 원 안에 보호) 등
③ 사냥 : 사자, 아프리카 들개, 비오리, 뱀, 가마우지, 범고래, 바다사자, 바다코끼리 등의 공동 작업
④ 분업 : 몸의 구조, 성별, 연령에 따라 분업(꿀벌, 대부분의 척추동물)

(11) 놀이

어린아이가 그러하듯이 동물들도 놀이를 할 때 개체 특이적 놀이(각 개체의 특성에 맞는 놀이)에서 창조적이고 시험적 요소를 가미를 하여 놀이를 개발한다.

① 몸동작 놀이(신체를 이용한 표현) : 고릴라 등
② 싸움놀이(전쟁놀이) : 붉은 여우, 강아지, 늑대 등
③ 도피놀이(숨바꼭질) : 여우 등
④ 기타 : 버팔로(얼음지치기), 수달, 북극곰, 너구리(미끄럼 타기) 등

(12) 왕따

사바나 개코 원숭이 등의 경우는 폭력적인 수컷(힘이 세어서 우두머리 역할을 함)에게 동료들이 먹이의 위치를 알려주지 않는 경우가 있다.

(13) 텃세

많은 포유류와 조류(코뿔새, 피리새 등)는 하나의 터를 한 집단이 공동소유를 하며 이 때 새로운 개체가 집단 터에 들어오면 기존의 개체들이 텃세를 부린다.

(14) 서열(사회성, 위계질서)

흔히 우리가 동물의 세계를 적자생존, 약육강식 등의 논리로 바라보며 경쟁만 있을 거라 생각하지만 집단생활을 하는 많은 동물사회에서는 위계질서가 뚜렷하고, 나름의 규칙과 질서가 있다. 특히 가축화의 조건에서 이러한 서열(사회성, 위계질서)을 가지는 동물은 매우 중요하게 취급된다(늑대의 위계질서: 늑대의 우두머리는 폭력과 억압으로 무리를 지배하지 않는다. 만약 무리의 결속을 해칠 수 있는 경우에는 우두머리 동물은 전략적으로 개입을 하여 갈등을 해소하여 그룹 내 균형을 잡아준다. 늑대는 협동사냥을 하는 개체이기 때문에 그룹원의 관리는 필수적이다. 우두머리가 자상한 통치를 통해 사나운 맹수를 아우르고 벌을 주는 엄격한 훈육자를 따로 둔다. 훈육자는 늑대의 행동의 정도에 따라 벌의 질을 달리하여 준다).

(15) 입양

친척은 아니지만 올빼미, 바다오리, 원숭이, 아프리카 · 아시아 코끼리 등과 같은 종은 동물끼리 어린 새끼를 먹이고 돕고 입양하기도 한다.

(16) 도구사용

인간과 동물의 차이점을 설명할 때 흔히 인간은 도구를 사용한다는 점을 드는 경우가 있다. 하지만 동물의 세계에서도 도구를 사용한다는 여러 사례가 나오고 있다. 인간과 동물은 모두 도구를 사용하지만 인간은 도구를 발명할 수 있다는 점에서 차이점을 두는 것이 더 바람직 할 것이다.

① 바다수달 : 배 위에 돌을 올려두고 다른 돌로 어패류 등을 쳐서 알맹이를 빼 먹는다.

② 까마귀 : 돌이나 나무 틈 사이의 먹이를 사냥할 때 나뭇가지 사용한다.

③ 침팬지 등의 유인원 : 돌, 막대를 이용한 호두까기, 자연물을 이용한 이쑤시개, 귀이개, 휴지사용, 풀줄기를 잘라 흰개미를 잡음, 적과 싸울 때 돌팔매, 몽둥이 사용 등을 한다.

④ 갈라파고스 섬의 딱따구리 핀치새, 맹그로브도요새 : 선인장 가시를 이용하여 먹이를 잡는다.

⑤ 검은 댕기 해오라기 : 물에 작은 물체를 던져 물고기를 유인(미끼) 하여 포획한다.

⑥ 나나니 벌 : 땅을 고를 때 돌을 이용한다.

⑦ 땅강아지 : 땅굴의 입구를 트럼펫과 비슷한 이중 음향증폭기로 만들어 소리를 증폭하여 암컷을 유혹한다.

2) 인간과 동물의 차이점

침팬지, 오랑우탄 및 2.5세의 어린이를 대상으로 인지과학 능력을 조사한 연구에서 공간, 수량 및 원인과 결과를 인지하는 물질 대상 지적 능력에서는 삼자 간에 큰 차이가 인정되지 않았지만 사회적 학습, 커뮤니케이션, 상대방의 마음 읽기(TOM, Theory of Mind, 마음이론) 등 사회적 영역에서의 지적능력에서는 현저한 차이를 보였다는 것이 사이언스지의 표지로 발표된 것을 그림으로 나타내었다.

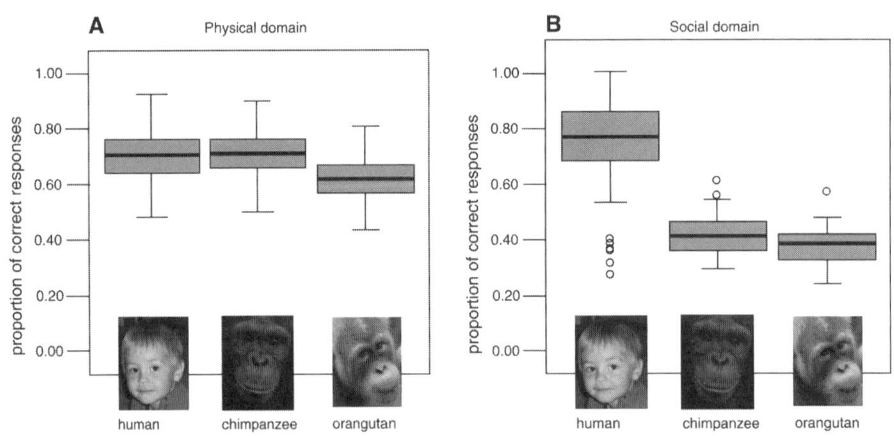

그림 Ⅴ-2 인간과 동물의 생리학적 및 사회적 영역의 차이

이처럼 동물과 인간 간에는 공통점도 많이 있지만 차이점도 많이 있다는 것으로 간단히 이해할 수 있을 것이다.

(1) 생리학적 차이

생리학적 관점(신체적 차이) 인간과 동물은 우선 생물학적으로 차이를 보인다. 외형적으로는 동물에 비해 인간은 털이 없고, 두 다리로 서서 걸으며(이족 직립보

행), 내부적으로는 뇌의 구조나 소화기관 등의 위치나 크기, 구조가 판이하게 다르다. 이러한 차이점을 인간과 DNA가 가장 유사한 동물 중 하나인 침팬지와 비교해본 결과, 사람과 침팬지의 뇌에서의 형질발현 패턴이 완전히 달랐다. 즉 인간의 뇌에서는 유전자의 사용이 훨씬 활발했다는 것을 알 수 있었다. 결국 생물학적으로 다른 동물과 인간이 다른 점은 인간이 다른 동물들과 비교할 수 없을 정도로 극히 독특한 존재이며 그 독특성은 바로 뇌에 있다는 점이다.

① 5천만 개의 신경계가 있는 문어다리 : 사람은 뇌의 명령을 받아 움직인다. 그러나 문어는 그렇지 않다는 것이 밝혀졌다. 최근 이스라엘의 히브리 대학교와 바이즈만 연구소의 공동 연구 팀은 문어의 다리가 뇌와 상관없이 움직인다는 사실을 밝혀냈다. 이들은 문어의 다리를 뇌에서 분리하여, 다리에 전기 자극을 준 결과, 신기하게도 다리들은 각자 따로따로 움직였다. 즉 문어의 다리에는 5천만 개의 신경계가 빨판의 반대쪽에 있는데, 이 신경계가 뇌의 지시를 받지 않고 다리를 마음대로 움직인다는 것을 밝혀 낸 것으로 이 신경계가 곧 문어다리의 지능인 셈이다. 놀랍게도 문어는 여덟 개의 다리에 뇌를 하나씩 더 가진 셈이다.

② 아기주머니가 있는 해룡 수컷 : 사람이나 일반 동물들로서는 상상도 할 수 없는 수컷의 임신과 출산이 몇몇 동물들에게는 자연스럽게 일어난다. 해룡이 대표적인 동물이다. 해룡은 수컷이 아기주머니를 가지고 있어서 암컷이 그곳에 알을 낳으면 수컷은 자신의 정액과 섞어 수정을 하게 된다. 암컷은 알을 낳고 나면 기진맥진하다가 하루가 지나면 생기를 되찾아서 아무 일 없었다는 듯이 생활한다. 즉 해룡 사회에서 출산과 육아는 전적으로 아빠의 책임인 것이다.

③ 적외선까지 볼 수 있는 뱀 : 뱀의 시력은 가까운 것은 잘 보는 정도라고 알고 있는 사람들이 많은데 과학자들의 연구에 따르면 뱀의 시력은 상상을 뛰어넘을 정도로 좋다고 밝혀졌다. 사람의 눈은 가시광선밖에 볼 수 없지만, 뱀은 열을 감지하여 적외선까지 볼 수 있다는 것이다. 밤에 많이 사용하는 적외선 카메라처럼 뱀도 그런 구조를 가지고 있다는 것이다. 뱀은 아주 독특한 신경세포인 '골레이 세포'라는 것이 있는데, 이 세포 때문에 뱀은 적외선까지 볼 수 있는 것이다.

④ 물고기의 눈 : 공기 중에서 사물을 보는 것과 물속에서 보는 것과는 상당한 차이가 있다. 그것은 물속에서 물체를 보면 작게 보이기 때문이다. 어두운 물속에 빛이 비치면 쉽게 분산되어 곧 사라져 버린다. 맑은 물속이라 할지라도 물체가 가까이 있지 않으면 잘 볼 수 없다. 물고기의 눈은 수중 생활에 알맞도록 진화되어서 머리 양쪽에 붙어있는 눈을 사용하여 움직이는 물체는 무엇이든지 볼 수 있다. 또 물고기의 눈은 빛의 양을 마음대로 조절할 수 있도록 눈동자를 크게도 할 수 있고 작게도 할 수 있다. 놀래기과의 물고기 래스(wrasse)를 보면 왼쪽 눈이 왼쪽 것을 보는 동안에 오른쪽 눈은 다른 것을 볼 수 있다. 또 이들 눈이 각각 다른 물체를 보고 따로따로 뇌에 전달하는 것이다.

좀 더 알아보기

겨울잠을 자는 동물 이야기

1. 겨울잠을 자는 이유와 유형

곰이나 개구리 등 동면 동물은 겨울이 되면 활동을 중단한 채 땅 속 등에서 잠을 자며 겨울을 난다. 동물이 겨울잠을 자는 이유는 추위로 체온을 유지하지 못하거나 먹이를 구할 수 없기 때문이다. 겨울잠 유형은 동물의 체온 변화에 따라 '곰형'과 '개구리형'으로 나눌 수 있다. 곰형은 외부 온도에 관계없이 동물 스스로 일정한 체온을 유지할 수 있는 항(정)온 동물이 이에 속한다. 곰과 다람쥐, 너구리, 고슴도치 등 일부 포유류, 잉어, 붕어 등 약간의 어류, 미국에서 서식하는 쏙독새 등 극소수의 조류를 들 수 있다.

항(정)온 동물은 항상 일정한 체온을 유지해야 살 수 있는데, 주로 음식물을 섭취해 활동에 필요한 열을 얻는다. 그런데 일부 항(정)온 동물은 겨울엔 먹이를 구하기 어려우므로 에너지 소모를 최대한 줄이기 위해 잠을 자는 것이다.

개구리형의 경우 스스로 체온을 조절하는 능력이 없어 주변 온도에 따라 체온이 변하는 변온동물이 이에 속한다. 개구리와 뱀, 도마뱀, 거북 등 일부 양서류와 파충류를 들 수 있다. 변온동물은 주변 온도가 낮아져 체온이 활동할 수 없는 상태에 이르면 겨울잠에 빠져든다. 체온 조절을 못 하기 때문에 날씨가 추워질 경우 체온도 떨어져 얼어 죽게 된다. 그래서 심장 박동과 호흡이 거의 없는 가사 상태로 겨울을 보내는 것이다.

2. 동물이 동면하는 과정에서 얼어 죽거나 굶어 죽지 않는 이유

동물이 잠을 자는 동안 영양분을 에너지로 바꿔 주는 갈색 지방세포(혈관이 많이 퍼져 있어 갈색으로 보임)가 풍부하기 때문이다. 영양분을 에너지로 바꾸는 과정에서 열이 발생한다. 겨울잠을 자는 동물은 수개월 동안 먹지 않고서도 버티는데, 동면 전에 영양분을 충분히 섭취해 지방으로 저장한 뒤 자는 동안 천천히 분해해 사용한다. 잠을 자는 동안 체온이 떨어지면서 호흡 횟수가 줄어 평소보다 훨씬 적은 열량을 소비하는 것도 한 이유다. 야생 곰과 달리 동물원의 곰이 겨울잠을 자지 않는 이유는 호르몬 분비 차이에서 비롯한다. 동물은 겨울잠에 들기 전 몸무게를 늘리는 과정에서 인슐린이 많이 나온다. 인슐린은 혈액 속의 포도당을 급격히 감소시켜 동물이 겨울잠을 자는 동안 신진대사를 최대한 억제한다. 야생 곰은 인슐린 분비가 많아지면 겨울잠을 잘 때가 된 것을 알고 잠잘 장소를 찾는다. 그러나 동물원의 곰은 먹이가 꾸준히 공급돼 겨울잠을 준비하기 위해 살을 찌울 필요가 없고, 인슐린도 많이 나오지 않아 겨울잠을 자지 않는다. 곰과 너구리 등 겨울잠을 자는 포유류도 먹잇감이 충분할 경우 겨울에 잠을 자지 않고 활동한다. 그러면 동물은 봄이 오면 어떻게 겨울잠에서 깨어날까. 개구리형 동물은 주변 기온이 올라가며 몸의 기능이 다시 활발해져 깨어나게 된다. 곰형 동물은 중추신경에 별도의 생체시계가 있기 때문으로 추정된다.

3. 사람이 겨울잠을 자지 않는 이유

사람은 난방으로 체온을 조절할 수 있고, 겨우내 음식도 충분해 겨울잠이 필요 없다. 그러나 사람도 겨울에는 동면 동물과 신체적으로 비슷한 증세를 보인다. 추위에 빼앗긴 열만큼 기초대사량이 늘어나 평소보다 본능적으로 피하지방을 많이 축적한다. 이는 동물이 겨울잠을 자기 전 지방을 늘리는 이치와 같다고 할 수 있다. 겨울잠을 자는 동물처럼 사람의 생체시계가 겨울에 잠을 더 자도록 설계돼 있다는 분석도 있다. 사람의 뇌에서 분비되는 수면조절 호르몬(멜라토닌)은 빛이 있을 땐 나오지 않다가 빛이 없으면 분비된다. 따라서 밤이 긴 겨울에는 다른 계절보다 많은 양의 멜라토닌이 분비돼 일찍 잠을 자게 된다는 것이다.

4. 겨울잠 원리를 활용할 수 없을까?

동물이 겨울잠을 자는 동안 체온을 유지하는 비결은 아직 명쾌하게 규명되진 않았다. 과학자들은 겨울잠의 원리를 이용하기 위해 다양한 연구를 하고 있다. 예컨대 캐나다에 사는 숲개구리가 겨울잠을 자는 동안 자신의 몸을 얼렸다가 날이 풀리면 녹이는 현상을 분석해 사람의 장기 보존에 활용하려고 한다.

체온이 영하 3도까지 떨어져도 혈액이 얼지 않는 북극의 땅다람쥐의 겨울잠은 냉동인간을 만들기 위한 모델로 관심을 끈다.

중앙일보, 관련기사(조종도, 장욱기자)

(2) 사회적 차이

인간은 스스로를 합리적 동물로 부른다. 무슨 결정을 내릴 때면 이게 과연 옳은지 그른지, 이렇게 하는 것이 유리할지 저렇게 하는 것이 유리할지 여러 방향에서 저울질 한 뒤 결정한다. 또 각각의 장단점을 비교하면서 행동한다. 이와 같이 동물도 인간 못지않게 꽤 합리적인 결정을 내리는 것처럼 보인다. 다만 기본적으로 사고를 하며, 또 사고하지 않고 순간적으로 판단을 할 때도 대체로 합리적인 결론을 내릴 수 있게끔 진화한 동물이라는 것이다. 그렇지만 많은 경우에 동물은 인간처럼 뇌에서 여러 가지를 비교해보고 분석하고 해석하는 사고의 과정을 거치는 것은 아닐 것이다. 그렇다면 과연 동물도 합리적일까? 동물은 자신의 생존에 유리한 방향으로 행동하므로 경제적이라고 할 수 있다. 왜냐하면 합리적이라는 말은 동물에게는 조금 무리가 있을 것 같고, '경제적'이라는 말은 비용은 줄이면서 이익을 최대화하는 행동을 뜻하기 때문이다. 이러한 예로 공생관계, 질서, 결혼 등이 있다.

① 공생과 기생관계 : 사람은 다른 여러 사람들과 많은 관계를 맺고 있다. 동물들 역시 자신과 다른 동물과 관계를 맺고 있는데 그것은 공생과 기생의 관계로 해석할 수 있다. 자연계에서는 살아남기 위해 반드시 남을 꺾어야 하는 것은 아니다. 오히려 서로 도움으로써 오늘날까지 살아남은 동물식물이 우리 주변에는 더 많이 있다. 아프리카 초원에 혹돼지라고 부르는 멧돼지가 있다. 얼굴에 사마귀 같은 혹이 나서 붙여진 이름인데 이 멧돼지를 비롯한 많은 큰 동물들의 몸에는 새들이 들러붙어 산다. 때로는 10마리 이상의 새가 붙어 있는데 별로 귀찮아하지 않는다. 이 새들이 몸에 붙은 기생충들을 다 잡아주기 때문이다. 또한 수족관에 보면 큰 물고기 입 속에 작은 물고기가 들어 앉아 있는 경우가 있다. 큰물고기가 작은 물고기를 잡아먹기는커녕 어디라도 다칠세라 입을 있는 대로 크게 벌리고 있다. 작은 물고기가 큰물고기의 입안을 청소하고 있는 것이다. 이 청소하고 있는 물고기들은 제각기 자기 영역을 갖고 있다. 이를테면 가게를 차려놓고 기다리다가 큰 물고기가 다가오면 춤을 추며 마중을 나가 큰 물고기를 맞이한다. 큰물고기가 고객인 셈이다. 고객은 가게주인의 독특한 춤을 보고 '아, 나 저놈 알아' 하며 입을 벌려 구강 청소를 받고 간다. 한쪽은 먹을 것을 얻고, 다른 한쪽은 몸이 깨끗해지므로 둘이 상리공생을 하는 것이다.

② 결혼 : 결혼이라는 개념은 단순히 짝짓기만 하는 것이 아니라 짝짓기 전에 상당한 시간을 같이 보내고 짝짓기를 하고 새끼를 낳은 다음 그 새끼를 같이 기르는 과정을 모두 묶어 결혼이라고 하는 것이다. 동물의 짝짓기, 곧 번식구조는 세 가지로 구별할 수 있다. 일부다처제, 일처다부제, 일부일처제이다. 인간은 몇몇 예외를 제외하고는 일부일처제이다.

좀 더 알아보기

인간적인 것 또는 사람다움의 패러다임

① 생물학적으로 비전문화되어 있다.
② 물음을 묻는 존재(지성 또는 이성)이다.
③ 문화의 창조자 · 피조자이다.
④ 자유의지를 가진 윤리적 존재이다.
⑤ 고유한 내면적 세계를 가지고 있다.
⑥ 이해를 초월하는 탈중심성을 가지며, 불편 · 부당한 가치판단을 할 수 있다.
⑦ 유토피아 의식을 가지며 미래지향적이다.
⑧ 사회적 존재이다.
⑨ 학습존재이다.
⑩ 상징적인 존재이다.
⑪ 종교적인 존재(기도 · 희망 · 사랑)이다.
⑫ 수치를 아는 존재이다.

이 패러다임들은 서로 배타적 · 이질적인 것이 아니라, 서로 상관 · 중복되어 있다. 그러나 이러한 인간적인 패러다임을 하나씩 따져보면 동물에게도 해당되는 부분도 있다. 인간과 동물의 차이점을 조사하면서 인간과 동물의 차이점 보다는 유사성이나 동질성을 더 찾아내기가 쉬웠으며 동질성을 바탕으로 하였을 때 차이점도 이해가 잘 되었다. 인간과 동물의 차이점이 존재한다는 것은 분명하다. 그러나 그러한 차이점을 그냥 차이점으로 생각하는 것보다는 이러한 차이를 인정하고 이해하는 것이 더욱 중요할 것이다. 인간과 동물도 결국 태어나서 종간에 사랑을 하고 생존을 한나는 점이 가징 큰 공통점이고 그 공통점을 바탕으로 다양한 차이점이 존재한다고 생각한다. 인간과 동물의 차이점을 차이로만 둘 것이 아니라 이러한 차이를 알면 동물을 더 잘 이해하고 사랑할 수 있을 것 같다.

2 애완동물에 대한 이해

가. 애인동물이란?

애완동물이란 특정 종류의 동물을 지칭하는 것이 아니라 사람의 취향에 따라서 모든 동물이 애완동물이 될 수 있다. 하지만 여러 가지 주위환경이나 사회적 여건 등을 고려하여서 선택되어질 필요가 있다. 주로 인간이 즐거움을 얻기 위한 대상으로 기르는 동물. 일반적으로 몸집이 작고 귀여우며, 빛깔 · 자태 · 우는 소리가 곱고 애교가 있을 것 등이 조건이 되나 인간과의 상호관계에서 그 중요성이 높다고 할 수 있다. 즉 인간과 애완동물과의 관계는 상호 공생적이어서 애정을 기울이는 것만큼 동물 또한 인간에게 즐거움을 준다. 최근 미국, 일본 및 유럽 등의 선진국에서는 전체 가구 수의 50% 이상에 해당하는 가구에서 애완동물을 소요하고 있다는 조사 결과와 우리나라에서도 전체 가구수의 30% 이상에서 애완동물을 가지고 있다는 조사 결과를 접할 수 있다. 전 세계적으로 애완동물로서 가장 많이 길러지고 있는 것이 개, 그리고 고양이, 토끼, 새 종류 및 물고기 종류 등이 대표적이다.

1) 애완동물을 기르기 전에 고려해야 할 사항 들

가) 동물에 대해서 이해(공부를 하여야한다)하여야 한다.
나) 집안의 구조 및 애완동물의 특성을 동시에 고려하여야 한다.
다) 가족 등 구성원들의 동의와 이해 및 고려를 하여야 한다.
라) 동물을 데려오는 경로를 알고 신중히 선택하여야 한다.
마) 동물을 데려오고 난 후에 어떻게 할 것인가?를 고려하여야 한다(책임감, 마음가짐, 관리에 있어서 구성원들 간의 역할 분담 등).
바) 생명의 존엄 인식, 책임의식, 경제적, 심리적 여유, 자신을 포함한 가족의 취향 등을 고려해야 한다.

2) 애완동물을 선택하는 기준

가) 애완동물을 선택하는 기준은 개인에 따라 매우 주관적인 것이기 때문에 선생님 또는 부모님 등이 아동에게 특정의 동물이 좋다고 제시해주는 것보다 자신의 기호와 가족 형태, 사육장소의 형태 등에 의해 구분을 하여 가장 적합한 것을 고르는 것이 더 바람직하다.
(1) 동물을 처음 기를 때에는 상대적으로 기르기 쉬운 것이 좋다.

(2) 나의 활동시간대는 주로 언제인가? 또는 내가 애완동물과 함께할 수 있는 시간대는 언제인가?

(3) 나는 스킨십을 좋아해서, 애완동물을 쓰다듬거나 만지는 것을 좋아한다.

(4) 나는 가만히 두고 보는 동물을 좋아한다.

(5) 귀여운 새끼를 기르고 싶어서 번식에 관심이 많다.

(6) 나는 냄새에 민감하여서 상대적으로 냄새가 적은 동물이 좋다.

(7) 한꺼번에 여러 마리를 기르고 싶다.

(8) 나는 함께 외출하는 동물을 기르고 싶다.

(9) 나는 거실 침실 등 생활 공간을 공유할 수 있는 동물이 좋다.

(10) 애완동물이지만 야성의 본성을 상대적으로 많이 발현시키는 동물이 좋다.

(11) 여러 가지 다양한 색깔을 가지는 동물이 좋다.

나) 기르기 전에 그 동물의 생태나 성질을 잘 알아두지 않으면 기르는 데 실패하는 경우가 많다. 자신의 생활방식이나 취미 등도 고려하여 자신에게 맞는 애완동물을 선택하는 것이 중요하다.

다) 애완동물을 돌보는 것은 하루라도 거를 수 없으므로 자신이 돌볼 수 없으면 대신 돌봐줄 다른 사람을 찾아보는 것이 필요하다. 가족과 함께 사는 경우는 협조를 부탁한다. 또한 가족에게 동물 알레르기가 있는지도 잊지 않고 체크한다.

라) 소형 애완동물은 아파트에서도 기를 수 있지만, 충분한 넓이의 사육상이 필요하다. 미리 점검해 두지 않으면 막상 사육장을 두려고 할 때 그 장소가 마땅히 않은 경우도 있다. 또한 먹이나 사육 용품을 구입할 비용은 물론, 동물은 보험이 적용되지 않으므로 병이 걸렸을 때의 치료비도 상당하기 때문에 금전적인 문제도 고려해 두도록 한다.

마) 이색 소형 애완동물은 아쉽게도 아직 전문 수의사가 적고 진찰을 받을 수 있는 동물 병원도 제한되어 있다. 가능하면 기르기 전에 자신이 기르는 동물을 진찰해 줄 수 있는 수의사를 찾아 두면 좋다.

3) 애완동물 선택의 예시

대구시 어느 아파트에 사는 초등학생 5학년 영지는 작년부터 애완동물이 너무 갖고 싶었다. 그래서 부모님께 애완동물의 구입을 허락을 받고 어떤 동물을 애완용로 가지면 좋을지 고민을 하고 있다. 영지는 강아지나 고양이를 키우고 싶어 하지만 부모님께서는 맞벌이를 하시기 때문에 영지 혼자서 키울 수 있는 거북이를 추천해주셨다.

영지에게 가장 적합한 애완동물이 무엇인지 같이 찾아보자.

<table>
<tr><th></th><th></th><th>강아지</th><th>고양이</th><th>거북</th></tr>
<tr><td rowspan="6">내재적 요인</td><td>크기(체중)</td><td>★★★☆</td><td>★★★☆</td><td>★★★★★</td></tr>
<tr><td>성격</td><td>★★★★☆</td><td>★★☆</td><td>★</td></tr>
<tr><td>먹이</td><td>★★★★</td><td>★★★★</td><td>★★★★</td></tr>
<tr><td>배변</td><td>★☆</td><td>★☆</td><td>★★★★</td></tr>
<tr><td>질병</td><td>★★☆</td><td>★★☆</td><td>★★★★</td></tr>
<tr><td>사육장소</td><td>★★</td><td>★★★★</td><td>★★★★</td></tr>
<tr><td rowspan="4">외재적 요인</td><td>조력자필요</td><td>★★</td><td>★★★★</td><td>★★★★☆</td></tr>
<tr><td>가족의흥미</td><td>★★★</td><td>★★</td><td>★★★★</td></tr>
<tr><td>아동의흥미</td><td>★★★★★</td><td>★★★★</td><td>☆</td></tr>
<tr><td>비용</td><td>★★☆</td><td>★★</td><td>★★★★★</td></tr>
<tr><td colspan="2">평균</td><td>★★★(3.05)</td><td>★★★(3)</td><td>★★★☆(3.6)</td></tr>
<tr><td colspan="2">총평</td><td>강아지는 아동에게 흥미가 가장 높고, 사람을 잘 따르고 친화적인 면에서 큰 점수를 받았지만, 아파트에 살고 있는 것을 감안하여서 배변 훈련 등이 어려울 수 있어 점수가 평이하다.</td><td>고양이는 혼자 지내는 것을 선호하기 때문에 아동 이외의 조력자가 없더라도 잘 키울 수 있다. 그러나 가격이 비싼 편이고 강아지와 마찬가지로 배변훈련이 어려울 수 있을 듯하다.</td><td>거북이는 크기 측면에서 가장 우세하며 전체적으로 먹이도 잡식성이라 평이하다. 배변훈련은 되지 않지만 지정한 사육장소 안에서 배변이 이루어짐으로 크게 어려움이 없다. 사육장소도 어항 등을 이용할 수 있다. 그러나 아동의 흥미가 떨어지기 때문에 추천하기 어렵다.</td></tr>
</table>

4) 아동발달과 애완동물 기르기의 관계에 대한 개념적 모형

아동과 애완동물은 아동에게 있어 중요한 상호작용을 하는데 이는 아동의 사회-정서 발달과 인지발달에 크게 기여를 한다. 이때 다른 영향을 줄 수 있는 요인은 아동 개인의 지능이나 기질, 부모의 양육방식과 심리적 요인, 사회적인 지지 요인이 될 수 있다.

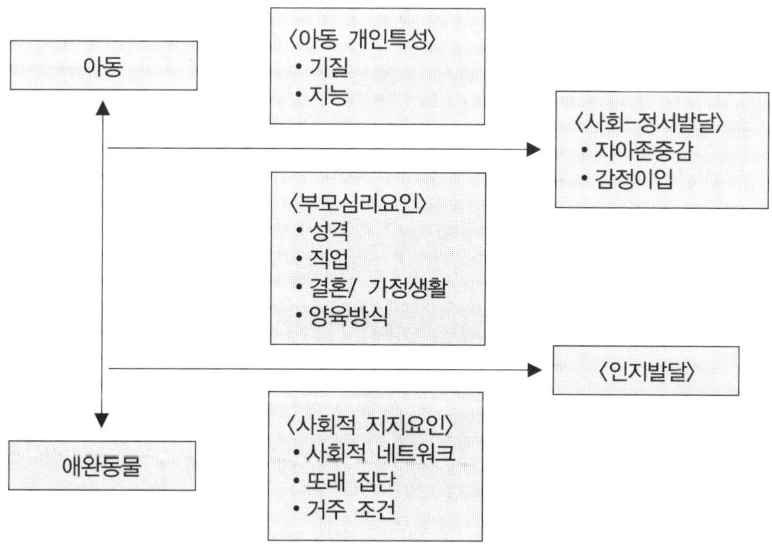

그림 V-3 아동과 애완동물 관계의 개념적 모형

5) 애완동물 기르기를 통한 아동 발달의 직 · 간접적 관계

가) 애완동물 기르기를 통한 아동 발달의 직접적 관계

(1) 자신에게 의존하는 생물체를 보살피고, 양육하는 방법을 익혀서 자아 존중감이 형성된다. 애완동물을 집안에서 기르게 되면 부모와 아동은 애완동물을 돌보는 일에 있어 일정 부분 업무분담을 하게 된다. 이를 통해 아동 자신이 어떤 상황에 관여하고 있다는 느낌을 주게 되며, 자신의 의사가 받아들여지고 있다는 생각은 자아 존중감 형성에 긍정적인 영향을 미친다.

(2) 애완동물을 책임감 있게 키우는 과정에서 자아 존중감 및 자립심이 형성된다. 아동이 자라면서 점차 애완동물 관리와 관련하여 좀 더 많은 책임을 가짐에 따라 일정 부분 독립적으로 일을 처리해나감으로써 자립심을 키워나갈 수 있다.

(3) 애완동물의 각종 표현에 대한 이해도가 높아짐에 따라 친구들의 감정 상태에 대한 이해가 높아진다. 애완동물과 같이 생활하는 과정을 통해서 다른 사람이 어떻게 느끼고 있는가를 이해하는 능력과 밀접한 관계가 있다. 애완동물을 기르는 아동이 기르지 않는 아동보다 높은 감정이입을 보임을 확인할 수 있는데 이는 아동이 애완동물에 대해 감정이입을 하는 이유가, 사람들은 때로는 판단하고 비판하지만 애완동물은 무조건적으로 수용적이기 때문이다(Endenburg & Baarda, 1995).

(4) 변하지 않는 애완동물의 애정이 아이들에게 심리적 지지를 형성하다. 아동에 대한 사람들의 사회적 지지는 변화가능성이 높아서 아동들에게 큰 심리적 발판의 역할을 수행하기 부족함이 있지만, 애완동물의 변함없는 애정은 아동들에게 애완동물을 기르면서 얻을 수 있는 가장 큰 잠재적 이득과 즐거움이다. 실제로 아동들이 문제 상황에 직면할 때면 정기적으로 애완동물을 찾는다고 하는 연구결과도 있다(Brickel & Levinson 1982).

(5) 애완동물을 기름으로 인해 아동의 언어습득을 촉진하고 언어기술을 향상시킬 수 있다. 애완동물이 아이가 끊임없이 자신의 생각을 이야기하는 것을 묵묵히 받아주는 대상으로서 그리고 칭찬, 지시, 격려와 처벌과 같은 형태의 의사소통을 끌어내는 언어의 자극제로 기능하는데서 비롯되는 결과라고 할 수 있다.

나) 애완동물 기르기를 통한 아동 발달의 간접적 관계

(1) 애완동물을 통해 죽음과 탄생이라는 삶의 사건을 교육하는 도구로 사용한다. 집에서 애완동물을 키우는 아이들은 대부분 동물의 죽음을 경험하게 된다. 이것은 매우 고통스런 경험으로 부모님과 아동들의 주위 사람들이 이 경우에 어떻게 대처하는지가 아동의 일생동안 죽음에 대처하는 방법에 영향을

주게 된다. 부모들은 슬픈 감정이 드는 것은 당연한 일임을 알려주고, 아이는 애완동물이 죽거나 안락사 시킬 때 슬픈 감정을 추스르는 법을 알려줄 수 있는 기회로 삼을 수 있다.

(2) 애완동물을 통해서 자연스러운 성교육 기회로 삼을 수 있다. 부모들이 자녀교육 중 가장 어려워하는 부분이 성교육부분이다. 이런 부분을 애완동물이 새끼를 낳는 순간을 통해 쉽게 접근 할 수 있다. 생명탄생이라는 아이들의 흥미를 유발할 수 있는 순간에 부모들은 성교육이라 할 수 있는 생명이 어떻게 시작되는지를 설명할 기회를 얻게 되며, 아이들이 자연스럽게 수용할 수 있도록 이끌 수 있다.

(3) 애완동물이 가정에서 가족 내 사회적 촉진제 역할을 한다. 애완동물 기르기는 가정생활과 매우 밀접한 관계가 있고 이를 통해 아동의 발달에 영향을 미친다. 애완동물을 소유함으로써 가족 간의 공동 대화의 주제가 생기기 마련이고, 가족이 함께 하는 시간이 증가하게 되어 있다. Cain(1985)의 조사결과에 의하면 조사대상 가정의 52%가 애완동물을 갖게 된 후부터 가족이 함께 보내는 시간이 늘었다고 하며, 70%의 가정에서는 애완동물의 소유로 인하여 가족의 행복과 즐거움이 증가하였다고 한다. 이는 사람들은 애완동물이 가정에서 가족 내 사회적 촉진제 역할을 한다고 믿고 있다는 것을 보여주고 있다.

좀 더 알아보기

애완동물을 보는 시선

1. 애완(玩)이란 장난감의 연장선장에서의 하나의 객체로서 동물(pet)이 아닌 인간과 함께 사는 동물이라는 개념이 강조된 '반려동물', '동반동물', '가족동물'이라는 의미가 현 사회에서 강조되고 있다.
2. 최고의 반려동물은, Dog〉 Cat〉 Horse〉 Cattle〉 Swine〉 Sheep〉 Goats〉 Camel〉 Deer〉 Rabbit〉 Birds-----
3. Why Dog is best friend
   가) 감정표현(교감)이 쉽다.
   나) 진실하고 충직하다.
   다) 운동성 및 활동성이 타동물 보다 적극적이고 활발하다.
   라) 쉽게 만질 수 있다.
   마) 육체적(생리적) 심리적으로 유익한 부분이 상대적으로 많다.

나. 강아지 기르기

1) 개의 종류

가) 특성에 따른 분류

구분	품 종 명
조렵견종 (Sporting Dogs)	잉글리시 코카스파니엘, 잉글리시 세터, 닥스훈드, 포인타 등
수렵견종 (Hound)	아프칸 하운드, 바셋 하운드, 그레이 하운드, 스모스폭스 테리어, 비글 등
테리어종 (Terries)	토이멘체스트 테리어, 불 테리어, 에어데일 테리어, 오스트리안 실키 테리어 등
사역견종 (Working Dogs)	복서, 콜리, 그레이트데인, 도메르만 핀센트, 저먼 세퍼드 등
애완견종 (Pets)	요크셔 테리어, 몰티즈, 차와와, 페키니즈, 빠삐욘, 시츄 등
비렵견종 (Non-sporting Dogs)	달마시안, 불독 등

나) 크기에 따른 분류

구분	품 종 명
초소형견 (5kg 미만, 25cm미만)	포메라니언, 말티즈, 재패니즈 친, 치와와, 요크셔테리어, 페키니즈, 미니어쳐핀셔, 비숑 프리제, 푸들 등
소형견 (6～10kg, 25～40cm)	시추, 라사압소, 미니어쳐 슈나우저, 퍼그, 비글, 보스턴 테리어, 아메리칸 코카스패니얼, 웰시코기 펨브로그 등
중형견 (10～22kg, 40～55cm)	닥스훈트, 삽살개, 불테리어 등
대형견 (23～45kg, 55～70cm)	진돗개, 불독, 시베리안 허스키, 달마시안, 복서, 풍산개, 차우차우, 골든 리트리버, 래브라도 리트리버, 콜리, 도베르만 핀셔, 그레이 하운드, 벨지안 말라노이즈, 아키다, 버니즈 마운틴 도그, 보르조이, 셰퍼드, 알래스칸 말라뮤트 등
초대형견 (45kg 이상, 70cm 이상)	그레이트 피레니즈, 그레이트 데인, 로트바일러, 세인트 버나드 등

2) 개의 선택

개는 키우는 목적, 사육 공간 등에 따라서 달라진다. 개를 선택할 때는 크기와 성을 고려하여서 선택하여야 한다. 사육장소가 아파트나 공동주택인 경우에는 주로 실내에서 생활하기 때문에 짖음과 흥분도가 낮고 배변량이 많지 않은 중형견 이하의 견종이 보다 적합하며, 단독주택인 경우, 실외에서 사육하기 적합한 중・대형견이 보다 적합하다. 또한 농촌 등의 경우에는 가족 또는 가축을 지킬 수 있는 대형견이 보다 좋을 것이다.

가) 나의 생활환경과 개의 특성을 고려한 선택법

10,000년도 이전에 이미 인간과 동고동락을 같이한 개가 각양각색의 형태와 특징으로 발전되었다. 현재 약 400여 종류의 개가 지구상에 있는 것으로 알려져서 동일한 Canis familiars이지만 그 특징과 형태는 차이가 분명하기 때문에 개를 선택할 때 충분히 고려되어져야 할 부분 중에 하나이다(예를 들면, 활동량이 많은 사냥개를 애완용으로 집안에서만 키운다면 어떠할까?).

(1) 노부부중심으로 선택 : 애교가 많고 운동량이 많은 개(푸들, 말티즈, 패키니즈, 피피용 등)를 선택한다.
(2) 아파트에 거주하는 어린이 중심으로 선택 : 몸집이 작고, 온순하며 명랑한 개(퍼그, 시츄, 보도콜리 등)를 선택한다.
(3) 단독주택에 거주하는 어린이 중심으로 선택 : 명랑하며 장난과 운동을 좋아하는 개(닥스훈트, 비글, 불독, 달마시안, 콜리 등)를 선택한다.
(4) 집을 지키게 하기위해서 : 경계심이 강하고 충성스러운 개(진돗개, 풍산개, 삽살이 등)를 선택한다.
(5) 집에서 일하는 사람 또는 직장 등에서 같이 생활할 수 있는 동물 : 애민하며, 쉽게 외움을 느끼는 개(요크셔 테리어, 미니어쳐(슈나우저), 아프칸하운드, 콜리 등)를 선택한다.
(6) 혼자 살거나 맞벌이하는 가정 : 애교가 있고, 독립심이 있는 개(치와와, 불독,

프렌치 등)를 선택한다.

(7) 특히 운동을 좋아하여서 개와 운동이 가능한 가정 : 상대적으로 활동량이 많은 개(슈나우저, 폭스테리어, 시베리안허스키 등)를 선택한다.

* 개는 특히 충성심이 강하고 사람과 친화력이 강한 동물로 상대적으로 많은 장점을 가지고 있기 때문에 많은 아동들이 강아지를 많이 기르고 싶어 한다.

좀 더 알아보기

건강한 강아지 선택법(강아지 선발시 주목할 부분)

- 코 : 개코는 잠에서 깨어난 직후를 제외하고는 항상 촉촉하며 차가운 느낌이 나야 한다.
- 눈 : 눈에는 생기가 있어야 하며 눈곱이 끼여 있지 않아야 한다.
- 귀속 : 귀속에는 이물질이 없어야 하고 악취가 나지 않아야 한다.
- 치아 : 치아의 배열상태가 올발라야 하며, 부려진 치아가 없어야 한다.
- 피모 : 피모는 윤기가 나야 하고 한 방향으로 누워 있어야 한다.
- 사지 : 사지의 관절 연결부위가 자연스러워야 하며, 착지한 모습이 힘이 있어야 한다.
- 척추 : 척추는 곧아야 한다.
- 항문 : 괄약근이 힘 있게 쪼여 있어야 하고 항문주위에 이물질이 붙어 있어서는 않된다.
- 생식기 : 특히 수컷인 경우에는 고환의 상태를 확인해야 한다.

나) 개를 구입하는 목적에 따른 선택법

(1) 애완용 : 성격. 표정 및 동작이 귀여운 것. 실내 사육의 경우는 장난감 정도의 크기가 적당하다.

(2) 번식용 : 혈통이 우수한 것(명종견, 챔피온견의 유무). 결점이 없는 것(특히 유전적인 결점). 만약 결점이 있을 경우 번식으로 제거할 수 있어야 한다.

(3) 전람회용 : 두려워하지 않고 대담한 성격을 가진 것. 결점과 단점이 적으며 뛰어난 장점을 많이 가진 것을 선택한다.

3) 개의 일생과 먹이

가) 개의 일생

개의 일생은 단계별로 구분이 가능하다. 평균 15년~20년 정도의 생리적 수명을 가지며, 초생견(0～3개월령), 유견(4～12개월령), 미성견(12～15개월령), 성견(16개월령 이상)의 성장 단계를 거친다.

개의 임신은 품종에 따라 약간 차이는 있지만 평균 60일 전후의 기간을 가진다. 암컷은 발정과 임신, 분만, 출산 등의 특별한 경우가 있으므로 이때는 각별한 관심이 요구된다. 발정, 교배, 임신징후 및 임신, 분만, 출산 후 관리 및 이유 등에 대한 사전 인지가 중요하다.

나) 개의 먹이

(1) 자가 전용 사료 : 고기, 곡류, 유제품, 생선, 채소 등이 영양분 요구량과 기호성에 알맞게 포함된 사료를 이용하는 것이 좋다. 일반적으로 쇠고기, 닭고기 및 뼈를 제거한 생선, 강아지용 분유 등은 강아지에게 기호성이 좋은 사료이며 한 종류를 계속 급여하는 것보다 혼합된 사료를 이용하는 것이 좋다. 뼈나 딱딱한 껍질이 있는 것(닭 뼈, 생선 뼈), 소화가 잘 안 되는 것(문어, 쥐포), 지방이 많은 것(꽁치, 정어리), 당분이 많은 것(과자, 사탕), 자극성 음식(고추, 후추, 식초) 등은 주어서는 안된다.

(2) 애완견 전용 사료 : 건식사료, 습식사료, 통조림 등

4) 개와 친해지는 법

가) 개와 산책 : 개는 아직도 야성의 습성을 지니고 있다. 특히 강하게 남아 있는 습성은 밖으로 나가 뛰어 돌아다니는 일이다. 건강한 성견의 대부분은 인간이 조깅하는 정도의 속보로 산책을 한다. 늘 실내에 있던 개는 밖으로 나가면 심신이 모두 해방되어 스트레스가 해소된다. 또한 이웃의 사람이나 개, 고양이, 자동차나 자전거 등 자신의 세계 이외의 것과 접촉 할 수 있어 미지의 것들과 만남으로써 사회성도 기를 수 있다.

나) 개와 운동량 : 소형견은 대형견보다 운동량이 많으며, 밖으로 꼭 데리고 나가야 한다. 그 이유는 대형견은 대부분 실외에서 사육되므로 개에게 꼭 필요한 영양소 중에 하나인 비타민 D가 햇볕으로부터 공급되지만 집안에만 있

는 소형견의 경우에는 이것이 부족하여 피모의 상태가 나쁘게 되거나 피부병의 원인이 될 수 있기 때문이다. 또한 중형 이상의 견종은 간단한 산책으로는 충분한 운동량이 되지 않으므로 넓은 곳에서 놀기나 등산, 자전거 타기 등의 운동이 필요하다. 그러나 운동을 무조건 많이 시키면 좋다라는 편견을 없애야 한다. 운동을 할 때는 개가 좋아서 힘차게 뛰고 활발해 보이지만 무리를 하게 되면 그것이 원인이 되어 죽게 되는 수도 있다.

(1) 원반 던지기 게임 : 원반을 잡아 가져오는 게임은 활동적이고 건강한 개에게는 신나는 놀이이다. 그러나 늙고 체중이 많이 나가는 개들에게는 위험할 수 있음으로 자신의 강아지에 체력에 맞게 운동을 하도록 한다.

(2) 공놀이 : 공을 잡았다 떨어뜨리는 것은 개의 반응과 복종심을 간단히 시험할 수 있는 게임이다. 주의할 점은 공을 던질 때에는 개한테 떨어져 던지고 정면으로 던지는 일은 없도록 한다.

(3) 숨바꼭질 : 애견의 지능과 후각 능력이 궁금하다면 숨바꼭질을 하는 것도 좋을 것이다. 숨바꼭질 대신 열쇠꾸러미, 지갑, 구두, 슬리퍼 등 숨겨진 물건을 찾도록 하는 것도 홍미롭다.

(4) 줄다리기 : 개가 주인 명대로 입에 문 물건을 놓을 수 있게 만든 후에만 줄다리기 놀이를 시작한다. 이때 놀이에는 튼튼한 장난감을 이용하는 것이 좋다. 그러나 소유욕이 강한 개는 공격적으로 대들지도 모르기 때문에 입으로 무는 게임은 지양하는 것이 좋다.

(5) 달리기 : 개는 주변의 물체가 달리면 그것을 따라가려는 본능이 있다. 따라서 주인을 따라 뛰는 것이 본능적인 측면에서도 효과가 있으며 홍미도 있을 것이다.

(6) 냄새 찾기 : 사냥개를 비롯하여 많은 개들이 냄새를 따라간다. 지나가면 개가 따라 오도록 발자국을 남기고 끝에 먹이를 놓고 하는 놀이이다.

5) 개의 관리

가) 빗질 : 빗질은 건강상태확인 및 미용을 목적으로 하루 1번 이상 실시한다. 손이나 견전용 빗을 이용하여 죽은 털을 제거하고 피부를 마사지함으로써 피

모를 건강하게 하며 또한 털을 엉기지 않게 하여 예쁜 모습을 유지할 수 있다. 이때 몸의 상처나 외부기생충의 여부 등을 관찰한다. 또는 정기적으로 간단한 건강점검을 실시한다.

나) 목욕 : 목욕은 견전용 샴푸로 한 달에 1~2번 실시하는 것이 적당하며 기타 몸이 더럽거나 냄새가 많이 날 때 실시한다. 목욕을 너무 자주하는 것은 오히려 개의 피모에 나쁜 영향을 준다. 목욕 시 주의할 사항은 첫째, 귀는 솜 등으로 막아 물이 귀에 들어가지 않도록 한다. 둘째, 충분히 세정하여 몸에 샴푸가 남아있지 않도록 한다. 셋째, 목욕 후 드라이나 수건으로 신속하게 말린다.

다) 귀 관리 : 귀 속은 평상시 1주에 한번 정도 면봉이나 핀셋의 앞에 솜을 감아 붙인 것 등을 가지고 귀 세정제를 이용하여 청결하게 한다. 너무 잦은 귀청소나 무리하게 면봉 등을 사용하는 경우에는 오히려 귓병의 원인이 될 수 있다. 귀지가 많이 나오고 악취가 심하면 수의사에게 진료를 의뢰한다.

라) 항문 관리 : 개에서 항문낭은 퇴화된 기관으로 특별한 역할을 하지는 않으나 항문낭액이 차고 오염되어 염증을 유발하는 경우가 있다. 항문낭은 한 달에 1~2회 목욕 전에 짜주는 것이 좋다. 항문낭을 짜는 방법은 꼬리를 꽉 잡고서 등 쪽으로 올리고 항문을 돌출시킨 후 손가락으로 항문 5시와 7시 방향의 부분을 누른다.

마) 발톱 깎기 : 가정에서 길러지는 애견은 정기적인 발톱 깎기를 필요로 한다. 개에 따라서 극단적으로 싫어하는 경우는 애견 미용실에서 미용과 함께 기본적으로 해주는 것이 편하다. 엄지와 인지로 발톱의 근원을 강하게 돌출시킨 후 전용 발톱 깎기로 발톱 끝을 자른다. 이 때 혈관을 함께 자르지 않도록 주의하고 깎은 후 다듬어 준다.

바) 치아 관리 : 치석이 부착되면 치주염의 원인이 되므로 어려서부터 평소에 손질하는 것이 중요하다. 한쪽 손으로 가볍게 입을 벌려서 가제나 칫솔로 치아와 잇몸을 상하로 마사지한다.

사) 영양 관리 : 사료량과 급식횟수는 개의 연령과 적정 체중을 고려하여 정한다. 일반적으로 이갈이가 끝난 후에는 마른 사료를 먹이는 것이 영양적인 측면이나 관리측면에서 유리하다. 급식횟수는 강아지의 경우 1일 3회 정도 성견

은 1일 1회 정도가 적당하며 노령이 되면 1일 2회 정도로 나누어 주는 것이 좋다. 간식은 개 전용제품 이외에는 주지 않는 것이 바람직하며 적정 사료량을 기준하여 주도록 한다.

6) 개를 기를 때 유의점

가) 산책 시 놀라지 않게 하기 : 늘 실내에 있는 개나 태어나서 처음으로 밖에 나오는 강아지를 데리고 산책을 나오려면 약간의 주의가 필요하다. 몸의 컨디션이나 계절에 의한 배려를 한 다음에 밖으로 나가게 해야 한다. 개의 첫 산책이 공포나 불안에 찬 것이었다면, 두 번 다시 밖으로 나오고 싶어 하지 않을 수 있다.

나) 중성화 수술 : 가축화된 개는 자연적으로 개체수를 조절하는 방법을 잊어버리는 경우가 많다. 따라서 사람이 관리해줄 필요가 있으며 전문적인 견사에서 나오는 강아지의 수만 해도 엄청나기 때문이다. 수놈의 경우 다리를 들고 오줌을 누는 마킹행위가 가정에서는 큰 문제가 될 수 있지만 중성화 수술 이후에는 그런 습관이 사라진다. 호르몬에 의한 공격성 성향도 줄어들 수 있다. 암놈의 경우 정기적인 생리가 사라져서 혈흔이 집안에 남는 문제도 사라질 수 있다. 나이 든 암캐가 생기는 자궁 축농증, 유방암, 난소암 등의 위험을 줄이고 수놈의 경우도 고환 등의 문제가 생기는 것을 방지할 수 있다. 미국의 경우에는 가정에서 기르는 강아지의 80%이상이 중성화 수술을 받고 있다. 개체수의 조절, 강아지의 건강, 함께 사는 사람의 편의를 고려했을 때 중성화 수술은 필요하다.

다. 고양이 기르기

고양이는 자기도취가 강하며 독립적이고 비교적 강한 성격을 가지고 있다. 호기심도 많지만 조심성도 많은 동물로 주인의 개념이 없는 동물로서 자신을 좋아해 주는 사람 곁에 머물길 좋아하며, 그런 사람에게는 가끔 난감한 선물을(반쯤 먹은 쥐, 쓰레기 등) 가져오기도 하는 엉뚱한 면도 지니고 있는 동물이다.

1) 고양이의 특성

동물은 본능적으로 충분한 먹이가 확보되고 안전하게 숨을 수 있는 곳 즉 자신의 구역(세력권)을 만드는데, 사람이 기르는 고양이는 자신이 살고 있는 집을 자신의 구역으로 여기며, 가구 등에 몸을 문질러 자신의 냄새를 묻혀둔다. 고양이는 야행성 동물인 만큼 낮에는 자고 밤이 되면 활기를 띠는 습성을 가지고 있다. 실내에서 키우는 고양이는 비교적 사람의 생활 패턴과 비슷하게 움직이지만 밤 11시에서 12시쯤 가장 활발한 모습을 나타낸다.

고양이가 쾌적하다고 느끼는 생활조건은 주인이 애정을 쏟아주고 먹이가 충분하며 안전이 확보되어 있을 때를 말하는 것으로 자신의 환경이 쾌적하지 못하다 여겨지면 더 좋은 환경을 위해 집을 떠나는 일도 있다.

2) 고양이의 종류

가) 도메스틱 캣(대한민국 공식 학명: 참고양이)

호기심과 생명력, 면역력이 강하고 독립심과 탐험심이 강하며 주인 선정이 매우 까다롭고 일단 선택한 주인은 잘 바꾸지 않는 습성이 있다. 체장은 수컷 50~60cm, 암컷은 40~50cm정도이다.

나) 터키쉬 앙고라

고양이 중 제일 영리한 품종으로 알려져 있다. 성격은 상냥하고 정이 많아 충성심이 강하다. 활달하고 성미가 급한 편이며, 장난을 좋아하고 재롱을 잘 부린다. 터키쉬 앙고라는 흰 고양이로 유명하나, 다른 색도 존재한다(일반적으로 흰 고양이하면 터키쉬 앙고라를 떠올리기 마련이다). 털이 긴 장모종이며 체형은 늘씬한 편이다. 얼굴은 뾰족하고 귀는 크고 밑이 넓으며, 서로 붙어 있다. 눈은 호두모양인데 위쪽으로 약간 기울어져 있다.

다) 페르시안

온순하며 차분하다. 주인에게 순종적이며 좀처럼 제멋대로 굴거나 신경질을 내는 일이 없어 초등학생이 기르기에 적절한 고양이 종류중 하나이다. 높은 곳에 뛰어내리거나 우는 일이 거의 없다. 이런 조용한 면이 페르시안의 인기를 더해주고 있다. 머리 형태는 둥그스름한 자형이며 코가 짧고 눈 사이가 멀다. 단단한 몸통과 뼈대가 굵어 튼튼한 인상을 주며 굵고 짧은 다리가 곧게 뻗어 있는 특징을 가지고 있다.

3) 고양이의 사육장

활동범위가 비교적 큰 고양이에게는 사육장이 따로 필요하지 않다. 평소에는 자신이 원하는 대로 움직일 수 있도록 두고, 잠을 잘 때만 집에서 자도록 하면 된다. 고양이는 습성상 자신만의 공간을 가지길 원하는데, 그 곳이 집이 아닐 수도 있다. 장롱 밑이나 책상 밑, 심지어는 책상의 위 칸 등 자신의 영역이라고 생각하는 곳에 평소에 주로 머문다.

4) 고양이의 식사

고양이의 건강을 위해 단백질, 지방, 비타민, 미네랄, 타우린 등이 골고루 함유되어 있는 균형 잡힌 식사가 필요하다. 집에서 만들어 줘도 무방하나 상당한 기술과 지식이 요구되므로 고양이 전용 사료를 주는 것이 영양 면에서 뿐만 아니라 여러 모로 편리하다.

까다로운 식성을 가진 고양이는 자기가 좋아하는 음식과 그렇지 않은 음식에 대한 구분이 분명한 편식가이다. 좋아하는 음식이 없으면 며칠씩 굶기도 한다. 따라서 편식으로 인해 건강이 나빠지는 일이 없도록 유의해야 한다.

또한 고양이는 상온의 음식을 좋아하므로 냉장고에서 바로 꺼낸 찬 음식은 주지 않는 것이 좋다. 어린 고양이는 매일 조금씩 우유를 마시는 것을 좋아한다. 그러나 우유가 소화가 잘 안돼 설사를 하는 고양이도 있는데 이럴 때에는 물만 주어야 한다. 우유가 있더라도 신선한 물은 항상 준비해 두어야 한다.

생후 3개월까지의 어린 고양이는 위가 작아 한꺼번에 많이 먹을 수 없으므로 하루 3~4회 식사를 급여하고 다 자란 고양이는 하루 2회가 적당하다. 식사는 정해진 시간에 주어야 한다. 한 번에 먹는 양이 1회 식사량의 기준으로 너무 많은 양을 한꺼번에 내 놓지 말아야 한다.

보통 1회양의 기준은 고양이의 체중의 5~10%정도이며 자유롭게 먹을 수 있도록 주어도 좋다. 단 며칠씩 먹던 음식을 계속 먹게 하는 것은 식욕을 떨어뜨릴 수 있으므로 역시 지나치게 많은 양을 한 번에 주지는 말도록 한다. 또한 간식을 너무 자주 많이 먹이면 계속 간식만고집하여 사료를 안 먹게 될 수 있으므로 주의해야 한다. 고양이는 특별한 간식 없이도 사료에 만족한다는 것도 알아둔다.

4) 고양이와 친해지는 방법

고양이는 구르는 물체를 좋아하고 항상 쫓는 성향이 있다. 그러므로 고양이와 놀이를 할 때 공이나 솜뭉치를 이용하여 놀면 쉽게 친해질 수 있다. 또한 사냥감을 닮은 장난감은 에너지를 발산할 수 있는 좋은 대상이다. 긁고 쫓아다니고 툭툭 치는 행동을 하고 싶어할만한 모양이면 더욱 좋다. 장난감을 만져보고 코를 대보고 낫을 보고 발로 찔러보기도 하면서 고양이는 더없이 즐거움을 느낀다. 특히 실에 매달아서 왔다 갔다 하는 장난감을 좋아하는데 사람이 실을 이용해 잡아당겨주면 거기에 흥미를 느끼므로 고양이와 자연스럽게 시간을 보낼 수 있다.

5) 고양이의 관리하는 법

가) 눈 손질

고양이의 눈에 눈곱이 끼어 있으면 떼어내데 그 원인을 먼저 조사해 볼 필요가 있다. 눈곱이 끼는 원인으로는 눈의 염증, 회충 등의 기생충과 감기나 설사 등의 원인이 있으며, 이와 같은 원인을 먼저 치료하는 것이 필수적이다.

눈물과 분비물을 닦아주지 않으면 주변 털이 붉게 변색되고 한 번 변색된 털은 원래 색으로 돌아오기가 힘이 들기 때문에 눈물과 분비물은 생기는 즉시 닦아주어야 한다. 사람이 쓰는 안약이나 식염수의 사용은 절대 금물이다.

나) 브러싱하기

(1) 첫 경험이 중요하므로 처음엔 빗질과 브러싱을 부드럽게 한다. 처음부터 강하게 누르고 무리하게 힘을 써 고양이가 아프다는 생각을 하게 만들면 그 다음부터는 브러시만 봐도 도망을 가기 때문에 부드럽게 브러싱을 해야 한다.
(2) 매일 잠들었을 때 쓰다듬어 준다. 싫어하는 기미가 보이면 멈춘다.
(3) 매일 브러시로 턱 아래와 머리 등을 조금씩 빗겨본다. 이때도 싫어하는 것 같으면 멈춘다.
(4) 브러싱하는 것에 기분 좋아하면 점점 범위를 넓혀간다.
(5) 배는 가장 싫어하는 곳이므로, 안아서 빗을 배에 대는 것만으로 해서 습관을 들인다.
(6) 무릎 위에 올려놓고 부드럽게 말을 걸거나 이름을 불러주면서 브러싱한다.
(7) 털이 뭉치기 쉬운 귀 뒷부분과 뒷다리 안쪽 등 고양이가 셀프그루밍하기 힘든 부분에 세심하게 브러싱한다.
(8) 위의 방법들을 정기적으로 꾸준하게 반복한다.

그림 Ⅴ-4 고양이 브러싱하는 방법

다) 고양이 기를 시 유의점

고양이가 싫어하는 것을 명확히 파악하여 기를 때에 유의할 필요가 있다.

(1) 익숙하지 않은 소리 : 평소에 들어보지 못한 소리가 들리면 고양이는 위협을 느낀다. 굉장히 큰소리로 TV를 틀어놓아도 별 신경을 쓰지 않으나 접시를 떨어뜨려 깨지는 소리가 나면 민감한 반응을 보인다.

(2) 갑자기 일어서는 것 : 급격한 변화에 고양이는 놀라는데 갑자기 일어서거나 손을 번쩍 들어올리는 행동 등에 위험을 느끼고 몸을 위축시킨다. 고양이가 곁에 있을 때는 침착하게 행동하는 것이 좋다.

(3) 지나치게 주시하는 것 : 고양이는 지나치게 주시하는 것을 두려워하며 가만히 드려다 보는 것을 공격의 전조라고 느낀다. 고양이와 눈이 마주치면 아무렇지 않은 듯 시선을 돌리는 것이 좋다.

(4) 물을 뿌리는 행동 : 더러는 물을 좋아하는 고양이도 있다. 그러나 기본적으로 젖는 것을 싫어하는 고양이가 많으므로 주의한다.

(5) 지나친 간섭이나 장난 : 장난을 치고 싶으면 고양이가 먼저 다가온다. 자고 있는 것을 깨워 쓰다듬거나 안는 것은 고양이를 성가시게 할 뿐이다.

(6) 영역 외 : 자신의 냄새가 배어있지 않은 곳, 즉 영역 외의 장소에 갑자기 내놓으면 몹시 위협을 느낀다. 고양이와 외출할 경우에는 냄새가 배인 물건을 함께 넣어주는 것이 좋다.

라. 새(관상조) 기르기

1) 주요 관상조류의 번식 지표

새 이름	산란 수(개)	포란 일수(일)	자육의 가부	산란기간	연간 번식 횟수(회)
카나리아	5~6	13~14	자육	3~7월	3~5
문조	5~7	17~19	자육, 가모	9월~이듬해 4월	3~5

새 이름	산란 수(개)	포란 일수(일)	자육의 가부	산란기간	연간 번식 횟수(회)
십자매	4~8	14	자육	연중	4~6
사랑앵무	4~7	18~22	자육	연중	5~6
금화조	4~6	14	가모, 자육	연중	4~5
호금조	5~6	14~17	가모, 자육	9월~이듬해 5월	3~5
모란앵무	4~6	22~23	자육	연중	3~4
못난이 잉꼬	3~4	25~30	자육	봄 2회, 가을 1회	2~4

2) 새의 특성 이해

새의 종류에 따라서 노래 소리 및 자태의 차이는 있지만, 대부분이 아름답고 귀여운 특성을 가지고 있다. 또한 동일한 종속에서도 암수에 따른 차이는 확연할 경우가 있다. 주로 사육되는 새는 휜치(Finch)류와 카나리아, 잉꼬 등이 있으나 기본적으로 Finch류는 사계절 산란하므로 나무상자에서 사육하는 것이 적당하나 감상하기 위하여서 철망상자도 무관하다.

휜치류는 반드시 둥지 속에서 잠을 자기 때문에 사육 상자 속에 둥지를 넣어 두어야하며 겨울과 번식철에는 둥지 바닥에 깔짚을 깔아주는 것도 필요하다.

새를 안정시키기 위해서는 새장 주위를 천이나 신문지 등으로 막아서 시야를 좁게 해주는 것이 필요하다. 알을 품고 있는 시기에는 3면을 막아 주는 것도 안정감을 주는 방법이다.

새의 구입은 애완동물 전문점, 동물병원, 시장 및 이웃 등 여러 가지 루터를 생각할 수 있다. 일반적으로 많이 길러지는 새는 휜치류(십자매, 금화조, 호금조), 문조, 카나리아, 잉꼬, 앵무류 등이 있다.

건강하고 좋은 새를 선택하기 위해서는 ① 움직임이 민첩하고 활발하여야 한다. ② 색깔이 선명하고, 깃털에 윤기가 나며 깃털은 신체에 밀착되어야 한다. ③ 콧물이 없어야 한다. ④ 하복부가 깨끗하여야 한다. ⑤ 여러 마리 새 중에서 구입하고자 하는 새를 다른 새장에 격리시킨 후 다시 한번 더 관찰한다. ⑥ 같은 종에서는 덩치가 큰 놈을 선택한다(근친교배 및 출생이 늦은 경우가 허약할 가능성이 높음). ⑦ 발톱은 관찰하여서 상처가 없어야 한다. ⑧ 구입하고자 하는 새가 아무리 건강하여도 구입자의 취향에 적합하여야 한다.

3) 먹이의 선택 및 급여

매일 관리하는 것이 기본이지만, 형편에 따라서 2~3일에 1~2회 정도 관리 할 수도 있다. 이때 사료 통속에 낱알 모이의 껍질이 쌓이는 경우가 있는데 껍질과 알곡을 구별하여서 급여하여야 하며, 특히 여름철에는 목욕물의 급여도 게을리 해서는 안 된다.

새도 성장단계에 따라서 먹이를 달리해 주어야 하는데 통상 휜치류는 피6, 조3, 수수1의 비율로 분할, 여기에 청미를 더 첨가하여서 급여한다.

(가) 보조사료 : 수수 대신에 카나리 씨를 바꾸어 주기도 하는데, 식욕이 없거나 번식 등으로 피로할 때에 보조 사료로 주면 된다.

(나) 발정사료 : 휜치류를 발정시키기 위해서 달걀 난황과 좁쌀을 잘 썩은 후, 음지에 말린 후 잘게 부수어서 급여한다(난조). 난조는 한꺼번에 너무 많이 또는 장기간 급여해서는 안 된다.

(다) 양육사료 : 병아리를 기를 때 주는 사료로 새 종에 따라 차이는 있지만, 계란(난백, 난황)과 곡류를 혼합한 후 음지에서 말린 후 잘게 부수어 급여한다.

4) 새장 관리

새의 종류와 목적에 따라 새장을 마련한다. 새장은 애완동물 전문점 등 다양한 루트로 구입이 가능하다. 새장을 꾸미기 위해서는 새장, 횃대, 둥지, 채소꽂이, 모이통, 물통, 목욕용 물통 등이 필요하다. 새장을 꾸미는 단계는 첫째, 새장을 깨끗이 닦은 후 청소가 용이하게끔 새장바닥에 깔판지 또는 천 등을 깔아준다. 바닥에 모래 또는 분쇄한 조개껍질 등을 소량 넣어주기도 한다. 둘째, 둥지를 뒷면의 위쪽에 흔들리지 않도록 잘 잡아매어 고정시킨다. 셋째, 둥지 아래의 뒷면에서 20cm 쯤 되는 곳에 횃대의 끝이 좌우로 가도록 맨다. 넷째, 물통을 옆면에 매어 달고, 모이통과 목욕 물통을 서로 떨어진 위치에 놓는다. 마지막으로 새장이 완성되면 일조량이 많은 밝은 곳에 두며 통풍이 잘 되도록 해야 한다. 새장 바닥은 늘 청결을 유지하여야 하며 장시간의 직사광선은 피하는 것이 좋다.

5) 질병 관리

새는 몸집이 작기 때문에 질병에 감염되면 치명적인 경우가 많다. 따라서 새장 청결 등으로 예방이 최고의 질병치료라고 할 수 있다. 이를 위해서는 첫째, 충분한 청초 급여로 보건상 건강을 유지시킨다. 둘째, 달걀 껍질 등의 급여로 위장의 소화력을 높이고 미네랄 흡수를 증진시킨다. 셋째, 생균제 등의 급여로 위장 관내의 면역력을 증진시킨다. 넷째, 스트레스를 최소화시킬 수 있는 방법을 사육환경을 고려하여 최소화시키는데 노력한다. 다섯째, 질병에 감염 또는 스트레스로 위축된 새는 격리시켜서 집중 관리한다(보온 등). 여섯째, 조류 중에서 발생되기 쉬운 질병(감기, 설사, 식모증, 앵무병, 골절, 기생충 질병 등)에 대해서 미리 공부를 하고 세심하게 관찰을 한다.

6) 청결 활동

청결 활동을 위해서는 조류장 내 큰 용기에 청결한 물을 담아 둠으로서 스스로 목욕할 수 있게 한다. 또한 발톱 관리를 위해서는 적정 굵기의 횟대가 필요하며, 발톱이 자랐을 때는 새 전용 발톱깍기를 이용해서 다듬어 준다. 이때 발톱에 있는 혈관이 다치지 않게 주의한다.

마. 금붕어 기르기

1) 금붕어의 특성 이해

금붕어는 붕어의 돌연변이인 붉은 붕어가 중국인에 의해서 금붕어로 만들어졌다고 한다. 즉 금붕어의 선조는 붉은 붕어이며 고향은 중국인 셈이다. 금붕어는 온수성의 담수어라고는 하지만 상당한 내한성을 가지고 있어 사육할 수 있는 지역은 전 세계로 볼 수 있다. 통상적으로 금붕어의 수명은 5년 정도로 보고 있다(세계 최장수 금붕어 일본금붕어 23년의 기록도 있다). 특히 어항은 겨울철 실내의 건조를 방지하는 효과도 있다.

2) 적합한 수온, 수중산소 및 사육용수

가) 적합한 수온

변온동물(수온에 따른 체온 변화)인 금붕어가 가장 빨리 성장하는 최적의 온도는 섭씨 22~24℃(성육 최적온도)이다. 이 온도에서는 먹이 섭취 및 활동이 활발하기 때문에 물 속이 빨리 더러워지고 산소도 쉽게 부족해질 수 있다. 때문에 15~18℃ 정도의 온도가 종합적으로 볼 때 금붕어 사육에 가장 적합온도라고 할 수 있다. 그러나 1년 내 적정온도로 사육하게 되면 체세포만 성장하여서 금붕어의 몸체는 커지지만 산란을 하지 않을 수 있으므로 이 경우 2~3개월간 저온을 유지하고 먹이도 급여하지 않은 후 다시 섭씨 15~18℃로 유지시키면 산란 행동을 시작한다.

나) 수중 산소

금붕어는 수중의 산소량이 1ℓ 중에 0.5cc 내외가 되면 불안 상태가 되고, 0.3cc 정도에서 죽는다. 수중에 산소가 부족하면 수면으로 떠오르는데, 띠올라 있어도 조그만 진동에 민감하게 반응하고 수중으로 되돌아 들어갈 정도라면 그렇게 위험하지는 않다. 그러나 반응이 약하면 새로운 물을 넣어주거나, 높은 곳에서 물을 떨어뜨려서 산소를 발생시키도록 한다.

다) 사육용수

(1) 수돗물

세균에 오염될 위험성이 적다는 장점이 있다. 하지만 수돗물을 사육용수로 그대로 사용할 경우에는 잔류염소로 인한 피해가 발생할 수 있으므로 잔류 염소의 제거가 필요하다. 미리 물을 받아 둔 뒤 1~2일간 방치해 두었다가 사용한다. 햇볕에 두면 좀 더 빨리 염소를 제거할 수 있다. 또한 하이포(티오유산 나트륨)를 사용하여 물을 중화시킬 수도 있다.

(2) 우물물(지하수)

수질 검사 후 사용하는 것이 안전하나 현실적으로 어려움이 있다. 하지만 식수로 사용하는 우물물은 문제가 없다고 할 수 있다. 일반적으로 우물물은 경도가 높고 용존산소량이 매우 낮기 때문에 주의를 요한다. 따라서 수돗물과 반씩 섞어서 사용하고, 에어레이션을 충분히 활용하여 결점을 보충한 후 사용한다. 냇물(하천, 호수 등의 천연수)은 용존산소량이 많으나 가능하다면 정확한 수질 검사가 필요하다. 우물물이나 냇물 등을 이용해 수조에 물을 교환한 후에는 적정량의 항생・항균제를 사용할 필요가 있다(수조는 크게, 금붕어의 숫자는 작게).

3) 어항 꾸미기

가) 사육 준비(주의사항)

(1) 좁은 용기에 너무 많이 넣지 않는다.
(2) 먹이를 너무 많이 주지 않는다.
(3) 실내에서 사육을 계속하지 않는다.
(4) 너무 자주 물을 갈아주지 않는다(물을 조금씩 줄이고, 다시 물을 추가해 주도록 하고 온도 차를 될 수 있는 대로 주지 않도록 한다. 물이 하얗게 탁해졌을 때에는 물을 갈아 줄 필요가 있다).
(5) 용기를 너무 깨끗이 씻지 않는다(용기에 녹색의 이끼가 끼는데, 이것은 동화작용을 실시해서 수중에 산소를 공급하기도 하고 금붕어의

그림 Ⅴ-5 어항 꾸미기를 위한 준비물

먹이도 되므로 될 수 있는 한 씻어 버리지 말고 관상에 지장이 없을 정도로 청소해 놓는다. 매일 용기의 3분의 1정도씩 물을 갈아주도록 한다).

나) 준비물

수조, 모래, 수초, 금붕어, 물(정수 기물), 산소발생기, 온도계

다) 순서

(1) 수조와 모래를 깨끗이 씻는다(세제를 사용하면 안된다).
(2) 모래를 수조에 넣어서 평평하게 고른다.
(3) 기포발생기를 부착한다.
(4) 온도계를 이용하여 적정온도(15～26℃)를 맞추어 물을 준비한다. 물은 수돗물을 받아서 햇빛을 쬔 후 사용한다. 물을 다 붓지 않고 조금만 채운다.
(5) 물풀을 심는다. 물풀을 심을 때 모래와 수초가 흐트러지지 않게 한다.
(6) 물을 산소발생기의 산소가 나오는 부분이 있는 데까지는 꼭 채우도록 한다.
(7) 금붕어를 넣는다. 금붕어를 넣을 때 원래 있던 물을 같이 넣어주도록 한다.

4) 금붕어의 관리

가) 금붕어 선택(건강한 금붕어의 식별)

(1) 동작에 활기가 있을 것.

(2) 색깔에 윤기가 있고 선명한 것.

(3) 비늘이 떨어지지 않은 것.

(4) 식욕이 왕성할 것.

(5) 지느러미가 펴져 있을 것.

(6) 몸의 생김새에 이상이 없을 것.

(7) 품종 특유의 색깔이나 특징을 갖춘 것.

(8) 좌우의 균형과 대칭이 잘 된 것.

(9) 전체의 균형이 잡힌 것.

(10) 크기가 고른 것.

나) 암수구분(자웅선별)

어린 것은 구별하기가 어렵지만 1세 이상의 것이거나 산란기 중에는 구별하기 쉽다. 가장 확실한 구별 방법은 생식구멍의 형태에 의한 방법이다. 수놈과 암놈은 생식구멍의 모양이 다르다. 즉 수놈의 생식구멍은 장타원형이고 암놈의 것은 거의 원형이다. 대체적인 느낌은 암놈은 수놈보다 크고 생식공이 약간 돌출되어 있지만 수놈은 가늘고 깊게 되었다. 동일 품종의 같은 크기의 것을 비교해보면 각 지느러미가 수놈보다 암놈이 길다. 산란기가 되면 수놈에게 추성이라는 흰 반점이 아가미 덮개, 가슴지느러미, 등지느러미 비늘 등에 나타난다. 이 추성은 성숙한 수놈이 발정했을 때 나타나는 것으로서 발정상태에 따라서 그 수가 증감하고 산란행위가 끝나면 없어진다. 보통 사육되는 것 중에서 자웅의 비율은 대체로 1:1이지만 수놈이 암놈보다 일반적으로 수가 많다. 이것은 사육 중에서 몇 번이고 우열을 선발하기 때문이다.

다) 물갈이

처음에는 깨끗했던 물이 차차 파랗게 탁해져서 결국에는 수질이 나빠지게 되므로, 때때로 물갈이를 해줄 필요가 있다. 높은 수온에서 많은 물고기를 사육하고 있을 때일수록 수질은 변하기 쉽고, 남겨진 먹이가 많아도 빨리 나빠진다. 물이 청색 또는 갈색이 되는 원인은 수중에 많은 부유생물이 급격히 발생하기 때문이며, 이것들은 물론 금붕어의 먹이가 되는 것도 있지만, 한번 사멸하면 그 사체가 부패해서 수질을 나쁘게 만든다. 금붕어는 유수보다도 지수를 좋아하는 물고기이므로 너무 갑자기 물을 바꿔주는 것을 피하고, 전체를 물갈이 하는 것보다 악변하기 전에 전체의 10% 정도씩 물을 갈아주도록 한다.

라) 먹이(사료)

금붕어는 잡식성의 물고기로 동물성의 먹이나 식물성의 먹이를 모두 먹는다. 특히 동물성의 살아있는 먹이로 물벼룩, 장구벌레, 실지렁이 등을 좋아한다. 여러 가지 영양을 혼합해서 만든 건조 모이보다도 결국 살아 있는 먹이가 소화도 잘되고 성장도 빠른 것 같다. 하지만 살아 있는 먹이를 줄 여건이 되지 않는 다면 인공먹이(사료)를 주어도 좋다. 수온이 높으면 그만큼 신진대사가 왕성해서 소화가 빨리 되기 때문에 식욕도 있으나, 다만 산소가 부족하면 신진대사도 할 수 없다. 물고기에 식욕이 있다는 것은 그만큼 물고기가 건강하다는 증거이다. 대체로 1일 2회, 오전과 오후로 나누어서 먹이는 주고, 먹다 남은 것이 없도록 주의한다. 금붕어는 대체로 수온이 10°C 정도가 되면 먹이를 먹기 시작하며 28~30°C 정도에 식욕이 제일 왕성해진다. 그러나 온도가 높으면 산소도 적고, 먹다 남겨진 먹이의 부패도 빠르므로 28°C를 넘었을 때는 양을 줄이는 것이 좋다. 먹이의 양은 1살짜리 물고기면 머리 크기정도를, 2살짜리 물고기면 머리 크기의 2분의 1정도를 하루에 준다. 겨울 동안은 절식하므로, 먹이의 양을 줄이던지 주지 않는 것이 좋다. 그리고 빵 조각이나 밥풀을 준다는 것은 금붕어에게 독을 주는 것과 같은 것이므로 절대 주지 않도록 한다.

5) 질병 예방과 치료

청결 활동이 최고로 정기적으로 어항내의 물을 갈아준다. 더불어서 먹이를 너무 많이 또는 자주 주어서 먹고 남은 먹이가 많을 경우 물속의 공기가 적어지게 되므로 물을 자주 갈아주어야 한다.

금붕어의 대표적인 질병으로는 백점병, 물곰팡이병 및 기생충 감염 등이 있다.

가) 백점병

(1) 원인 : 낮은 수온, 낮은 채광
(2) 증상 : 아가미 근처에 흰 반점이 생겨서 온몸으로 퍼짐과 동시에 금붕어가 쇠약하져서 도태된다.
(3) 치료 : 어항내 수온을 상승시킨다(25℃ 전후). 또는 약물 치료 방법을 이용할 수 있다.

나) 물곰팡이병

(1) 원인 : 금붕어 상처 부위에 기생충 감염
(2) 증상 : 환부에 흰솜에 덮여 있는 것처럼 보인다.
(3) 치료 : 어항내 약품 투여 또는 1.0~1.5% 소금물 활용하는 방법이 있다.

다) 기생충병

(1) 원인 : 흡충 또는 디스토마류의 기생
(2) 증상 : 괴로워하고 반전하듯이 헤엄쳐 돌아다닌다. 금붕어의 아가미와 지느러미 등에 흰 반점이 생겨서 점점 반점이 커지고 결국은 도태된다.
(3) 치료 : 초산 또는 과산화수소로 약욕을 시키는 방법이 있다.

바. 토끼 기르기

토끼의 생김새는 많은 사람들에게 호감을 주어 토끼관련 인형, 캐릭터 및 만화 등 수많은 결과물들이 우리와 친숙한 관계를 유지하고 있다. 그러나 토끼는 아직 야생의 성질이 많이 남아 있어서 애완용으로 키우기에는 다소 부적합하다고 이야기 하는 사람들이 있지만, 실제 토끼를 애완동물로 키우는 사람들의 이야기를 들어보면 토끼처럼 친숙하고, 호기심이 많고 청결하며 조용한 동물임을 알 수 있다. 특히 토끼는 비교적 소형으로 수명도 평균 6~10년 정도로 애완동물로써의 자격을 충분히 갖춘 동물임에 분명하다고 할 수 있다.

토끼는 토끼목 토끼과에 속하는 동물로 토끼과는 산토끼(here)류와 집토끼(rabbit)류로 분류할 수 있는데 현재 애완용으로 길러지는 것은 집토끼에서 개량·분화된 것이다. 토끼는 11세기초 유럽남서부에서 가축화된 이후, 14세기초 프랑스의 수도원에서 애완동물로 사육되었다고 한다. 우리나라에서는 고려시대부터 토끼가 키워진 것으로 추정된다. 토끼는 굴토끼들 간의 근친교배를 통한 돌연변이 과정을 거쳐 많은 분종이 만들어져서 현재에는 약 150종의 토끼가 사육되고 있다. 토끼는 쥐, 모르모트, 햄스터 등과 같은 설치류에 속하는 동물로 이빨이 평생 자라며 앞이빨(절치)과 어금니(구치) 사이의 송곳니(견치)가 없는 특징을 가지고 있다.

토끼를 분류하는 방법은 여러 가지가 있지만 여기서는 사육 목적에 따른 분류 및 색상에 따른 분류에 대해서 제시한다.

▲ 토끼를 위한 건초대

▲ 호기심이 많아서 사람의 주위에 몰리는 토끼의 모습.

그림 Ⅴ-6 토끼의 사육장 (대구교대 사계정)

1) 토끼의 분류

가) 굴토끼와 산토끼의 차이

(1) 굴토끼(Rabbit)

(가) 집단으로 생활을 한다.

(나) 새끼들을 위해 땅굴을 파고 생활한다.

(다) 새끼는 출생 시에 털이 없고 눈은 감겨 있다. 스스로 체온 조절을 못한다.

(라) 자력으로 움직일 수 없다.

(마) 계절의 변화에도 털의 변화 없다.

(바) 출생수가 많으며 임신기간과 사이클이 짧다.

(사) 상대적으로 귀가 작고, 다리가 덜 발달되어 있다.

(아) 가축화가 진행되어서 많은 품종이 개량되어 있다.

(2) 산토끼(hare)

(가) 단독으로 생활한다.

(나) 산실을 수풀이나 구덩이 속에 만든다.

(다) 출생수가 적고 임신기간이 길다.

(라) 뒷발이 발달되어 있고, 몸집이 큰 편이다.

(마) 가축화가 진행되지 않았다.

(바) 운동능력이 발달되어서 행동반경이 넓다.

(사) 출생 시 털이 있고, 눈이 뜬 상태로 태어나서 바로 움직일 수 있다.

(3) 사육목적에 따른 분류

(가) 실험동물용 : 일본백색종

(나) 양모생산용 : 0.1～0.7kg 양모 생산(앙고라 종류) 렉스 종, 친칠라 종

(다) 육류생산용 : 훨미쉬 자이언트종(flemish giant), 벨기에 종

(라) 애완용 : 롭(lop), 렉스(rexes), 덧치(dutch), 히말라얀(himalayan)종

나) 토끼의 색상에 따른 그룹 분류

분류	특징	종류
순종	단색 그룹	블랙, 블루, 초콜릿, 라일락, 블루 아이드, 화이트, 루비 아이드 화이트
세이드	전체적으로 색상이 단계적으로 변화 된 그룹	세이블 포인트, 사이아민 세이블, 사이아민, 스모크 펄

분류	특징	종류
어구티	하나하나의 털에 각각 무늬 모양의 색 구별이 있는 그룹	체스너츠, 친칠라, 링크스, 오팔, 스쿼럴
탄패턴	몸통의 색상과 배의 색상이 두 가지 색인 그룹	오터, 세이블 마틴, 실버 마틴, 스모크 펄 마틴, 탄
기타	기타로 분류되는 색상 그룹	폰, 히말라얀, 오렌지, 스틸, 터토 스틸, 기타

(1) 눈의 색깔

(가) 갈색, 적색, 청회색, 청색 등

(나) 눈의 색은 털색과 연관 있고, 순종 결정에 중요한 포인트가 된다.

(다) 청색, 적색은 알비노의 유전자 영향

(라) 블루아이드 화이트 - 파란 눈에 하얀 털

(마) 루비아이드 화이트 - 빨간 눈에 하얀 털

2) 토끼 몸의 구조

가) 전신

(1) 보온성이 뛰어난 부드러운 털, 털은 방수성이 있다.

(2) 봄에 털갈이를 한다.

(3) 얼굴 모습은 차이가 있다. 각 부위의 움직임은 동일하다(습성에 따른 진화).

나) 커다란 귀

(1) 귀가 선 귀, 처진 귀(롭종) → 선 귀가 청력이 좋다.

(2) 작은 소리에도 민감하게 발달된 감각기관

(3) 체온 조절 기관 : 땀샘이 없고, 가는 혈관이 모여 방열함으로 체온을 일정하게 유지

(4) 귀를 세움 : 놀라거나 긴장할 때

(5) 귀를 눕힘 : 긴장을 풀고, 기운이 없을 때, 화가 날 때

다) 코

(1) 실룩실룩 자주 움직여 주변의 냄새에 민감
(2) 후각은 청각과 함께 상당히 발달
(3) 아주 민감하여 냄새의 종류를 잘 분간한다. 실룩실룩 움직이고 있을 때에는 냄새를 맡을 때이다.

라) 눈

(1) 얼굴의 측면에 붙어 있어서 넓은 범위까지 볼 수 있다. 야행성이라 어두운 곳에서도 잘 볼 수 있다.
(2) 눈이 발달, 색맹
(3) 시야는 360°, 좌우 눈이 각각 사물을 본다.
(4) 시야가 넓은 이유: 신체의 방향 급회전이 불가능한 불리한 조건을 넓은 시야로 보완, 천적으로부터 보호하기 위함이다.
(5) 넓은 시야에 비해 시력은 발달하지 못하였다.
(6) 눈이 빨갛게 보인다. 홍채에 멜라닌 색소가 없기 때문이며, 망막 안쪽에 있는 혈관이 그대로 비친다.

마) 이빨

(1) 계속 자라서(평생), 앞 이빨의 경우는 1년에 12.5cm 성장한다.
(2) 과잉성장 : 이빨을 정기적으로 절단하거나, 사육장에 토끼가 스스로 이빨을 갈 수 있는 통나무나, 미네랄 블록 등을 넣어둔다.
(3) 치식 : 1-0-2-3, 28개 치아(절치, 견치, 전구치, 후구치)

바) 유두

(1) 한쪽이 4개로 좌우 8개의 유두를 가진다.

사) 소화기

(1) 초식동물 : 초식동물로 풀에서 최대한 영양분 섭취하는 방식을 취한다. 입→

위장(소화 시작)→창자→대장

(2) 맹장발달 : 맹장내 존재하는 미생물의 활동 탁월하다(소화를 돕는 박테리아가 활발하다).

(3) 식분증 : 자기 분변을 받아먹어 무기물 또는 비타민류를 섭취하기 위함이다.

아) 앞발(앞다리)

(1) 앞다리는 뒷다리보다 짧고, 발가락이 5개 있다. 앞발로 구멍을 판다.

(2) 앞, 뒷발바닥에 털로 덮여 있어서 토끼가 달릴 때 쿠션 역할을 한다.

자) 뒷발(뒷다리)

(1) 앞다리보다 길고 튼튼하며 발가락이 4개 있다. 점프력과 주력이 뛰어나서 시속 20～80km 정도까지 달릴 수 있다.

(2) 뒷발로 점프, 앞발로 균형을 잡아 착지한다.

(3) 뒷다리로 서 있는 자세 : 경계 상태

(4) 뒷발을 쿵쿵 굴리는 것 : 위험 신호

(5) 싸울 시 : 점프를 하여 뒷발로 차는 공중 전

(6) 안기를 싫어하는 토끼를 무리하게 안으면 뒷발로 차인다.

차) 꼬리

(1) 짧다.

(2) 위험하거나 긴장, 흥분시 : 꼬리를 세워 신호를 보낸다.

(3) 복종 : 약자가 강자 앞에서 꼬리를 내리는 자세를 취한다.

3) 애완용 토끼의 주요 품종

가) 로프리어(ropear) : 일반적으로 토끼라고하면 길고 똑바로 선 귀를 연상하기 쉬우나 이 토끼는 귀가 축 늘어진 것이 특징이다. 대형종(체중 4kg정도)에서 출발한 로프리어는 순한 모습이 인상적이어서 드워프종이나 앙고라종의 피

를 썩은 교잡종인 소형종이 여러 종 개량되어 있다. 이 품종은 상대적으로 온순하여서 다루기쉬우나, 사육과정에서 귀에 상처가 생기는 경우가 종종 있어서 특히 토끼장에서 사육할 때 토끼장의 철사 상태 등에 주의를 하여야 한다.

나) 네덜란드 드워프(netherland dwarf) : 설치류의 토끼 모습을 잘 나타낸 토끼로 상대적으로 짧은 귀, 밀집된 눈과 코, 좁은 이마, 볼록한 아랫볼 등의 외모를 가진 앙증맞은 토끼의 모습을 하고 있다. 네덜란드 드워프종은 완전히 성장한 후에도 1kg미만의 체중을 가지는 소형종이며, 성격또한 예민한 편으로 사양관리에 다소의 주의가 필요하다.

다) 테우토(teuto) : 소형토끼로 이 토끼를 개량한 독일의 농장(테우토사)의 이름을 따서 명명되어졌다. 털색과 종류는 다양하며, 대표적인 품종으로는 수사자의 목의 긴털을 닮은 테우토 라이언 종, 네덜란드 드워프와의 교잡종인 테우토 드워프종, 귀가 축늘어진 테우토램 종 등이 있다. 성질은 예민한편으로 사육환경 등에 주의가 필요하다.

라) 앙고라(angora) : 터키의 앙고라 지방에서 모피를 얻기 위해서 개량된 토끼에서 기원된 종으로, 앙고라라고 하면 길고 부드러운 털을 가진 토끼를 연상하게 한다. 이 토끼의 특징은 길고 부드러운 털에 있기 때문에 사육시 주위환경을 청결하게 유지하여서 특히 털 관리 등에 주의를 기울려야 하는 품종이다. 많은 교잡종이 만들어져서 대형종(체중 3kg이상)과 중소형종(체중 2~3kg이하)으로 구분된다.

마) 폴리쉬(polish) : 작은 덩치(소형종, 체중 1kg정도)에 흰색털과 붉은 색 눈을 가지는 활동적인 토끼이다. 치켜 든 머리와 쫑긋 세운 두 귀가 인상적이기도 하다. 최근에는 아메리킨 폴리쉬로 다양한 털색깔을 가진 토끼가 등장하였다. 네덜란드 드워프와 성질이 비슷하고 할 수 있다.

바) 히말라얀(himalayan) : 소형종(체중 1.5~2.0kg정도)으로 유럽에서는 중국산 검은 토끼로 알려진 히말라야원산이다. 원래는 흰색 바탕에 귀, 코, 꼬리, 다리의 끝부분이 진한 색으로 된 특징을 가지나 사육환경에 따라서 다양한 색을 나타낸다. 성격이 온순하고 사람을 잘 따르기 때문에 애완용으로 인기가 높은 품종중의 하나이다.

사) 더치(dutch) : 소형종(체중 2kg정도)으로 팬더곰을 연상하게 하는 2색 대비가 특징이다. 색깔이 다양하기 때문에 취향에 따라서 선택할 수 있는 폭이 넓다는 특징을 가지고 있다. 나만의 개성을 나타내고 싶은 사람들에게 애완용으로 추천할 수 있는 품종중의 하나이다.

아) 렉스(rex) : 주로 대형종(체중 3.5～4.0kg정도)으로 모피용으로 개량된 토끼로 조밀하고 짧은 털이 특징이다. 얼굴은 계란형으로 눈과 코가 떨어져 있기 때문에 귀여운 느낌과는 다소 거리가 있다. 귀는 길고 곧게 서 있으며 안테나처럼 좌우가 벌어져 있다. 귓속은 분홍색이다. 번식력이 뛰어난 토끼로 알려졌다.

자) 라이언헤드(lionhead) : 소형종(체중 1.5kg전후)으로, 목주의의 긴 털이 사자갈기를 연상시키는 장모종(長毛種)으로 앙고라종과 드워프종의 피가 섞여 있다. 귀엽고 깜찍한 외모에 아주 다양한 색상과 무늬를 가지고 있어 애완용으로 인기가 높다.

4) 토끼의 습성 및 관리

가) 토끼의 습성

(1) 자기 주장의 방법

(가) 턱밑에 냄새를 뿌리는 기관이 있다.

(나) 나뭇가지나 주변 사물에 냄새를 뿌린다.

(다) 영역표시로서 오줌을 뿌리기도 한다.

(라) 위험을 느끼면 뒷발을 쿵쿵 굴러 동료에게 알린다.

(2) 엄마 토끼의 행동

(가) 지하 터널 속에 분만실을 만든다.

(나) 입구를 막아 새끼를 감춘다.

(다) 1일 1～2회 정도 포유를 하며, 한번의 포유시간은 5～10분 정도가 소모된다.

(라) 유즙은 높은 열량 확보가 가능한 고지방성분으로 구성되었다.

(3) 변(맹장분)의 섭취(식분증)

(가) 대변의 성상 : 동글동글하고 딱딱한 분변

(나) 암녹색의 크림형태 변(맹장분) : 미생물의 발효로 소화가 된 변으로 영양분(특히, 비타민류, 무기물류 등)을 재흡수한다.

(다) 항문에 입을 대고 직접 섭취 : 그루밍 형태와 비슷하고 사람이 관찰하기는 매우 어렵다.

나) 토끼의 관리

(1) 토끼의 암수 구별법

(가) 암컷의 유두는 핑크빛 : 8~10개의 유두를 가진다.

(나) 어른 토끼는 성별이 간단히 구별 된다.

(다) 새끼 토끼는 항문과 음부의 거리를 보고 판정한다 : 수컷이 암컷보다 1.5배 정도 길다.

(라) 음부의 외관은 암컷은 길고, 수컷은 원통형으로 되어있다.

(마) 성별의 구별은 생후 3일째가 좋다. 너무 어리거나, 번식기의 토끼에게는 스트레스를 가할 영향이 크다.

(2) 사육시 성별의 비율

(가) 번식 시 암수 1쌍이 좋다. 수컷 한 마리에 암컷 2~4마리도 적당하다.

(나) 수컷끼리 같은 공간에 여러 마리 두는 것은 격렬한 싸움의 원인을 제공할 수도 있다.

(다) 중성화 수술을 해서 수컷의 싸움을 막으려는 것은 기본적으로 불가능하다.

(라) 중성화 수술은 번식능력을 없애는 수단으로 이용할 수 있다.

(마) 외로움을 막기 위해서 2마리 키울 경우 같은 성으로 키우는 것이 한 쌍으로 키우는 것보다 나은 경우도 있다.

(3) 토끼의 사육시설, 건강한 토끼의 선택 및 구입시기

(가) 사육장의 위치 : 조용하고, 통풍이 잘 되고, 외풍이 심하지 않은 장소가 좋

다. 즉 너무 춥거나 더운 곳은 피한다. 또한 고양이, 개, 쥐가 접근할 수 있는 곳은 피한다.

(나) 야외집 : 햇빛이 잘 들고 배수가 용이한 곳이 좋다. 여름에 차양(햇빛을 가림)을 할 수 있는 장소가 좋다. 외풍이 강할 때 건초 등을 이용하여 막아주는 방법도 있다.

(4) 건강한 토끼 기르기

(가) 통통하고, 중량감이 있는 토끼
(나) 몸에 상처가 없고, 피모가 깨끗하며 피부병이 없는 토끼
(다) 엉덩이 부분이 깨끗한 토끼(예, 소회기관이 건강한 토끼)
(라) 눈이 반짝하고 눈꼽이나 눈물이 없는 토끼
(마) 귀속이 청결하고 이빨이 정상인 토끼
(바) 코 주위가 깨끗하고, 숨소리가 안정된 토끼
(사) 식욕이 왕성한(인공사료를 잘 먹을 것) 토끼
(아) 무리로부터 떨어져 있거나 자는 시간이 많은 토끼는 피한다.

(5) 새로운 토끼 맞이하기

(가) 새끼 토끼를 키울 때와 마찬가지로 세심한 관심과 관리가 필요하다.
(나) 이전에 있던 토끼와 합사하기 전에 며칠 따로 사육하여 건강 상태 등을 체크한다.
(다) 합사한 후, 다른 토끼와의 싸움 등이 없는지 관찰한다.
(라) 이동 후, 며칠 간은 이전에 먹이던 익숙한 먹이를 급여하고, 적당한 온도 유지 등 새로운 환경에 적응하도록 도와주어야 한다.

(6) 토끼를 맞이하기 전에 필요한 용품

(가) 청소도구(브러시, 끌칼, 솔, 소독약 등)
(나) 사육장(케이지) : 토끼가 뛰이놀며 운동 할 수 있는 적당 크기로 철사 등이 잘 정리된 것을 선택한다.
(다) 물그릇과 먹이 넣는 기구 : 대량의 물을 먹으므로 커다란 탱크식의 물그릇

이 필요, 먹이 넣는 기구는 스테인레스나 사기로 선택하여 토끼가 물어서 깨어지지 않게 한다.

(라) 손질도구(빗, 브러시, 고무브러시, 발톱깎이 등)

(마) 건초 및 모래 : 먹이와 화장실 안에 사용한다.

(바) 토끼를 올바르게 잡는 법 : 목부분을 큼직하게 잡고 다른 한 손으로 엉덩이를 지지하면서 자신의 복부에 토끼의 배를 꼭 붙인다. 이 때 너무 꽉 붙잡지 않도록 주의한다. 또한 무릎 위에 올려 쓰다듬어 주면 토끼도 안정감을 느낀다.

(사) 옳지 못한 법 : 음식을 먹이면서 또는 먹으면서 안지 않는다. 특히 귀는 토끼에게 중요한 부분이므로 귀를 잡는 것은 금물이며, 민감한 부분이므로 통증을 느낀다. 손가락을 입 주위에 가져가면 물릴 위험이 있다.

(7) 토끼의 교육

(가) 화를 낼 때 이름을 부르지 않는다.

(나) 부드럽게 이름을 부르며 안아준다.

(다) 위험한 물건은 모두 치운다.

(라) 이름으로 야단치는 것은 안된다.

(마) 매섭게 때리지 않도록 한다.

(8) 토끼의 운동

(가) 매주 1회의 시간을 정해 우리 바깥에 꺼내 놓거나 산책을 시킨다.

(나) 더운 날 강한 햇빛 아래에서 장시간 운동은 피한다.

(다) 무리한 운동은 피하며 토끼가 하고자 하는 대로 놓아두어서도 안된다.

(라) 운동 시 주인의 역할은 지켜보고 위험으로부터 보호한다.

(9) 변가리기 훈련

(가) 화장실 설치 : 일정한 장소에 건초나 부드러운 모래를 채운 용기를 설치한다.

(나) 배변 훈련 시 부드럽게 대한다. 토끼는 화내는 것을 이해하지 못함 공포감을 느낄 수 있다.

(다) 냄새가 나도록 화장실 안에 토끼의 변을 넣어두고, 냄새를 맡게 하여 '이곳이 화장실이다'라는 사실을 알려준다.
(라) 화장실 이외의 장소에서 볼일을 봤을 때는 바로 청소 후 탈취제 등을 이용하여 냄새를 완전히 제거한다.
(마) 토끼가 안절부절하며 화장실에 갈 것 같은 행동을 보이면 바로 화장실로 데려간다. 스스로 화장실에 갈 수 있을 때까지 반복한다.

(10) 청소

(가) 토끼를 우리에서 꺼내고 음식그릇, 급수기, 바닥 등을 꺼낸다.
(나) 바닥 깔개로 쓰던 것은 버리고, 우리 안에 남아 있는 쓰레기나 변 등을 제거한다.
(다) 용기에 남아 있는 음식물은 버리고, 물로 씻은 후에 물기를 잘 제거한다.
(라) 용기가 완전히 마르면 새로운 음식을 넣어 준다.
(마) 급수기를 가볍게 씻고, 입구가 막히지 않았는지 확인한 후에 새로운 물을 보충한다. 급수기의 바깥쪽은 마른 수건으로 말끔히 닦아준다.
(바) 우리 속에 새로운 깔개를 깔아주고, 용기와 급수기를 제자리에 넣는다.
(사) 화장실의 내용물은 버리고 가볍게 물로 씻은 후 잘 닦는다.
(아) 화장실 안에 새로운 모래 등을 넣고, 원래의 장소에 놓아둔다.

(11) 토끼의 먹이 선택

(가) 야채와 과일
(나) 인공사료
(다) 특수 인공사료 : 비만 방지용 단백질 강화사료
(라) 보조사료 : 멸치, 마른 음식 류 등 동물성 모이를 2, 3일 간격으로 소량 급여한다.
(마) 간식 : 이빨이 너무 자라지 않도록 만들어진 간식을 급여한다.

좀 더 알아보기

토끼의 건강 체크

- 털 손질할 때 피모의 상태를 잘 관찰한다.
- 귀속의 냄새나 색깔을 관찰한다.
- 밝은 곳에서 눈빛을 살펴 본다.
- 앞니가 너무 자라지 않았는가 등 조심스럽게 입 속을 살펴 본다.
- 발톱과 발을 상태를 본다.
- 정기적으로 체중을 측정하여서 갑자기 체중이 늘거나 줄지는 않았는가를 확인한다.
- 항문이 더러워지지는 않았는가를 확인한다.
- 사육 노트를 기입하여서 계획적으로 관리하고 기록한다.
- 예방접종 카드를 잘 관리한다. 이름, 생일, 체중, 병원전화번호, 병원 진료시간, 휴일, 이전 질병이름, 예방접종일, 구충제 투여일 등을 기록한다.

5) 토끼의 연간 관리 스케줄

연간 사육 스케줄

월	계절	토끼의 상태	돌보기
3월		털갈이 시기(겨울털이 여름털로 바뀐다.)	자주 브러싱해 준다.
4월	봄	원기 왕성한 계절	날씨가 좋은 날은 일광욕을 시킨다.
5월		번식에 적합한 계절	들풀을 구하기 쉬운 계절이므로 충분히 주도록 한다.
6월	장마	토끼가 가장 싫어하는 계절로 습도가 높기 때문에 약해지기 쉽다.	마른 사료위주로 사육하고 과습한 환경에 노출시켜서는 안되며, 평소보다 부지런히 청소한다. 사료와 물이 부패하지 않도록 주의한다.
7월	여름	더우면 여름을 타서 식욕이 줄 수 있다.	곰팡이의 피해에 주의하고 여름을 타서 식욕이 떨어지면 신선한 들풀 등으로 식욕을 회복시킨다. 대청소에 최적의 시기이므로 자주 일광 소독을 한다.
8월		본격적인 여름으로 더위에는 매우 약하다.	통풍이 잘되는 시원한 장소에 사육상자를 옮기서 온도관리를 한다. 에어컨 바람이 직접 닿는 장소는 피한다.

월	계절	토끼의 상태	돌보기
9월	가을	많이 서늘해지지만 늦더위에 주의	옥외 토끼장에는 차양을 하는 등 더위 대책을 마련한다.
10월	가을	여름털이 겨울털로 바뀌는 털갈이 시기로 식욕도 돌아오는 시기이기도 하다.	자주 브러싱해 준다. 평소보다 사료를 좀 많은 듯하게 급여한다. 이 시기는 다소 뚱뚱해져도 걱정하지 않아도 된다.
11월	가을	낙엽도 먹는다.	말라있는 상수리나무, 느티나무 잎 등을 준다.
12월	겨울	추운 것도 별로 좋아하지 않는다.	바닥재를 충분히 공급하여서 보온 대책을 세운다.
1월 ~ 2월	겨울	본격적인 추위 대책을 세운다.	야간에 기온이 떨어지는 것을 방지하고, 외풍 등에 대한 대책으로 사육상자나 옥외 토끼장에 모포 또는 비닐 등을 씌워 보온 등에 주의한다.

(조경옥과 이경숙, 2003)

사. 햄스터 기르기

둥글고 작은 몸집에 깜찍한 눈동자, 움직이는 인형과 같이 사랑스러운 햄스터는 애완동물 중에서도 특히 인기가 높다. 기르기도 비교적 쉬우므로 처음 동물을 기르는 초보자에게도 적합하다.

1) 햄스터 특징

가) 귀여운 표정과 동작이 최대의 매력 : 앞발을 사용해서 물건을 잡는 모습이나 뒷발로 서서 주위를 둘러보는 모습은 사람들의 사랑을 듬뿍 받을 정도로 귀엽다.

나) 몸집이 작아 사육 공간을 많이 차지하지 않는다 : 햄스터는 다자라도 체장이 20cm이하기 때문에 사육 공간도 30(가로)X20cm(높이)정도의 사육장이면 충분하다

다) 야행성이므로 낮에 바쁜 주인과도 놀 수 있다 : 애완동물을 길러도 낮에는 회사 일이나 학교 수업으로 시간을 낼 수 없는 경우가 있다. 이런 경우에도

햄스터라면 사이좋게 지낼 수 있다. 햄스터는 야행성이므로 본격적으로 활동을 시작하는 것은 저녁부터다. 먹이나 청소 등의 관리도 저녁에 해도 좋다.

라) 냄새가 적으므로 아파트에서도 기르기 쉽다 : 애완동물을 기를 때 걱정이 되는 것이 냄새나 우는 소리일 것이다. 그러나 햄스터는 우는 소리를 거의 내지 않고, 청소를 깨끗이 하면 냄새도 나지 않는다. 아파트에서도 이웃 사람에게 폐를 끼치지 않고 기를 수 있다.

2) 햄스터의 종류

가) 골든 햄스터 : 사람에게 익숙해지기 쉽고 대범한 성격의 소유자로 애완용 햄스터 중에는 몸집이 가장 크며, 몸 길이 20cm, 체중 200g까지 성장하는 경우도 있다.

나) 드워프 햄스터(정거리언) : 대범한 성격이므로 기르기 쉽다. 처음으로 햄스터를 기르는 사람에게도 적합하다. 여러 마리도 기를 수 있지만, 이 경우는 어릴 때부터 함께 기르는 것이 기본이다. 털의 색은 회색이 일반적이지만, 여러 가지 색이 있다.

다) 드워프 햄스터(로보로프스키) : 애완용 햄스터 중에는 가장 작은 종류이다. 몸놀림이 민첩하고 큰 눈을 가진 모습이 귀엽다. 겁이 많은 성격이므로 스킨십은 어렵고 관상용으로 기르는 사람이 많다.

라) 드워프 햄스터(캠벨) : 정거리언보다 약간 몸집이 크고 성질이 드세다. 무는 경우도 있지만, 어릴 때부터 기르면 쉽게 익숙해진다. 색이나 무늬가 풍부하므로 다양한 색을 즐길 수 있다. 일반적인 털색은 회색으로 등에 검은 선이 들어가 있다.

3) 햄스터의 관리

가) 햄스터의 사육장 배치

햄스터를 위한 사육장의 크기는 35(가로)X65cm(세로)정도가 이상적인 사이즈로 최소한 30(가로)X30cm(세로)정도는 확보하여야 한다.

나) 햄스터의 식사

(1) 먹이는 하루에 1번, 저녁에 먹이를 바꿔준다 : 야생의 햄스터는 풀잎, 뿌리, 줄기, 곡류, 곤충 등 여러 가지 먹이로부터 영양분을 공급받는다. 하지만 사료를 주식으로 할 때에는 시판용 사료로 균형 잡힌 식사를 주도록 한다. 햄스터는 야행성이므로 저녁 무렵부터 먹이를 먹기 시작한다. 야채나 과일 등은 매일 저녁에 새로운 것을 주고, 먹다 남긴 것은 밤이나 다음날 아침에 치운다. 쉽게 상하지 않는 고형 사료는 사료통에 넣어 두어도 상관없지만, 기본적으로 하루에 1번은 바꿔준다.

(2) 간식으로는 과일이나 씨앗을 조금씩 준다 : 간식을 많이 주면 비만이나 내장 질환을 일으킨다. 매일 주지 않아도 좋다. 1주일에 2~3번, 해바라기 씨나 과일, 전용 과자를 조금 주는 정도로 한다. 또한 사람들이 먹는 과자는 당분이나 염분이 많으므로 주지 않도록 한다.

다) 햄스터에 먹이를 주는 요령

(1) 하루의 먹이양은 체중의 5~10%가 기준으로 한다. 매일 신선한 먹이를 주도록 한다.

(가) 사료 10~15g, 물 약 10ml정도

(나) 여기에 야채나 과일, 동물성 단백질 등을 추가한다.

(다) 예 : 사료, 찐 멸치 약간, 당근 약간, 요구르트 1~2작은 숟가락

(2) 양파, 대파나 아보카도 등은 먹으면 간이나 신장 장애를 일으키는 경우가 있으므로 주지 않도록 한다. 또한 사과 씨나 매실, 복숭아, 양파, 체리, 도토리 등도 많이 먹으면 중독을 일으킬 위험이 있으므로 주의한다.

라) 햄스터와 친해지는 법

(1) 부드럽게 감싸면서 양손으로 잡는 것이 요령 : 햄스터는 원래 사람과 접하는 것을 좋아하지 않는다. 이런 햄스터의 기분을 이해한 후에 만지도록 한다. 잡을 때는 햄스터를 부드럽게 감싸듯이 양손으로 살포시 잡는 것이 기본이다. 조금 안정되면 등부터 옆구리 아래로 엄지와 다른 손가락을 돌려서 안정되

게 들어올린다(만약 친하지 않을 경우에는 예민한 햄스터에 물릴 수도 있으므로, 플라스틱 컵 등에 넣어 옮기도록 한다).

(2) 하루에 1번 30분을 기준으로 산책시간을 갖는다 : 햄스터는 운동을 매우 좋아한다. 쳇바퀴도 좋은 운동이지만 하루에 30분을 기준으로 사육장 밖으로 꺼내어 산책시켜 준다. 산책이라도 자유롭게 놀게 해주면 좋다(산책시킬 때 햄스터가 도망가거나 부상을 당하지 않도록 미리 방안을 살펴보도록 한다).

마) 햄스터 손질

(1) 하루에 한 번은 간단한 청소로 집을 깨끗이 청소한다 : 더럽혀진 사육장은 질병의 원인이 된다. 간단하게라도 매일 1번씩 청소를 하도록 한다. 변기, 급수기, 먹이 그릇 등을 깨끗이 씻고, 바닥재를 바꿔준다. 바닥재는 매일 바꾸지 않아도 되지만, 장마철 및 여름철에는 최소한 1주일에 2~4번은 바꿔준다. 대청소는 한 달에 1~2번이 적당하다.

(2) 발톱을 깎는 것은 어려우므로 너무 자라지 않도록 예방책을 마련한다 : 야생에서는 발톱이 그렇게 길게 자라지 않으나 애완용의 경우는 운동부족 등의 원인으로 발톱이 많이 자랄 수 있다. 작은 햄스터의 발톱을 자를 때에는 경험자의 도움을 받는 것이 좋다. 또한 사육장을 넓게 하는 등 충분히 운동할 수 있는 환경을 만들어 주어 발톱의 지나친 성장을 막는 것도 중요하다.

(3) 피부체크를 겸해서 브러싱한다 : 햄스터는 스스로 털 손질을 하는데 가끔은 브러싱을 해준다. 이때 피부에 염증이나 이물질이 없는지를 확인한다.

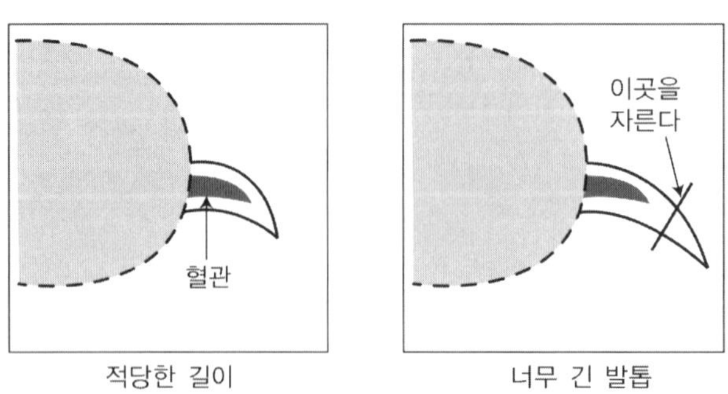

그림 V-7 햄스터의 발톱 자르는 요령

바) 햄스터 관리시의 유의점

(1) 겨울철 사육 : 야생의 햄스터는 겨울잠을 잔다. 그러나 사육 환경이 야생과는 다른 애완용은 겨울잠이 목숨을 앗아가는 경우도 있다. 겨울철 사육에는 충분한 주의가 필요하다.

(2) 겨울잠을 자지 않도록 조심하기 : 겨울잠을 자는 동안에는 체온을 3~8℃정도까지 낮추고, 호흡수도 최대한 줄인다. 작은 부주의로 생명과 직접 연관되므로, 야생과 같은 환경을 만들어 주지 않고서는 절대 겨울잠을 자게 해서는 안 된다.

(3) 겨울잠 대책의 포인트는 온도, 먹이, 일조시간 : 야생의 햄스터는 온도가 10℃이하까지 떨어지고 먹이가 적어지며 일조시간이 짧아지면 겨울잠을 잔다. 그러나 냄새나 습도, 체내에서 만들어지는 화학물질 등도 관련되어 있다고 하지만 아직 자세한 것은 알려지지 않은 부분도 있다. 기본적으로 애완동물의 경우는 온도가 15℃이상이 되도록 사육장을 따뜻하게 하면서 먹이도 충분히 주고, 일조시간에 관계없이 밝은 시간을 늘려 주는 것이 겨울잠을 예방하는 방법이다. 겨울이 다가오면 동물들의 모습을 꼼꼼히 체크하여 조금이라도 달라진 모습이 보이면 곧바로 실내온도를 높여 겨울잠을 자지 않도록 해야 한다.

3 경제동물에 대한 이해

가. 경제동물의 개념

생활에 유용한 식품과 의류 등의 생산물이나 경제적 이득을 얻기 위하여 사육되는 모든 동물을 가축 또는 경제동물이라 칭한다. 기본적으로 경제적 이득을 얻기 위해 기르는 동물은 모두 경제동물로 간주하여도 무방할 것이다. 일반적으로 넓은 의미의 가축을 경제동물이라고 말하기도 한다. 2006년도 우리나라의 연간 농업생산량은 35조원 정도, 이중 경제동물 유래생산액은 약 33%정도인 12조원 정도로 우리나라 농업경제뿐만 아니라 우리의 삶을 윤택하게 해주는 데 매우 중요한 역할을 하고 있다. 본 장에서는 대표적인 경제동물인 닭(육용계와 산란계), 돼지, 한우 및 젖소에 대해서 간단하게 정리하였다.

좀 더 알아보기

경제동물의 중요성과 간단한 통계

(1) 동물성 식품의 중요성(인간이 고기를 먹어야 하는 이유) : 인체의 구성성분과 가장 유사한 동물성 식품을 섭취하는 이유들은,

① 손쉽게 다량의 단백질 섭취를 위해서(고기 속의 단백질은 아미노산의 조성이 인체의 아미노산 조성과 유사할 뿐만 아니라 다량의 필수 아미노산을 포함한다.).

② 육류에는 Ca, Mg, P, K, Na, S, Cl, Fe, Cu, I, Mn, Co, Zn 등 무기질이 많이 들어있다(평균 1.0% 내외).

③ 고에너지원이다.

④ 일반적으로 고기에는 콜레스테롤 농도가 높은 포화지방산을 많이 함유하고 있으므로 심장병과 고혈압의 발병률이 높아진다고 하나 실제 고기는 요리과정을 거치게 되면 지방함량이 5.0% 이하로 낮아진다. 또한 고기 속의 포화지방산 함량은 식용유보다 훨신 적은 특징을 가지는 고에너지원이다.

(2) 우리나라 농업생산액 톱 10에 해당되는 품종(경제동물 유래, 2006년도)

쌀〉 돼지〉 한우〉 우유〉 닭〉 계란〉 수박〉 건고추〉 딸기〉 인삼 등

(3) 한국인의 년간 일인당 육류 소비량 및 자급율(2006년도)

	소비량 (년간 일인당 소비량, kg)	국내산 자급율(%)
쇠고기	6.9 (500kg 한우, 1/20마리)	47.9
돼지고기	18.2 (100kg 돼지, 1/3마리)	76.7
닭고기	8.7 (1.5kg 육계, 10마리)	81.9
계란	11.2 (60g 대란, 195개)	96.0
우유	48 (우수한 능력의 젖소 하루 생산량)	71.0

1) 경제동물의 분류

가) 세계적으로 경제동물(넓은 의미의 가축)로 취급되는 동물

(1) 포유류: 말, 소, 당나귀, 물소, 돼지, 면양, 염소, 낙타, 순록, 개, 고양이, 토끼 등

(2) 조류 : 닭, 칠면조, 거위, 집오리, 집비둘기, 메추리 등

(3) 어류 : 잉어, 금붕어 등

(4) 곤충류 : 누에, 꿀벌 등이 있다.

나) 사용목적(활용도)에 따른 분류 : 육용, 사역용, 모피용, 사냥용 등으로 구분

다) 몸의 크기에 따른 분류 : 중소가축 및 대가축 등으로 구분

라) 채식 형태에 따른 분류 : 육식동물, 잡식동물 및 초식동물 등으로 구분

나. 닭 기르기

닭(chicken, avian, poultry)은 온혈 척추동물로 조류 중에서 가장 먼저 가축화(BC 3000년 전후)되었고, 오늘날 세계 각국에서 사육되고 있는 닭의 품종은 약 250여 종에 달하고 있으며, 사육목적에 따라서 난용, 육용 및 난 · 육 겸용종으로 나누어지며, 원산지(동양종, 북미종 및 유럽종 등) 및 볏의 형태(단관, 장미관 등)에 따라서 분류 가능하다. 닭은 머리가 작고 이가 없으며, 뼈에는 기실이 있어 나는 데 편리한 구조를 가지고 있다. 얼굴과 정강이를 제외한 온몸이 깃털로 싸여 있어 외부의 충격으로부터 손상을 막고 체온을 유지하며 날 수 있게 되어 있다. 또한 닭의 소화 기관은 길이가 짧아 소화 시간이 빠르고 방광이 없으며, 항문은 총배설강(cloaca)으로 되어 있으며, 피부는 땀샘과 기름샘이 없어 매우 건조하며, 꼬리 부위에만 기름샘이 있는 특징을 가지고 있다.

좀 더 알아보기

초등학교에 있어서 경제동물관련 활동에서 닭이 가장 바람직한 이유

- 교과서에 나오는 소재이다(실과교과, 1차~현재까지).
- 사육 및 관리가 상대적으로 용이하다.
- 학생들에게 저항감이 적은 친숙한 동물이다.
- 다른 동물에 비해서 성 성숙이 빠른 동물이다.
- 세대교체가 빠르고 우리의 식생활과 직접적인 연관이 있다.
- 매일같이 생산물을 얻을 수 있고, 영양이 풍부하다(닭고기와 계란).

1) 닭의 대표적인 습성 들

가) 쪼는 습성 : 닭은 서로 쪼는 습성이 있어 때로는 큰 피해를 보는 경우가 있다. 상처나 이상한 물체를 보면 쪼는 습성이 있으므로 어렸을 때 부리를 다듬어 주거나, 광도를 적절히 맞추어 주고 영양소 부족이 없게 하여 스트레스를 줄여야 한다.

나) 털갈이 : 큰 닭은 1년에 한 번 늦여름부터 가을에 걸쳐 털갈이를 하며, 이는 번식과 관련이 있다. 털갈이를 할 때에는 산란이 중지되고, 산란 활동이 활발한 때에는 털갈이가 억제된다.

다) 일조 시간에 대한 반응 : 닭은 일조 시간이 길어지는 봄과 여름에는 산란 기능이 왕성하지만, 일조 시간이 짧아지는 가을과 겨울에 털갈이를 하고, 발육 속도나 산란 능력이 떨어진다.

라) 그 밖의 습성 : 시각과 청각이 잘 발달하여 움직이는 물체나 소리에 민감하게 반응한다. 닭의 눈은 색맹으로 빨간색은 잘 볼 수 있으나 다른 색은 잘 보지 못한다.

1) 부화 및 병아리 기르기(육추)

가) 부화

(1) 부화란 종간 속에 들어 있는 생명체인 배자를 자라게 하여 완성된 개체로 발생시키는 과정을 뜻하는 것으로, 달걀에서 병아리가 되어 나올 때까지의 과정을 이야기 한다(온도 37℃, 습도 60~70% 정도).

(2) 자연부화 : 취소성을 가진 어미닭의 체온 및 체액으로 온도, 습도 등을 조절하여 병아리를 탄생시키는 것으로 일회에 그 수가 제한된다(통상 15개 전후). 그러나 자연부화에서 발생된 병아리는 어미닭에 의해서 키워짐으로 병아리를 키우기 위한 특별한 시설(보온시설 등)이 불필요하다.

(3) 인공부화 : 인위적으로 온도와 습도가 조절되는 부화기 속에 수정된 달걀을 넣고 병아리를 탄생 시키는 것(한꺼번에 10만 개까지 부화가 가능, 병아리를 인공적으로 키워야 한다.)이다.

표 Ⅴ-4 주요 가금류의 부화기간

가금류	부화기간(일)	가금류	부화기간(일)
메추리	16～19	칠면조	28
비둘기	17	공작	28～30
닭	21	거위	30～33
꿩	23～24	백조	35
오리	28	타조	42

나) 병아리 기르기

알에서 부화된 병아리는 약 3～4주 동안은 성장속도가 빠르기 때문에 영양관리(고단백질 사료 등)가 중요하며, 이때는 피하지방이 적은 시기이기 때문에 보온 관리에도 각별히 신경을 써야 한다. 일반적으로 부화직후에 튼튼한 병아리의 모양은 다음과 같다. 활발하고, 목소리가 우렁차야 하며, 배꼽과 총배설강(cloaca) 부분이 잘 아물고 깨끗하여야 한다. 눈은 총기가 있어 보이고, 털은 윤기가 있어야 한다. 또한 체중이 통상 35g 이상이 되어야 한다.

통상적으로 전업 양계나 기업 양계의 경우 연중 무휴 육추를 하므로 갱신 계획에 맞추어 시기를 결정한다. 초보자의 경우 3～4월에 육추를 시삭하는 것이 기후 조건이 알맞아 질병이 적고 무난히 기를 수 있어 좋으나, 출하 때의 시장 여건 등을 고려하여 육추시기를 결정하기도 한다.

병아리를 키우는 환경을 육추환경이라고 하는데 이때는 온도 및 습도관리, 환기 및 점등관리 등이 중요하다. 또한 모이와 물을 적절하게 공급해주는 것도 육추의 성패를 좌우하는 중요한 요인이 된다.

(1) 온도 : 병아리는 37～38℃의 부화기 속에서 부화되고, 발생 직후 솜털만으로는 보온력이 낮아 저온에 대한 체온 조절 능력이 약하기 때문에 육추 초기에는 부화기의 온도에 가깝도록 온도를 조절해 주어야 한다.

주령	1주령	2주령	3주령	4주령
육추온도(℃)	33～35	29～32	27～29	24～27

(2) 습도 : 육추 초기에 온도의 유지에 신경을 쓰다 보면 자연히 습도가 부족하기 쉽고, 습도의 부족은 깃털의 발생을 지연시켜 병아리가 물을 많이 먹게 되며, 탈수 작용으로 몸이 마르고 소화가 불량하게 되어 발육이 저하되는 결과를 초래한다. 입추 후 7~10일 동안은 상대 습도 60~70%로 유지하는 것이 깃털 발생도 촉진하여 사료 효율을 높이며, 쪼는 습성 등의 악습을 억제하는 데에도 효과가 있다. 반면에 습도가 높으면 질병의 발생률이 높아지게 된다.

(3) 환기 : 환기가 나쁘면 병아리는 활기가 없어지고 식욕이 떨어지며, 발육도 나빠져서 호흡기 질환에 걸리기 쉬우므로 항상 주의하지 않으면 안 된다.

(4) 점등 관리 : 닭은 장일성 번식 동물로서 번식 생리와 일조 시간의 장단은 긴밀한 관계를 가지게 된다. 따라서 육성 시간에 일조 시간의 장단은 성성숙과 산란에 중요한 영향을 끼치게 된다.

(5) 모이 및 물주기 : 병아리를 기르는 데 가장 중요한 시기는 부화 후 1주일 정도인데, 특히 첫 모이를 준 후 2일 동안이 중요하다. 첫 모이 및 물은 부화 후 24~25시간 정도가 되었을 때 주는 것이 좋으며, 자유롭게 먹을 수 있도록 하고, 오염되었거나 묵은 모이 및 물은 버리고 신선한 것을 공급한다. 배터리 육추 때에는 초생추용 배합 사료 포대 같은 튼튼한 종이를 깔고 그 위에 뿌려준다.

2) 육용계의 사육관리 및 일생

닭고기를 얻기 위해서 사육되는 닭을 육용계(육계, 브로일러, broiler)라 부르며, 용도와 크기에 관계없이 10주령 이하 정도의 육용으로 시장 출하되는 암탉 및 수탉을 총칭하는 뜻으로 사용되기도 한다. 육용계의 사육목적은 단기간에 대량 사육이라는 특성을 가지고 있으며, 통상적으로 입추 때부터 출하 때까지 일정한 장소에서 육성하는 올인 올아웃(all-in, all-out) 방법이 사용되는데, 질병 예방이나 발육면에서 유리하다. 한편 육용계는 산란계나 종계의 육추 때보다 사육 기간이 짧다는 점이 다르며, 입체식보다는 평사 사육이 일반적이다.

육용계는 암수 분리 사육 및 혼합 사육 등의 사육형태를 가지는데 암컷보다 수컷이 성장률 및 사료 효율이 높기 때문에 특히 암수 혼합 사육의 경우, 판매 때 개체에 따라 체중이 동일하지 않기 때문에 가능한 한 모든 개체에 동일한 환경 요인이 작용하도록 하는 세심한 주의가 필요하다. 일반적으로, 체중이 균일한 계군은 평균 체중의 ±10% 범위 내에 전 개체의 80% 이상이 포함되는 계군을 말한다.

그림 Ⅴ-8 닭고기의 부위별 명칭

표 Ⅱ-1 닭고기 부위별 활용도

부위별 명칭	용 도
닭 다 리	튀김, 꼬치, 양념구이
가 슴 살	튀김, 치킨샐러드, 스테이크
날 개	튀김, 구이, 닭봉
근 위	꼬치, 구이

- 육용종(브로일러)의 일생 : 0일령, 부화(40～50g 정도) → 21일령(800g 정도, 삼계탕용) → 35일령(1,500g～1,700g, 국내 출하, 통닭용) → 47일령(2,700g～2,900g, 수출용).

- 왜 닭고기의 날개살을 많이 먹으면 바람이 난다고 할까?

3) 산란계의 사육 관리 및 일생

계란을 얻기 위해서 키워지는 닭을 산란계라고 한다. 닭의 산란 능력은 유전자의 조절과 사료, 온도, 햇빛, 소음 등 환경의 영향을 받는다. 따라서 닭의 유전 능력을 높이고, 그 능력을 충분히 나타낼 수 있도록 알맞은 환경을 만들어 주는 것이 중요하다. 특히 빛의 자극은 시신경을 통해서 뇌하수체 전엽을 자극하여 난포 자극 호르몬(FSH)를 분비시킨다. 이 난포 자극 호르몬은 난소의 난포를 발육시키며, 전엽에서 분비되는 황체 형성 호르몬(LH)과 함께 작용하여 배란을 촉진하면서 산란하게 된다. 자연 일조의 조건에서는 대부분의 닭들이 오전 중에 산란하지만, 인공 점등 시간의 변화 및 사료 급여 시간에 따라서도 산란 시간이 달라진다.

대부분의 산란계에 사용되는 사육 방식으로 케이지 사육은 제작 형태에 따라 한 마리씩 수용하는 단사 케이지로부터 3~4수씩 수용하는 중형 케이지, 그리고 약 25수를 수용하는 대군 사육 케이지가 있다. 우리나라의 경우 대부분 5~6수를 수용하는 케이지를 사용한다. 평사나 평상식 계사보다 단위 면적당 수용 마릿수가 많으며, 관리 이용면에서 자동화가 가능해 이로운 반면에 1수당 투자비가 많은 것이 단점이다.

햇닭(처녀닭)이 초산하는 일령은 품종, 계통, 사양 관리 등에 따라 차이가 있으나, 백색 레그혼종은 140~150일령, 유색 겸용종은 150~160일령이 표준이다. 큰 병아리를 산란계사로 이동하는 시기는 초산 1개월 전에 하는데, 일반적으로 16~18주령에 실시하는 것이 좋다.

- 난용계(산란계)의 일생 : 0일령, 부화(40~50g 정도) → 16주령(1,000g 정도, 초산이 시작되는 시기) → 32~40주령(1,300g 정도, 산란율 90% 이상을 유지하는 시기) → 50주령(1,450g~1,500g 정도, 산란율이 70% 유지하는 시기) → 68~72주령(1,500g전후에 환우(털갈이)를 할지 산란노계로 도태를 할지 결정하는 시기)

4) 계란에 대해서

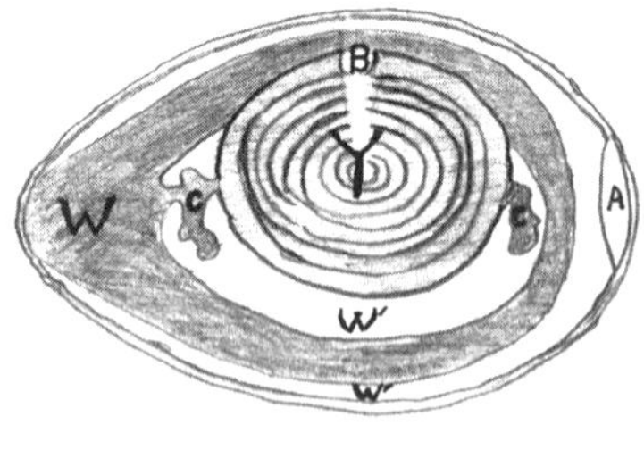

A : 기실, B :배반, C : 알끈,
W(W') : 농후난백(수양난백), Y : 난황

그림 Ⅴ-9 계란의 구조

그림 Ⅴ-10 한 개의 계란에 난황이 세 개 들어 있는 계란

일반적으로 한 개의 계란 속에는 한 개의 난황(노른자위)이 들어 있는 것이 정상이지만, 이 사진은 세 개의 난황을 가지는 계란임이 확인되었다(2008년 3월, 뉴질랜드 Massey 대학교 Ravindran, V. 교수 제공).

가) 계란의 품질 검사

(1) 외부 품질

(가) 알의 크기 : 알의 크기는 닭의 품종, 개체, 영양 상태 등에 따라 다르며, 균일해야 상품의 가치가 높다. 중량에 따라 왕란, 특란, 대란, 중란, 소란, 경란 등으로 나눈다.

(나) 난형 : 난형은 난형 계수로 나타내는데 달걀은 타원형으로 장경과 단경의 비가 4:3이 되고, 둔단부와 첨단부의 구별이 확실한 것이 좋다.

(다) 난각질 : 알에 오물이 묻지 않고, 난각의 두께가 두꺼운 것이 좋으며, 표면이 치밀하고 흠이 없어야 한다.

(라) 난각색 : 난각색은 상품 가치와 관련이 있기 때문에 품종 고유의 색이 선명하고 균일한 난각색을 나타내는 것이 좋다.

(마) 비중 : 달걀의 신선도를 비중으로 판정할 수 있다. 11%의 소금물에 즉시 가라앉는 것은 신선란이다.

표 V-5 계란을 크기별로 구분하는 기준

구 분	왕 란	특 란	대 란	중 란	소 란
중 량	68g 이상	60g이상 68g 미만	52g이상 60g 미만	44g이상 52g 미만	44g 미만

(2) 내부 품질

(가) 기실 : 보통 알의 둔단부에 위치하며, 신선한 알은 기실이 적다.

(나) 난백 : 질이 좋은 난백은 점도가 높고 투명하며, 농후 난백과 수양 난백의 구분이 확실하고, 혈반이나 육반 같은 이물질이 없다.

(다) 난황 : 난황질을 결정하는 요인은 난황의 위치, 크기, 모양, 난황의 색 등이 있다.

(3) 할란 검사

할란 검사의 목적은 달걀의 신선도를 측정하는데 있으며, 난백과 난항을 검사하여 판정한다.

나) 우리가 계란을 먹어야하는 12가지 이유

(1) 저칼로리 식품(계란 1개 70cal, 성인 일일 필요량, 2,000~2,400cal)이다.
(2) 경제성이 높은 식품이다.
(3) 신선도가 높고 보관이 용이한 식품이다.
(4) 맛이 좋아서 기호성이 높은 식품이다.
(5) 고단백질 식품이다.
(6) 저염류(70mg/egg)식품이다.
(7) 적당한 지방(계란 1개당 포화지방은 1.5g, 불포화 지방은 2.6g)을 함유한 식품이다.
(8) 영양덩어리(특수 영양물질, 레시틴, 루테인 등) 식품으로 균형이 잡힌 식품이다.
(9) 포만감을 쉽게 느낄 수 있으므로 다이어트 식품으로는 최고이다.
(10) 운반이 용이한 식품이다.
(11) 조리의 다양성을 가진 원료식품이다.
(12) 문화와 환경에 대한 친숙성을 가진 식품이다.

좀 더 알아보기

계란과 콜레스테롤

미국심장학회(AHA : American Heart Association)의 1970년도의 「계란 섭취에 따른 콜레스테롤 증가 원인」에 대한 2000년도의 보고에서는 「과거에는 계란의 노란자 섭취수를 주당 몇 개로 제한했지만, 이제는 그 제한을 없앤다」고 하였으며 「대부분 식품 중의 콜레스테롤은 포화지방 속에 많이 함유되어 있지만, 계란, 생선, 조개류는 예외이다」라는 것을 분명이 밝히고 있으며 「계란 속에 포화지방산의 함량도 아주 낮다」고 명시하였다. 이는 미국 애리조나 주립대학교의 W. Howell박사의 25년 동안의 노력이 영향을 미쳤다고 할 수 있겠다(224편의 연구 논문).

콜레스테롤은 지방(fat)이 아니다. 이것은 왁스(Wax)형으로 되어 있으며 모든 동물에서 생산이 가능한 지방 같은 물질로 체내 기능은 물론 신경세포의 원활한 작용, 세포벽 유지, 비타민 D 생성의 근원이 되며 여러 종류의 호르몬 생성 및 많은 종류의 소화액 분비에도 관여하고 있어서 없어서는 안 되는 중요한 물질인 것 같다.

식품 중에 함유된 지방(fat)을 포화지방(saturated fat), 단일 불포화지방(mono un-saturated fat) 및 복합 불포화지방(poly unsaturated fat)의 3개로 나룰 수 있는데 통상 계란 속에는 3.0mg의 단일 및 복합 불포화 지방과 1.5mg의 포화지방이 함유되어서 그 가치가 제고된 것이다.

1개의 계란에서 완전한 개체인 병아리가 부화되는 것을 보면 계란은 완벽한 식품인 것을 알 수 있다. 한 개 70cal의 에너지가를 가지는 계란 속에는 단백질 함량이 높고, 무기물 및 비타민이 풍부한 완전 자연 식품으로 남녀노소 구분 없이 현대를 살고 있는 우리들에게 꼭 필요한 식품인 것이다.

5) 난 · 육겸용종

체중은 난용계보다 크며, 계란과 고기를 동시에 이용할 수 있는 장점이 있다. 경제성과 관리의 효율성 등을 고려하여서 최근에는 난육 · 겸용종의 사육수는 적은 편이다.

6) 토종닭(한국 재래닭)

우리나라 재래닭은 성질이 활발하고 취소성이 강한 특징을 가지고 있다. 일설에는 체중이 3kg이상으로 매우 컸다는 말도 있으나 일반적으로 몸이 가볍고 잘 날수 있는 특징으로 더 잘 알려져 있다. 우리나라의 토종닭이 난육 · 겸용종의 특성을 가진다고 할 수 있다.

7) 닭장(계사)의 조건과 환경

계사는 닭의 생리 조건을 고려하여 건강한 상태를 유지할 수 있도록 온도, 습도, 환기 등의 여러 가지 환경 조건을 최적의 상태로 만들어 줄 수 있는 시설이어야 한다. 최근에는 사료의 급여, 급수, 계분 제거, 선란 및 포장 등 모든 업무가 자동화되어 과학적인 사양 관리가 가능해졌다. 따라서 양계 설비의 자동화는 규모, 기후, 위치, 그리고 경영 목적에 맞게 이루어져야 한다.

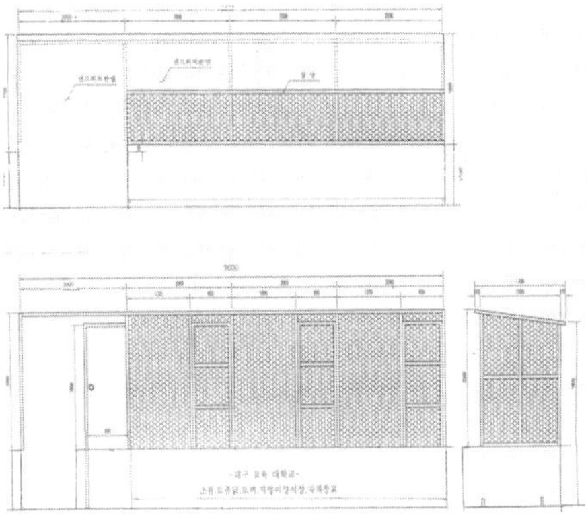

그림 Ⅴ-11 대구교육대학교 지렁이를 이용한 환경 계사

좀 더 알아보기

계란과 부활절

달걀에 장식하는 부활절 풍습은 정도의 차이는 있지만 여러 나라에서 찾아볼 수 있다. 그런데 이 부활절의 풍습은 언제부터 생겼을까? 물론 성경 어디에도 부활절과 달걀이 연관되어 기록된 곳은 한 군데도 없다. 그러나 달걀에 관한 풍속의 유래를 찾아보는 것도 재미있는 것일 것이다.

역사적으로 볼 때, 고대 로마 제국 당시에는 4월 19일이면 농업의 여신인 세레스의 은총을 받기 위해 빵과 달걀을 바쳤다고 한다. 이집트의 크리스트 교인들 사이에는 사순절이 끝날 때 색칠한 달걀을 주고받는 관습이 생겨났는데, 이러한 관습이 십자군에 의해 전해져 15세기에 프랑스에 정착하게 되었다고 한다. 그러나 원래 서양의 부활절 이전, 즉 이스터(Easter) 축제일의 상징은 달걀이 아니라 토끼였다. 이스터 여신의 상징이 토끼였기 때문이다.

이 부활절 토끼 풍습은 독일인들이 미국에 이민을 가면서 함께 건너갔지만, 18세기 당시 미국의 청교도들은 엄격한 크리스트교가 주류를 이루었기 때문에 부활절 토끼는 발붙일 수 없었다. 그러다가 남북 전쟁 이후 부활절을 축하하기 위해 달걀을 사용하게 되었고, 이것이 보편화되었다고 한다.

농업과학교재(교육인적개발)

다. 돼지 기르기

돼지(pig, swine, hog, gilt)는 우리나라에서 가장 큰 식육 자원이며, 총 육류 공급량의 50% 이상을 차지하는 경제동물로 우리에게 양질의 돼지고기를 공급해 주고 있다. 돼지는 현재의 멧돼지(sus scrofa)를 대략 7,000~8,000년 전에 가축화 시켜서 개량해온 것으로 통상 체형에 따라서 라드형, 베이컨형 및 고기형 등 세 가지로 분류한다.

가) 라드형 : 조숙성과 비만성을 요구하던 때에 이루어진 체형으로, 지방이 많이 축적되어 있어 고기의 생산량이 적어 최근에는 라드형 체형은 환영받지 못해 찾아보기 어렵다.

나) 베이컨형 : 질이 좋은 베이컨을 많이 생산할 수 있도록 개량된 체형으로 몸통이 길고 깊으며, 몸의 너비는 중 정도이다.

다) 고기형 : 현재 우리가 원하는 체형으로 발육이 빠르고 몸무게는 100~110kg 정도에서 도축한다.

1) 돼지의 생리적 특성

가) 잡식성 : 돼지는 소화 기관의 구조나 크기로 볼 때, 초식 동물과 육식 동물의 중간이므로 섭취하는 먹이의 종류도 광범위하여, 농후 사료와 조사료를 모두 섭취할 수 있는 잡식성의 특성을 가지고 있다.

나) 다산성 : 돼지는 한 배에 8~12마리의 새끼를 낳고, 1년 동안에 2~2.5회 정도 분만할 수 있으므로 어미돼지 한 마리가 1년 동안에 20마리 이상의 새끼돼지를 생산할 수 있다.

다) 다육성 : 돼지는 성장이 빨라서 생후 150~160일령이 되면 몸무게가 100-110kg정도가 되어서 도축을 위한 표준 체중에 도달할 수 있으며, 잘 자라는 돼지는 하루에 0.8~1.0kg정도 증체된다. 돼지의 도체율은 68% 정도로 소, 양 등 다른 가축에 비해 높다.

라) 그 밖의 생리적 특성 : 돼지는 후각이 발달되어 사료, 사육자, 개 등의 이상한 냄새를 모두 후각으로 구별하며, 자기의 새끼와 다른 어미의 새끼 또는 똥,

오줌 냄새 등을 구별한다. 돼지의 코끝에는 연골판이 있어 튼튼할 뿐만 아니라, 신경이 예민하여 사람의 손과 같은 역할을 하여 땅을 파기도 하고 문을 따기도 한다. 큰 돼지를 보정할 때에는 코를 묶는 것도 코에 신경이 집중되어 있기 때문이다. 청각은 발달 되어 소리에 대하여 예민하지만, 시각은 비교적 둔해서 2~10m 거리에 있는 것을 볼 정도이며, 색깔은 구분하지 못한다. 돼지는 맛에도 예민하다. 냄새를 맡아 먹이가 있는 곳을 찾아 코로 파헤쳐 코끝의 감촉으로 안전을 확인하며, 맛에 의해 독이 있는지도 구분한다.

마) 사람에 대한 태도 : 돼지는 순하고 겁이 매우 많아 놀라게 하는 소리나 행동을 하지 않고 조용히 대하면 사람을 잘 따른다. 돼지를 이동시킬 때에는 돼지의 뒤에서 1m쯤 되는 가는 막대로 가볍게 때리면서 천천히 걷게 한다. 돼지 이동 때 사람이 뛰면 돼지도 같이 뛰게 되므로 천천히 걸어서 이동시킨다.

바) 행동 특성 : 돼지의 행동 특성은 돼지의 심리적 특성에서 기인한다. 돼지의 심리적 특성에는 땅을 파는 굴토성, 벽이나 돌출된 것에 비벼대는 마찰성, 꼬리를 잡아당기면 앞으로 가려 하고, 위턱을 잡아매면 뒤로만 가려고 하는 후퇴성, 발달된 후각과 코의 감촉으로 배설 장소를 정하는 청결성이 있다. 이 밖에도 군거성, 신뢰성, 귀소성, 투쟁성 등이 있는데, 이 특성은 다른 동물에 비해 약하게 나타난다.

2) 새끼 돼지의 생리적 특성

돼지는 태어난 다음의 발육 속도가 매우 빠르므로, 낳았을 때의 체중이 매우 적거나 초기의 사육 관리가 나쁘면 발육이 늦어진다. 분만 때의 생시 체중이 700g 이하일 경우에는 도태시키는 것이 좋다. 포유 개시 마릿수가 너무 많은 경우에는 900g 이하도 도태시키거나 다른 어미돼지에게 양자로 보내는 것이 바람직하다.

가) 소화와 흡수 기능이 발달되어 있지 않다.

갓난 새끼돼지는 유당, 단백질, 지방을 소화, 흡수할 수 있다. 설탕이나 전분은 태어난 지 20일 이후, 식물성 단백질은 30일령 이후에 소화, 흡수된다.

나) 병에 대한 저항성이 없다.

초유 속의 면역 물질은 생후 10일경부터 줄어들고, 면역체는 35일령부터 만들 수 있으므로, 그 동안의 사양 관리가 매우 중요하다.

다) 체온 조절 기능이 약하다.

새끼돼지의 체온은 태어난 직후에는 어미와 거의 비슷한 39℃이나 태어난 지 1분 안에 갑자기 떨어졌다가 30～60분 이내에 올라가기 시작한다. 그러나 주위의 온도가 너무 낮으면 체온의 저하가 급격하여 회복하는 데 많은 시간이 걸린다.

라) 다리가 약하다.

태어난 지 얼마 안 된 새끼돼지는 다리가 약하여 어미에게 깔려 죽는 경우가 많으므로, 분만 돼지우리에는 새끼가 피할 수 있는 장치를 해 놓아야 한다.

마) 철분이 모자라다.

새끼돼지는 피를 많이 만들어야 하는데도 어미젖 속에는 적혈구를 만드는 데 필요한 철분이 충분하지 않으므로, 흔히 빈혈에 걸리기 쉽다. 따라서 철분을 주사하여야 한다.

3) 돼지의 일생 및 돼지고기에 대해서

가) 비육돈의 일생

단시간 내에 정해진 사료를 먹고 우리에게 돼지고기 및 각종 가공식품을 제공해 준다.

태내 발육기(임신돈사, 115일) → 출생(1.3kg～1.5kg) → 포유자돈기(분만돈사, 21～25일 간) → 이유(6.5kg) → 자돈기(자돈사 20～25일간) → 이동(12.0kg) → 육성돈사(육성돈사, 35～40일간) → 이동(45.0kg) → 비육돈(비육돈사, 60일간) → 출하(100～110kg).

나) 번식돈의 일생

자돈 생산을 목적으로 암퇘지는 능력 좋은 수퇘지의 정액을 받아(인공수정) 년 2회에서 2.5회 자돈 생산만을 한다.

출생 → 육성기(8～10개월) → 발정 및 교배 → 임신기(115일) → 분만 → 포유기(21～25일 간) → 휴식(10～14일) → 발정 및 교배.

다) 거세(돼지)

종축(씨돼지)으로서 가치가 없어 육용, 역용으로 이용할 가축의 정소 또는 난소를 제거하여 성욕을 없애는 것을 거세라고 한다. 거세는 주로 수컷에만 행하여지는데 수출용 수퇘지는 반드시 거세를 해야만 수출 규격돈이 될 수 있으며, 고기 중에 수컷의 냄새를 제거하기 위해서도 거세는 꼭 필요하고 거세를 함으로써 집단혼합사육이 가능케 되어 성력화를 기할 수 있으므로 수컷에서의 거세의 필요성은 한층 더 강조되고 있다.

통상 어린 수퇘지는 생후 2주일 이내(10일경) 거세를 실시하는데 품종의 균일화, 다두사육이 가능, 육질개선 및 고기의 기호도 증진 등을 위해서 필수적이다. 거세는 수퇘지뿐만 아니라, 수소 및 수말 등에서 행해진다.

라) 돼지고기의 품질

돼지고기의 품질은 도체의 등급에 의하여 판정한다. 도체의 등급은 도체의 무게와 등지방의 두께, 외관(균형, 비육 상태, 지방 부착 상태, 마무리) 및 육질(고기의 조직감, 육색, 지방의 색과 질, 근육 내의 지방 혼입도)에 따라 A, B, C, D로 단일하게 평가한다.

A등급인 고기는 다음과 같은 것이다.

(1) 도체의 무게는 가죽을 벗긴 것으로 54～75kg이다.

(2) 등지방의 두께는 4～12mm 정도이다.

(3) 길이와 너비가 적당하며 두껍고, 엉덩이, 등심, 어깨 및 배의 각 부분이 충실하면서 균형이 특히 잘 잡힌 것이다.

(4) 비육 상태는 두껍고 매끈하면서 살집이 특히 좋고, 도체에 대한 살코기의 비

율이 지방과 뼈보다 많다.

(5) 방혈이 충분히 되고, 질병이나 취급 부주의에 의한 손상이나 오염이 되지 않아야 한다.

(6) 육색은 회색 기미가 있는 분홍색이며, 선명하고 광택이 있다.

(7) 지방은 백색이고, 광택이 있으며, 탄력과 끈기가 있다.

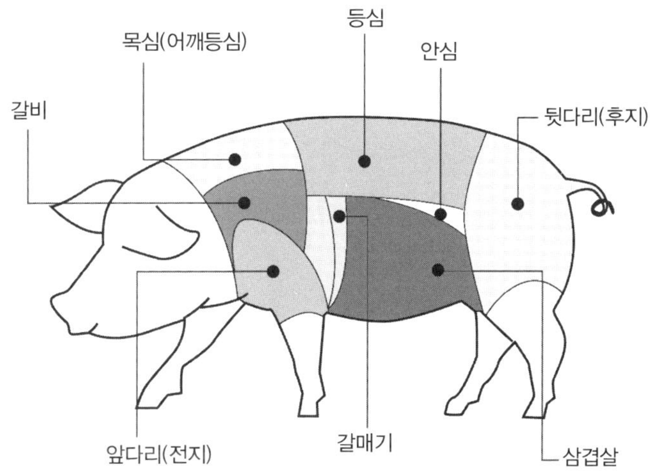

그림 Ⅴ-12 돼지고기의 부위별 명칭

좀 더 알아보기

돼지고기를 먹는 이유

돼지고기는 필수 아미노산 함량이 풍부하며, 특히 곡류가 주식인 우리의 식생활에 절대적으로 필요한 비타민 B_1이 어느 육류보다 많이 포함되어 있다. 돼지고기의 지방은 융점이 낮아 대기 오염 및 식수 등으로 몸에 축적된 공해 물질을 체외로 밀어내는 작용이 있다. 그리고 국산돼지 고기에 많이 들어 있는 철분은 체내 흡수율이 높아 철 결핍성 빈혈을 예방하며 함유황 아미노산인 "메치오닌" 등이 많이 들어있어 간장 보호와 피로 회복에 좋은 것으로 연구보고 되었다. 그러나 돼지고기 특유의 냄새와 지방함량이 타육류보다 높다는 이유로 기피되어지는 경향이 있으나, 돼지 사양 환경 등의 개선으로 좋은 육질의 돼지고기가 많이 생산되어지고 있으며, 돼지고기를 신선한 야채와 함께 섭취하고, 정상적인 생활을 영위한다면, 불포화 지방산 함량이 높은 돼지고기 섭취로 인해서 더 건강하고 활기찬 생활을 영위할 것이다. 특히 성장기 아동 및 다이어트에 관심이 높은 여성들에게는 미네랄 공급원이 되는 귀중한 육류이다.

표 Ⅴ-4 돼지고기의 부위별 가장 보편적인 요리방법

대분할 부위명	소분할 부위명	용 도
갈비	갈비	찜, 구이
목심	목심살	구이, 주물럭, 보쌈
등심	등심살	돈가스, 잡채
안심	안심살	로스구이, 주물럭, 스테이크
뒷다리(후지)	볼깃살, 설깃살, 도가니살, 보섭살, 사태살	돈가스, 장조림, 탕수육
앞다리(전지)	앞다리살, 사태살	불고기, 찌개, 보쌈, 완자
삼겹살	삼겹살, 갈매기살	로스구이, 베이컨

4) 돼지 사육 시설(조건과 환경)

돼지는 다른 가축에 비해서 단위 몸무게당 물의 섭취량이 많고, 땀샘이 발달되어 있지 않아 많은 양의 수분을 오줌으로 배설한다. 돈사는 배수가 잘 되고 건조한 곳을 선택하여 짓는 것이 좋다. 방향은 남향이나 동남향이 좋고 채광과 통풍이 잘 되어야 하며, 북서쪽이 막힌 곳이 겨울의 찬바람을 막는 데 도움이 된다.

돼지의 생활환경에 미치는 영향 요소는 기후적 환경 요소와 비기후적 환경 요소로 나뉜다. 기후적 환경 요소에는 기온, 열방사, 상대 습도, 공기 흐름 속도, 공기의 품질(가스, 먼지, 병원균) 등이 있으며, 비기후적 환경 요소에는 빛, 소리, 사육 밀도, 관리 방법 등이 있다. 한편 돈사는 사육 목적에 따라 분만 돈사, 육성 돈사, 비육 돈사, 임신 돈사, 종부용 수퇘지 돈사, 후보 돈사 등으로 구분할 수 있다.

라. 한우 기르기

한우(hanwoo, korean native cattle)는 유럽 원우와 인도 원우의 교잡종으로 중국과 몽고를 거쳐 기원전 2000년경 한반도에 들어온 이래 오랜 시간 동안 동종 번식을 통해 고유의 품종인 한우로 정착되었다. 한우는 우리나라 고유의 소이며 오래전부터 우리 민족과 함께 농경용 역우로, 현재는 고급육 생산으로 역할하고 있는 한국인의 자존심이라고 표현할 수 있다. 일제 강점기 말에는 5만 마리의 한우가 일본에 건너가

지금도 고지(高知)및 구마모도(熊本)에서는 한우의 후손인 갈색우가 고급육 생산을 하는 소로 인기가 높다. 1970년도 에 우리 한우를 크게 키우기 위해서 외국소와의 교잡을 시도한 시기도 있지만, 한우의 고유 형질은 전 세계에서도 고급육 생산을 위한 중요한 자원으로 인정되어서 미래 우리 농촌을 지켜줄 것으로 기대된다. 한우는 체고에 비해 다리와 체장이 길며 역용에 적합하게 앞가슴이 잘 발달되어 있고, 발굽이 매우 단단한 특징을 가지고 있다. 뿐만 아니라 한우는 털이 황갈색으로 투박하고, 늦가을에서 6월경 털갈이를 할 때까지 꺼칠꺼칠한 상태를 유지한다.

또한 생시 체중과 체구가 다른 육우(외국의 수입소)에 비해 작은 편이며, 여러 마리의 한우를 이동시킬 때면 겁이 많아 목적지에 도달할 때까지 무리를 이루어 눈치를 보며 뛰어가는 습성을 보인다. 한우는 다른 육우 품종에 비해 사료 섭취량이 적고 체구도 작지만 우리나라 환경에 매우 잘 적응되어 있어 조악한 사육 환경 속에서도 번식률이 80%에 달하며, 추위에 강한 특성을 가지고 있다.

우리나라에서는 외형적으로나 유전적으로 우수한 한우를 생산하기 위해서 1980년도부터는 한우의 번식은 인공 수정을 통한 번식을 기본으로 하고 있다. 인공수정은 우수한 종모우의 유전 능력을 효율적으로 활용하여 가축 개량과 증식에 크게 공헌한 기술로, 종모우의 정액 0.25~0.5ml를 암소의 질을 통해서 자궁 경관 내의 개구부 1~2cm부위 또는 자궁 경관의 심부로 주입하는 것을 말한다. 한편 소가 너무 어릴 때 수태를 시키면 수태율이 떨어지고 산후 회복이 늦어지기 때문에 한우가 성성숙에 도달되었다고 바로 번식에 이용하면 번식우의 건강에 나쁜 영향을 줄 수 있다. 한우의 번식 적령기는 암소의 경우 체중 250~300kg으로 약 15~18개월령이고, 수소의 경우 체중이 300~350kg으로 약 15~20개월령이 좋다.

1) 한우 송아지의 육성

가) 초유 급여 : 송아지에게 출생 직후 초유를 급여하는 것은 송아지 사양에서 빼놓을 수 없는 가장 중요한 항목으로서, 이 때 급여하는 초유는 다른 것으로 대체할 수 없는 가장 좋은 영양소이나. 초유는 에너지, 광물질, 비타민 함량이 높고, 필수적인 영양소로 면역 단백질이 많이 함유되어 있으며, 태변을 배출시킨다.

나) 포유와 이유 : 한우 송아지는 자연 포유로 사육되며, 어릴 때부터 어미소와 같이 방목하거나 어미소와 같은 축사에 사육된다. 한우는 분만 후 60～100일간 1일 평균 2～4kg의 젖을 생산하며, 약 3개월 간 젖을 먹이게 되는데, 한우는 산유량이 적기 때문에 송아지의 발육에 필요한 영양분을 충분히 공급하지 못해서 송아지는 비교적 발육이 부족한 경향이 있다.

다) 사료 급여 : 어린 송아지 사육에서 반추위 발달을 촉진시키고, 필요한 양분을 공급하기 위해 좋은 조사료를 먹이는 것이 좋다. 여름철은 어미와 같이 풀을 먹게 하고 야간에는 건초를 급여하며, 겨울철에는 건초와 사일리지를 급여하는 것이 좋다.

2) 비육우의 사육 관리

양질의 한우고기를 생산하기 위해서는 한우를 체계적으로 사양관리하여야 한다. 이를 위해서는 일당 증체량을 증가시키고, 근내 지방 함량이 높은 양질의 쇠고기를 생산한다는 비육 목표를 두고 관리 되어야 한다.

가) 비육 전기는 생후 12～13개월령부터 16～18개월령까지를 말한다. 이 시기는 근육과 체내에 지방 침착이 개시되는 시기이며, 이시기에는 체내의 단백질 합성이 왕성하게 이루어지면서 보상 성장이 일어나 전체 비육 기간 중에 가장 높은 일당 증체량이 있게 되는 시기이다. 따라서 농후 사료에 대한 사료 효율을 증가시켜 생산성을 향상시킬 수 있다.

나) 비육 후기는 비육우가 출하될 때(통상 24～25개월령)까지 비육을 마무리 하는 시기로서, 이 때 급여되는 농후 사료는 총 가소화 영양소 함량이 높은 비육 후기용 농후 사료를 급여한다. 이 시기의 사양 기술 핵심은 육질을 개선하는 것으로서 근육주위의 지방이 근육 속으로 침착(마블링)되는 시기이다.

3) 한우의 일생과 쇠고기

가) Hanwoo의 일생

태내 발육기(283일) → 출생(초유급여, 25~30kg) → 이유(3~4개월령, 80(♀)~110(♂)kg) → 육성전기(6개월령, 130(♀)~160(♂)kg) →육성후기(12월령, 200(♀)~300(♂)kg) → 비육전기(18개월령, 250(♀)~450(♂)kg, 암소는 임신시작) → 비육후기(24개월령, 320(♀)~560(♂)kg) →출하(약 550kg출하(♂)).

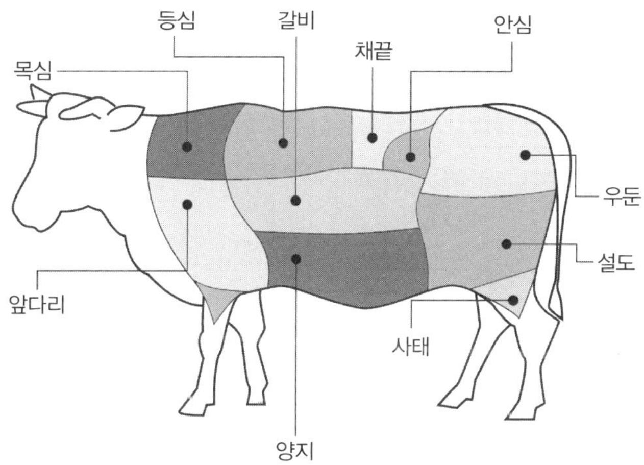

그림 V-13 쇠고기의 부위별 명칭

표 V-5 쇠고기의 부위별 가장 보편적인 요리 방법

대분할 부위명	소분할 부위명	용 도
목심	목심살	구이, 불고기
등심	윗등심살, 아랫등심살, 꽃등심살, 살치살	스테이크, 로스구이
갈비	갈비, 마구리, 토시살, 안창살, 제비추리	찜, 탕, 구이
채끝	채끝살	스테이크, 로스
안심	안심살	스테이크, 로스
앞다리	꾸리살, 갈비덧살, 부채살, 앞다리살	육회, 탕, 장조림, 불고기
양지	양지머리, 업진살, 차돌백이, 치맛살	국거리, 스튜, 찜
사태	아롱사태, 뭉치사태, 앞사태, 뒷사태	육회, 탕, 스튜, 찜
설도	보섭살, 설깃살, 도가니살	산적, 장조림, 육포
우둔	우둔살, 홍두깨살	산적, 장조림, 육포, 불고기

나) 쇠고기(한우고기)의 품질

과거에는 고급육이라면 지방이 적고 살코기가 많아야 최고로 생각하던 때가 있었다. 그러나 최근에 국민 소득 수준이 높아짐에 따라 고급육에 대한 관심이 높아지면서 근내 지방 함유량이 높고, 육색과 조직감이 좋은 반면에 콜레스테롤 함유량이 낮은 고기가 소비자들에게 선호되고 있다. 한우육은 외국산 수입 고기에 비해 쇠고기 맛을 좌우하는 올레인산과 같은 불포화 지방산 등의 함유량이 높아 질적인 면에서 우수한 것으로 나타나고 있다.

(1) 고기의 색 : 쇠고기의 색은 적색이라 할지라도 그 밝기의 차이가 크다. 선홍색의 쇠고기는 대체로 연한 어린 쇠고기로 신선도에 대한 보장도 된다. 고기의 표면이 지나치게 검고 악취와 녹색을 띄는 것은 좋지 않다.

(2) 지방의 색 : 지방의 색은 흰색에서 연한 노란색 범위는 정상이다. 노란색 지방은 나이가 많은 소나 여름철 푸른 풀을 먹고 자란 소에서 생산된 고기일 가능성이 많으나, 유통 과정에서 상하기 쉬우며, 자칫 고기가 질기거나 풋내가 나는 경우가 있다.

(3) 근내 지방(상강도, 마블링) : 근육 속에 서리 모양의 섬세한 지방이 고르게 많이 분포되어 있는 고기는 연령이 적당히 성숙하고, 비육이 잘 된 소에서 생산된 고기로서 일반적으로 연하고 맛이 있다.

(4) 고기의 결 : 고기의 결이 곱고 윤기가 나는 것은 육질이 대체로 우수하다. 고기의결은 체구가 비교적 작은 한우가, 수소보다는 암소가, 늙은 소보다는 어린 소가 고운 편이므로 간접적으로 소의 연령, 성별을 식별하는 기준이 될 수 있다. 냉동 저장 후 해동된 고기는 윤기가 떨어지는 것이 일반적이다.

(5) 쇠고기의 등급 평가 : 쇠고기의 등급은 육질 등급과 육량 등급으로 구분하여 판정한다. 육질 등급은 고기의 질을 근내 지방도, 육색, 지방색, 조직감, 성숙도에 따라 1+, 1, 2, 3등급으로 판정하는 것으로 소비자가 고기를 선택하는 기준이 되며, 육량 등급은 도체에서 얻을 수 있는 고기량을 도체 중량, 등지방 두께, 등심 단면적을 종합하여 A, B, C등급으로 판정한다.

좀 더 알아보기

올레인 산의 중요성

일반적으로, 고급육이란 고기 속에 지방이 고르게 박혀 있는 고기를 말하는데, 고기의 맛이 고기 속의 지방, 특히 올레인산과 같은 중요한 지방산들에 의해 결정되어진다. 특히, 한우는 다른 육우에 비하여 불포화 지방산인 올레인산의 함량이 월등하게 많이 함유하고 있다. 이 올레인산은 고기의 맛과 풍미를 증진시키는 요소로 작용하기 때문에 쇠고기의 기호성도 올레인산 함량 증가에 의해서 개선될 수 있으며, 인간에 있어 올레인산의 섭취는 혈중 고밀도 지단백(HDL)의 수준을 높이고, 유해 콜레스테롤로 알려진 저밀도 지단백(LDL)콜레스테롤의 함량을 떨어뜨리는 역할을 하기 때문에 건강에 매우 유익하다.

좀 더 알아보기

암소 갈비집이 많은 이유는?

수소는 수퇘지처럼 심한 수컷 냄새는 나지 않지만 암소가 수소보다 근내 지방도가 높고, 근육 내의 지방이 골고루 퍼져 있어서 씹는 맛이 부드러워 일반적으로 맛과 향이 좋다. 또, 거세를 시킨 거세우가 수소보다 근내 지방도가 높아 보다 나은 고급육을 얻기 위해서 거세를 시키는 경우가 많다.

4) 한우 사육시실(조건과 환경)

한우사는 채광이 좋아 습하지 않으며, 여름에는 직사 광선을 막아 신선하고 겨울에는 바람으로부터 보호가 가능하고 따뜻해야 한다. 또한 한우가 활동하기에 편리해야 하며, 한우 사양 관리와 노동력을 줄이기 위한 기계화 작업도 편리하도록 만들어져야 한다. 특히, 번식 우사는 번식을 위하여 육성기에 충분한 생식기의 발달과 건강 상태를 유지시키기 위한 조건이 구비되어야 한다. 따라서 번식 우사는 습하지 않아야 하며, 일광욕과 운동이 가능한 운동장을 구비해야 한다.

마. 젖소 기르기

젖소(cow)는 홀스타인, 저지, 건지 및 에어셔 등의 품종이 있지만, 우리나라 또는 세계적인 낙농국가들은 네덜란드 원산인 홀스타인(holstein)이라는 흰색 바탕에 검은색 얼룩무늬 또는 검은색 바탕의 흰색 얼룩 무늬의 소를 키우고 있다. 우리나라는 1900년도 초반에 젖소를 키우기 시작하여서 국내 사육 젖소의 대부분이 Hostein을 키우고 있다. 젖소(holstein)의 체형은 목이 여리면서 길고, 비육소와 달리 전구에 비해 중구, 후구가 발달하여 전체적으로 쐐기모양을 하고 있는 것이 특징이다. 일반적으로, 좋은 젖소는 살이 찌지 않고, 피부가 얇고 피모에 광택이 있으며, 등은 미근부까지 수평을 유지하고, 옆구리는 깊게 활모양을 하고 있다. 우유 생산량이 큰 젖소의 후구에는 부피가 크고 잘 발달된 유방이 부착되어 있는데, 이 때 유방은 크고 깊으면서 앞쪽으로 단단히 부착되어 있다. 젖소는 성질이 온순하고 기후에 대한 적응성이 우수하며 추위에 강하므로 어느 곳에서도 사육이 가능하다. 더위에는 약하므로 여름철에는 그늘을 만들어 주고 충분히 물을 마실 수 있도록 해 주어야 한다.

또한 젖소는 보통 성 성숙이 완료된 생후 15~17개월령에 첫 종부를 하여 약 280일의 임신 기간을 거쳐 새끼를 분만한다. 분만과 더불어 젖소는 우유를 생산하게 되며, 1년 365일 중 300일간의 착유 후에는 65일간의 건유기를 두어 다음 번 비유기를 대비한다. 일반적으로, 젖소는 분만 후 60~80(100)일 사이에 다시 종부시키기 때문(젖소는 해마다 분만을 하여야 한다.)에 초산 이후부터는 비유와 임신이 공존하게 된다. 젖소는 1년 중 계절과 상관없이 번식이 되고, 경제성을 생각하지 않으면 10산, 11산까지도 출산할 수 있는 수명이 긴 동물이지만, 우리나라에서는 경제적 수명이 평균 5~6산차이다.

젖소의 번식시기는, 생후 10개월령이면 성숙하여 발정을 시작하지만, 체성장이 완전하지 않을 때 젖소를 교배시키게 되면 난산이 되는 경우가 많고, 번식 성적이나 생산 능력이 떨어지는 경향이 있기 때문에 첫 교배는 체성장이 완성되는 15~17개월령에 몸무게가 350kg정도 되었을 때 시키게 된다. 젖소는 일반적으로 6~10살까지 번식에 이용된다.

종모우는 생후 16~18개월령부터 정액을 채취하기 시작하고, 채취한 정액은 동결 보존시켜 인공 수정에 이용한다.

1) 젖소 송아지의 육성

가) 초유 급여의 중요성 : 초유란 분만 후 5일까지 갓난 송아지에게 급여하는 어미의 젖을 말한다. 초유는 송아지의 건강을 촉진시키는데 아주 중요하므로, 갓 태어난 송아지에게는 반드시 먹여야 한다. 초유에는 갓난 송아지가 질병에 걸리지 않도록 보호해 주는 면역 물질과 각종 영양소가 많이 함유되어 있으며, 특히 비타민A와 칼슘은 일반 우유의 9～10배나 많이 함유되어 있어 송아지의 건강을 촉진하는 중요한 생리 작용을 한다. 초유는 분만 후 15～30분 이내에 급여해야만 송아지가 충분이 항체를 흡수할 수 있다. 초유의 적정 급여량은 송아지의 생시 체중의 4～5%가 적당하며, 24시간 동안 3회 분할 급여한다. 최소 3～5일 동안 급여하는 것이 좋다.

나) 초유 급여 방법 : 자연 포유는 어미소에 송아지를 직접 붙여서 자유롭게 포유시키는 방법으로 노력과 기구가 불필요하다. 그러나 어미소의 비유 능력이 감소하고 유두 손상을 받기 쉬우므로 젖소의 경우는 특수한 경우를 제외하고 인공 포유를 실시한다. 인공 포유는 분만 후 곧 어미소에서 송아지를 뷰리시키고, 어미소에서 착유한 초유를 사육자가 급여하는 방식이다. 인공 포유 때 송아지에게 먹이는 초유의 온도는 일정하게 유지하는 것이 중요한데 이상적인 온도는 38～40℃ 정도이다. 생후5～6일령부터 초유에서 전유 또는 대용유로 전환시키고 급여량은 체중의 8～10%를 매일 2회 동량 분할 급여한다. 대용유는 인공적으로 그 영양 조성을 어미의 젖과 유사하게 만들어 송아지에게 급여하고, 생후 6일령부터는 이유 사료(calf starter)를 섭취하는 훈련을 시켜 주어야 하는데, 송아지가 우유나 대용유를 먹은 직후에 사료통에 한 줌 넣어 주거나 사람이 송아지 입에 직접 묻혀 주기도 한다. 이렇게 훈련하여 생후 20일경에는 약 200g 정도의 어린 송아지 배합 사료를 섭취할 수 있도록 한다.

2) 젖소의 유방

젖소에게 가장 중요한 것은 큰 유방이다. 유방은 4개의 유구로 나누어져 있으며,

각 유구에는 1개씩의 유두가 붙어 있는데, 일반적으로 후유구가 전유구에 비해 크고, 1일 산유량의 60%를 차지한다.

우유는 혈액 내의 유성분 전구 물질을 이용해 유선포의 유선 상피 세포에서 생산되어 유선관을 지나 유선조에 모이고, 송아지가 빨거나 착유에 의해 젖꼭지로 배출된다. 우유 1ℓ를 생산하기 위해서는 약 400~500ℓ의 혈액이 유방을 순환하게 된다.

젖소는 성 성숙이 되면서 유방이 커지는데, 임신 후기에는 난소에서 분비되는 호르몬인 에스트로겐과 프로게스테론에 의해 유선 조직이 왕성하게 발달을 한다.

출산과 더불어 뇌하수체에서 분비되는 프로락틴에 의해 비유가 개시되는데, 이와 함께 성장호르몬, 부신 피질 호르몬 등이 협동하여 유선 조직에 작용함으로써 비유가 지속되게 된다.

우유의 배출과정은, 착유 또는 송아지에 의해 유방, 젖꼭지에 가해진 자극은 신경을 따라 뇌로 전달되어 뇌하수체 후엽에서 옥시토신이라는 호르몬이 분비되는데, 이 호르몬이 유방으로 전달되어 유선 세포를 수축시켜 우유를 배출하게 한다.

좀 더 알아보기

착유와 건유

젖소는 1년 365일중 300일은 젖을 짜고(착유), 65일은 젖을 짜지 않는다(건유). 젖소의 임신기간은 대략 280일 정도로 임신 220일째 즉 임신 후반기에는 어미 배속에 있는 송아지(태아)를 크게 키우기 위해서 건유를 시키고, 분만 후 5일간은 송아지에게 초유를 급여시키기 위해서 착유를 하지 않는다.

우유는 젖소가 송아지를 생산하여야만 얻어지는 송아지를 키우기 위해서 생산되는 것으로 아무리 능력이 우수한 젖소라도 송아지를 분만하지 않으면 우유를 생산할 수 없다. 뿐만 아니라 어미소는 분만 후 대략 60~80일 정도가 되면 자궁이 원래의 상태로 퇴축되고, 다시 발정을 하게 되는데 이때 다시 수정을 시켜서 임신을 한다. 젖소는 임신중에도 우유를 생산한다. 일반적으로 우리나라에 사육되는 젖소는 년간 8,000kg정도의 우유를 생산하지만, 이중에 우수한 능력을 가진 젖소는 년간 12,000kg의 우유를 생산하기도 하기 때문에 년간 착유기간 300일을 기준으로, 하루 40kg이상의 우유를 생산하는 젖소도 있다. 젖소 농장에서는 1일 2회 아침, 저녁으로 착유를 하기 때문에 한번 착유시 20kg이상의 우유를 생산하는 젖소도 있다.

3) 젖소의 일생과 우유에 대해서

가) 젖소의 일생

태내발육기(279일) → 출생(초유급여, 42kg) → 이유(3개월령, 110kg) → 육성전기(10개월령, 250kg) → 육성중기(15개월령, 370kg, 임신) → 육성후기(24개월령까지, 570kg, 분만. 23～24개월령 건유실시) → 착유(305일간) → (26～27개월령, 재임신).

나) 우유, 젖소에서 식탁까지

착유 → 집유 → 수우검사 → 수유 → 청정 → 저장 → 균질 → 살균 → 포장 → 수송 → 식탁

(1) 원유검사(세균, 침전물, 항생물질 등) → 표준화(유지방함량 조절) → 여과(크고 작은 이물질 제거) → 균질(고압, 우유의 지방분리방지 및 소화흡수율 향상) → 살균(저온 장시간 살균, 고온 단시간 살균, 초고온 살균법) → 냉각(5℃ 이하) 및 저장 → 충전과 포장

(2) 살균방법 : LTLT(63～65℃/30분)/ HTST(72～75℃/5초)/ UHT(135～150℃/2초)

(3) 원유의 등급은 세균수와 체세포수에 따라 등급이 구분된다.
1～4등급우유 존재 : 주로 세균수에 따라서 결정된다.
일반적으로 젖소가 숫송아지를 분만하면, 숫송아지는 조기이유를 실시하여 판매하거나 고기소 대용으로 집중 비육된다.

다) 우유 생산량에 영향을 미치는 요인

(1) 기온과 습도 : 기온 0～20℃, 상대 습도 70～80%의 범위 내에서는 산유량에 큰 영향이 없으나, 무더운 여름철에는 산유량이 감소한다.

(2) 착유시의 환경 : 젖소는 소음에 민감하기 때문에 착유 때에는 조용한 환경을 유지하는 것이 좋으며, 낯선 사람이나 다른 동물 등의 접근을 피한다.

(3) 사료의 급여량과 품질 : 사료 중의 단백질과 지방, 비타민 함량은 산유량에 영향을 주는 직접적인 요인이기 때문에 항상 양질의 사료를 급여한다.

좀 더 알아보기

우유를 마시는 이유

우유는 우리가 손쉽게 먹는 음식 중에 가장 완전에 가까운 식품(The most nearly complete food)이라고 인정되고 있다. 우유의 영양적 가치 외에도 우유는 치즈, 버터, 요구르트, 아이스크림, 분유, 연유 등 많은 제품으로 가공됨에 따라 우리의 건강과 영양을 지켜주는 동시에 우리의 식생활을 풍요하게 해주는 인류 최고의 식품이다. 1960년대 1년에 1인 40g정도의 우유를 소비하던 우리나라가 현재 약 48kg으로 무려 1,200배의 세계에서도 유래 없는 증가율을 기록하여 우유의 영양적, 식품적 및 건강 증진상의 가치는 이미 한국인의 상식으로 되어 있다. 우유는 그 영양분의 소화 흡수율이 거의 100%에 가까운 고급단백질 식품으로서 3.3%의 단백질, 3.4%의 지방, 4.7%의 유당, 0.7%의 회분을 함유하고 있으며 특히 유아기, 성장기, 임신기, 수유기 또는 노년기에 절대적으로 많은 양이 필요한 칼슘의 공급원이 된다.

간혹 우유를 먹고 난 후, 장내에서 가스가 자주 발생하는 경우가 있다. 이를 유당 소화효소 결핍현상(유당 불내증)이라고 표현을 하는데 수천 년 동안 우유를 먹어온 서양인들에게 거의 나타나지 않으나 유아기가 지나면서 거의 우유를 먹지 않는 동양인이나 아프리카 흑인 등에서 잘 나타난다. 이런 사람들은 우유의 섭취량을 점차적으로 증가시키거나, 상대적으로 유당 함량이 낮은 유제품인 요구르트, 치즈 등을 먹음으로 우유의 장점을 이용할 수 있을 것이다.

표 Ⅴ-6 각종 포유동물의 임신기간

동물명	임신기간(일)	동물명	임신기간(일)
마우스	19	면양 · 산양	150
랫 트	22	사 슴	205
토 끼	30	곰	210
밍 크	46	사 람	269
개	60	젖 소	279
고 양 이	63	한 우	283
기니아피그	66	낙 타	320
표 범	110	말	342
사 자	111	나 귀	360
돼 지	115	코 끼 리	600

4 교육현장에서의 동물관련 활동

동물을 소재로 하는 교육은 피교육자에게 제공 되어지는 흥미 외에도 스스로 살아갈 수 있는 힘을 가지게 해주는 좋은 교육 방법으로 활용할 수 있다. 즉 생명체와 함께하는 과정 속에서 풍성한 마음을 가지고 포기하지 않는 강인한 아동 교육이 이루어질 수 있을 것이다. 『나는 나의 이런 점들이 자랑스럽다.』, 『나의 가능성이 충분히 발휘되어 모두들 가운데 나의 존재가치를 향상시키고 생명체끼리 더불어 살아가는 힘을 기르게 될 것이다.』. 한편, 아동들은 나는 무엇인가(누구인가), 친구들 가운데 나는 무엇이며 나의 역할은 무엇인가, 선생님의 지도에 대해서 내가 무엇을 느끼며 어떻게 반응을 해야 될까에 대해서 스스로 고민하게 될 것이다. 인간과 동물은 같은 생명체로 상호 양면성을 가지는 존재이다. 뇌의 크기에서 또는 주변 환경을 시기적절하게 이용할 수 있는 점에서는 동물과 확연한 차이를 가지는 지구상의 절대강자로 자리매김한 인간들이 어떻게 하면 동물과의 지혜로운 공존을 할 수 있을까 또는 이러한 공존을 지속가능하게 해주는 데 도움이 될 수 있는 일은 무엇일까에 대해서 고민을 하게 되었다. 인간의 지혜는 무궁무진하여서 인간중심 또는 동물중심적인 사고보다는 인간과 동물의 공존의 지혜는 미래사회에 더 요구되어질 것이다. 본 장에서는 동물을 소재로 하는 교육방법이라고 하지만 결국은 인간 중심의 동물이용 방법으로도 이해할 수 있다. 하지만, 인간과 동물이 하나 될 수 있는 다양한 방법을 정리해봄으로써 인간과 동물의 공존의 지혜를 얻고자 한다.

가. 금붕어를 이용한 관찰 및 표현

금붕어는 관상어 중에서도 가장 귀엽고 친근감을 주면서 실내장식은 물론 여러 생활 공간을 평화롭고 아름답게 조화시켜주는 특성을 가지는 생명체이다. 중국, 한국, 일본 등 동양에서 일찍부터 길러져서 오늘날에는 세계 각국에 널리 퍼져 있으며 유명한 관상어로 보급되고 변함없이 애호되어가고 있다. 학교현장에서 키울 수 있는 동물들은 다수 있지만 시간 및 공간적인 부분을 고려한다면, 금붕어는 단연 선두 그룹에 드는 동물일 것이다. 또한 금붕어는 열대어와는 달리 환경에 대한 적응성도 매우 뛰어난 동물이다. 이러한 금붕어를 아이들이 직접 키움으로써 아이들의 감성 발달도 높일 수 있고 여러 교과 등과 연계하여 수업할 수 있으며 또 금붕어를 키우면서 생명의 소중함과 동물의 입장에서 생각하게 함으로써 자기중심적이고 생명을 경시하는 아이들의 정서 순화 및 인성교육차원에 도움을 줄 것이다.

1) 금붕어에 대한 이해

- 학명 : Cyprinus carassis LINNE
- 과명 : 잉어과
- 원산지 : 중국
- 산란기 : 4~9월

금붕어는 계통적으로 보면 잉어 과에 속하는 붕어의 변종이다. 자연적 또는 인위적으로 많은 품종이 만들어졌으며 만들어진 품종은 일부 없어져가고 또 새로운 품종이 생기기도 한다. 우리나라에 금붕어는 조선시대(1502년) 중국(명나라)에서 들어온 것으로 알려졌다. 또한 금붕어는 중국과 일본에서 오랜 세월에 걸쳐 자연적(돌연변이) 혹은 인위적인 노력에 의하여 가치가 높은 품종이 탄생되었다.

형태와 습성을 살펴보면, 금붕어의 조상인 붕어는 원래 헤엄치는 힘이 상당히 강한 물고기이다. 그런 만큼 몸도 물의 저항에 대해서 무리가 없도록 가느다란 모양(방추형)을 하고 있었지만, 인간이 금붕어로서 양식하게 된 후부터는 몸의 모양도 여러 가지로 바뀌어졌다. 그러므로 금붕어에는 붕어에 가까운 모양을 한 것부터 몸통이 굵고 짧아진 것, 몸의 높이가 있어 옆에서 보면 원형에 가까운 것 등 실로 여러 가지다. 그래도 개개의 체형을 가진 금붕어는 지느러미의 모양이나 구조로 균형을 잡고 잘 헤엄치도록 되어 있다.

금붕어의 몸의 색은 붉은 것이나 검은 것 등 여러 가지가 있지만 부화 직후 자어에서 치어의 일부시기까지는 붕어와 같은 원래의 색깔(대부분 검은색)을 하고 있다가 부화 후 40~50일 지나며 성장함에 따라 변색을 하게 된다. 이것을 선조색이라 하며 이러한 현상은 사실상 붕어의 자손이라는 것을 말하여 주는 것이라고 볼 수 있다.

습성은, 온수성의 담수어로서 작은 용기 안에서도 장기간 기를 수가 있다. 식성은 잡식성이어서 동물성뿐만 아니라 식물성의 먹이도 잘 먹는다. 큰 것은 25～30cm나 된다. 수명은 20년 이상이고, 가정의 연못에 사육하여도 7～8년은 산다. 생존할 수 있는 수온의 범위는 0～30℃이고 열대어처럼 온도조절이 필요없다. 염분은 1.5% 이내이면 죽지는 않는다.

금붕어의 산란기는 4～7월 사이이며 수온 12～28°C 범위에서 7～10일 간격으로 여러 차례 산란하고 9월 하순에서 10월 중순에도 알을 낳는 수가 있다. 생후 1～2년이 지나면 산란을 하며 산란용 어미로는 수컷은 3～4년 암컷은 4～5년 된 것이 좋다. 어미로 사용할 것은 색깔과 형태가 각각의 품종 특유의 형질을 잘 갖춘 것만을 사용한다. 색깔은 흰색이 많이 나타나는 경향이 있으므로 붉은 것과 붉은 것을 교배하거나 붉은 것과 붉은색과 흰색이 섞인 것을 교배하는 것이 좋다. 금붕어의 산란부화와 사육과정은 잉어와 거의 비슷하다고 할 수 있다.

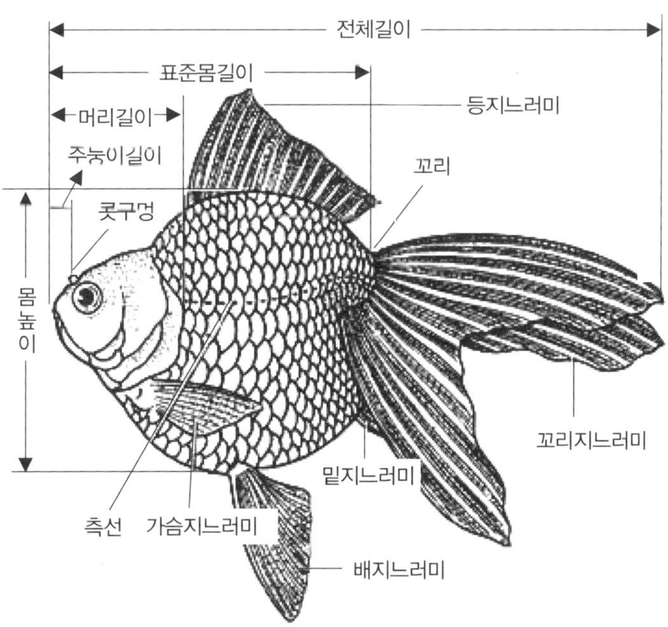

그림 Ⅴ-14 금붕어의 형태와 신체부위별 명칭

2) 품종과 종류

전 세계적으로 금붕어의 품종은 대략 30여 종이 있는 것으로 알려졌으나, 현재 우리나라에는 24종 정도가 길러지고 있다고 한다. 이 중 대표적인 품종으로는 유금, 수포안, 진주린, 화금, 사자머리, 난주, 캘리코, 공작, 툭눈이, 단정, 화방, 동금, 철어, 토좌금, 코밋, 남경, 동금 등이 있다. 이중 우리나라에서 많이 사육되고 있는 6종류의 금붕어에 대해서 간단히 정리해보면 다음과 같다.

가) 유금

우리나라에서 가장 많이 사육되고 있는 것의 하나로서 상당히 귀여움을 받고 있는 종류로 중국에서 유큐(오키나와, 일본의 최남단 섬)와 일본 본도를 거쳐 들어왔다 하여 이런 이름이 붙었고 몸이 짧고 둥글며 비교적 강하고 꼬리도 길어 3~4각으로 되어 있는 것이 보통이다. 머리가 작고 등이 부풀어 마름모형이며 꼬리기부에는 금빛비늘이 번쩍거린다. 그러나 동작은 활발치 못한 편이다.

나) 수포안

각막이 현저히 팽대하여 수포형인 것이 특징이다. 툭눈의 일종이나 눈에 수포가 차 있는 것이 아니고 안구의 각막이 부풀어 그 속에 임파액이 가득찬 것이다. 부화 후 30일경에 수포가 나타나 자랄수록 커지며 눈도 수포가 커질수록 위로 향하게 된다. 등지느러미가 없고 꼬리지느러미는 긴 것이 많으며 꼬리지느러미는 좌우로 넓게 퍼진 것이 좋다. 몸색은 붉은 색과 흰 색이 섞인 것 또는 모자이크 투명비늘의 여러 색이 있다.

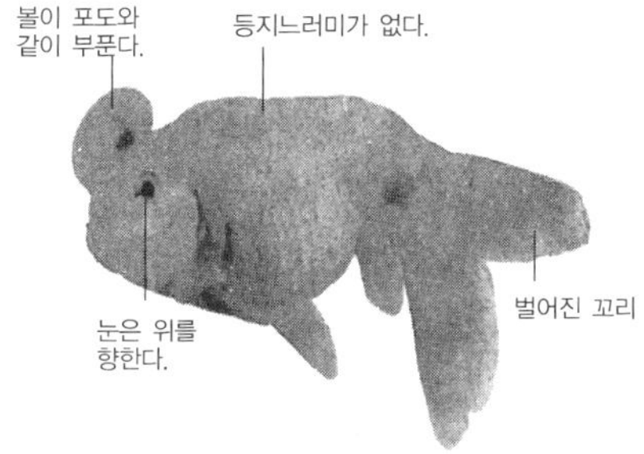

다) 화금

많이 보급되어 항상 볼 수 있는 종류이며 붕어에 가장 가까운 체형을 하고 있다. 또한 금붕어 중에서는 가장 강한 것이다. 색깔은 붉은색, 흰색, 붉은색과 흰색이 섞인 혼합색 등이 일반적이다. 꼬리는 붕어꼬리 모양이나 때로는 3~4갈래로 나누어져 있는 것도 있다.

라) 사자머리

사자머리는 고급종의 금붕어이며 우리나라에서는 시중에 그리 많지 않다. 이것은 유금과 난충을 교배하여 만든 것으로 몸 모양이 그 중간형이며 머리에 역시 혹이 있고 꼬리는 유금 모양으로 긴 것이 그 특성이다.

마) 툭눈이

원산지는 중국이지만 우리나라에도 이미 널리 보급되어 있다. 몸 모양은 유금과 비슷하나 눈이 좌우로 툭 튀어나와 있는 것이 특징이다. 색은 검정색이 보통이나 붉은색, 삼색(붉은색, 흰색, 검푸른색)등이 있으며 우리나라에서는 고급에 속한다고 볼 수 있다. 몸의 색에 따라 검은 툭눈금 또는 붉은 툭눈금라고 불려지기도 한다.

바) 캘리코

몸모양은 유금이나 툭눈이와 같으며 상당히 많이 보급 애용되고 있는 보통의 금붕어이다. 삼색 툭눈이와 유금 또는 화금과의 교배로 만들어 낸 것이다. 입이 뾰족하고 마름모꼴 체형이며 체색은 대체로 3색으로 투명한 비늘을 갖고 있다. 이것은 부화 후 변색하는 시기가 빨라서 일반 생산업자나 부업으로 양식하는 사람들에게 많은 환영을 받아온 금붕어이다.

3) 금붕어를 이용한 동물 표현 교육의 효과

금붕어 모습 전체, 그리고 각 부분을 자세히 관찰함으로써 관찰력을 키울 수 있고 관찰에 그치지 않고 그림으로 그려보는 활동을 통하여 관찰력뿐만 아니라 표현력과 미적 감각도 기를 수 있다. 그리고 관찰하여 그림을 그려보는 활동 말고도 움직임 표현 등 다른 표현을 통한 수업도 가능하다. 관찰과 표현 활동 수업이기 때문에 관찰 활동으로 어류의 구조(아가미, 지느러미, 측선 등)에 대한 과학 수업과 '관찰하여 그리기'에 대한 미술 수업, '관찰한 것을 몸으로 표현하기'의 체육(무용)수업 등 다양한 교과와의 연계를 통하여 창의적인 통합 수업을 할 수 있다. 전체만 간단히 관찰할 때보다 각 부분까지 자세히 관찰하여 봄으로써 대상에 대해 좀 더 호기심과 흥미를 가질 수 있고 움직이는 모습이나 아가미로 호흡하는 모습 등을 관찰하고 표현해 봄으로써 학생들이 금붕어 생명의 소중함을 느낄 수 있다. 더 나아가 금붕어뿐만 아니라 다른 식물, 동물, 그리고 인간, 모든 생명의 소중함도 느낄 수 있다.

4) 금붕어 표현 교육의 실제

가) 실과교과중심 표현교육의 기본적인 방향

초등학교 교육과정을 들여다보면, 교과로 나눠져 있음에도 학습 내용간의 연계성이 있는 것을 가끔 볼 수가 있다. 지금 우리가 논의를 하고 있는 금붕어의 표현활동 수업의 경우에도, 실과, 미술, 과학 등의 교과가 어우러져 있음을 알 수 있다. 다만, 학습 내용 중에서 중요 포인트를 어디에 두느냐에 따라서 금붕어 표현교육은 그 성격을 달리하여 교육을 할 수 있는 가능성을 지니고 있다고 하겠다. 따라서 금붕어를 이용한 표현교육의 활용 방향은

(1) 관찰 및 표현 능력발달,
(2) 관찰을 통한 생물체의 몸의 구조의 인지,
(3) 관찰을 통한 동물의 이해로 그 방향이 나뉜다고 할 수 있다.

금붕어를 이용한 관찰 수업을 할 때의 최고의 포인트는 아동의 표현 능력에 중점을 두어서 교육을 하기보다는 관찰을 진지하게 하도록 분위기를 조성해주고, 나아가 동물에 대한 이해를 할 수 있도록 하는 것이 실과중심 표현교육의 기본적인 방향이라고 할 수 있다.

나) 표현교육의 유의점

(1) 관찰시점을 제시할 것

본 프로젝트의 기본은 진지한 관찰이다. 초등학생의 경우에는 사실적으로 표현을 하려는 의지는 있으나, 실제로 교사의 도움 없이 깊은 수준의 관찰을 하기는 어렵다. 따라서 표현교육을 하기 위해서 가장 중요한 것은, 관찰의 관점을 제시해주는 것이다. '그냥 금붕어를 관찰하시오'라고 제시를 하기보다는, '금붕어의 아가미를 중점적으로 관찰해보렴'이라든가 '금붕어의 꼬리지느러미의 움직임을 중점적으로 관찰해보렴'이라고 하는 등, 관찰관점을 제시하는 것이 구체적이고 깊이 있는 관찰을 가능케 한다.

(2) 표현 방법의 다양화

생물의 관찰 표현방법이 그림 그리기만 있는 것이 아님에도, 가장 많이 하도록 하는 것이 그림그리기이다. 그림그리기를 통해서 아동들이 동물에 대해 많은 이해를 할 수 있는 것은 부인할 수 없지만, 한 가지 방법만을 이용하는 것보다는 비교적 다양한 표현방법 중 아동들이 흥미 있는 표현방법을 선택해보게 하는 것도 표현교육에 대한 흥미를 이끌 수 있는 좋은 방법이다. 아동의 개인차와 흥미 있는 표현방법은 모

두 다를 수 있다. 하늘거리는 지느러미를 표현하기 위해서 얇은 천을 이용해서 만들기를 하고 싶어 할 수도 있고 금붕어의 뻐끔거리는 모습을 직접 몸으로 표현해보고 싶어 할 수도 있다. 따라서 표현 방법을 획일화하기보다는 표현 방법을 다양하게 하는 것도 표현교육을 실제로 할 때 좋은 방법이 될 수 있다.

(3) 움직임 관찰을 중점으로 둘 것인가? 몸의 구조 관찰에 중점을 둘 것인가?

금붕어를 관찰하는 시점 중 하나에 속하지만, 어느 부분에 중점을 두느냐에 따라서 교사가 준비해야 할 부분이 달라지기 때문에 움직임을 관찰할 것인가, 몸의 구조 관찰에 중점을 둘 것인가를 미리 생각해볼 필요가 있다. 움직임을 중점으로 관찰할 경우에는 어항 속에 넣어둔 금붕어를 준비하는 것으로 끝나지만, 몸의 구조 관찰에 중점을 둔다면 금붕어를 움직이지 않게 하여 가까이에서 보는 것이 중요하다. 금붕어를 움직이지 않게 하여 관찰하는 방법에는 차가운 물에 담가서 신진대사를 느리게 하여 상대적으로 많이 움직이지 않게 하는 것이나 마취제를 이용하여 마취를 시키는 두 가지 방법이 있다.

다) 금붕어의 부위별 특징을 관찰한 내용

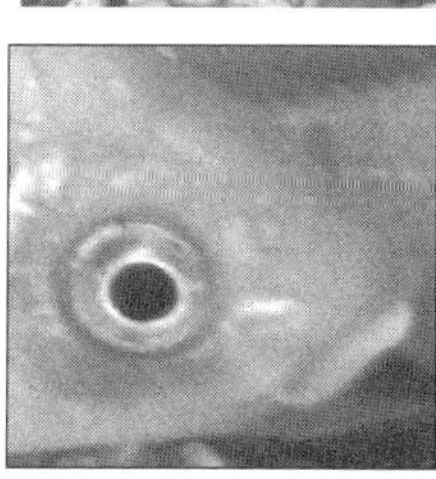
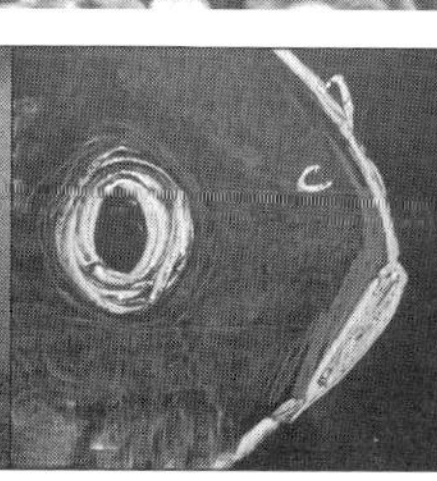

〈눈, 코, 입〉
눈은 동그란 원형으로 꼭 그림 그려놓은 듯이 눈동자가 움직이지 않는다. 그리고 약간 튀어나와 있고 입 위에 작게 콧구멍이 있다. 입은 작으나 입술은 뚜껍고 끝이 쳐져 있으며 가끔씩 뻐끔뻐끔한다.

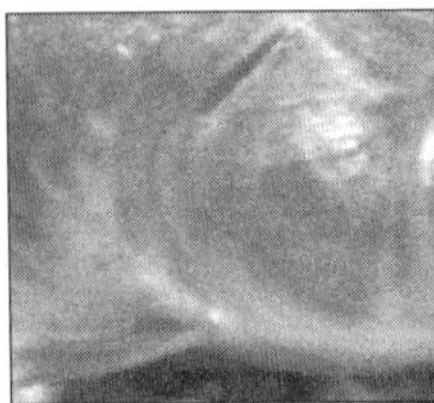	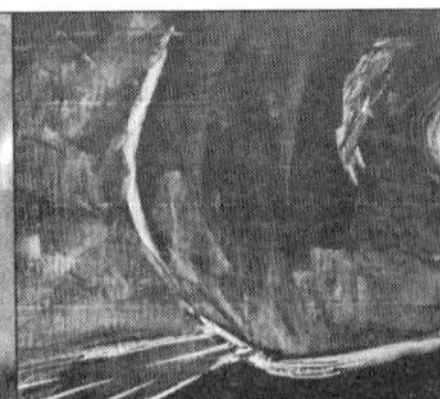	〈아가미〉 아가미 안쪽은 주름이 가득 잡혀 있는 잎새 모양으로 되어 있고, 이것에는 가는 혈관이 많이 통해 있어 빨간색을 띠고 있다. 숨을 쉬기 위해 (아가미호흡) 아가미를 열고 닫는 모습을 볼 수 있다.
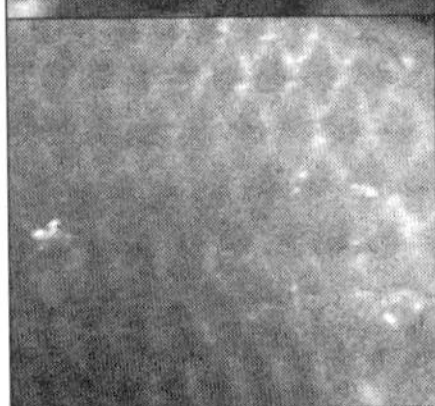		〈비늘〉 광택이 나고 육각형 모양으로 많은 비늘이 딱딱 맞춰져 있는 모양이다. 머리 부분에는 비늘이 없고 등 부분은 주황색빛깔이 나고 아래로 내려 갈수록 흰색 빛깔을 띤다.
	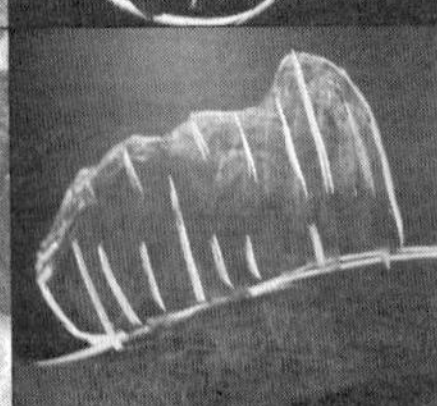	〈등지느러미〉 등지느러미는 항상 펴져 있고 오른쪽 위가 높고 왼쪽으로 갈수록 내려간다. 위쪽은 흰색이고 아래쪽으로 갈수록 주황빛이 난다. 지느러미에는 세로로 일정간격으로 줄이 있는 것을 볼 수 있다.
	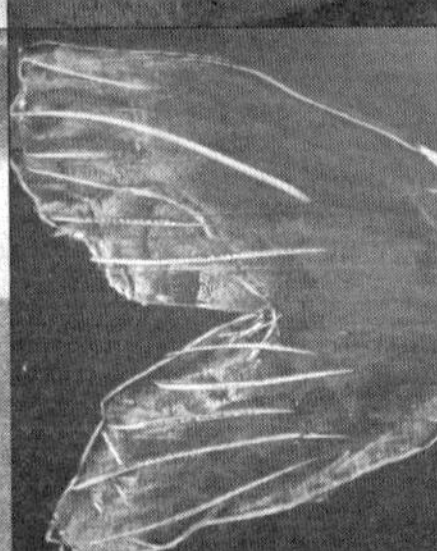	〈꼬리지느러미〉 움직일 때 찍은 사진이라 사진에는 비스듬히 찍혀 모습이 제대로 나와 있지 않지만 직접 본 꼬리지느러미는 두 갈래로 되어 있다. 지느러미 중 가장 크고 금붕어가 이동할 때 가장 활발하게 움직인다. 등지느러미와 마찬가지로 몸에 가까이는 주황빛이고 뒤로 갈수록 흰빛을 띤다(가운데 오목).
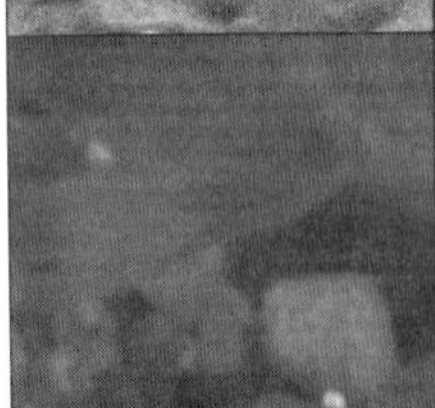	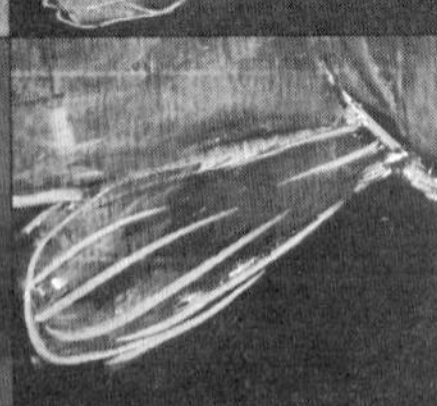	〈가슴지느러미〉 가장 작은 지느러미로 다른 지느러미는 거의 쫙 펴고 있는데 비해 약간 움츠려져 있고 아가미 밑에 대칭형으로 2개가 있다.
 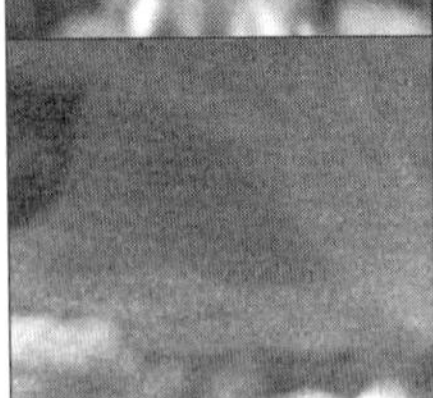	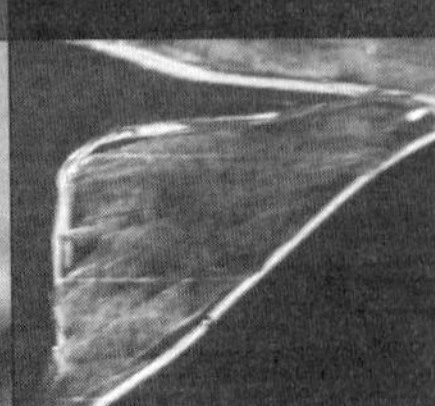 	〈배지느러미와 밑지느러미〉 두 지느러미는 약간 지각 삼각형 모양으로 비슷하게 생겼다. 좌우의 배지느러미는 붙어있고 몸 전체 중간의 밑에 붙어있다. 밑지느러미는 등지느러미 기저의 뒤끝 아래서 시작하여 꼬리지느러미 앞까지이다.

좀 더 알아보기

금붕어를 간단히 마취시켜 보자

1. 얼음 이용법 : 금붕어가 든 수조에 얼음을 넣는 방법만으로도 간단하게 마취를 시킬 수 있다.
2. 알코올 이용법 : 물 1리터에 알코올양 0.3cc를 넣는다. 0.03%의 알코올 농도에서 물고기가 완전히 마취된다는 실험결과에 기초한 것인데, 이 이상의 알코올양을 사용하면 금붕어가 죽을 수도 있으므로, 정확한 농도를 맞추는 것이 중요하다. 0.03% 농도의 알코올 수용액에 금붕어를 넣고 잠시 기다리면 금붕어가 서서히 취해가는 과정을 관찰할 수 있다.
3. 마취된 금붕어의 모습 : 금붕어가 어느 정도 마취가 되면, 옆으로 누우며 수면위로 뜨게 되다.
4. 마취된 금붕어의 취급법 : 탈지면 등이 깔려 있는 샤알레 위에 놓고 몸이 마르지 않도록 중간중간에 물을 뿌리면서 관찰을 한다.
5. 핀셋과 같이 끝이 뾰족한 것으로 금붕어의 몸에 상처를 내면 감염이 되기 쉬우므로 면장갑이나 고무장갑 등을 낀 손으로 만지도록 한다.
6. 관찰이 끝난 금붕어는 원래 수조에 넣으면 천천히 마취에서 깨어난다.

5) 토끼를 이용한 관찰 및 표현수업

가) 토끼의 기원(집토끼와 굴토끼)에 대해서 공부한다.

나) 토끼의 생리적 특성에 대해서 공부한다.

다) 토끼의 각각의 신체적 특성에 대해서 공부한다(본 책의 애완동물편의 토끼 부분 참조).

라) 토끼를 직접 관찰(다같이, 관찰 부위를 조별로 구분)

마) 토끼를 그리기(다같이, 조별로 구분하여서 관찰 부위를 각각)

바) 완성된 토끼의 그림을 보고, 토론

그림 V-15 토끼를 이용한 관찰 및 표현 수업(대구교대, 실과교육과 대학원 수업 모형)

나. 동물행동학을 동물관련 교육에 적용

인간을 포함한 모든 동물들은 이유 없는 행동은 하지 않는다. 통상적이고 무시하기 쉬운 행동들도 돌이켜보면 반드시 이유가 있다는 것을 알 수 있다. 동물 행동에 대한 연구가 생명체를 이해하고 더불어 살아갈 수 있게 하는 이유에서 많이 강조되고 있으며, 동물학 연구 중에서도 상대적으로 늦게 발달된 학문 영역중의 하나이다. 동물행동학은 동물이 환경에 대한 적응으로서 행동의 기능이 발달되고 진화된 것으로, 행동은 하나의 포괄적인 생명현상이므로 동물 행동학은 단순히 행동의 기재라든가 생태학적 연구에 한정되는 것이 아니라 종합적 이해를 목표로 한다는 부분에서 생각한다면 동물 행동학을 통한 아동의 창의성, 더불어 살아가는 훈련, 자기주도적인 학습능력 증진 및 생명체에 대한 이해, 적용 및 응용에 도움이 될 것이다.

동물행동학의 관찰연구→ 동물을 더 잘 이해→ 인간은 동물중의 하나, 더불어서 살아가야 한다. → 인간 사회 및 교육현장에 적용→ 인간 본성의 회복(자연속의 일부인 인간)

1) 동물행동학(Animal Behavior)에 대한 이해

동물은 주어진 환경에 다양한 방법 즉 행동으로 대처하면서 살아간다. 이러한 동물 행동은 동물의 내부 또는 외부에서 생기는 자극에 대한 동물의 반응을 말하며 동물의 행동 연구를 통해서 동물이 의도하는 정보를 파악하여 동물들이 쾌적한 생활을 보낼 수 있도록 하기 위해서 필요하다. 동물행동에서 주로 연구되는 내용들은 동물이 먹이를 찾아내는 방법, 포식자로부터 피하는 방법, 이동에 앞서 이동항로를 결정하는 방법, 동물 상호간에 구애행동 및 질병 등에 감염되었을 때의 특수행동까지 그 범위는 매우 다양하다. 하지만 이런 동물의 행동에 관한 학습을 통해서 동료간의 이해력을 증대시키는 교육으로 연결 될 수 있도록 할 필요가 있다.

가) 동물행동 : 동물이 살아가는 하나의 생활양식을 말한다.

나) 동물행동학 : 동물의 행동을 연구하는 과학, 인간의 진화학, 생물학적 배경

에 기초한 행동을 연구하는 학문영역이다.

다) 동물행동학자는 관찰된 사실에 대한 인과 관계를 해석하고, 이러한 행동이 동물의 생존과 번영에 어떠한 의미가 있는지 또한 이러한 행동의 발달과정(전개과정)은 어떠한지를 밝힌다.

라) 동물행동학을 대표하는 학자들과 대표적 이론

(1) 찰스 다윈(Dawin, 1809～1882) : 자연도태설, 진화와 태생학(자연도태가 신체적인 특징뿐만 아니라 여러 종류의 행동에도 적용된다고 이야기했다는 점에서 최초의 동물행동학자)

(2) 카를 폰 프리슈(Frisch, 1886～1982) : 꿀벌의 춤 언어를 밝혀낸 학자(동물비교행동학), 꿀벌이 색깔을 구별할 줄 안다는 것을 증명해보이기도 하였다.

(3) 콘란드 로렌츠(Lorenz, 1903～1989) : 각인학습(야생거위 이야기)

(4) 니코 틴버겐(Niko Timbergen, 1907～1988) : 동물행동심리학(동물의 본능적인 행동)

(5) 존 보울비(Bowlby, 1907～1990) : 애착이론(동물생태학+정신분석학)

(6) 리처드 도킨스(Dawkins, 1941～현재) : 이기적 유전자(유전자 결정론)

마) 재미있는 동물행동의 사례

(1) 꿀벌사회의 민주주의 : 꿀벌간의 춤에는 꿀이 있는 꽃까지의 위치와 양 및 질에 대한 정보가 있다. 꿀벌들이 여러 정찰벌들의 춤 가운데 정보를 종합하여서 결국은 가장 우수한 꿀을 발견한 꿀벌의 주위에 모여서 꿀을 확보하는데 동참한다.

(2) 흡혈박쥐의 헌혈 : 흡혈박쥐의 사회에서는 피를 배불리 먹고 돌아온 박쥐가 배고픈 박쥐에게 피를 나누어준다.

(3) 고래의 따뜻한 동료애 : 그물에 걸린 동료 또는 부상당한 동료를 돕는다.

(4) 가시고기의 부성애 : 여러 부인에게 받은 알을 혼자서 부화, 부화과정중 산소 공급을 위해서 알 주변에서 지느러미를 펴덕이고, 경계도 철저히 선다.

(5) 여왕벌의 모성애 : 딸이 혼인 비행을 마치고 돌아오면 늙은 엄마는 자기를 따르는 일부의 일벌을 데리고 다른 곳으로 출가함으로 딸의 진정한 왕권을 인정한다.

(6) 가르치고 배우는 표범 : 어린 새끼에게 사냥을 가르치기 위해서 특별히 생포한 사냥감을 제공, 새끼들은 평소의 어미의 사냥 모습을 흉내내어서 사냥 연습을 한다.

(7) 분만 후 1~2주 동안은 강아지의 배설물을 먹어치우는 어미개 : 분만시 태반을 먹음, 강아지는 어미가 자기의 배설 기관을 핥아주어야만 배설을 함. 그리고 어미는 강아지의 배설물을 깨끗이 먹어치움. 육식동물들로부터 강아지를 보호한다.

(8) 비가 내리기 직전에는, 제비가 낮게 비행을 하거나, 개미가 부지런히 움직이면서 굴의 입구를 막는 행동을 볼 수 있다.

(9) 분만 2~3일 안에 자기의 유두가 정해지는 돼지새끼에게 주인은 연약한 돼지새끼를 어미의 앞쪽 가슴의 유두를 차지하게 조정한다(모돈의 좌우 6개씩, 총 12개의 유두중 앞가슴에 있는 유두에서 유즙의 분비량이 많음, 처음 힘센 자돈이 앞쪽 유두를 차지함.).

(10) 송아지가 어미젖을 먹을 때는 머리로 유방을 쳐 받는 이유는, 어미의 유방을 자극하는 것은 어미의 뇌세포와 신경을 자극하여서 유즙 분비를 촉진시키기 위함이다.

(11) 참새 무리중에 가슴에 갈색털이 많은 참새가 항상 선두에 있는 이유는, 대장 참새이기 때문이다.

(12) 눈으로 대화하는 말(horse) : 평소에 말은 본인의 아픈 부분을 자주 봄으로서 주인과 대화를 시도한다.

(13) 까치는 기생충 등의 해충의 번식을 막기 위해서 한 번 사용했던 둥지는 다시 사용하지 않는 경우가 많다.

(14) 꿀벌은 춤의 속도로 꿀이 있는 꽃과의 거리를 이야기한다 : 꿀벌들이 빨리 춤을 추면 먹이(꿀)가 가까이 있고, 천천히 춤을 추면 먹이(꿀)가 멀리 있는 이유는 정찰벌의 체력과 관계가 있을 수도 있다.

2) 대표적인 동물의 행동 및 행동 시스템

표 Ⅴ-7 대표적인 동물의 행동

개체유지 행동	사회 행동
먹이 먹기	구애
물 마시기	성
휴식과 수면	공격(투쟁성)
배설	무리(군서성)
호신	모성
몸단장	세력권 방어
탐색	놀이

(Paolo, 1999)

표 Ⅴ-8 대표적인 동물 행동 시스템

단위행동	선구행동	완료행동	후 행동	비고
섭식	먹이찾기	채식	먹고 남은 것 저장	고양이
음수	찾기	음수	혀로 핥기	소
휴식	원 그리기	졸기	기지개를 켬	개
탐색	접근하기	냄새 맡기	후퇴하기	말
몸단장	몸을 쪼그리기	돌기	흙과 먼지 털기	닭
배설	킁킁 냄새 맡기	배분	흙으로 덮기	개
지역 확보	우는 소리를 크게	부동자세	도피	닭
투쟁	위협	머리받기	상대를 노려봄	양
교미	접촉/구애	교미	몸단장	소
집짓기	짚 등을 모우기	집 만들기	만든 집 위에서 옆으로 눕기	토끼
새끼 돌보기	새끼 핥기	흡유를 기다림	새끼로부터 떠남	양

(송영환, 1996)

오른쪽 : 닭의 행동을 측정하기 위해서 계군중에 특정 닭을 표시한 모습
가운데 : 닭의 스트레스 강도를 간접적으로 측정하는 모습(TI-test)
왼쪽 : 닭의 활동 정도를 측정하기 위해서 발톱의 길이를 측정하는 모습

그림 Ⅴ-16 닭을 이용한 동물행동학 측정 연구(뉴질랜드 Massey대학교)

3) 동물의 행동을 통한 심리상태의 파악 및 조치

가) 개가 땅을 파고 있어요

(1) 단순히 재미 삼아 땅을 파는 경우 : 보통 개들은 흙과 나무뿌리 등에 대해 스스로 배우게 되는 '놀이학습'의 형태로 땅을 파기 시작한다. 주인이나 다른 사람과의 접촉 없이 오랫동안 혼자 방치 돼 있거나 한창 자랄 때 넘치는 에너지를 주체하지 못할 경우에도 이런 행동을 보인다.

- 개와 산책을 하거나 놀이를 하면서 함께 하는 시간을 많이 가져 개를 외롭지 않게 하여 땅 파는 걸 잊도록 해주어야 한다.

(2) 더운 날씨 때문에 열을 식히려고 땅을 파는 경우 : 차가운 공기나 바람, 비를 피하기 위해 그럴 수도 있지만 특이하게 물을 얻기 위해 이런 행동을 하기도 한다.

- 개집을 개가 좋아할 만한 위치로 옮겨주거나 땅을 팔 수 있는 공간을 확보해 주는 것도 좋은 방법, 혹은 시원한 물을 제공한다.

(3) 주인의 주의를 끌기 위해서 파는 경우 : 주인이 옆에 있을 때 땅을 파면 이런 심리를 의심해 봐야 한다.

- 무관심하게 내버려 두다가, 하지 않으면 개와 함께 놀아 준다.

(4) 무언가로부터 도망가고 싶어 하는 경우 : 보통 울타리를 따라서 땅을 파거나 울타리 밑을 팔 때 주로 이런 심리인 것으로 알려져 있다.

- 벌을 주면 개에게 두려움을 줘 땅을 파는 행위를 더욱 활발하게 만들 수 있기 때문에 그 두려움의 원인을 찾아 제거하고 더 많은 사랑을 쏟는다.

나) 개가 지나치게 짖고 있어요

(1) 외로움이 원인일 때 : 사회로부터 고립에 대한 저항감의 표현으로 짖는 강아지가 많다. 특히 집안에 홀로 갇히거나 남겨졌을 때, 강아지는 심하게 짖게 된다.

- 기본적으로 혼자 두지 않으면 간단히 교정된다. 하지만 불가능할 경우 개가 짖으려 할 때 개를 조용히 시킬 수 있는 다른 자극 원을 사용하여 주의력을 분산시키는 방법이 있다.

(2) 경계로 짖을 때 : 확인되지 않은 소리, 움직임, 냄새 등에 대해 짖는 것은 정상적인 반응이다.

- 주인은 다른 사람으로 하여금 밖에서 개의 짖음을 자극하게 한 후 개가 몇 번 짖으면, 주인은 개를 집안의 다른 장소로 조용히 부른다. 즉 개가 놀라운 것을 발견했을 때 주인이 올 때까지 계속해서 짖어대는 것이 아니라 주인을 찾도록 가르치는 것이다.

다) 토끼가 화를 내는 것 같아요

(1) 모양(증상)

(가) 귀를 뒤로 붙이고 꼬리는 똑바로 위를 향해 들어 뒤를 보이고, 머리를 앞에 내민다(공격하는 몸의 자세를 취하는 것 같다).

(나) 입을 열어 물어뜯으려 한다.

(다) 꼬리를 즉각 세워 돌아다닌다.

(라) 앞발로 달려들려고 한다(대든다).

(마) 눈을 크게 뜬다(눈이 앞으로 돌출).

(바) 귀를 뒤로 붙이고, 자세를 낮춰 지면을 파는 동작을 한다.

(2) 대응(조치)

(가) 토끼를 화나게 한 요인을 찾는다(밥 먹을 때가 지났거나 아이들이 괴롭히거나 하는 것 등).

(나) 그 요인을 없애고, 배나 등을 따뜻하게 쓰다듬어 준다.

라) 토끼가 응석을 부리는 것 같아요

(1) 모양(증상)

(가) 토끼가 코를 벌렁이며 인간의 무릎 등의 신체부위에 붙는다.

(나) 옷을 가볍게 갉아 먹는 것도 있다.

(다) 머리를 문지르며 다가온다.

(라) 머리를 앞으로 쑤욱 내밀고 온다.

(마) 앞발로 지면을 파는 동작을 한다.

(2) 대응(조치)

(가) 이름을 부르며 머리를 쓰다듬어 준다.

(나) 부드러운 목소리로 말을 한다(대화가 가능한 것은 아니지만 그렇게 하면 토끼가 안정을 느낀다.).

마) 토끼가 아파하는 것 같아요

(1) 증상(모양)

(가) 이빨을 심하게 갈아 댄다.

(2) 대응(조치)

(가) 전문가의 진단을 받는다.

(나) 평소에 토끼에게 관심을 가지고 관찰을 잘한다.

바) 토끼가 무서워하거나 흥분하고 놀라고 있는 것 같아요

(1) 증상(모양)

(가) 뒷발로 선다(호기심을 나타낼 때도 비슷함.).

(나) 귀를 즉각 세운다(호기심을 나타낼 때도 비슷함.). 또는 눈을 동그랗게 뜨고 은둔 장소에 숨어 몸을 둥글게 말아 조용히 앉아 있다.

(다) 코를 벌렁거린다.
(라) 얼굴을 올려 하늘을 냄새 맡는 것 같은 동작을 보인다.
(마) 눈을 크게 떠서 돌출되고 백안(눈의 흰자위)이 평소보다 더 크게 보인다.
(바) 째지는 소리(키~~라고 말하는 높은 목소리)를 지른다.
(사) 콧소릴 내면서 뒷발로 바닥을 힘을 줘서 때린다.
(아) 손대려 하면 낮은 콧소릴 낸다.
(자) 굳어진 듯 가만히 움직이질 않는다.

(2) 대응(조치)

(가) 토끼를 흥분시킨 요인을 찾아서(예를 들면, 평상시와 다른 점 등, 낯선 사람의 방문, 소음, 너무 강한 햇빛 등) 해결해준다.
(나) 그 요인을 없애고 토끼와 놀아준다.

사) 토끼가 슬픈 것 같아요

(1) 증상(모양)

(가) 자신의 케이지로 돌아와 가로로 앉아 가만히 한곳을 주시한다.
(나) 귀를 내려 멍한 표정을 한다.

(2) 조치(대응)

(가) 토끼와 놀아준다(먹이로 유인해서 달리기를 하거나, 손을 대어 냄새를 맡게 해서 손을 옮기면서 놀기).
(나) 간식을 준다(당근을 짧게 썰어서 바짝 말린 후 조금씩 간식으로 준다.).

다. 동물 키메라 수업의 활용

동·식물의 생산성 증대와 고가의 의약품을 대량으로 생산하기 위해서 또는 동물을 통한 이식용 장기의 생산을 위해서 많은 연구자들은 끊임없는 연구를 거듭하고 있다. 하지만 생명체의 존엄성을 무시한 반윤리적 문제점이 있기 때문에 생명체 본연의 특성을 인간의 기호에 의해서 변화시켜서는 안 된다는 주장도 있다.

하나의 과일 나무에 사과와 배가 동시에 열리고, 뿌리는 무로 잎은 배추로 된 무추와 감자와 토마토가 동시에 열리는 작물(토감)이 만들어져 상용화되기 시작하였다. 이미 동물 부분에서도 이러한 예가 그리스 신화 속에서 등장한 바 있다. 즉 머리는 사자, 가슴은 양, 꼬리는 뱀으로 된 키메라(chimera)가 그것이다. 생물학적으로 키메라는 하나의 개체에 유전적 형질이 다른 두 종류 이상의 조직이 서로 접촉하여 존재하는 생물을 의미한다. 동물을 공부하는 아동들에게 동물의 특성(장단점)을 스스로 판단 · 이해하게 한 후 장점을 부각시키고 단점을 보완하는 차원에서 둘 이상의 유전자 특징(외모적 특징)을 가진 동물을 조합하여 상상의 동물을 만들 수 있게 하는 수업도 활용 가능할 것이다.

키메라의 어원은 그리스 로마 신화에서 나오는 괴물 '키마이라'에서 유래되었다. 이 괴물은 소아시아의 '뤼키아' 지방에 살던 괴물인데, 얼굴은 사자, 몸통은 염소, 꼬리는 뱀으로 불을 뿜는 괴물이었다고 한다. 정리하면 키메라의 생물학적 의미는 유전자 조작에 의한 복합체로서 한 생물의 몸에 다른 유전자 DNA가 존재하는 것 또는 두 가지 이상의 다른 조직을 가진 생물체라고 할 수 있다. 따라서 식물의 가지 접목도 키메라를 만드는 것이고, 분자생물학에서 다루는 유전자재조합 기술도 키메라 DNA를 만든다고 표현할 수 있을 것이다.

1) 우리사회에서 실제 이용되고 있는 동물키메라의 예

가) 세포융합 : 2개의 다른 종류의 세포를 인공적으로 융합시켜 잡종세포를 만드는 방법
- 토마토의 세포와 감자세포를 융합시키면 줄기 위에는 토마토가, 땅 밑에는 감자가 달리는 이른바 포마토(pomato: potato와 tomato의 합성어)가 된다.
- 무와 배추를 합쳐서 뿌리는 무, 잎은 배추인 무추
- 검은털 쥐의 초기 배와 하얀털 쥐의 초기 배를 융합하여 대리모의 자궁에 옮겨 발생을 진행시키면 검은 색과 흰색 털이 얼룩진 키메라 쥐가 된다.
- 쥐와 생쥐, 햄스터와 생쥐, 생쥐와 사람의 세포 사이에 세포융합을 하여

잡종세포를 만드는 데 성공하였다.

나) 배반포에 세포주입 : 수정란의 '배반포'라는 시기에 다른 배의 '배성 간세포(ES 세포)'를 유리관으로 주입하는 식의 방법

- 1984년에는 염소와 양의 키메라 '기프'

다) 유전자 재조합 : 필요로 하는 유전자를 잘라서 대장균의 플라스미드라는 DNA 조각에 이어 붙인다(이 과정을 재조합이라 한다.). 대장균이 대량으로 증식하는 특성을 활용하여 원하는 유전자 산물을 대량으로 얻어내는 방법

- 산호에서 추출한 형광물질 유전자를 투입한 관상용 열대어 글로피쉬(glofish)

라) 수정란 이식 : 배지에서 난자와 정자를 수정시켜서 일정 세포기까지 키운 후, 난소에 삽입시켜 생물을 발생시킨다. 인간의 경우는 8세포기까지 배지에서 배양 후 수정란을 난소에 넣는다.

- 실제 불임치료에 이용

마) 핵 치환 : 특정 생물의 체세포의 핵을 다른 생물의 난자에 핵을 제거하고 대신 그 핵을 넣어 복제 생물을 만드는 방법으로 황우석 박사가 연구했던 분야로 복제시 주로 이용한다.

- 복제양 돌리

바) 조직배양 : 특정 생물의 일부세포를 떼어내, 배지에서 배양시켜서 원래 생물과 동일한 개체를 얻는 방법(미분화된 세포덩어리 켈러스를 떼어낸다)

- 자신과 같은 개체를 만들기 때문에 멸종위기에 처한 식물 등을 대량번식시키는데 이용할 수 있다.

2) 하이브리드종에 대해서

키메라와 혼동하기 쉬운 하이브리드(hydridzation, 이종교배)종은 이름 그대로 다른 종간의 교잡으로 만들어진 동물들을 말한다. 일반적으로 각각의 종들은 종 특유의 염색체와 수를 가지고 있다. 때문에 염색체의 수가 다를 경우는 다른 종으로 인지되어 수정이 불가능해진다. 하지만 비슷한 종(염색체 수가 비슷한)의 경우는 간혹 교잡이 가능하여, 2세를 만들 때도 있다. 이들 2세를 하이브리드종이라 명명한다.

예를 들면,

가) 타이곤 : ♂호랑이 X ♀사자

나) 라이거 : ♂사자 X ♀호랑이

다) 레오픈 : ♂표범 X ♀사자

라) 노새 : ♂당나귀 X ♀말

마) 버새 : ♂수말 X ♀당나귀

	하이브리드 동물	키메라 동물
유전자의 고유성	하나의 고유한 유전자를 가진다. - 부모의 종과 다른 전혀 다른 새로운 종이다.	고유한 유전자가 없다. - 섞은 개체의 수 만 큼의 유전자 종류를 가진다. - 원래 있던 생물의 DNA 중 일부를 서로 합치는 것이다.
생식능력	생식능력이 거의 없다.	생식능력이 있다.

3) 동물키메라 만들기의 실제

가) 세상에서 가장 아름다운 애완동물을 만들어 보자,

나) 세상에서 가장 경제적인 동물을 만들어 보자.

(왼쪽) 음식물쓰레기를 먹고 분변토를 배설하는 지렁이와 코끼리 키메라
(오른쪽) 밤에도 잘 보이는 형광 강아지.

그림 Ⅴ-17 동물키메라 수업의 결과물(대구교육대학교, 실과교육과)

키메라를 만들기 위한 과정을 간단히 요약하면

가) 미리 만들고자 하는 동물에 대해서 충분히 생각을 하고 난 후 참고가 되는

동물의 특징이 담긴 사진 등을 준비하게 한다(도화지 및 색연필 등을 같이 준비를 한다.).

나) 본 수업 시작 전, 교사는 아동들에게 본 수업에 대해서 많은 부연 설명을 해 주면 아동의 상상의 폭을 줄일 수 있기 때문에 기본적인 진행 방법에 대해서만 설명을 한다.

다) 가능하면 단순(실현 가능성이 높은)하게 접합하도록 한다(최대 3가지 동물 이상 조합하지 않게 한다.).

라) 완성된 키메라에는 적당한 이름도 만들어주고 어떤 역할을 하며 우리의 생활에서 어떤 기대효과가 있는지를 설명하게 한다.

마) 친구들과 같이 내가 만든 키메라의 유지·관리방법 등을 포함한 반사회적인 부분까지 토론하여본다.

바) 그림으로만 나타낼 수도 있지만 종이 또는 찰흙 등을 이용하여서 실물을 만들 수도 있다.

사) 교육적 효과

(1) 상상속의 동물이었던 키메라를 직접 만들어 봄으로써 상상력이 자극될 수 있다.

(2) 두 가지 다른 개체들을 하나로 모아 본다는 의미에서 창의성이 개발될 수 있다.

(3) 인간에게 이로워야 한다는 전제 하에서 키메라를 만들게 된다면 무작정 두 개체를 합하는 것이 아니라 각각의 장점 또는 단점에 대해서 잘 파악해야 하므로 동물에 대한 관심도와 흥미를 높일 수 있다.

(4) 키메라동물을 직접 만들어 보는 활동을 위해 한 개체의 장점을 알아보는 과정에서 자신이 몰랐던 동물의 특징을 알아봄으로써 동물에 대한 고정관념에서 탈피할 수가 있다.

(5) 키메라 동물에 대한 많은 기사를 접해 봄으로써 키메라 동물이 어떤 윤리적, 사회적, 법적 문제가 있을 수 있는지에 대해서 생각하고 키메라 동물을 만드는 것이 바람직한가에 내해서 한번쯤 생각해 쟁점에 대해 비판하는 능력을 기를 수 있다.

4) 키메라 동물의 장 · 단점

키메라 동물의 장점	키메라 동물의 단점(문제점)
• 동 · 식물의 품종개량을 통한 식량 문제의 해결 • 형질전환동물의 개발을 통한 질병치료약제의 개발 • 인간과 유사한 호르몬 및 장기의 확보 → 인간의 사회적, 심리적 고통으로부터의 해소 • 여러 동물들의 장점을 조합함으로써 경제성 신장 가능 • 인간의 다양한 기호 충족가능	• 윤리적 문제 – 인간의 입장에서 경제성을 추구함으로써 생기는 동물 생명 윤리의 문제 • 동물뿐 아니라 인간 및 다른 생명에 관한 생명 윤리의 문제 • 법적문제 – 수정란이나 태아를 포함한 인간의 생명권 침해문제 • 동물의 생명권 및 복지의 문제 • 사회적 문제 – 생명의학기술의 혜택이 상류층의 특정집단에게만 제한적으로 제공되는 것은 아닐까? • 유전자 조작에 의한 또 다른 문제점 야기 가능성의 불안감 – 인류와 환경을 치명적으로 파괴할 수 있는 변이된 유전자 바이러스 · 종을 탄생 가능성 – 유전자의 다양성 · 생태계, 나아가서 지구 환경의 균형을 파괴함으로써 인류에게 치명적 결과 야기할 가능성

한 몸에서 마치 자기 세포처럼 인식하고 두 유전자가 공존할 수 있다는 것은, 생물학적으로 기능이 유리한 타 세포를 자기 세포처럼 이식하여 질병을 치료하거나 더 나은 종의 새로운 생명체를 만들어낼 수 있다는 희망적인 메시지일 수 있다.

그러나 서로 다른 종의 교배가 가능해지면서 반인반수의 생명체가 우려될 수 있다. 이러한 반인반수 잡종의 탄생이 의학계에 있어서 큰 변혁을 가져올 것은 자명하다. 인간에게 할 수 없는 시약테스트를 한다든가, 배아복제를 하지 않고서도 인간의 체세포를 배양시켜 간, 심장 등 장기를 만들어 낼 수도 있을 것이다. 다만 이러한 기술이 악용될 가능성을 결코 간과해서는 안 된다. SF 영화에서 인류를 위협하는 괴물의 등장은 대부분이 과학을 남용한 인간의 욕심에서 기인한 인재(人災)였다. 그러한 위험이 단지 영화 속 이야기만이라고 누가 말할 수 있을까?

최근 생명 자체의 중요성보다는 과학적인 성과에 더욱 무게가 실리며 생명에 대한 외경심이 사라지는 것은 아닌가 우려된다. 키메라는 분명 생물학계와 의학계에 있어서 획기적이고 희망적인 메시지일 것이다. 그러나 인류에 도움이 되고자 하는 의도가 정반대의 결과를 낳아 인류의 재앙이 될 수도 있다. 최근 논란이 되고 있는 배아복제 및 키메라플래스티는 인간의 생존 및 난치병 치료, 생명에 대한 연구에 공헌을 할 수 있지만 그와 함께 윤리적 성찰과 자연의 순리를 지키는 것 역시 절실히 필요한 때이다.

라. 동물매개치료

1) 동물매개치료란

동물매개치료(animal-assisted therapy, AAT)란 동물의 관리, 동거 등 여러 가지 동물과 관련되는 활동을 통하여서 사회적, 교육적 또는 신체적 적응력을 향상시켜 육체적 또는 정신적 회복과 재활을 추구하는 것으로 궁극적으로는 삶의 질을 향상시키는 것을 말한다. 통상적으로 애완동물치료, 동물치료 등으로 말해지기도 하지만, 동물매개치료가 정확한 용어이다. 이 동물매개치료의 대상동물로 대부분의 동물을 들 수 있지만, 대표적으로는 개(dog)와 말(horse)을 이야기할 수 있을 것이다.

한편 고령화 사회로의 진입으로 동물관련활동과 응용이 노인들의 성서적(정신적) 물리적(육체적) 건전성을 보완하고 확립하는 데 많은 도움이 된다는 이유로 이용되고 있으며, 발전이 기대된다. 동물 매개치료는 특수한 훈련을 충분히 수행한 동물이, 인간의 사회적, 육체적, 정신적 또는 인지적 기능의 향상을 위해서 역할 하는 목표지향적인 동물개입 활동인 것이다. 하지만 반드시 동물이 특수한 훈련을 받아야만 가능한 것만은 아니다. 특히 애완 · 반려동물과 같이 인간과 '공존 공생'하는 자체로만으로도 인간에게 심리적 및 육체적으로 좋은 영향을 미치는 경우가 있다. 이와 같이 동물을 인간의 치료활동(특히 정신적인 부분)에 이용하는 이유는 신뢰하는 동물에게는 자신의 마음의 문을 활짝 여는 인간의 본성을 이용한다고 할 수 있다.

동물매개치료의 역사는 고대 로마제국시대까지 그 기원을 거슬러 올라가면 전쟁에서 부상당한 병사들의 재활치료 기법으로 승마가 이용되었다는 '승마요법'이 가장 오래된 기록으로 남아 있다. 현재는 승마요법은 세계 각국에서 주로 신체적응 재활을 돕는 치료로 이용되고 있다. 최근에 들어서는 1977년 미국의 델타협회(Delta Society)는 오레곤주의 포틀랜드에 델타기금을 설립하여서 인간과 동물의 건강에 관한 연구(사람과 동물과의 상호작용에 대한 연구)를 진행하여 사람과 동물과의 접촉은 사람과 동물 쌍방에 정신적으로나 신체적으로나 좋은 효과를 가져다준다는 연구가 계속해서 발표되었다. 이러한 연구 성과를 '인간의 의료나 복지' 분야에 도입한 것이 '동물매개치료(animal assisted therapy)'이다.

동물을 인간의 치료환경(특히 정신적인 부분)에 이용하는 이유는 신뢰하는 동물에게는 자신의 마음 문을 활짝 열 수 있는 인간의 본성을 이용하기 때문에 동물매개치료를 심리치료의 한 영역으로 생각할 수도 있다. 따라서 동물매개치료를 독특한 한 분야로 바라보지 말고 심리치료의 한 형태로 이해하는 것도 올바른 방법이라고 할 수 있다. 일반적으로 이 치료과정에서 어떤 동물을 사용하느냐에 따라서 '승마요

표 V-8 동물매개치료에 사용될 수 있는 각종 동물들의 특성비교(점수)

구분	사육성	운반성	상호 접촉성	감정 소통성	안전성	인간의 운동성	동물 자신의 즐거움	감염의 안전성
물고기, 열대어	A	D	D	C	A	D	C	B
파충류	C	C	C	C	B	D	C	B
조류	A	C	B	C	A	D	C	B
햄스터	A	A	C	C	B	C	C	B
기니피그	A	A	A	C	A	C	C	B
토끼	A	A	A	B	A	C	C	B
양, 염소	C	C	A	B	B	B	C	B
소	C	C	B	B	B	B	B	B
돼지	C	C	B	B	B	B	B	B
고양이	B	B	A	A	B	B	A	B
개	B	B	A	A	B	B	A	B
말	C	D	B	A	B	A	B	B
돌고래	D	D	B	B	B	A	C	B
원숭이	D	C	C	B	D	B	B	D

(Tails World in Japan)

법', '개 매개치료', '돌고래 치료' 등으로 나뉠 수 있다. 또는 어떤 심리 이론을 선택하느냐에 따라 '인본주의 치료', '정신분석 치료' 등으로 나누기도 한다. 뿐만 아니라 어떤 분야를 다루느냐에 따라 '언어치료', '성인상담', '아동상담(놀이치료)', '학습치료' 등으로 나누기도 한다.

가) 사육성 : 집에서 쉽게 기를 수 있느냐 없느냐 하는 점
나) 운반성 : 사람이 직접 운반할 수 있는 편리성
다) 상호 접촉성 : 인간과 동물간의 신체접촉의 용이성
라) 감정 소통성 : 개인차에 따라 다르겠지만 인간과의 친밀도
마) 안전성 : 동물이 인간을 공격할 수 있는 정도
바) 인간의 운동성 : 그 동물이 인간과 같이 운동할 수 있는 정도
사) 동물 자신의 즐거움 : 동물들이 인간과 같이 지내는 것을 좋아하는지에 관한 정도
아) 감염성 : 동물로 인해 감염될 수 있는 질병의 위험도

2) 동물매개치료와 관련된 용어정리

가) HAB : Human Animal Bond라는 용어이다. HAB란 '인간과 동물과의 유대'라고 하는 개념이다. 이 말은 1977년 델타협회가 창설되면서 가장 폭넓은 의미로 사용된 개념이다. HAB의 이념은 사람과 동물과의 상호작용에서 생기는 효과를 인식해, 사람과 동물 쌍방의 행복을 증진시키고 양자의 복지를 목적으로 한다.

나) CAPP : Companion Animal Partnership Program의 약자로 우리말로 번역하자면 '사람과 동물과의 유대관계 증진 프로그램'이라고 할 수 있다. 이 프로그램은 HAB를 실천하기 위해 만들어진 프로그램으로 구체적인 내용은 다음과 같다.

(1) 동물의 습성행동의 이해와 HAB나 동물과의 유대를 증진하는 방법의 교육과정으로의 도입
(2) 동물이 가족, 사회의 일원으로서 환영받을 수 있도록 올바른 사육법의 촉진

오른쪽 : 동물매개활동(교육)를 위해서 이동중인 개(일본 AZABU 대학교)
왼쪽 : 동물매개치료를 위해서 준비된 개(뉴질랜드 Massey 대학교)

그림 V-18 동물매개활동과 치료에 이용되고 있는 개들의 모습

(3) 반려동물(companion animal)과 자원봉사자의 육성 및 각종 시설의 방문활동

(4) 사람, 동물, 사회, 환경의 상호작용 조사, 연구, 수호, 및 환경의 보전과 야생동물 보호의 촉진

(5) 사람과 동물 사이의 접촉에서 파생되는 효과와 동물매개치료와 관련한 조사연구 및 실천

(6) 공동 주택에서의 동물 사육과 관련된 규칙 만들기

(7) CAPP에서 사용할 수 있는 개의 인정

다) 반려동물(companion animal) : 사람과 함께 생활하는 동물들을 인간의 가족이나 반려자로서 자리매김하자는 호칭으로 사람들과 동물과의 접촉에서 생기는 효과를 인정해 가족으로서 동반자로서 또는 사회의 일원으로서 취급하자라는 의미의 호칭이다. 우리나라에서는 개가 대표적인 동물이 되겠지만 이러한 동물들도 인간의 생활변화와 함께 그 존재의 의의나 역할이 변해 재인식되고 있다.

라) 동물매개활동(animal assisted activity) : 이 용어는 델타협회에서도 그 구분이 명확치 않다고 밝힐 정도로 동물매개치료(AAT)와의 차이를 밝히기가 어렵다. 하지만 가장 큰 차이점은 의료행위를 목적으로 하느냐, 하지 않느냐에 따라 다르다. AAA는 그 용어가 의미하듯 사람과 동물과의 접촉을 돕는 활동으로 대상이 되는 사람들이 정해진 것은 아니지만 많은 대상자들이 주로 병원에 입원한 환자들이거나 장애자들이 많기 때문에 AAT와 혼동을 하기 쉽다.

마) 동물매개치료(animal assisted therapy) : 일종의 치료행위이로 대상자의 신체적 기능, 사회적 기능, 정신적 기능의 향상이나 회복 등을 목적으로 하며, 이 활동에는 의사나 심리치료사 등의 전문가들에게 맞는 치료목표를 세우고 그 목표에 맞는 적당한 동물을 선택해서 실시한다. 치료 후에는 효과에 대한 평가가 반드시 이루어져야 한다.

3) 동물매개치료의 방법 및 이용되는 동물

가) 동물매개치료의 방법

일반적으로 동물의 특성에 따라 그 치료방법도 달라질 수 있다.

(1) 방문형 : 치료사가 직접 동물을 데리고 환자의 집이나 병원 등을 방문하는 방법이다. 대부분 단시간의 방문으로 이루어지기 때문에 동물에게 부담을 주지 않는 장점이 있다. 여기에서 사용되는 동물은 치료사가 직접 조련한 동물일 수도 있고, 동물 주인인 자원봉사자와 함께 팀을 이뤄 이루어지는 경우도 있다.

(2) 사육형 : 치료실이나 병원 같은 시설에서 직접 길러 환자들의 치료에 이용하는 동물들이다. 동물매개치료사에 있어서는 가장 바람직한 형태로 치료에 이용하는 동물과 치료사와의 유대를 높여 치료효과를 높일 수 있는 장점이 있지만 반대로 동물에게는 스트레스가 될 수 있다.

(3) 활동형 : 승마요법이나 돌고래치료 등과 같이 필요한 장소에 환자와 치료사가 함께 나가 동물과 접촉하는 치료법이다. 야외에서 이루어지기 때문에 기분전환이나 신체적 재활의 상승효과가 높은 반면, 동물에게 있어서는 많은 스트레스를 주게 되고 환자나 동물 소유자 모두에게 경비가 많이 든다는 단점이 있다.

나) 동물매개치료에 이용되는 동물

(1) 재활승마

인간의 장애를 돕는데 사용했던 최초의 동물은 말이다. 기원전 5세기에 전쟁에서 부상당한 병사를 말에 태웠더니 치료효과가 있었다는 것이 최초의 보고로, 오늘날에는 말은 단순한 운송수단이 아니라 인간의 고통을 경감시키는 유효한 수단으로서 이용되고 있다.

(가) 말이 장애인 치료를 위해 도움을 줄 수 있는 가장 대표적인 이유는 말의 걸음걸이 때문이다. 말의 걸음걸이는 사람의 것과 거의 동일해서 말의 걸음걸이를 통해 바른 움직임을 경험해 볼 수 있다.

(나) 두 번째 이유는 말은 자기에게 해를 가하지 않는 한 인간을 거부하거나 공격하지 않는 매우 순종적인 동물이라는 것이다.

(다) 재활승마는 주로 신체장애자에게 많이 이용되는데 특히 뇌성마비, 시각장애, 청각장애, 뇌기능 손상, 척추손상, 근(筋) 디스트로피(muscular dystrophy), 간질, 자세 결함, 마비에 의한 불균형 등의 신체장애자에게 효과가 있는 것으로 알려져 있다. 신체장애자의 경우에는 보통 사용하지 않는 근육을 사용한다든지, 자세, 평형감각, 좌우의 균형 등 각부의 협동성이 좋아지는 등 다른 물리요법에 없는 이점이 있다.

(라) 지각장애를 갖고 있는 사람에게 말은 자신을 지켜주는 파트너가 된다. 예를 들어 청각장애자의 경우, 말은 소리를 듣고 머리나 고개를 들어 올리거나, 근육을 빳빳하게 긴장하거나 귀를 소리 나는 쪽으로 세우는 등의 반응을 해서 도움을 준다.

(마) 말의 걸음걸이에 맞춰 환자의 허리도 상하좌우로 움직여 고스란히 말의 자극을 그대로 받기 때문에 근육계의 이상이나 평형감각의 효과가 있다. 또한 인간의 평균온도보다 조금 높은 말의 체온은 환자의 긴장감을 줄여주고 혈액순환을 촉진하는 효과도 있다고 한다.

(바) 지적장애아의 경우, 대형동물과 접촉할 수 있다는 것만으로 자신감을 갖게 되어 일상생활을 적극적으로 한다든지, 가족 이외의 사람과는 말을 하지 않던 아이가 말과 함께 동반한 사람들(지도자, 봉사자)에게는 말을 건다든지 하는 커뮤니케이션을 확장시키는 효과도 있다.

(사) 평소에 자세가 좋지 않는 아이들에게 말을 태우는 것으로 자세교정이 된다든지 하는 도움도 받을 수 있다.

(아) 달릴 수 없는 장애를 갖고 있는 사람에게는 말을 타고 달림으로서 바람을

가르고 달릴 수 있는 상쾌감을 맛볼 수도 있어 정신건강에도 매우 유익한 효과를 주는 것으로 알려져 있다.

(2) 돌고래 매개치료

돌고래 매개치료의 역사는 아직 30년도 채 되지 않았다. 돌고래 매개치료의 개척자로 알려진 미국의 Smith, Besty 박사는 아동들을 대상으로 한 돌고래 매개치료 연구에서 아이들의 행동, 감정 및 언어 발달면에서 유효한 변화가 나타났다는 결론을 내리면서 돌고래 매개치료는 미국을 중심으로 급속도로 퍼져나갔다.

그림 Ⅴ-19 돌고래를 이용한 매개치료 모습

(가) 우리나라에서는 사회적인 인식부족, 포획을 금지하고 있는 법적인 문제, 관리유지에 드는 경비 등으로 아직까지 시행되지 않고 있는 상황이다.

(나) 주로 신체장애의 재활 목적으로 이용되고 있으며 정신장애 중에서는 자폐증 치료에 이용되고 있다.

(다) 돌고래 매개치료를 통해 도전정신을 일깨워주고 성취감을 느낄 수 있으며 학습이나 커뮤니케이션 의욕을 높일 수 있다.

(라) 돌고래 매개 치료는 수중에서 이루어지기 때문에 돌고래 효과뿐만 아니라 물이 가지고 있는 '자연치유'의 효과도 강하기 때문에 수중치료(aqua therapy)의 효과도 있다.

(마) 수중치료란, 수중이나 혹은 물 주변에서 지내는 것만으로도 몸이나 마음이 치유될 수 있다라는 근거로 행해지고 있는 심리치료의 한 분야로 물 흐르는 소리나 산물결의 소리를 들으면 심장박동수가 내려가는 효과가 있다고 전해진다.

(바) 수중에서는 태아 때와 거의 마찬가지 감각상태로 빠져들며, 거의 무중력상

태이기 때문에 중력이라고 하는 스트레스를 받지 않기 때문에 육지보다는 심신을 편하게 할 수 있다.

(사) 물보라나 소금물 속에는 이온입자가 발생하기 쉽기 때문에 이 이온입자가 인간의 신체에 닿으면 긴장감이 해소되는 등, 물과 관련된 많은 효과가 있다는 것이 발표되고 있다.

(아) 색깔 치료(color therapy)라는 말도 있는데 인간과 색의 효과를 연구하여 치료에 임하는 분야로서, 인간과 색에 관한 효과 중, 바다의 색인 파랑색(blue)을 조사해 보면 사람이 파랑색을 보게 되면 긍정적인 효과로서 '평온', '냉정', '편안함'을 느낀다고 한다.

(자) 돌고래나 고래, 코끼리 등은 상처입은 동료들을 감싸 보호하는 특성이 있는 것으로 알려져 있는데 특히 돌고래는 사람들 중에서 아픈 사람을 골라내는 능력이 있어 그 환자를 특별 취급한다는 설이 있다.

(차) 돌고래는 인간의 혈압상태나 맥박을 알기 때문에 좌반신이 마비된 사람이 바다에 들어가면 돌고래는 반드시 부자유한 좌측을 보호하기 위해 부자유한 사람의 좌측으로 와서 헤엄친다고 한다. 따라서 많은 사람들 속에 자폐증 아동이 있다면 그 자폐증 아동을 찾아내어 옆으로 간다고도 한다.

(타) 따라서 돌고래와 함께 헤엄친 사람은 자신이 돌고래에게 특별취급을 받았다는 기분이 들어 자기 존재를 인정해 준데 대해 즐거워하며 자신의 존재가치도 인정받았다는 자신감을 얻게 되어 효력이 있다.

(파) 초음파와 같은 돌고래 특성 때문에 치료가 가능하다던가, 기(氣) 때문이라든가, 혹은 텔레파시와 같은 초능력이 있다는 말까지 쓰여져 있지만 확실한 증거는 없다.

(하) 돌고래라는 동물 그 자체만으로 효과가 있다고는 보기 어렵다. 넓은 바다에 나간 것, 태양을 흠뻑 쐬는 것, 많은 사람의 도움을 받아 물에 들어가는 것 등이 복합적으로 어우러져 심신의 건강회복에 도움이 될 것이라는 추측이 있다.

(3) 개 매개치료

동물매개치료에서 가장 많이 이용되는 동물이 개이며 동물매개치료의 중심에 서 있다고 해도 과언이 아니다.

(가) 개 매개치료에 이용되는 개를 '치료견'이라고 부르며 주로 노인복지시설이나 장애자시설에서 사용되고 있다.

(나) 개와 같이 생활함으로서 마음을 진정시키고 혈압이나 심장박동수를 떨어뜨리는 효과가 있다.

(다) 개 매개치료는 정신병원, 교도소, 노인복지시설 등 다양한 영역에서 보급되고 활용되고 있다.

그림 V-20 동물 매개치료 또는 활동에 이용되는 개와 연구실내 모습

(일본, AZABU University)

좀 더 알아보기

아스퍼거 증후군과 개 매개치료

1. 아스퍼거 증후군이란?

자폐증과 같이 사회관계의 질적 장애를 갖고 있는 정신장애의 하나이다. 환자의 IQ는 정상범위이지만 사회적 기술에 장애가 있기 때문에 학교에서의 부적응이나 혹은 성인이 되어 직장을 얻는데 어려움을 겪는 등, 인생을 살아가면서 커다란 영향을 받는다.

2. 개를 이용한 치료 목적

가. 개와 접촉하여 컨트롤 하는 경험을 통해 일상생활에서 다양한 동물과 접하면서 발생하기 쉬운 불안이나 긴장, 그리고 혼란스러움을 경감한다.

나. 개와 활동함으로서 환아가 밖에서 활동할 수 있는 기회를 제공한다.

다. 정서적 불안이나 긴장감의 경감을 기대한다.

라. 커뮤니케이션 기술과 자발적으로 행동할 수 있는 기술의 향상을 기대한다.

마. 다른 동물과 비교해서 개는 인간과 가장 친밀하고 잘 따르는 동물이기 때문에 접근하기 쉽다.

(4) 기타 동물

(가) 고양이

① 인간이 처음으로 가축화 한 동물은 개이지만 가정에서 최초로 인간에게 사랑받은 동물은 고양이였다.

② 실제로 고양이는 매우 순종적인 동물로 알려져 있으며 바쁜 생활을 보내는 현대인의 생활패턴에도 들어맞다.

③ 고양이는 상호의존이 강하고 말도 잘 듣기 때문에 여자들의 치료에 인기가 있다.

④ 이동하는 것을 싫어하기 때문에 직접 치료를 행하는 시설이나 기관에서 사육하는 사육형 치료에 적합하다.

(나) 햄스터

① 우리에 가두어 기르기 때문에 사육이 쉬운 장점이 있다.

② 단점으로는 배설냄새나 몸냄새가 강하며, 사람과의 커뮤니케이션이 거의 불가능하다. 뿐만 아니라 햄스터는 야행성이기 때문에 주로 낮시간에 이루어지는 치료시간에 이용하는 것은 햄스터에게 굉장한 스트레스가 될 수도 있다.

(다) 물고기

① 물고기를 보는 것만으로도 뇌의 알파파가 활성화 되어서 스트레스 해소나 안정감을 찾을 수 있다는 말도 있다.

② 특히 노인들에게 많이 이용되는데 말기암환자, 알츠하이머, 자율신경실조증 등에 효과가 있는 것으로 알려져 있다.

4) 동물매개교육

최근 인간중심적인 사고의 확산에 따른 사회적인 문제점들이 많이 발생한 결과, 이를 보완하기 위해서는 생명체에 대한 경의감과 공동체 의식을 함양시킬 수 있는 교육이 필요하다는 주장과 함께, 이를 위한 최선의 교육방법이 동물매개교육이라는 것이 IAHAIO(International association of Human-Animal Interaction Organization)에서부터 확산되기 시작하였다.

1980년도 미국, 영국 및 프랑스 등의 동물관련 단체가 중심이 되어서 만들어진 IAHAIO에서는 매 3년마다 국제대회를 개최하여서 인간과 동물의 실질적인 관계형성에 대해서 언급하고 있다. 2001년 RIO-선언에서는 동물매개교육에 대한 지침 등을 발표하였다.

가) 동물매개교육에 관한 프로그램을 활용하기 위해서는 동물이 학습의 동기유발 또는 학습 소재로 활용 가능하여야 하며, 학교에서는 이러한 것이 가능하도록 규정 및 시설 등이 제공되어야 한다.

나) 동물매개교육 프로그램에서는 아동의 안전, 보건 및 감정 등이 존중되어져야 한다.

다) 동물매개교육 프로그램을 활용하기 전에는 학교관계자 및 보호자 등의 동의가 있어야 한다.

라) 동물매개교육 프로그램은 아동의 학습의욕 향상, 생명체에 대한 책임감과 존중 등이 향상될 수 있도록 구성되어져야 한다.

마) 프로그램에 이용되는 동물의 안전과 복지가 보장되어야 한다.

5) 동물매개치료의 과제(치료동물의 스트레스)

가) 스트레스는 동물들이 질병에 걸리기 쉽게 하는 등 동물의 건강을 해칠 수 있다.

나) 동물이 다칠 가능성이 있거나 기본적인 동물복지를 보증할 수 없는 경우 동물매개치료에 동물을 이용해서는 안 된다.

다) 동물도 인간과 마찬가지로 한 가지 일을 계속하면 스트레스를 받게 되므로 동물이 허용 가능한 시간과 범위를 존중해야만 한다.

라) 치료가 행해지는 날만큼은 그 날의 동물의 신체 상태와 기분 상태를 잘 관찰해야 한다.

마) 동물매개치료에 이용되는 동물들에게서 많은 도움을 빌고 있는 만큼 사람들 또한 동물의 요구를 고려하지 않으면 안 된다는 윤리적 사명을 잊어서는 안 될 것이다.

좀 더 알아보기

동물매개치료를 받을 수 있는 대상

1. 동물 공포증 : 아이들은 일반적으로 커다란 동물에 대해 공포감을 느끼는 경우가 많다. 특히 동물에 대한 두려운 경험이 있었던 아이들은 심각한 사회성 문제를 야기할 수도 있다. 이러한 아이들에게 커다랗지만 온순하고 말 잘 듣는 동물을 접하게 되면 동물에 대한 공포감에서 벗어날 수 있다.
2. 선택적 함구증 : 사람보다는 편한 상대인 동물과의 의사소통을 연습시킴으로서 어떠한 상황이나 사람들에게도 자연스럽게 입을 열 수 있도록 도와준다.
3. 주의력 결핍 및 과잉행동장애(ADHD) : 산만하거나 집중력이 부족한 아이들에게 동물의 신체부분 알아내기나 개 운동과 같은 민첩한 활동에 참여시킴으로서 집중력을 증대시켜주고 충동성이나 산만성을 약화시키게 된다.
4. 불안 및 우울장애 : 동물과 함께 천천히 숨을 쉬면서 긴장을 풀 수 있도록 도와주며 동물의 털을 빗겨주면서 일상에서 자신을 돌보는 필요성에 대하여 이야기함으로써 불안이나 우울감에서 빠져나올 수 있도록 돕는다.
5. 사회성(그룹치료) : 동물은 안전하고도 위협을 주지 않는 매개체로서 치료사와 내담자간의 의사소통의 수단의 길을 열어줄 수 있다. 치료사와 내담자간의 의사소통뿐만이 아니라 낯선 사람들 간의 의사소통도 자연스럽게 연결시켜줄 수 있다. 따라서 자연스럽게 사회사를 촉진시켜주는 역할을 한다.
6. 아스퍼거 증후군 : 개와 접촉하여 컨트롤 하는 경험을 통해 일상생활에서 다양한 동물과 접하면서 발생하기 쉬운 불안이나 긴장, 그리고 혼란스러움을 경감시키고, 개와 활동함으로서 정서적 불안이나 긴장감의 경감을 기대한다. 이 외에도 커뮤니케이션 기술과 자발적으로 행동할 수 있는 기술의 향상을 높일 수 있다.
7. 품행 및 반항성 장애 : 동물과 적절한 놀이 혹은 상호작용을 함으로서 스트레스를 풀도록 하고 동물에게 기본적인 복종훈련을 시켜보도록 함으로서 품행 및 반항에 대한 근본적인 원인을 해결한다.
8. 외상 후 스트레스 장애(PTSD) : 자신이 겪은 상처에 대하여 이야기하면서 동물을 쓰다듬거나 안아주고 동물들의 비상 혹은 두려움에 대한 반응에 대하여 관찰하고 토론함으로서 자신이 겪은 경험들을 완화시켜주고 받아들일 수 있도록 도와준다.

마. 동물 복지와 권리

인간이 수렵 생활을 하기 시작할 때나 적당히 가축을 키우며 육류를 섭취하던 때 혹은 야생 동물이 민가로 내려와 인간을 단순히 위협하던 그런 시절에는 '동물 복지'라는 말조차 필요가 없었다. 그러나 인간은 자연의 법칙을 넘어 탐식, 폭식, 생명체를 이용한 유희, 허영심, 탐욕적 무병장수의 꿈에 젖어 생명에 대한 소중함을 망각하고 있다.

요즘 길거리에는 버려진 애완동물들을 많이 볼 수 있다. 계획에 없는 충동구매로 애완동물들을 구입한 후 관리의 어려움 등으로 쉽게 버려진 애완동물 등으로 인한 공중 보건 위생상의 문제를 포함하여서 인간에게 직·간접적인 피해를 주고 있다. 동물 복지와 권리(animal welfare and right)는 동물이 인간 생활을 위한 소모품이 아니라 반려자로서 동물을 대접한다는 근본적으로 동물의 입장에서 생각한다는 시선을 가짐으로써 시작된 것이라고 본다. 즉 사람과 동물과의 관계를 수평적인 측면에서 바라보는 것이 동물 권리라고 할 수 있다. 한편 최근 세계각지에서 동물복지라는 미명아래 동물을 취급하는 사람 또는 단체에 과격 테러 등으로 인간을 해치는 잘못된 분분도 보고되고 있다. 분명한 것은 "인간에 대한 폭력은 동물에게 어떠한 도움도 되지 않는다."라고 <동물 기금 Funds for Animals>의 대변인이 주장하였듯이 올바른 방법으로, 그리고 인간의 존엄성을 충분히 인정하는 범위에서 동물을 보호해야 할 것이다.

1) 동물의 권리와 복지의 차이점

가) 동물의 권리

철학적 관점에서 접근하며, 동물을 인간과 동등하게 대해야 한다는 것이다. 즉 동물과 인간은 동격이며, 동물이 인간을 위한 존재가 아니라는 것이다. 우리가 인간의 욕구와 권리를 주장하듯이 동물에게도 그들의 욕구를 충족시켜주어야 하며 권리를 찾아주어야 한다는 것이다. 또한 동물권리를 주장하는 사람들은 인간이 동물을 이용하지 말아야 한다고 주장하고 있다. 일부의 동물권리 옹호자들은 동물복지운동도 결국은 동물을 착취하려 하기 때문에, 동물권리운동을 방해하고 있다고 주장하고 있다.

나) 동물의 복지

철학이 아닌 문화의 한 부분이며, 동물권리가 동물과 인간을 수평적 관계로 보는 데 반해, 동물복지는 동물과 인간을 수직적 관계로 인식하고 있다. 이는 인간이 동물보다 높은 가치를 가진 우월한 존재이므로 더 많은 권리를 갖고 있다는 데서 출발한 것이다. 즉 인간이 동물을 이용하되 불필요한 학대나 고통을 가하지 않아야 하며, 동물의 욕구(먹이, 쉼, 건강, 번식 등)를 충족시켜야 한다는 것이다.

	동물의 권리	동물의 복지
공통점	근본적으로 동물을 위하자. 동물생명을 존중하자.	
차이점	• 인간의 반려"자" • 사람과 동물은 수평적 관계 • 동물도 인간과 동등한 권리를 가졌다. • 동물은 인간과 유사한 점 많다. 따라서 인간에 걸맞은 윤리적 및 법적 권리를 행사할 수 있어야 한다. • 현실적으로 동물이 스스로 권리 행사하는 것은 불가능하다. 따라서 동물을 대신하여 동물의 권리를 염려하는 사람들이 동물의 권리를 쟁취하여 돌려주어야 한다. • 영국을 중심으로 한 유럽에서 활발한 운동 전개 • 아동학대를 금지하는 것, 정신적 장애인 보호를 위한 것과 동일한 측면	• 인간의 반려"동물" • 사람과 동물은 수직적 관계 • '정신적, 육체적으로 완전한 상태, 인위적 환경에서 고통 없이 적응하도록 하는 것 • 윤리적, 법적 동물권리를 보호하자는 것이지 동물이 직접 행사할 수 있어야 한다는 것은 아니다. • 동물이 인간을 위한 도구는 아니다. 따라서 동물과 인간간의 건전하고 바람직한 관계를 정립하자. • 학대 금지, 욕구의 충족 등이 주요 내용<미국 수의학회의 동물복지에 대한 정의> • 인간의 행복과 즐거움을 위해 동물을 학대하는 것을 방지(동물에게 불필요한 고통 배제) • 사람을 위해 필요한 경우라도 고통을 최소화 • 실험동물에서의 3R – 실험동물의 대체(Repalcement) – 실험동물 수의 감소(Reduction) – 실험 방법의 정제(Refinement) • 동물에게 영양과 휴식을 충분히 제공 • 위생, 질병예방, 치료에서도 적절히 해야 한다는 것

2) 동물의 권리에 대한 이해

가) 동물의 권리에서 살펴볼 문제들

많은 사람이 동물이 권리를 가지고 있다는 주장에 매력을 느끼기도 하고 강력하게 반대하기도 한다. 이 논쟁은 만일 우리가 이 주장을 단순히 '동물은 권리를 가져야만 한다.'로 바꾸게 되면 변질될 수 있다.

(1) 권리는 모든 동물에게 적용되는가?(예, 개미 또는 죽은 동물들까지도?)

(2) 동물은 이러한 권리를 누리기 위하여 자유로워져야만 한다는 것을 뜻하는가?(모든 애완동물뿐만 아니라 해로운 동물도 자신의 자유가 인간에 의하여 억압받고 있는 것은 아닌가?).

(3) 만일 동물이 그들의 권리를 행사할 수 있어야만 한다면, 이는 모든 상황에 동일하기 적용되어야 하는가(독사가 당신을 물려고 할 때에도).

(4) 권리는 모든 동물에게 동일하게 적용되는가(수영할 권리가 코끼리와 물고기에게 동일한 것은 아니지 않는가?).

3) 동물의 복지에 대한 이해

가) 동물복지의 이해

동물복지는 인간이 동물보다 높은 위치에 있다고 생각하고 동물을 보호하기 위해서 다음과 같은 일을 해야 한다고 주장하는 입장에서 나온 용어이다. 동물 복지는 적절한 사육시설과 관리, 영양, 질병 예방과 치료, 책임 있는 관리, 인도적인 취급, 그리고 필요할 때 인도적인 안락사까지 포함하는 동물 안녕(well-being)의 모든 측면을 포괄하는 인간 책임이다.

(1) 긍정적 측면

(가) 알맞은 먹이를 적절하고 이용하기 쉽게 공급하기(예, 소화되어 영양학적 그리고 건강상 요구를 충족할 수 있고, 식욕을 돋우는 형태, 치아, 털, 부리와 동물의 소화기계에 적합한 먹이)

(나) 마시고 목욕을 위하여(필요하다면)적당한 온도에 청결하고 신선한 물의 적절한 공급

(다) 공기와 관련된 적합한 조건(예, 온도 · 습도 · 바람/건조 · 가스 농도와 조명). 이것은 사육시설 또는 보호소를 포함한다.

(라) 해당되는 동물의 특징이며 어떤 경우에는 건강한 생활을 위하여 필수적이거나, 자연적인 행동양식의 표현을 허용하고 권장할 수 있도록 적절한 공간과 충분히 자극적인 환경

(마) 다른 동물과의 적절한 접촉

(2) 부정적 측면

(가) 그 동물종의 정상적인 생활의 부분을 훨씬 초과하거나 지나친 공포와 스트레스로부터의 자유

(나) 육체적인 학대, 손상 그리고 피할 수 있는 통증으로부터의 자유

(다) 질병과 부상으로부터의 자유

(라) 약탈자와 기생충으로부터의 자유

(마) 위험스러운 조건으로부터의 보호(예, 태양 방사선에 대한 지나친 노출)

영국의 <농장동물복지위원회 Farm Animal Welfare Council(FAWC)>에 의하여 경제동물(가축, 산업동물)을 위하여 제안된 '다섯 가지의 자유 Five Freedom'는 위의 내용과 비슷하다.

(가) 배고픔과 갈증으로부터의 자유 : 충분한 건강과 활기를 유지할 수 있는 신선한 물과 먹이에 기꺼이 접근함에 의하여

(나) 불안으로부터의 자유 : 피난처와 안락한 휴식 장소를 포함한 적절한 환경을 준비함에 의하여

(다) 통증, 부상 또는 질병으로부터의 자유 : 예방 또는 신속한 진단과 치료에 의하여

(라) 정상적인 행동 표현의 자유 : 충분한 공간, 적절한 시설 그리고 동물끼리의 어울림을 준비함에 의하여

(마) 공포와 고통으로부터의 자유 : 심적 고통을 피할 수 있는 조건들과 자료들을 확보함에 의하여

나) 경제동물의 복지를 위한 다섯 가지 자유의 실천방안

다섯 가지 자유에 대응하여, 영국의 <농장동물복지위원회>는 가축을 관리하는 인간이 실천해야 하는 일에 대하여 다음과 같이 제시한다.

(1) 책임 있는 관리계획과 경영

(2) 능란하고 식견이 있으며 성실한 목축업자 의식

(3) 적절한 환경설계(예, 사육시스템)

(4) 신중한 취급과 수송

(5) 인도적인 도살

어떠한 동물도 영원히 살지 못하고 죽음이 불가피하기 때문에, 인간에 의하여 관리되는 모든 동물을 위해 생명의 종말은 배려되어야만 한다. 경우에 따라 야생동물에 대한 것은 우리의 관심사항이 아닐 수 있다. 많은 농장동물은 농장에서 사육되지 않는 같은 종류의 동물보다 훨씬 어린 나이에 도살되지만, 그것은 대부분의 야생동물이 그들의 자연스런 수명보다 훨씬 적은 나이에 죽거나 죽임을 당하는 것과 같은 경우이다. 만일 그들이 일찍 죽지 않는다면, 그들은 질병, 부상, 악천후에 대한 노출, 기생충 또는 굶주림 때문에 큰 고통을 받을 수도 있다.

다) 동물의 복지에서 살펴볼 문제들

많은 사람이 동물을 보호해야 한다고 생각한다. 단순히 동물을 보호해야 한다는 생각을 몸소 실천하기 위해서는 다음 질문들을 신중하게 살펴보자.

(1) 동물의 복지와 인간의 복지는 어떤 관계이어야 하는가? (예, 후진국의 사람 vs 선진국의 동물? 불난 집에의 개와 사람이 있다면? 인간 복지도 다 챙기지 못하는데 동물 복지를 운운하고, 동물의 취급 방법, 고통 방지, 생활 조건 개선에 대해 이야기하는 것은 별 의미가 없는 것으로 치부될 수도 있다.)

(2) 동물의 복지를 위해서는 어느 선까지 해야 되나? (예, 동물이 화장까지 해야 하나?)

(3) 동물의 복지를 실현해야만 도덕적인가? (예, 동물에 대한 관심이 없다고 해서 비도덕적인가?)

(4) 그것은 어느 정도 깨달음이 있는 시민들의 책임인가?

지극히 가난한 나라 : 동물복지보다 더 우선적인 사안을 가지고 있음을 이해할 수 있다. 만일 인간이 굶주리고 있다면 동물에 대한 조그만 관심도 없게 된다.	VS	선진국 : 배고픈 인간이 있다는 것은 사실이지만, 이 사실이 사회가 동물복지에 관하여 아무것도 할 수 없다는 것을 뜻하는 것은 아니다. 행할 수 있고 받아들일 수 있는 해결책을 고안하려는 의지와 관용심, 기술이 필요할 뿐이다.

- 애완동물의 등록제에 대해서 알아보고 같이 토론해보자.
- 사람들이 야생동물 및 겨울 철새 등에게 먹이를 주는 이유와 문제점에 대해서 생각해보자.

(왼쪽) 유럽에서 기준으로 하는 산란계 전용 복지케이지
(오른쪽) 자체 제작한 산란계용 복지케이지를 이용한 다양한 실험, 일본 AZABU University(Tanaka, T. 교수연구실).

그림 V-21 동물의 복지를 고려한 케이지(산란계용)

4) 동물의 입장에서 생각하기

가) 아동들에게 동물이 주인공으로 나오거나 동물이 등장하는 동화나 이야기를 들려준다. 대부분의 동화는 인간 중심으로 쓰여 있다. 물론 인간 위에 동물이 있을 수는 없다. 하지만 인간을 존중하는 범위 안에서 동물의 입장을 최대한 고려해서 생각할 수는 있다. 이런 관점에서 동화를 재구성해보거나 친구들과 이야기를 나누어 보도록 하는 것이다.

"돌아오지 않는 주인을 기다리다가 굶어 죽는 개의 이야기"

⇩

이와 같은 이야기를 동물의 입장에서 생각해보고, 다시 꾸며 본다.

⇩

그 개가 주인을 기다리고 있는 것을 본 다른 사람이 개에게 사랑을 쏟고 정성을 들여 새로운 주인을 만나 행복하게 살도록 이야기를 바꾼다.

나) 동물복지에 관한 어느 학생의 글 : *아주 오래전부터 인간은 동물과 함께 생활해왔고, 개나 고양이 등과 같은 반려동물들은 때때로 인간보다도 더 좋은 친구로 지내왔다. 하지만 우리는 동물에게 가진 애정만큼 동물을 보호하고 그들의 입장에서 그들의 상황을 이해하려고 노력해본 적은 거의 없었던 것 같다. 동물복지와 동물권리에 대해 조사하고 생각해 보면서 여전히 그 미묘한 경계에 대해 명확한 답을 내리기는 힘들지만, 인간의 입장에서 동물들이 행복한 삶을 살 수 있도록 이들을 관리해야 할 필요가 있을 거라 생각된다. 애완동물이나 동물원 동물을 인간이 취함에 있어서, 인간은 동물의 복지에 대한 책임감을 가져야만 한다. 가령 자신의 고양이를 굶게 놔눈 주인이 있다고 한다면, 이 주인이 그가 적극적으로 고양이에게 해악을 끼치지는 않았으나, 무책임하게 방치했기 때문에 이는 자신의 애완동물에 대한 책임을 다하지 않았다고 볼 수 있다. 자신의 동물을 사랑하는 만큼 동물에 대해 끝까지 책임을 가지고 이들을 보호하고, 남들에게 해를 끼치지 않도록 애완동물의 배설물의 뒤처리까지 할 수 있어야 이것이 동물복지가 아닐까 생각한다. 동물들은 이 세상에 그들 나름의 존재의 이유를 가지고 존재한다. 흑인이 백인을 위해 존재하는 것이 아니듯, 여자가 남자를 위해 창조된 것이 아니듯, 동물들도 인간을 위해 창조된 것이 아니다.*

바. 안전한 먹을거리와 동물산업

1) 안전한 먹을거리에 대한 이해

식품에 대한 패러다임은 시대가 변함에 따라서 변화해 21세기는 기능성 식품이 키워드로 작용할 것이다. 과거 단순히 영양적인 기능에 목표를 두었던 식품이, 미각, 후각, 시각 등 기호적인 부분을 거쳐서 생체기능조절(노화 방지 또는 억제, 질병 예방 및 회복 등)으로 기능해 현대사회에서는 식품과 의약품이 불분명해지는 현상이 심화되어지고 있다. 많은 사람들이 요즘은 안심하고 사 먹을 수 있는 것이 흔치 않다고 걱정한다. 옛날에는 주거지 가까운 텃밭이나 닭장에서, 혹은 이웃 농장에서 직접 생산한 신선한 재료를 이용해서 음식을 만들어서 먹었기 때문에 식재료에 대한 불신이 거의 없었다. 최근 들어 그리 오래되지 않은 그때를 그리워하는 사람들이 부쩍 늘어났다. 우리 입으로 들어가는 식품의 재료가 어디에서 기인되었는지에 대해서 인지하는 것만으로도 식품 안전에 대한 불안을 다소나마 해소할 수 있을 것이다. 그런데 오늘날 종자 개발에까지 이용되는 유전 공학, 수확량을 늘리기 위해 종종 너무 많이 사용되는 화학 비료와 농약, 좁은 공간에서 동물을 밀집 사육하는 동물 사육환경, 베일에 가려진 가공 식품과 음료의 제조 과정, 복잡한 식품 유통 과정에 대해 소비자가 알기는 쉽지 않다. 뿐만 아니라 이 복잡한 공정 중 어느 한 부분에는 문제가 있을 경우에는 먹을거리에 대한 불안에서 우리는 자유로울 수 없을 것이다.

우리나라는 어디를 가나 온통 음식점 간판들로 요란하다. 도심에서 조금만 벗어나면 '가든'이라고 이름 붙여진 숯불갈비 집들을 쉽게 볼 수 있고, 사철탕에다 흑염소 집 같은 식당들도 심심치 않게 눈에 띈다. 게다가 바닷가에는 동해, 남해, 서해 가릴 것 없이 경관이 그럴 듯한 곳이면 횟집들이 다닥다닥 붙어 있다. 이렇듯, 우리나라 먹을거리가 전통적인 채식위주의 식단에서 식생활이 서구화되면서 육식위주의 식단으로 이미 변화하였다. 이렇게 우리의 식탁을 차지하는 육류와 관련된 동물산업은 당연히 안전한 밥상과는 뗄레야 뗄 수 없는 관계에 있다고 할 수 있다. 이러한 이유로 동물산업과 안전한 먹을거리는 더 밀접한 관계에 있을 것이다. 동물유래 먹을거리는 깨끗하고 안전하게 가공처리 되어져야 하지만, 확실한 안전성을 보장 받을 수 있는 먹을거리는 해당 동물의 생산단계에서부터 이루어져야 한다는 사실에 주목할 필요도 있다.

동물유래 먹을거리란, 우유, 고기(육류), 계란 및 어패류(생선 및 조개)와 이를 이용, 물리적, 화학적 및 미생물학적으로 처리하여 식품의 저장성, 안전성, 보관성 및 기호성 등을 증진시켜 우리의 식탁을 풍요롭게 해주는 소재를 말하지만, 이러한 먹을거리에 대한 안전성이 위험 받을 수 있는 과정을 간단히 살펴보면 다음의 그림과 같다.

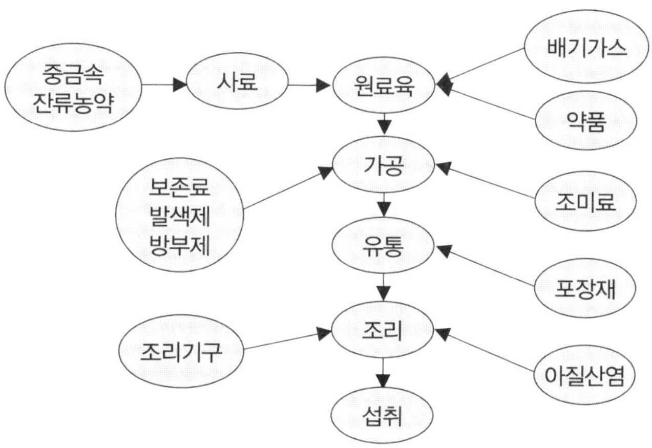

그림 Ⅴ-22 동물유래 먹을거리가 유해물질 등에 노출될 수 있는 경로

2) 각종 동물유래 먹을거리

가) 각종 유제품

영양가 있는 식품으로써의 기능을 다하는 우유는 여러 가지 다양한 형태의 유제품(乳製品, dairy products)으로 제조되어 낙농식품(酪農食品, dairy food)으로 이용되고 있다.

(1) 시유(市乳, marketing milk)

목장에서 착유된 생유(生乳)로부터 냉각 · 저장 · 수송까지의 과정을 거쳐 원유검사를 하고 여과 · 청정 · 균질 · 살균 · 냉각 · 포장하여 시장에 출하하여 음용할 수 있는 액상우유이다.

(가) 백색시유(white marketing milk) : 착유소에서 착유된 원유를 여과, 살균 등

을 거쳐 병이나 포장용기에 음용할 수 있게 만든 액상우유로서 첨가물을 넣지 않는 것이 특징이다.

(나) 저지방유(low fat milk) : 소비자의 기호에 맞게 지방을 낮춰서 지방률을 1.5%, 2.0%, 2.5% 등으로 조절하여 포장 판매하는 액상우유이다.

(다) 탈지유(skim milk) : 지방을 싫어하는 사람들을 위해 원유에서 지방을 제거하여 만든 유제품으로 지방에서 나는 맛을 느끼지 못한다는 결점이 있다.

(라) 비타민 강화 우유 : 우유에 비타민을 강화하여 비타민 B_1과 D, 그리고 비타민 A, B_6, C 등을 첨가시켜 만든 우유를 말하는데 일반적으로 비타민 A 우유가 많이 생산되고 있다.

(2) 크림(cream)

원유 또는 시유에서 정치법이나 원심분리법에 의해서 분리된 연한 황색을 띤 유지방 18.0% 이상인 것으로 버터와 함께 지방성 유제품이라 한다.

(3) 아이스크림(ice cream)

유지방 약 8~12%, 무지고형분 8~15%, 설탕 15%, 안정제와 유화제 0.3%의 원료를 첨가하여 동결시킨 냉동 유제품으로 성분상의 차이에 따라 종류가 매우 다양하다.

(4) 버터(butter)

원유 또는 시유로부터 유지방을 분리하여 교동(攪動, churning), 연압(煉壓, working)과 같은 공정을 통하여 유지방 80% 이상으로 하고 수분 16% 이하로 만든 지방성 유제품(fat dairy products)을 말한다. 이 버터는 기원전 2000년경부터 제조된 유지방 식품으로 알려진 후 우리나라에서도 1964년에 서울우유 협동조합에서 최초로 생산하였고, 최근에는 식물성 기름을 이용한 마가린(margarine) 소비가 점차 증가 추세에 있다.

(5) 발효유(醱酵乳, fermented milk)

우유, 산양유 등을 원료로 하고 여기에 유산균이나 효모 등을 첨가하여 발효시켜 풍미와 산미를 강화시킨 것으로 요구르트, 발효 버터밀크, 게피어(kefir) 등이 있다.

(6) 치즈(cheese)

원유나 시유를 유산균에 의하여 발효시키거나 렌넷이나 단백질 응고 등의 효소를 첨가하여 카제인을 응고시킨 후 유청(乳清, whey)을 제거한 것을 말한다.

다시 말하면, 우유성분을 여러 가지 방법으로 응고시킨 후 발효와 숙성시킨 유제품이다. 치즈는 매우 다양하여 세계에 약 1,000종 이상이 있다.

(7) 연유(煉乳, condensed whole milk)

생유 또는 시유에 17% 전후의 설탕을 첨가하여 그 용적을 1/3로 농축한 것으로 당 함량이 42~45%가 되어 보존성이 뛰어나다. 연유는 크게 가당연유와 무당연유로 나눈다.

(8) 분유(粉乳, dried milk, milk powder)

생유나 시유에서 수분(약 88%)을 대부분 제거하여 분말로 한 것으로 총고형분이 95%이상, 지방 25% 이상, 수분 5%이하, 세균수 5만 이하/g, 대장균수 음성으로 만든 것이다.

이러한 분유는 여러 가지 종류가 있는데 전지분유, 탈지분유, 조제분유(modified milk powder), 훼이 파우더(whey powder) 등이 있다.

표 Ⅴ-9 각종 액상유제품의 종류

구분	유제품의 종류
시유	살균시유, 멸균시유, 저지방시유, 탈지유 등
가공유	비타민 D 강화우유, 비타민 A 강화우유, 환원우유, 커피우유, 초콜릿우유, 과실우유, 맥아우유

나) 각종 육제품

(1) 닭고기

닭고기의 소비(식)형태는 매우다양하다.

(가) 삼계탕용 : 통상 부화된 지 3주정도(체중, 700~800gr)에 도살되어서 이용된다.

(나) 각종 통닭용 : 통상 부화된 지 5주정도(체중, 1,500~1,700gr)에 도살되어서 이용된다.

(다) 각종 수출용 닭고기 : 통상 부화된 지 6주정도(체중, 2,700~2,900gr)에 도살 후, 부위별로 구분하여 판매한다.

(2) 돼지고기

돼지고기의 소비(식)형태도 다양하지만 통상적으로 탄생 후 대략 150일 정도에 체중 100~110kg정도에 도축되어서 부위별로 구분하여 이용된다(삼겹살, 목살 등).

(3) 쇠고기

쇠고기의 소비(식)형태도 다양하지만 통상적으로 탄생 후 대략 24개월 이상으로 체중 500kg이상에 도축되어서 부위별로 구분하여 이용된다(안심, 등심, 갈비 등).

(4) 계란

계란의 소비(식)형태는 다양하지만, 기본적으로 직접적인 이용 및 간접적인 이용 등으로 구분한다.

(가) 위생란 : 닭(산란계)이 낳은 신선하고 깨끗한 계란을 말하는 것으로, 계란프라이, 삶은 계란, 계란말이 등으로 직접 이용한다. 뿐만 아니라 아이스크림이나, 빵 등을 만들 때에도 간접적으로 첨가 이용한다.

(나) 마요네즈 : 계란노란자, 식용유, 식초, 소금 등을 잘 썩어서 숙성시킨다.

(5) 고기류(육류) 가공품

(가) 햄 : 기본적으로 돼지고기를 이용하여서 간을 먹인 다음 훈연처리나 열처리를 한 것을 말한다(최근에는 돼지고기 이외의 육류를 이용하는 경우도 있다.).

(나) 소시지 : 각종 육류에 간을 먹인 후 먹을 수 있는 가늘고 긴 자루(식용 케이신)에 육류를 밀어 넣어서 훈연, 처리하거나, 냉동, 냉장 한 것을 말한다.

(다) 고기 통조림 : 각종 육류의 보존기간을 높이기 위해서 이용되는 방법으로, 소시지 만드는 방법과 유사한 방법이지만 식용 케이신 대신에 진공용 깡통을 사용하는 것이 큰 차이이다. 또한 햄이나 소시지용의 육류보다 상품가치가 낮은 육류를 사용하는 것이 기본이다.

(6) 생선과 조개류

각종 해산물을 이용하여서 어묵, 어육햄, 어육소시지, 건어물류, 훈제어, 생선통조림, 젓갈 등을 만들 수 있다.

3) 동물유래 안전한 먹을거리 생산을 위한 3포인트

가) 동물 사육환경의 개선, 지금까지 경제동물인 가축을 사육하는 목적은 생산성 향상이 최우선으로 작용하여서 '가축을 사육할 때 같은 면적에서 얼마나 많이, 같은 양을 먹이고도 얼마나 더 살을 찌우느냐' 가 큰 경쟁력으로 작용하였다. 특히 우리나라처럼 높은 생산비(토지 부담금 등)가 필요한 곳에서는 이러한 문제는 더 중요시 되어왔다. 이처럼 생산성 향상에 모든 관심이 집중되어온 상황에서 동물 복지 또는 깨끗하고 안전한 먹을거리 생산에 대한 부분이 관심에서 멀어져왔다. 이처럼 좁은 공간에서의 비위생적으로 키우기 위해서는 항생제 또는 약품 등의 과다 사용이 먹을거리에 대한 위험성을 증대시켜왔다. 생활수준의 향상과 더불어서 보다 안전한 먹을거리를 추구하는 시대의 흐름에 부응하기 위해서는 이러한 부분에 대한 관심과 실천이 필요하다. 최근 이러한 관심의 증가로 소비자들이 믿고 먹을 수 있는 안전한 축산물을 생산하기 위해서 다양한 노력을 한 결과 안전하고 친환경적인 축산물 생산이 성공하게 되었다. 일부 메스컴의 비상식적인 보고는 농가와 소비자에게 불신과 고통을 안겨주기도 하였지만, 사실 수의사의 적절한 처방의 준수와 동물 사양가들의 의식수준의 향상은 이러한 위험성에서 벗어날 수 있으며, 적절한 시기에 사용되어지는 항생제 및 의약품 등은 오히려 축산물(경제동물 유래 먹을거리)의 안전성을 향상시킬 수 있다는 사실도 알아야 할 것이다.

나) 또한 경제동물 유래 먹을거리(축산물)의 생산과정에서의 깨끗한 사료(물, 사료 및 첨가제 등)는, 안전한 먹을거리 생산의 초석이 된다. 유통 가공은 그 이후의 문제이며, 안전한 먹을거리에 대한 불안의 해소는 생산단계에서 이미 시작되어셔야 한다.

다) 마지막으로 위생적인 도축이 따라야 한다. 일반적으로 식육생산에 보편적으로 이용되어지고 있는 경제동물들은 일정한 절차를 거쳐 도살의 대상으로

선정되어 도축되어진다. 양질의 식육을 생산하기 위해서는 우선적으로 식육의 원료가 되는 도축의 올바른 선정과 이어서 적절한 도살 전후의 취급, 처리가 요구되어진다. 인수 공동 전염병의 환축 및 병축의 식육으로의 전환 방지와 미생물에 의한 오염방지, 공중위생의 증진을 위해서는 적절한 도살전후의 취급, 처리는 필수적이다. 때문에 도축장의 위생기준을 강화하고 관리체계를 정교히 설계하는 한편, 이를 준수할 수 없는 시설의 도축장은 쉽게 퇴출할 수 있는 정책을 개발하여야 할 것이다. 뿐만 아니라 철저한 위생수준을 준수한 도축장으로부터 생산된 육류식품에 대해 소비자가 인지할 수 있는 별도의 인증마크 부착 등을 지원하고, 정책자금의 우선적 수혜대상이 되게 해야 한다는 의견도 많이 있다. 그리고 사회적으로 선진 도축 기술을 도입하거나 도축 전문가를 육성할 수 있는 기반과 도축장에 종사하는 직원들이 더 나은 사회적, 경제적 대우를 받을 수 있는 환경이 조성되게끔 해야 한 할 것이다. 때문에 도축장의 위생기준의 준수는 생산자와 소비자 사이의 중간 점검 부분으로 연결고리의 역할이 될 수 있도록 지원, 육성 및 인식의 변화도 필요하다. 동물유래 안전한 먹을거리에 대한 소비자의 불안감은 몇몇 불합리한 농장(생산자), 중간업자(유통 및 가공업자) 및 고발 위주의 메스컴이 문제라고 생각한다. 의식없는 생산자 및 중간업자도 큰 문제이지만, 이를 전부인 것처럼 고발하는 일부 메스컴 등은 대부분의 선량한 생산자에게는 고통을 소비자에게는 불신 · 불안감을 안겨주는 경우도 있다. 결론적으로 동물유래 먹을거리란 글로벌시대 우리 것만을 고집하는 그런 시대는 이미 지나갔다. 생산자와 소비자간의 신뢰 구축만이 동물유래 안전한 먹을거리 생산의 기본이 된다.

사. 인수공동전염병

1) 인수공동전염병에 대한 이해

최근 애완동물의 증가, 육류 생산량과 소비량의 증가 등으로 취미 또는 직업상

동물과 접하는 사회 구성원의 수는 증가하고 있다. WHO(1952)의 정의에 의하면 척추동물과 사람과의 사이에 자연적으로 전파하는 질병 또는 감염되는 질병이 인수공동전염병이라 한다. 즉 전형적으로 인수공동전염병은 척추동물에서 인간으로 전염되는 것과 비록 동물이 전염원의 중요한 역할을 하지 않더라도 인간과 동물에 공동으로 감염될 수 있는 질환들을 총칭한다. 인수공동전염병의 전파는 직접전파, 매개곤충 또는 기타 매개물에 의해서 다양하게 이루어질 수 있으며 인수공동전염병을 야기하는 병원체도 기생충과 같은 큰 것에서부터 원생동물, 세균, 바이러스 등 매우 다양하다.

환경의 악화 등도 이러한 질병의 발생률을 증가시킨다는 사실과 아동들에게 인수공동전염병은 쉽게 걸리는 병은 아니지만, 부주의나 주변환경의 악화로 생길 수 있기 때문에 교육을 통해서 예방을 할 수 있도록 할 필요가 있다. 또한 이 부분의 교육에서 동물에 대한 좋지 않는 생각이 들지 않도록 하는 것도 대단히 중요하다(실제 사람끼리 감기가 전파되는 확률의 1/10,000에도 미치지 못하는 확률).

좀 더 알아보기

인수공동전염병에 걸리기 쉬운 직업

1. 축산업자, 수의사 등 가축이나 그 부산물에 자주 접촉하는 사람
2. 도축시설 근무자
3. 레크리에이션 강사 등 직업적으로 야외 활동이 잦은 사람
4. 애완동물을 기르는 사람
5. 환자를 돌보는 의료인
6. 전염병 발생 현지에서 역학조사를 벌이는 학자, 정부 관계자
7. 소독, 매몰 등 방역활동에 참여하는 사람
8. 긴급 재난 등 일시적으로 밀집된 환경에 거주하는 사람
9. 스트레스를 심하게 받고 있는 사람(면역력 저하)

※ 여러 요인에 의해 질병에 감염되는 빈도가 증가하고 있고 인간은 이런 여러 질병에 대비하기 위해 질병에 대한 이해와 예방책 등을 교육해야 한다.

좀 더 알아보기

제1종, 2종 및 3종 전염병의 차이

1. 제1종 전염병은 전염속도가 빠르고 국민건강에 미치는 위해 정도가 너무 커서 발생 또는 유행 즉시 방역대책을 수립해야 하는 전염병이다.
   - 콜레라, 페스트, 장티푸스, 파라티푸스, 세균성이질, 장출혈성대장균감염증 등이다.
2. 제2종 전염병은 예방접종을 통하여 예방 또는 관리가 가능하여 국가예방접종사업의 대상이 되는 질병군이다.
   - 디프테리아, 백일해, 파상풍, 홍역, 유행성이하선염, 풍진, 폴리오, B형간염, 일본뇌염 등이다.
3. 제3종 전염병은 간헐적으로 유행할 가능성이 있어 지속적으로 그 발생을 감시하고 방역대책의 수립이 필요한 질병군이다.
   - 말라리아, 결핵, 한센병, 성병, 성홍열, 수막구균성수막염, 레지오넬라증, 비브리오패혈증, 발진티푸스, 발진열, 쓰쓰가무시병, 렙토스피라증, 브루셀라증, 탄저, 유행성출혈열, 인플루엔자, 후천성면역결핍증(AIDS) 등이다.
4. 제4종 전염병은 국내에서 새로 발생한 신종전염병증후군, 재출현 전염병 또는 국내 유입이 우려되는 해외유행전염병으로서 방역대책을 긴급히 수립할 필요가 인정되어 보건복지부령이 정하는 전염병이다.
   - 황열, 뎅기열, 마버그열, 에볼라열, 리싸열, 리슈미니아증, 바베시아증, 아프리카수면병, 크립토, 스포리디움증, 주혈흡충증, 요우스, 핀타신종전염병 증후군 등이다.

2) 동물의 전염병이 인간집단에 적응하는 이론적 단계

가) 1단계 : 동물에서 인간으로 전염은 되지만 인간대 인간으로 전염이 안되는 단계

- 고양이찰과열(고양이), 앵무새병(닭, 앵무새), 렙토스피라증(개), 소의 부르셀라병, 야토병(토끼) 등이 있다. 이러한 전염병들은 아직 인간에 적응하기 전단계로 분류할 수 있다.

나) 2단계 : 인간에게 유행병을 일으킬 수 있으나 조건이 맞지 않아서 지속되지 못하는 단계

- 오뇽뇽열(이 바이러스는 1959년 원숭이에서 수백만 명의 사람을 감염시키는 데는 성공하였으나, 환자들이 바로 면역을 획득하여 유행병으로 자리잡지 못함). 인간역사에서 무섭게 유행하다 사라진 많은 질병이 이 단계

에 해당된다고 추측할 수 있다(15세기 유럽에 크게 유행하던 영국발한병, 18세기 프랑스의 피카디리 발한병, 20세기 미국의 포트브래그 열병 등으로 이들 질병은 당시 상당한 위세를 떨쳤으나 현재는 사라진 질병이다).

다) 3단계 : 동물의 병원체가 인간의 병원체로 자리 잡아서 인간 대 인간의 전파가 가능하고 소멸되지 않은 채 인체 내에 적응하는 단계

- 쥐에서 유래한 라사열은 1969년 나이지리아에서 처음 관찰 후, 매우 높은 감염력과 치명률을 보였다. 라임병은 1962년 미국에서 처음 관찰 후 현재 풍토병 수준으로 되었으며, AIDS도 원숭이에서 인간집단에 성공적으로 적응하고 있다.

라) 4단계 : 동물만의 질병에서 인간만의 질병으로 완전히 넘어온 것을 말한다.

- 홍역은 인간만의 질병이지만, 소에만 걸리는 우역 바이러스와 유전적으로 밀접한 연관이 있다(현재는 인간은 우역 바이러스에 발병하지 않으며, 소도 홍역 바이러스에 발병하지 않는다).

※ 이와 같이 신종 전염병의 출현의 핵심에는 인수공동전염병이 있고, 그 중요성은 아무리 강조해도 부족하지 않기에 인수공동전염병에 대해 알고 미리 예방해야 할 필요가 있는 것이다.

2) 광우병

소 해면상뇌증(Bovine Spongeform Encealopathy, BSE)으로 초식동물인 소가 변형프리온이 함유된 육골분 등 동물성 사료를 먹음으로써 감염되는 질병이다. 소에 발생하는 치명적인 전염성 뇌질환으로 감염된 소에게는 만성 진행성 질병으로 소의 중추 신경계가 손상을 입어 수개월 이내에 폐사하는 질병이다.

가) 증상 : 소가 광우병에 걸리면 뇌가 광범위하게 파괴되어 스폰지처럼 구멍이 뚫리기 때문에 소는 몸을 가누지 못한 채 주저앉기 일쑤고 심한 경련을 일으키며 발병 후 오래지 않아 죽는다. 광우병은 이종(異種)간에도 매우 쉽게 전염되며 인간에게 나타나는 광우병은 "변종 크로이츠펠트-야콥병(vCJD)"이라고 부른다. 변종 크로이츠펠트-야콥병(vCJD)은 우울증, 불안, 무기력, 시

각장애와 함께 걸을 때 비틀거리는 증세가 나타나며 언어장애, 자율운동조절 장애 등 신경장애도 수반한다. 병이 진행되면서 뇌가 스펀지처럼 변하고 기억력을 잃는 등 심한 치매증세를 보이다가 일단 발병하면 1년 이내에 사망하는 치명적인 병이다.

나) 예방과 치료 : 아직까지 변형 크로이츠펠트-야콥병에 대한 뚜렷한 예방법이나 치료법이 개발되지 않았다. 현재 사용되고 있는 치료법으로는 증세를 일부 완화시킬 수 있을 뿐 근본적 치료는 불가능한 상태이다. 이에 따라 광우병과 변형 크로이츠펠트-야콥병 예방대책은 초식동물인 소에게 동물성 사료 금지를 통해 광우병 발생 위험을 줄이고 광우병에 걸린 소와 변형 크로이츠펠트-야콥병 감염 가능성이 있는 사람의 혈액 관리 등을 철저히 해서 감염 가능성을 차단하는 것뿐이다.

좀 더 알아보기

광우병 방지를 위한 노력의 예

바코드처리된 개체식별번호를 소에게 달아 소의 태어난 날, 어미소의 식별번호, 이전에 거쳐 온 농장번호 등 모든 정보를 관리한다. 식별번호가 없으면 판매가 불가능하다. 송아지가 태어나면 출생보고카드를 바로 작성한다. 관련기관에서는 송아지의 DNA를 관리하여 불시의 검문에 DNA와 식별번호가 맞지 않고 위조의 흔적이 보인다면 영업정지 처분을 받거나 그런 식품을 조리한 사람에게도 면허에 지장을 주도록 되어 있다. 포장된 쇠고기에도 식별번호를 붙여 철저히 관리한다.

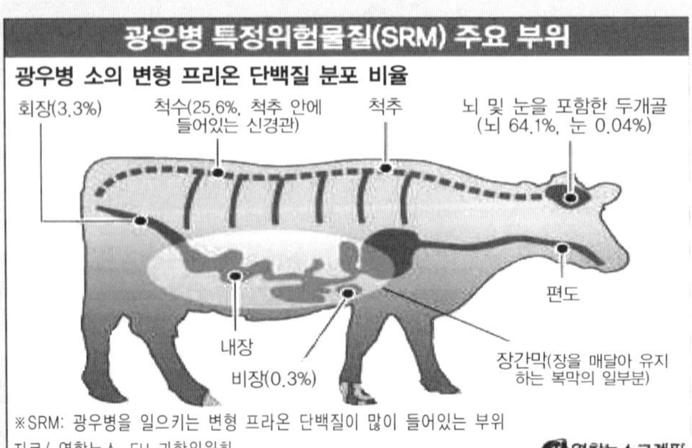

20070802 / 반종빈 기자 bjbjin@yna.co.kr

3) 조류독감(Avian Influenza, AI)

닭, 오리 등과 같은 가금류 또는 야생조류에서 생기는 바이러스(virus)의 하나로, 일종의 동물성 전염병이다. AI는 바이러스에 감염된 조류의 콧물, 호흡기 분비물, 대변 등의 접촉한 조류들이 다시 감염되는 형태로 전파되기 때문에, 조류의 호흡기 분비물이나 대변 등에 오염된 기구, 매개체, 사료, 새장, 옷 등은 AI 전파에 중요한 역할을 한다. AI-Virus는 조류에 특이한 바이러스로 사람에게는 잘 전파되지는 않지만 사람이 AI-virus에 장시간 노출되면 감염 위험성이 높아진다.

가) 증상 : 고열, 기침, 인후통, 호흡혼란 등의 증상(심한 감기증상)이 나타나며, 경우에 따라서는 사망하는 경우도 있다.

나) 예방과 치료 : 닭이나 오리 등을 사육하는 사람 또는 취급자는 작업시 장갑과 마스크 등을 착용하고, 작업종료 후에는 반드시 목욕을 한다. 특히 치료와 전파가 염려되는 사람은 항바이러스제(Oseltamivir)를 처방받을 수 있다.

4) 장출혈성 대장균 감염

주요 원인 균은 대장균인 O157:H7이며, 그 외에도 O17:H18, O26:H11, O11:H8 등이 있다. 이 균은 장섬막 부착을 특징으로 하는데, 내산성으로 pH 2~4에서 생존이 가능하며, 70℃ 정도 온도에서 2분 정도 지나면 죽는다. 아직까지 이 균에 유효한 백신은 없으며, 잠복기는 3~8일이다. 한국은 법정전염병 제1군으로 지정하고 있다. 오래된 고기를 덜 익혀 먹거나(생간, 육회, 덜 익힌 육류, 햄버거), 오염된 조리기구(칼, 도마)를 사용할 경우, 오염된 야채를 덜 익혀 먹을 경우, 오염된 식수, 환자의 설사에 의한 2차 감염도 있다.

가) 증상 : 장 출혈성 대장균 감염에 의한 출혈성 장염을 일으키는 질환으로 발열을 동반하지 않는 급성 혈성 설사와 경련성 복통을 특징으로 한다. 대부분 1주일이면 치료가 가능하다. 간혹 합병증으로 용혈성 요독 증후군 또는 혈전성 혈소판 감소증 등을 일으킬 수도 있다. 유아의 경우에는 환자의 약 10%

정도까지 합병증을 일으키는데, 그 중 2~7% 정도는 사망하는 것으로 알려져 있다. 고령자의 경우 용혈성 요독 증후군으로 인한 사망률이 50%나 된다.

나) 치료 및 예방 : 환자는 격리하여 치료해야 하며, 설사로 인한 탈수증세를 완화시키기 위해 수액을 적절하게 보충한다. 환자는 항생제 치료를 끝낸 후 48시간 후부터 24시간 간격으로 2회 대변 배양검사를 실시하여 음성이 나올 때까지 격리한다.

5) 광견병(Rabies, 공수병)

개를 비롯하여, 원숭이, 너구리, 고양이 등 감염된 동물의 타액에 있는 광견병 바이러스가 사람의 뇌신경 세포(중추신경계)를 감염시키는 진행성 질환을 말한다. 따뜻한 피를 가진 포유동물만이 이 바이러스에 감염된다.

가) 증상 : 광견병에 감염된 동물에 물리게 되면 상처부위에 이상감각이 나타나고, 감각마비가 있으며, 상처가 잘 아물지 않는다. 광견병에 걸리면 음식을 삼키는 연하근육의 통증성 경련으로 물을 삼키는 것을 무서워하며, 물만 보면 겁이 나기 때문에 "공수병"이라고도 한다. 고열, 두통, 구토가 있으며, 쉽게 흥분하고 불안하여 조금만 건드려도 깜짝 놀라고, 근육 강직과 경련을 잘 일으킨다. 의식장애를 초래하면 헛소리를 하고, 혼수상태가 되며, 호흡중추가 마비되면 사망합니다. 일단 광견병에 걸리면 치사율이 거의 100%에 달한다. 잠복기는 약 3~6주이고 대부분의 환자는 증상이 나타나서 약 4~10일 사이에 사망하게 된다. 개는 발병한 지 대개 1~10일 이내에 죽게 된다. 미친개는 행동이 정상이 아니고, 연하근육의 경련 때문에 물이나 음식물을 삼키지 못하여 침을 질질 흘리고 곧 죽게 된다.

나) 치료 및 예방 : 개에 물렸을 때 우선 개가 광견병 예방접종을 맞았는지를 확인한다. 사람을 문 개를 약 10일간 관찰하는 동안 아무 이상이 발견되지 않으면 개에게 물린 사람은 상처만 치료 완쾌되면 큰 문제가 없다. 개에 물린 상처는 즉시 비누와 물로 잘 씻어낸 후 70% 알코올이나 1% benzalkonium 용액으로 소독한다. HRIG(human hyperimmune rabies immunoglobulin)을

체중 kg당 20 단위를, 반은 물린 부위에, 반은 근육 내에 주사한다. 사람을 문 개에게 10일 내에 광견병이 발병하거나, 개가 광견병에 걸린 것으로 의심되거나, 개를 찾을 수 없는 경우에는 능동면역을 시행한다. 능동면역은 HDCV 백신(human diploid cell vaccine) 1ml를 제1, 3, 7, 14, 28일에 근육 주사한다. 치료를 제대로 적절한 시기에 받지 않는다면 거의 사망에 이르게 된다. 광견병은 강한 전염력을 갖고 있어 치료보다도 예방이 매우 중요하다. 그래서 가장 훌륭한 예방책은 개를 통한 백신접종이다(HDCV 백신을 사람이 직접 맞으면 부작용이 있을 확률이 높다.).

6) 유행성 출혈열, 쯔쯔가무시병 및 렙토스피라증

환경파괴로 인해 일어날 수 있는 자연 순환계의 대표적인 피해는 천적이 살아져 특정 개체의 급증식을 이야기 할 수 있을 것이다. 우리 주변에서 뱀이 살아지기 시작하면서 들쥐들의 급증식으로 인한 피해는 많다. 그 중 쥐로 인해서 사람이 걸리는 질병은 유행성출혈열과 쯔쯔가무시병 및 렙토스피라증 등을 들 수 있다.

가) 유행성 출혈열 : 법정 제3군 전염병에 속한다. 들쥐나 집쥐의 오줌이나 침, 똥 등의 분비물에서 나온 한타바이러스가 사람의 호흡기나 피부, 입을 통해 감염돼 나타난다.

나) 쯔쯔가무시병 : 풀밭에서 활동한 뒤 가장 흔하게 생기는 질환. 들쥐나 야생동물에 기생하는 털진드기의 유충이 쯔쯔가무시균에 감염된 채 사람의 피부를 물어서 생긴다.

다) 렙토스피라증 : 최근 들어 발생률이 많이 떨어졌으나 렙토스피라증도 가을철 들판에서 활동한 후 생길 수 있는 병이다. 간혹 개나 돼지가 매개체로 역할하기도 한다. 주로 늪이나 연못 등 들쥐의 오줌이 섞인 물을 통해 전염된다. 세 가지 병의 증상은 간장, 폐 및 신장 등으로 합병증이 유발될 수 있다는 위험이 있다. 뿐만 아니라 이들 병들을 다른 질환으로 오인되는 경우가 종종 있다. 이러한 병들은 환경파괴로 인해서 인해 일어날 수 있는 자연 순환계의 대표적인 피해로 생태계의 균형이 무너진 것이 원인이 되기도 한다. 자연상

태에서 쥐의 배설물 또는 쥐의 몸에 기생하는 진드기 등에 의해서 전염될 수 있다. 외출 후 손 발의 청결 유지가 중요하며, 무엇보다도 평소에 건강한 자연 생태계를 유지시키기 위해서 노력하는 것이 예방에 매우 중요하다.

(1) 야외활동 시 반드시 긴 옷을 입고 장화, 장갑 등 보호 장구를 착용한다.

(2) 작업 후에는 반드시 목욕하고 입은 옷은 세탁한다.

(3) 잔디나 풀밭에 앉거나 눕지 않는다.

7) 인수 공동 기생충

최근 유기동물 등의 급증, 야생동물의 무분별한 포획과 섭취 등으로 인해 동물에게만 기생하는 기생충이 사람의 몸속까지 기생하기 시작하였다. 밀거래되는 야생의 고기는 먹지 않도록 하고, 유기동물의 발생을 최소화 할 수 있는 의식의 전환을 위한 노력이 필요하다. 한편 기르는 애완동물들은 청결유지와 정기적인 구충제 투여로 인수 공동 기생충의 발생을 사전에 막을 수 있는 노력이 필요하다.

결론적으로, 인수공동전염병은 치료시기가 빠를수록 완치가 쉽고 무엇보다 예방이 필수적이다. 애완동물을 기르는 가정이 많아지고 있으므로 정부나 관계기관에서 홍보를 하여 애완동물에게 예방접종을 할 수 있도록 하여 전염병을 예방하도록 해야 한다.

논의

- 야생동물의 가축화의 요인과 이로 인한 변화 등에 대해서 이해하고, 이러한 변화가 동물과 인간에게 어떠한 유익을 가져다주는지에 대해서 논의해 보자.
- 가장 인간다운 점과 가장 동물다운 점에 대해서 논의해보자.
- 애완동물과 경제동물의 차이점에 대해서 논의해보자.
- 유기동물의 증가원인과 대책 그리고 애완동물 등록제에 대해서 논의해보자.
- 전 세계에서 가장 많이 이용되는 경제동물의 종류와 그 이유에 대해서 이해하

고, 계란, 우유 및 돼지고기 등이 인간 건강에 유익한 점에 대해서 논의해보자.

- 교육현장에서 가장 손쉽게 활용할 수 있는 동물의 종류에 대해서 이해하고, 우리나라 교육현장에서 직접 동물을 활용하는 수업이 적은 이유에 대해서 논의해보자.

참고문헌 및 인터넷 사이트

김계웅 외(2003). 동물자원학개론. 선진문화사.

김종근(2001). 즐거운 금붕어 기르기. 오성출판사.

권태문 외(1995). 신비로운 동물 여행. 예문당.

모토키 이치로(2003). 생명의 신비를 푸는 게놈. 도서출판 홍.

박병성(2006). 동물 생산의 원리와 이해. 유한문화사.

박연진(1999). 관상조류. 선진문화사.

손장호 외(2007). 발리섬에서의 인간과 개의 관계에 관한 연구. 한국애완반려동물학회지. Vol. 4: 51-58.

손장호(2007a). 환경보존형농업에서의 지렁이 활용. 2007학년도 농민사관학교 강의교재(대구 대학교 생명환경대학).

손장호(2007b). 대구교육대학교(DNUE)내 친환경적인 양계사육장에 대한 소개. 한국가금학회 학술대회. 110-111.

손장호(2007c). 실과교과서 생명과학(동물영역)영역의 개발방향. 한국실과교육연구회 2007년 하계학술발표대회. 63-85.

손장호(2006). 실과-생명과학 교육활동을 통한 창의성 증진. 창의성 교육 전문지도자 양성 직무연수 교재. 대구교육대학교 부설 초등교육연수원 출판. 125-136.

손장호(2005) 실과교육학개론-생명과학영역-이방자, 정진현, 정남용, 정미경, 손장호. 학지사. 391-470.

손장호(2002). 새로운 축산(육계, 산란계 및 경주마부분). 경상북도축산기술연구소출판

손장호 외(1997). 타조는 가축이 될 수 있을까. 한국타조연구소출판사.

송영환(1996). 가축행동학의 이해. 이공월드.

송해범 외(2002). 동물과 환경. 대구대학교출판부.

안제국(2005). 애완동물 사육: 애완견, 고양이, 토끼, 햄스터. 부민문화서.

오봉국 외(2007), 가금학. 문운당.

윤신근(2003). 애완동물과 대화하기. 삼호미디어.

윤신근(2002). 애완동물기르기. 대원사.

윤신근(2001). 작고 귀여운 애완동물 기르기. 삼호미디어.

윤신근(1992). 애견기르기. 대원사.
정상기 외(2003). 생명과학 기술의 응용과 기본권 보호적 한계. 집문당
윤영애(2003). 동물, 인간의 동반자. 들녘.
조경옥 외(2003). 토끼기르기(일반, 애완). 내외출판사.
최재천(2007). 인간과 동물. 궁리.
최재천(2005). 생명이 있는 것은 다 아름답다. 효령출판사.
한국동물보호협회(1993). 사랑스런 개와 고양이를 위하여. 한국동물보호협회.
한국직업능력개발원(2002). 고등학교 사육기술 1. 교육인적자원부.
황우석 외(2004). 나의 생명 이야기. 효형출판.
太田光明(2007). Animal therapy(일본어). AZABU UNIVERSITY JAPAN.
Paolo Casale(1999). Comportamento animale (Animal Behavior). Dogi s.p.a.: Italia.
Son, Jang-Ho(2006). The Eco-school project at the Daegu National University of Education. Asia Education Symposium 2006 (cross-border services of Elementary and Secondary Education), 184-189.
http://www.cyberzoo.net/board
http://blog.naver.com/qice?Redirect
http://blog.naver.com/abc629kr?Redirect
http://kr.blog.yahoo.com/gacheun
http://www.animals.or.kr/welfare/menu_001.htm?PHPSESSID=6c9696a8c79bd19d88c77bf752a30a
http://www.donga.com/fbin/output?n
http://news.naver.com/main/read.nhn?mode=LPOD&mid=etc&oid=078&aid
http://cafe.naver.com/tvpet.cafe?iframe_url=/ArticleRead.nhn%3Farticleid
http://cafe.naver.com/hans5126
http://iq.freechal.com/Qna/ViewArticle.asp?docid=3477&srchcp=N&q

찾아보기

가

가마우지 315, 316
가시고기의 부성애 407
가시광선 200
가정 재배 관찰 기록장 109
가정실습 84
가족계획 315
가축 303
가축화 295, 297, 298, 299, 301
감각 통합 175
강아지 316
강아지 기르기 330
개 298, 305, 308, 330, 331, 332, 333, 334, 336, 368, 394
개 매개치료 426
개구리 320
개코 원숭이 316
거세 382
거위 369, 371
검은 댕기 해오라기 317
겨울잠 320
결혼 322
경재화단 241
경제동물 303, 367, 368
계란 374, 376, 378, 442
계사 377
계속성 93
계열성 93
고기 통조림 442
고기류 442
고기형 379
고래 407
고릴라 316
고비사막 40
고양이 309, 336, 337, 338, 339, 341, 368, 394, 428
골든 햄스터 364
골레이 세포 319
곰 320, 394
공놀이 334
공생과 기생 322
공익적 기능 20
공작 311, 371
공정생산화 240
공회전 51
과정 지향적 평가 96
관상조 311
관엽식물류 183
광견병 450
광두 197
광요구도 197
광우병 447
광주성 201
광질 200
광합성 196
괴경 182
교수-학습 과정안 100
교수-학습 방법 94, 95
교양 72
교양교육 73
교양농업교육 70, 72, 73, 74, 75, 80, 81, 83, 84, 85, 88, 89, 90, 92
교원양성교육 99
교원연수 99
구경 182

구안법 84
굴토끼 310, 351
귀 관리 335
귀뚜라미 314
그린인테리어 174
금계 311
금붕어 348, 369, 397, 398
금붕어 기르기 344
금화조 342
기근 212
기니아 피그 306, 394
기생충병 350
기타가축 304
긴팔원숭이 314
까마귀 317
꺾꽂이 235
꽃 채소 193
꿀벌 316, 369, 407
꿩 311, 371

나

나귀 394
나나니 벌 318
나방 314
낙타 305, 368, 394
난 · 육겸용종 377
난과식물 185
난쟁이 몽구스 314
납 50
내분비교란물질 45
냄새 찾기 334
너구리 314, 316
네덜란드 드워프 356
노단화단 241
노새 304
놀래기 320
놀이 316
농게 수컷 314
농약분무물질 50
농업 관련 산업 16
농업 생활환경 보전 49
농업 영역 17
농업과학 73
농업교육 70, 71, 72
농업문해 73
농장동물복지위원회 434
누에 369
누에나방 314
눈 손질 339
늑대 314, 316

다

다람쥐 316
다비성 식물 244
다용도 관리 43
다원적 기능 18
다육식물 185
다이옥신 45
달리기 334
닭 369, 371
닭 기르기 369
닭고기 441
닭고기 부위 373
당나귀 304, 368
대기 보전 22, 50
대기환경기준 50, 52
대형견 330
더치 357
도구사용 317
도메스틱 캣 337
돌고래 306, 313
돌고래 매개치료 425
동료 평가 96
동물 매개 교육 428
동물 매개 치료 419, 423
동물 매개 활동 422
동물 복지와 권리 430
동물 키메라 수업 413
동물 행동 시스템 409
동물의 권리 431, 432
동물의 복지 431, 432
동물행동학 406
돼지 298, 306, 368, 379, 394
돼지 기르기 379
돼지고기 382, 383, 442
두해살이 화초 181
드워프 햄스터 364
들소 316
디쉬가든 283
딱따구리 317
땅강아지 318

라

라돈가스 50
라드형 379
라마 305
라벤더 190
라이언헤드 357
래스 320
랫트 394
레트 306
렉스 357
렙토스피라증 451
로프리어 355
리본화단 241

마

마모셋 314
마요네즈 442
마우스 306, 394
말 298, 304, 368, 394
매 306
매미 314
맹그로브도되새 317
멀칭 245
메뚜기 314
메추리 369, 371
메탄 31
면양 298, 368
면양 · 산양 394
멱급류 316
모둠화단 240
모란 앵무 311, 342
모성애 313
목욕 335
못난이 잉꼬 342
몽구스 313
무공해 비누 만들기 58
무추 414
문어다리 319
문조 311, 341
물 발자국 53
물고기 428
물고기의 눈 320
물곰팡이병 350
물닭 314
물소 298, 305, 316, 368
물소비량 53
미기후 176
미스트삽 236
밀폐삽 236
밍크 394

바

바다사자 316
바다수달 317
바다오리 317
바실리우스 191
바크 218
반려 동물 307, 422
발아 203
발아율 측정 55
발정사료 343
발톱 깎기 335
발효유 440
방사성 먼지 50
배반포 415
배출허용기준 50
백색시유 439
백점병 350
백조 371
뱀 316, 319
버터 440
버팔로 316
번식돈 382
번식용 332
범고래 316
베이컨형 379
병든 건물 증후군 269
보완적 기능 24
보조사료 343
부성애 313
부엽토 217
부화 370
부화기간 371
북극곰 316
분유 441
붉은 여우 315, 316
브러싱 340
비교역적 기능 18, 20
비둘기 311, 371
비렵견종 330
비바리움 284

비비 306
비오리 316
비육돈 381
비육우 386
비타민 강화 우유 440
빗질 334
빙하 52
뿌리 채소 192

사

사람 394
사랑새 311
사랑앵무 342
사바나 개코 원숭이 316
사슴 394
사역견종 330
사역동물 304
사육용수 345
사자 316, 394
사자머리 399
사회농업교육 70
사회적 기회비용 20
사회적 차이 321
산란계 373
산성비 38, 39, 40
산토끼 310, 352
산화질소화합물 50
삼림 43
새(관상조) 기르기 341
생리학적 차이 318
생산 농업 16
생활원예 168
생활환경 30
생활환경 보호 48
서열 317
선인장 185
성적인 유혹 313
성층권 35
세이지 191
세포융합 414
셰이드 352
소 298, 304, 368
소시지 442
소형견 330
쇠고기 387, 388, 442
수경재배 284
수달 305, 316
수돗물 345
수렵견종 330
수매화 226
수분 225
수생식물 209
수자원 21, 52
수정 227
수정란 이식 415
수중 산소 345
수태 217
수포안 398
순록 298, 305, 368
순종 352
숨바꼭질 334
숲의 여과 54
스트랜딩 313
스트레스 268
스트레스 지표 176
시유 439
식량 문제 26
식물과 인간 상호관계 168
식물필터링 171
식이섬유 248
식충식물 184
실과 97
실습 안내서 107
실질적 동등성 44
실험동물 303, 306
심동적 영역 94
십자매 311, 342

아

아그로박테리움법 44
아로마테라피 259
아스퍼거 증후군 427
아이스크림 440
아쿠아리움 284
아트리움 280
아프리카 들개 316
아프리카 · 아시아 코끼리 317
안전성 평가 45
안전한 먹을거리 438
알뿌리 화초 181
암면 218
앙고라 356

애완견종 330
애완동물 303, 307, 323, 329
애완용 332
야생동물 303
야크 305
약혼 315
양육사료 343
양지식물 198
어구터 353
어항 꾸미기 346
얼룩말 314
에센셜 오일 257
엘크 314
여러해살이 화초 181
여왕벌 407
여우 314, 316
연유 441
열매 채소 193
염소 368
염화불화탄소 31, 36, 50
영양 316
영양 관리 335
영양 생장 203
영양계 235
오감자극 175
오랑우탄 318
오리 371
오존층 35, 37
온실효과 31
올빼미 317
와디언 케이스 282
왕따 316
우물물(지하수) 346
우울증 312
우유 393, 394
원반 던지기 게임 334
원숭이 306, 317
원앙새 311
원예치료 170, 260
원형질 세포법 44
위생란 442
유금 398
유기화합물 170
유용동물 302
유전자 재조합 43, 415
유전자 재조합 농산물 44
유전자 재조합 식품 44
유제품 439
유행성 출혈열 451
육제품 441
음지식물 198
의사소통 315
이산화질소 31
이산화탄소 31, 38
이산화탄소 배출량 33
이성 314
이타주의 312
이혼 315
인간과 동물 294, 311, 312, 318
인경 182
인공광선 201
인공매개 226
인수 공동 기생충 452
인수공동전염병 444
인위적 분류법 178
인지적 영역 94
일부다처제 314
일부일처제 314
일산화탄소 50
일처다부제 314
입양 317
입자총법 44
잉어 369

자

지기수분 225
자기평가표 110
자살 313
자연분류법 178
자연정화 56
자연환경 30
자이언트 팬더 312
자칼 314
잡종 강세성 224
장출혈성 대장균 감염 449
재량활동 97
재배 관찰 계획서 108
재활승마 423
저빌 306
저지방유 440
적외선 319
적합한 수온 345
전람회용 332

전문농업교육 70
전통문화 24
정의적 영역 94
젖소 394
젖소 기르기 390
젖소 송아지 391
젖소의 유방 391
젖소의 일생 393
제1종 전염병 446
제2종 전염병 446
제3종 전염병 446
제4종 전염병 446
조렵견종 330
조류독감 449
조매화 226
조직배양 415
종자소독 231
줄다리기 334
중복수정 227
중생식물 198
중성화 수술 336
중형견 330
쥐 314
지구 온난화 31, 32, 33
지방세포 320
지생란 186
지속가능한 개발 30
지속가능한 농업 50
지속적인 일부일처제 314
지주세우기 246
지표수 52
지하수 52
직업농업교육 70
진주석 217
질병 관리 344
질석 217
집비둘기 369
집오리 369
쯔쯔가무시병 451

차

착생란 186
착유와 건유 392
창의적 재량활동 98
천남성과 184
청결 활동 344
초대형견 330
초소형견 330
춘화처리 181
춘화현상 203
충매화 225
충적법 229
치아 관리 335
치즈 441
치타 305
칠면조 369, 371
침상화단 241
침팬지 317, 318

카

카나리아 311, 341
캘리코 400
코끼리 305, 313, 394
코뿔새 316
코요테 314
크림 440

타

타가수분 225
타조 371
타클라마칸사막 40
탄패턴 353
탄화수소 50
탈지유 440
터키쉬 앙고라 337
텃세 316
테르펜 249
테리어종 330
테우토 356
토끼 309, 368, 394
토끼 기르기 350
토양 검사 65
토양 보전 60
토양 오염 61
토양 침식 방지 22
토양교질 215
토종닭 377
토피어리 285
통합교과 81, 97
통합성 93
통합적 접근 112

툭눈이 400
특별활동 97, 98
티타 원숭이 314

파

파이토크롬 197
페르시안 338
펙틴 248
포마토 414
포유동물 394
폴리쉬 356
폴리페놀 173, 247
표범 394
표시제 45
표토 22, 60
풍매화 225
피리새 316
피어캣 316
피톤치드 176
핀치류 311

하

하이브리드종 415
하이포넥스 221
학습지도안 120
한우 394
한우 기르기 384
한우 사육시설 389
한우 송아지 385
한해살이 화초 179
할론 가스 36
항문 관리 335
항산화물질 173, 247
해룡 수컷 319
해수 52
해수면의 상승 34
핵 치환 415
햄 442
햄스터 306, 310, 314, 363, 366, 428
행함으로서 학습 84
향고래 313
협동생활 316
호금조 342
홈 프로젝트 102, 111
홍수 조절 20
화금 399
화문화단 241
환경 30, 132
환경 계사 378
환경 문제 48
환경 문제의 상대적 위험도 38
환경 보전 기능 19
환경과학 132
환경교육 132, 133, 134, 138, 139, 140, 158, 160, 161
환경보호 49
환경호르몬 45, 46
황 화합물 50
황사 40, 41, 42
황소개구리 315
황하 지역 40
회색 기러기 314
회색물개 315
휘발성 물질 249
휴면 228
흑돼지 322
흡입법 264
흡혈박쥐 313, 314, 407
흰 올빼미 315
흰족세비 305
히말라얀 356

기타

CAPP 421
CN율 205
HAB 421
IAHAIO 429
T/R율 244
VDT 268

저 자 소 개

방 기 혁

서울대학교를 졸업(1986)하고 서울대학교 대학원에서 교육학석사(1992)와 교육학박사(1996)를 취득한 후 교수로 재직하면서 미국의 Indiana University에 교환교수를 거쳤다. 현재는 광주교육대학교 실과교육과 교수로 재직 중이다. 주요 저서는 공저로「21세기를 여는 초등교육의 쟁점들(교육과학사, 2000)」,「실과교육학원론(도서출판 엘리트, 2002)」,「수업실습길잡이(광주교육대학교 출판부, 2006)」등이 있고, 논문은「실과교육을 위한 통합 수업 설계 모형 및 전략 개발(2006)」,「실과 교사 자질 향상을 위한 교육대학교 교육과정의 개선 방향(2007)」,「수정 실과교육과정의 교양농업(생명)과학 교육목표 및 내용에 관한 평가 연구(2007)」등 다수가 있다.

곽 혜 란

고려대학교를 졸업(1988)하고 고려대학교 대학원에서 농학석사(1990)와 서울여자대학교 대학원에서 조경학박사(1996)를 취득한 후 미국 Virginia Tech.에서 원예치료 (Horticultural therapy) 및 아동원예(Children's gardening)로 박사후 연수과정을 마쳤다. 현재는 서울교육대학교 생활과학교육과 교수로 재직 중이다. 주요 저서는 공저로「원예치료이론과 실제(서울여자대학교 출판부, 2000)」,「교실에서 만나는 자연(부민문화사, 2007)」등이 있으며 논문은「도시원예 개념에 기초한 실과원예영역의 재구성(2007)」,「원예주제 중심의 통합환경교육 프로그램이 초등학생의 환경태도와 학업성취도에 미치는 영향(2007)」,「초등통합원예교육 프로그램 개발과 교육용 실내정원 시스템화(2007)」등 다수가 있다.

손 장 호

대구대학교를 졸업(1991)하고 일본국립 SHINSHU대학교 대학원에서 농학석사(1993)와 일본국립 GIFU대학교 대학원에서 농학박사(1996)를 취득, 미국 PURDUE대학교 박사후(Post-Doc.)과정을 마쳤다. 경상북도 연구직공무원을 거쳐, 2003년부터 대구교육대학교 실과교육과 교수로 재직 중이다. 주요 저서는 공저로「새로운 축산(경상북도, 2002)」,「실과교육학개론(학지사, 2004)」,「현대가금학(문운당, 2007)」등이 있고, 논문은「The Eco-school project at the DNUE(2006)」,「실과교과서 생명과학(동물영역)영역의 개발방향(2007)」,「발리섬에서의 인간과 개의 관계에 관한 연구(2007)」등 다수가 있다.

농업과학과 교육

2008년 8월 5일 1판 1쇄 인쇄
2008년 8월 10일 1판 1쇄 발행

저 자 : 방 기 혁
픽 헤 런
손 장 호

발행인 : 김 동 규
발행처 : 교육과학사

경기도 파주시 교하읍 문발리
파주출판문화정보산업단지 514-5
전화 (031) 955-6956 ~ 8/ FAX (031) 955-6037
Home-page : www.kyoyookbook.co.kr
E-mail : kyoyook@chol.com
등록 : 1970년 5월 18일 제2-73호

낙장 · 파본은 교환해 드립니다.
Printed in Korea.

정가 20,000 원
ISBN 978-89-254-0200-0